民國建築工程期刊匯編

MINGUO JIANZHU GONGCHENG QIKAN HUIBIAN

10

《民國建築工程期刊匯編》編寫組 編

廣西師範大學出版社
GUANGXI NORMAL UNIVERSITY PRESS
·桂林·

第十册目録

工

程

二十一年十二月一日

工程

中國工程師學會會刊

江北運河來聖菴缺口之堵閉(參看本號堤工管理述要)

本號要目

中國工程師

4591

工程

中國工程師學會會刊

第七卷第四號目錄

中國工程師學會發行

總會地址：上海南京路大陸商場五樓542號
電　　話：92582
本刊價目：每册三角全年四册定價一元
郵　　費：本埠每册二分外埠五分國外三角六分

分售處：上海河南路商務印書館，
上海河南路民智書局上海四門東新書局
上海徐家滙蘇新書社南京中央大學
廣州永漢北路圖書消費社上海生活週刊社

本刊緊要啓事(一)

本刊數載以來,諸賴各會員之贊助,及各界之愛護,得以推行全國,銷路日增,本刊同人,與有榮幸。茲因稿件擁擠,原定每年四期,不敷登載。爰經本會第六次執董聯席會議議決,自八卷一號起,改爲全年六期,每兩個月出版一次。並加大篇幅,力求進步,以副社會之期望。區區微忱,尚希　讀者諸君垂察,時予匡襄,毋任盼幸。第八卷第一號爲年會論文專號,準於二十二年二月一日出版,合併附告。

本刊緊要啓事(二)

二十一年度本刊總編輯,現經第六次執董聯席會議議決,仍聘本會會員工學博士沈君怡先生繼續擔任。并因目前本刊事務日益增繁,議決添設出版部,聘本會會員柴志明先生爲總經理。嗣後如有關於在本刊登載廣告,推銷及發行等事,統乞與柴君接洽爲荷。本刊編輯部及出版部通訊處,均爲上海南京路大陸商場五樓五四二號本會,電話九二五八二號。

本刊啓事(三)

茲將本刊第七卷全卷文字,分別科類,編印活頁總目,隨第四號附送。讀者如欲將全卷彙訂,可將是項總目加訂第一號正文之前,以便檢閱。

編輯者言

本刊第一卷第一號於民國十四年三月問世,距第七卷第四號之發行,爲時蓋七年九個月矣!此七年來承歷任總編輯之慘淡經營,與會內外同人之努力贊助,內容既日見充實,銷數亦由數百而增至三千,進步不可謂不速。但全年祇出四期,每三個月發行一次,爲期過長,殊無以饜讀者之望,卽本會會員,亦莫不以此爲言。甚或工程界發生一事,本會同人以工程師之立場,本應貢其一得之愚,但因會刊每三月始出版一次,雖欲表示其意見而無由。上年南京年會時,卽有會員李君書田等改季刊爲月刊之提議,而本刊歷任總編輯,亦已一再宣告其改進計劃。黃炎君任本刊總編輯時,並規定步驟;如第一步由季刊改爲二月刊,第二步再由二月刊改爲月刊,以期各方兼顧,用意至善。編者謬荷董事部之委托,自第七卷起擔任總編輯,已一年於茲。竊不自量,頗願逐步完成此項改進之計劃。所幸改季刊爲二月刊一事,已於本會第六次執董聯席會議通過,第八卷起卽可實行。深望本會同人共念此事關係會刊今後發展之重大,充分予以事實上之贊助,如撰寄稿件,或介紹訂閱,或代徵廣告,在諸君可謂一舉手之勞,而本刊之拜賜良多矣,

本期文字有李文驥君之武漢跨江鐵橋計劃,堪稱鉅製。近來限期完成粵漢鐵路之說,時有所聞。良以此路關係交通國防,異常重要,必須急起直追,早日完成。而粵漢路告成以後,如何跨江築橋,與北之平漢路接通,此問題可謂有同等重要。李君於疊次計劃,皆

躬親參預,故此文非同一般空泛之計劃,且大可為日後實施時之參考也。上期附錄有李宜之先生一文,內述冀魯豫三省委托德國治河專家恩格司教授,作治導黃河試驗經過甚詳。本期鄭君肇經特撰二十世紀水工模型試驗之進步一文,以說明此項試驗之價值,甚望國內從事河工者之加以注意焉!蕭鶴士君所作之十進制,係一切合實用之作,凡在鐵路界服務者,尤不可不讀。廣州中山紀念堂施工實況,作者崔蔚芬君,督造該堂工程,自始至終,故其全文,字字均係經驗之談。華台爾博士一文,係續上期本刊。雖全文稍長,然可作他山之石者,正不在少處。其在工程教育一章中,對於中國教授之缺少責任心,及學生之無理顧問學校行政,深致不滿,尤非無的放矢可比,深願讀者能平心靜氣而卒讀之。張可治君所著無空氣射油提士機關之新學說,為本期關於機械方面之唯一論文,其餘幾全體為土木工程之文字。編者於每次集稿時,未嘗不力自留意,勿使文字有所偏重。但其結果,則因編者本人習土木,故特約之稿,土木自較其他為多。不特此也,甚且自由投寄之稿,亦大都側重土木。編者深願趁此機會,以十二分之誠意,徵求其他各科工程同志之惠賜稿件庶幾勿因編者一人之故,而使會刊有倚輕倚重之弊。李崇德君之堤工管理述要,係本其個人此次參加工賑之經驗,為懲前毖後之謀,頗具見地。附錄欄內之二十年長江救災工作概要,係採自國民政府救濟水災委員會之報告書。篇末更附大公報於本年本會在天津舉行年會時之祝辭,語重心長,願我工程界同人毋負社會上此種殷切之期望也可!

武漢跨江鐵橋計劃

李文驥

一 緒論

武漢三鎮處我國腹部，為南北交通之樞紐。商務興盛，人口繁殖，與滬粵津相比擬；而長江漢水橫亘其間，城市交通，鐵路運輸均受莫大之障礙。三十年來，識時之士，恆思跨江建橋以便往來，徒以工艱費巨，遲疑未决。近年粵漢鐵路株韶段積極進行，據最近分段建築程序，至遲於民國廿四年可以完工。而武漢跨江橋梁工程浩大，非三四年不能蕆事，若不先事籌備，則南北大幹綫完成之後，仍復中隔大江，平粵列車，不能直達，且此處江流又不利舟渡，妨礙交通，寧非淺鮮。是此橋之建築計劃，不容緩也。民國二年北京大學教授米婁 Professor Georg Müller 曾率該校畢業生作武漢紀念橋之計劃及實地測量。民國十八年鐵道部工程顧問華特爾博士 Dr. J. A. L. Waddell 又作此項橋梁計劃。文驥於前後兩次計劃及測量，均獲躬與其列，於當地形勢及建橋地址之選擇，知之頗詳。用特將兩次計劃之大略，及經過之事實，依次彙編，以供海內外專家之參考；且以備當局之採擇焉。

二 隧道及輪渡計劃與橋梁之比較

武漢渡江問題，頗有人主張修築江底隧道，以為比較築橋可省工費。殊不知長江深度在最高水平時約四十公尺，而隧道口位置,又須在最高水平一公尺之上。隧道坡度縱以百份之二計,亦非延長數公里不可。(若用電力機車,則坡度可較大;惟設備費又須增加不少。且坡度既大,於運輸上終不便利。)且須修築複線,以便兩方面之交通。或以二道分隔,一爲鐵路交通,一爲街市交通,以免汽機煙氣有妨行人。道幅既廣,且須洞穿堅石。所費不貲,概可想見。他如洩水須用連續抽水機,通空氣須用電力,以及裝設電燈及安全設備,種種佈置,實較築橋爲尤費。而況火車出軌,電機損壞,洞壁破裂,江水浸入,危險堪虞。故隧道建築費縱不至較橋梁爲巨,而管理費則必過之無疑。由是觀之,修築隧道之說,實無足取。

又有一種計劃,建築一低平之橋。中間主要梁作開合式,以便大輪船之通過。此種計劃,固可省橋墩一部份之費,而其障礙實多,且又危險。如橋下船隻橋上車馬之交通,不能雙方並進,必待一方經過,然後其他一方可以通行。其不便之處,久居天津者,類能言之。況長江中流水急,帆船上駛,必須傍岸而行。若開合梁祇在江之中央,則帆船航行,障礙殊甚。若兩旁亦作開合梁,則建築管理之費,亦必增多。且用開合式之梁,橋孔不能太寬。(至多不過八十或一百公尺)橋孔既狹,則橋墩之障礙,益增湍流漩渦,更多危險。一經損壞,須行修理,則斷絕交通,動輒數月。有此種種不宜,而所省橋墩之費,亦復有限。則低橋之說,亦不足研究。

更有主張修築鐵路輪渡 Train Ferry 直駛火車以渡江者。是說於本問題,未能完全解決。緣武漢橋梁之重要,不僅在鐵路運輸。武漢三鎮之城市交通,實占一大部份。鐵路輪渡之用,只能解決鐵路運輸,而於三鎮交通未能兼顧。且吾國國道省道,日漸發達,則渡江問題,尤非橋梁不能解決。況漢口附近江水高低相差五十餘英尺,比之京浦間之水位高低(二十四英尺)兩倍有幾。故輪渡工程,亦必倍加繁重。查京浦間現在建築中之鐵路輪渡,預算約需國幣四百萬元。今武漢間長江水位高低差度,既兩倍於京浦間之差度,則輪渡引橋之長度,在京浦間既爲兩岸各六百英尺,在武漢則須一千二百英尺。且引橋升降之高度亦倍於京浦,則橋柱高度及種種設備費必須比例增加。故建築費所需當倍於京浦。既費此巨款,而鐵路運輸日漸發達,仍恐不敷用,則曷不建築橋梁,以爲一勞永逸之計。是建築輪渡之說,又何取焉。

三　橋梁位置之選擇

以上三種計劃既不適宜,則根據各種原因,應事實之需要,當以選擇適宜地點建築高橋,俾不礙航路爲最上之策。查武漢三鎮交通,由漢口經漢陽以達武昌,爲最適宜之大幹線。故跨江建橋,當在漢水上游武昌漢陽之間。若不由是,則不能收聯絡三鎮之效。民國二年北京大學之計劃,及民十八年鐵道部之計劃,均於武昌漢陽間選定橋梁之位置。誠以此處建橋渡江,其便利之處,約有數端:三鎮交通,經由此處,其勢至順,一也。江面最狹,工料可省,二也。江底地質堅實可靠,三也。兩岸山勢,可利用爲路基,四也。往來上海漢口間之大輪船,均停於橋址之下游,故航路之障礙較少,五也。有此五種原因。故橋址宜在武昌漢陽間,可爲定論。

四　北京大學之紀念橋計劃

甲　大致情形及其需要

(一)路線。(參觀第一圖)路線自平漢路大智門玉帶門兩車站之間起點,經二公里之沃田,洞城垣,(按此計劃作於民國二年,昔之所謂沃田,今已開闢馬路成街市,城垣亦已拆除。)貫漢鎮西南部,與漢水相交成正角,渡河過兵工廠後湖之間,路線轉爲三百公尺半徑之弧,與龜山相接。峭壁臨江,屏開兩岸,卽藉此天然形勢,加以實地測量,而定適宜之路線。使橋身就江面最狹之點,與江流最激之方向相交成正角而渡。直入武昌漢陽門,繞黃鵠山之北,出賓陽門,折而南,以接粵漢線。此外附修便道 Approach, 爲三鎮交通捷徑。其大站,一擬設武昌城外,一設新路線起點與第一公里標識之間。漢陽駐站,則於第四公里標識附近設之。

(二)交通之類別及橋之容量。 交通類別分為鐵路交通及街市交通二種:

甲. 鐵路交通

(1)橋面敷設鐵路,以便火車交通。現時暫設單軌,即足供每日來往約十二列車之用。但粵漢線告成之後,商務既盛,橋身又長,則須改為雙軌,方足應付。

(2)橋面敷設狹軌(一公尺)或常軌電車路一二線,以便三鎮之街市交通。街道若窄,則用狹軌電車較便,且可省橋面之地位。

乙. 街市交通。

(3)橋面敷設馬路,以便車馬及行人之負載者來往。路之寬廣,以能容兩車來往。(每車二公尺至二公尺半)更留餘隙以備兩車交錯之用為度。至於電車及自動汽車及一切車輛,皆不得在橋上停留。

(4)橋面敷設便道於兩側,各寬二公尺至二公尺半,以便行人徒步往來。

按照今日情形,以定將來交通上之需要,誠屬大難,若通籌現在與將來之需要,預為之地,以為日後開拓之用,縱能預測三十年後之情形,亦不能視為易事。照通常計劃而言。鐵路交通與街市交通,最好能完全隔絕,以免車輛相撞之險,及車聲煙氣驚擾人畜等事。至於鐵路兩軌中線相隔須三公尺半。

(三)鐵路及道路之坡度。 鐵路最急之坡,不得過百份之一。電車路不得過三十份之一。尋常車馬之路不得過二十份之一。行人便路若距離不甚長,則用十二份之一坡,亦不為過急。

(四)橋重及動荷重 (Weights & Live load.)茲以橋重及動荷二者先為普通橋梁設計。如更求精確之規劃,則機關車及車輛之類別,與橋梁及橋底力量 Strength of the trusses & floor system 之關係,以及破裂應力 Breaking Stresses,寒熱之極度 Limits of Temperature, 皆須注意。其汽轆與極重之車輛,亦當定一限制,良以鋼鐵建築之重量極關重要也。

(五)取材。 鋼鐵用中國或外國工廠所製者,實行建築之前,且不必定。惟橋底 Floor System 可用尋常熟鐵。橋梁 truss 則需用上品純鋼。如用鎳鋼尤佳,最上洋灰,中國洋灰廠亦足給用,至龜蛇二山所產之石,能否合製混凝石之用,與夫工程所需之木材與沙,可否以廉價取得,今日預計亦可姑置弗論。

(六)容受壓力。 (Admissible pressure) 容受壓力一事,在未作詳細計劃之先,所弗能定,因此事與材料品質,橋梁分配受力之情形,以及選定橋孔之寬狹等皆有關係也。至基礎之深淺,亦須先驗江底石性,然後能定。

(七)長江水性。 江水水位最高之時爲七八九三月;最低則在一二月之間。一八七〇年之水位,係有記載以來,洪水之最高度。(按一九三一年之洪水,尚比一八七〇年高一公尺。) 今假定水平準線 Datum Line 在尋常低水平三十公尺之下,以免記數有負號,則得以下之記錄:

河底最低處	+15.00	公尺
尋常低水平	+30.00	公尺
尋常高水平	+42.40	公尺
極高水平	+45.50	公尺

漢口附近江流速率,每屆冬令,一秒鐘0.5—.77公尺。夏令,一秒鐘1.55—2.32 公尺。江水氾濫之時,一秒鐘 2.57—2.83 公尺。

又據一江流漲落日記所載,一九〇二年驗得最低水平尚在零點之下一英尺二寸,實已低過灘平四十八英尺。(合14.63公尺)。一八七〇年最高之水,則在〇點上五十英尺六寸。(合 15· 公尺。按一九三一年最高水平,達五十三英尺六寸。) 水面若在三十八英尺,(合11.60 公尺)卽將洋溢兩岸。水面在四十英尺,則附近窪地盡成澤國。當此之時,非習知地方情形者,不能駛船也。江面寬約一千公尺。其最深處距武昌岸三百三十公尺有奇。(按一九三〇年實地鑽探之結果,最深處祗距武昌岸約六百英尺。惟北大之計劃作於一九一三年,則十餘年間,江流變遷亦未可定。)是處江流最急,而又崎嶇不平,故多漩渦,夏季尤甚。所幸嚴冬不凍。江底石質洗濯淨潔。僅細縫微隙,塞有白沙泥土而已。橋址上游水性極平。與漢口附近漢水入江後之情形大不相同。

(八)長江航業。長江上下船隻,種類甚多。由小木船而至大海船,應有盡有。據輪船公司之報告,橋須淨高三十公尺,始可無礙。航行淨寬以一百二十公尺爲最小之數。然後船行急流,或有不測,舵工瞻望形勢,始得分明。故主要橋孔之寬度,卽根據於此。其餘橋孔,則依他項商榷而定。

乙　工程之設計

(一)跨江築橋以聯接平漢粵漢鐵路及武漢三鎭交通,首宜注意以下各點:

路堤路塹及沿山邊等工程之建築,須因經濟狀況而定其長短。若至修築路堤不能適宜之處,或費用過大,則宜用便橋 Approach Girder以代之。欲求計劃單簡,可用等長之梁。(以四十公尺至八十公尺爲最相宜。)又因建築地基牢固可靠,宜用三橋孔爲一組之連續梁,使增加其任重之力量。故主要橋梁兩旁各梁之數,須爲三之倍數。每三梁自成一組。每第三橋柱尤須牢固。

主要橋孔之間,實爲上下航行之要道,工程構造之中心。況復逼近武昌,爲革命紀念之建築。故必務求壯麗,巍然矗立,雖相隔寥遠,可望見之。導三鎭之交通於橋之兩岸,則宜用坡度較急之道路。以憑藉兩岸山勢而建築,最爲適宜。

其他道路溝渠在路堤之下橫過幹線者,可稍改其道,使經橋梁之下。若在路堤平面經過者,酌量改低,亦甚易事。

(二)橋身界於兩岸路基之間,其各孔之寬度如何,須斟酌下列

各點而規定之:

欲求最廉之計劃,務使橋梁之價值與橋基橋柱二者之價值略相等。雖橋基柱之高深不一,此例於尋常深淺均適用之。橋之長度,及橋孔之寬窄,又須因當地之航業情形,及其需要而定。按之水性,橋墩築成之後,江流漸逼。水勢必加,故計劃橋身,須有抵禦此增加之力。

水面雖時有高下之不同,而橋身露於水面上之部份,其高與闊,應有一適宜之比例以美觀瞻,即於適中水平上,使高與闊略相等,而成正方爲宜。

(三)橋式之設計　依上述各節之理由,選定橋式三種(或爲懸臂式梁 Cantilever beams. 或爲連續式梁 Continuous beams): 第一種橋式之主要梁,長一百二十公尺。上下弦平行。有二活動樞紐之柱。此柱從橫面視之,係一橫架,有兩三角架,牢結於橋梁兩端及基柱之間。此橋式主要部份之全體,望之似成二百四十公尺之大梁,而兩活動樞紐細弱之柱不過略爲分隔之者。此種橋柱利益有二:不爲江中瞭望之障礙一也。保持其最深基礎之橋脚使不受橫來之壓力二也。此橋式之方形,及其均勻之斜角線,極清晰而單簡。且按之以前所述種種需要,無所不備。以美觀論,亦莫可訾議。工精費省之計劃,當無逾於此。不寧惟是。此種計劃之橋式,較他式爲尤佳者,以能稍事變更,即可於橋面六公尺上建二層路 Second Floor。此種佈置,當研究橫剖面時,或可知其相宜。此計劃於第三圖表明之。

第二種橋式之主要梁,爲二百公尺。梁之上弦係曲線式。主要梁之兩旁用鋼柱。其外觀更美,而建築費自較第一種橋式爲多。(參觀第四圖)

第三種橋式之主要梁爲二百五十公尺,形同懸橋 Suspension Bridge 觀瞻固極壯麗,而所費則亦不貲。當局若不惜巨資,築此橋以爲革命紀念,則此種式樣當爲唯一之選。主要梁兩旁之小梁,應用版梁 Plate Girder,抑用格梁 Latticed Girder, 尙須再事研究。不過版梁單簡平正,而橋孔寬逾四十公尺,則版梁過重不復適用。然上下弦平行而具交錯平行角線之梁亦僅於四十至八十公尺之橋孔適用之。此橋梁之高度必使恰可容路二層,一在底弦,一在頂弦(參觀第三圖。)

每第三橋脚須建築特强之石墩以傳達橋梁之平施壓力於江底。且使全橋形式不至過於單純,藉以點綴風景。

(四)橋梁基礎。 基礎實含三段。下段建築,先以堅固之混凝石,或混凝石袋,鋪於江底,以齊其高下不平之度。施此工作時,用潛水函 Diving Bell 最佳。或遣善泅者爲之亦可。橋基中段卽敷於此,其高當在低水平上二公尺至三公尺。可以大塊混凝石築之。否則可用空心鐵筋混凝石於岸上築成。俟小水時引於應置之處而沉之。但此兩法在工事之先,尙未能定其孰佳。第三段位置,露於低水平與最高水平之間。在淺水時期建築,殊非難事。附圖第三幅內有基礎之大致計劃。係每底以一柱承者。至於能否以一大柱代二單柱,則應研究者也。

(五)橋面鋪砌。 建築巨橋選用橋面鋪砌料,亦爲重要問題。雙層木板建築,費雖輕而外觀不雅,且須歲修。新式橋梁多用小方石塊,厚僅八公分,鋪於二公分之混凝土上。其下特鋪瀝青或同類物質一層,以免橋底橫梁 cross beam 及縱梁 Stringers 受路面之水浸入,以上全體以四公分厚之混凝石承之。其下復承以鐵枕 Zores iron。此種敷設,其質雖重,而堅固合宜,故爲工程界所許可。

(六)橋面布置(於第三圖內之三種剖面表明之)。

(A種)鐵路線與電車路線各在橋面之一邊,中留餘地以爲尋常車馬交通之用,此爲最廉之設計。惟嫌稍狹,恐不敷用。

(B種)單軌鐵路線居中。兩旁各設電車路及道路。設柵欄於鐵路與道路之間,以分隔上下車輛之往來。其橫過鐵路者須遵確定之地點。惟如此長橋,單線鐵路是否足用,且鐵路交通與道路交通,可否完全隔絕,尙待研究。

(C種)建二層路於鐵路之上,專爲街市交通。使鐵路與道路運輸兩不相妨,至爲便利。惟道路車輛須升高六公尺,此爲不利之點。然較之A B兩種,實爲完善。牲畜無列車之驚,行人無煙塵之擾,穿行無意外之虞。且此種雙層橋面之計劃,較之鐵路道路同在一平面者,尤爲工堅而費省也。

(七)預算以上各種設計之費用,頗爲繁難。假定荷重及容受壓力,固能預算材料之數量。但材料價値與工資雖可暫定,而事勢轉移,時有漲落。今日之預算,數年之後已難適用。且地方情形及連帶關係之事物,須周諮博訪,方能詳盡,預算靡遺,其所需之時日,或更有甚於橋工之設計也。玆可斷言者,如圖第三幅建築二層路之辦法,已由近世橋工實驗認爲最上之式。此種計劃,據現在而論,所需建築費或不能超過一千四百萬也。

按此計劃作于二十年前,當時所謂最新法式,今已不盡然。惟當時注意在武漢三鎭革命首義之區建巨橋以垂紀念,故所擬圖様兼重美觀,不僅求便利交通撙節經費而已。末段謂建築二層路計劃,不能超過一千四百萬元,係當時之約計。在今日經濟狀況而論,或不止此數。

五　鐵道部之計劃及預算

本計劃共分三種:

(1)揚子江橋之位置,在武昌黃鶴樓上首與漢陽城東北隅之間。橋之總長四千零十英尺。此地點之選擇,係因聯絡平漢粵漢兩鐵路而外武漢三鎭交通由此最便。且武昌與漢陽間,江面最狹,江底地質又最適宜,兩岸山勢復可利用以作路基。不獨此也,來往長江下游較大之輪船均停泊於此橋址之下游。僅較小之輪船始經過此橋而上駛。故航路之障礙較少。有此數種原因,揚子江橋之位置,遂以決定。

(2)漢水鐵路橋位置在橋口上艾家嘴碼頭附近。橋長七百三十英尺。此位置之選擇,係欲避免鐵路線經過漢口繁盛區域起見。

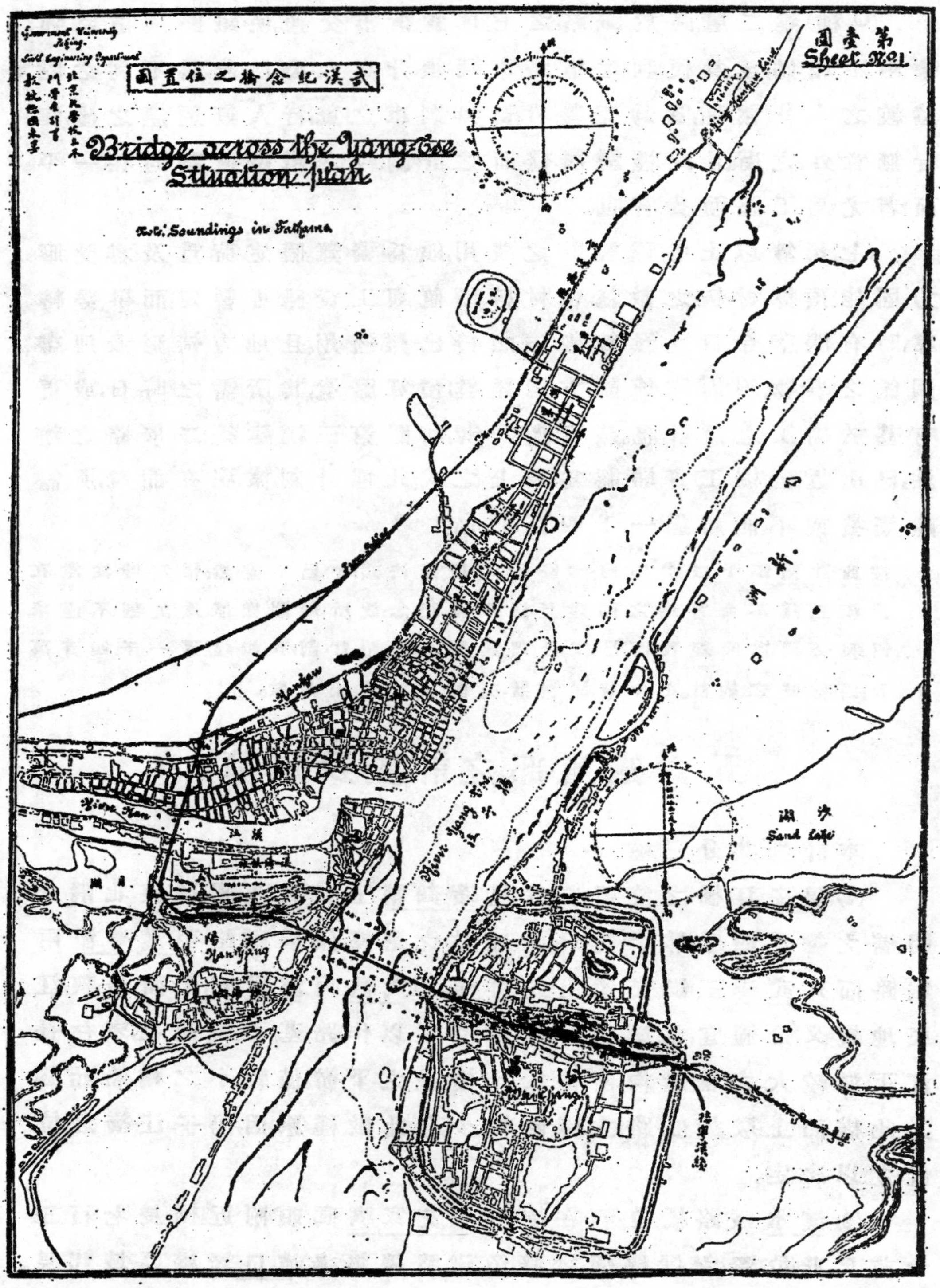
武漢紀念橋之位置圖
Bridge across the Yangtse
Situation plan
Note: Soundings in Fathoms
第壹圖
Sheet No. 1
Sand Lake
Hankow
Hanyang
Wuchang

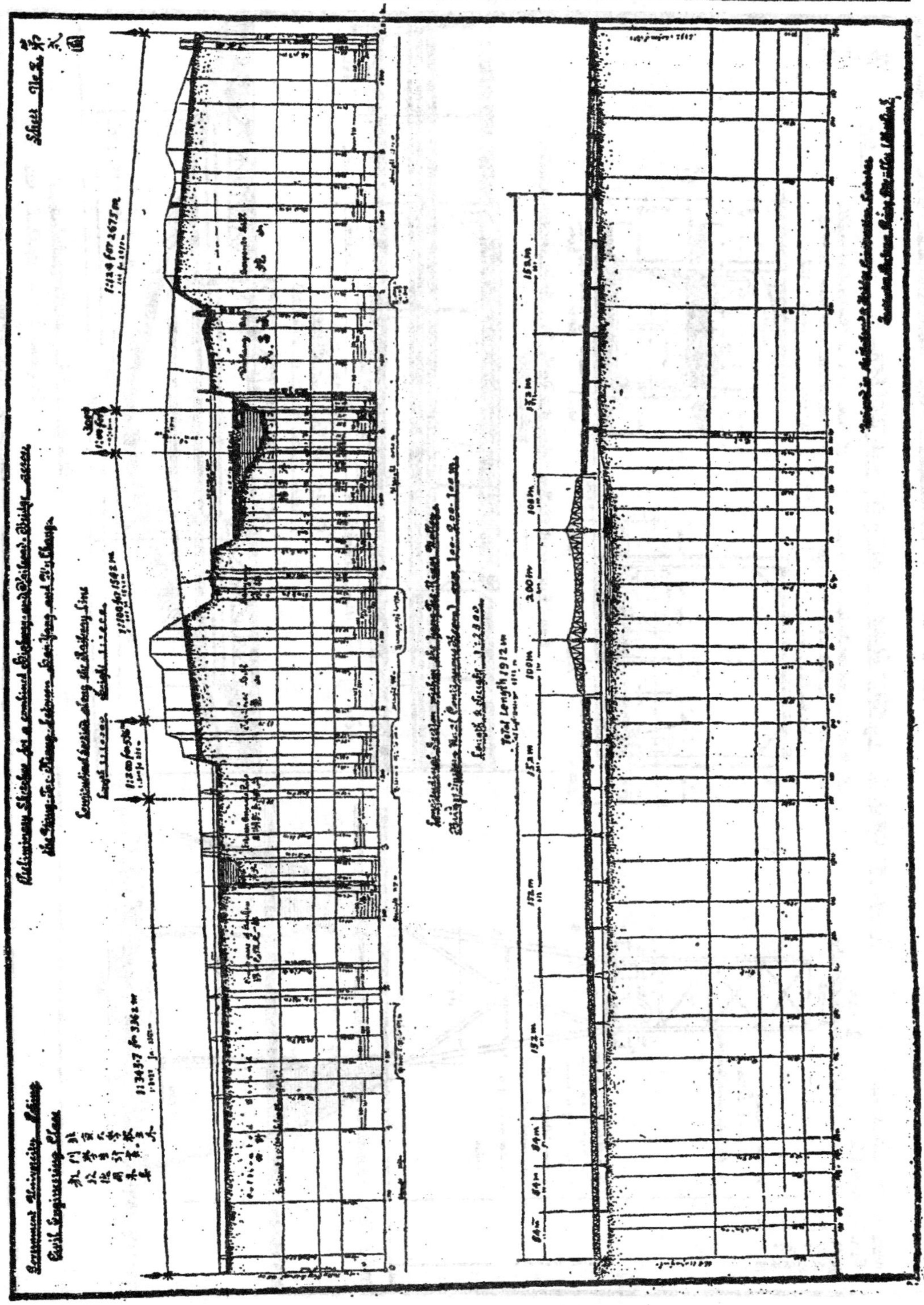

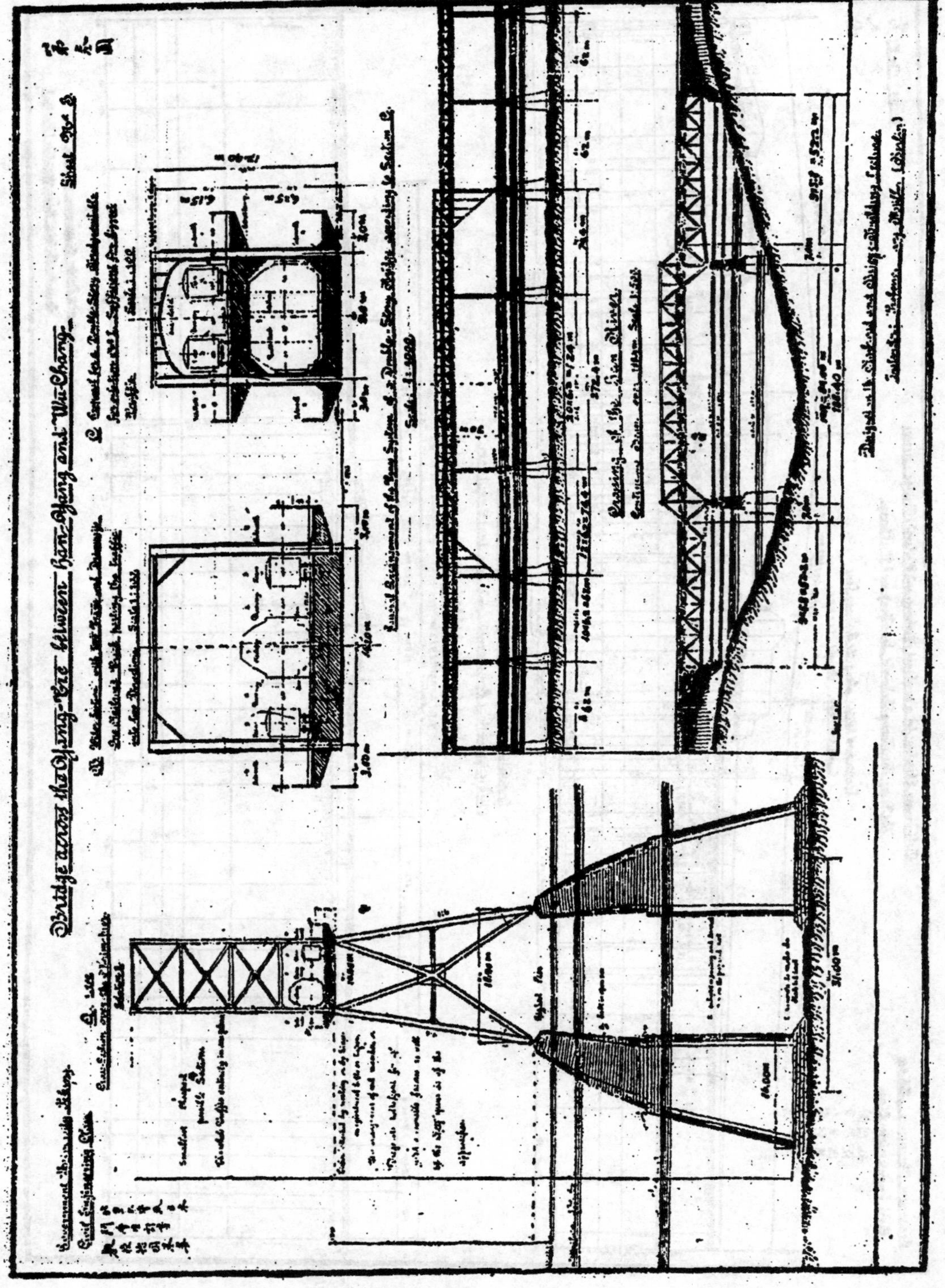
Bridge across the Yang-Tze between Han-Yang and Wu-Chang.
Sheet No. 2.
Crossing of the Han River.

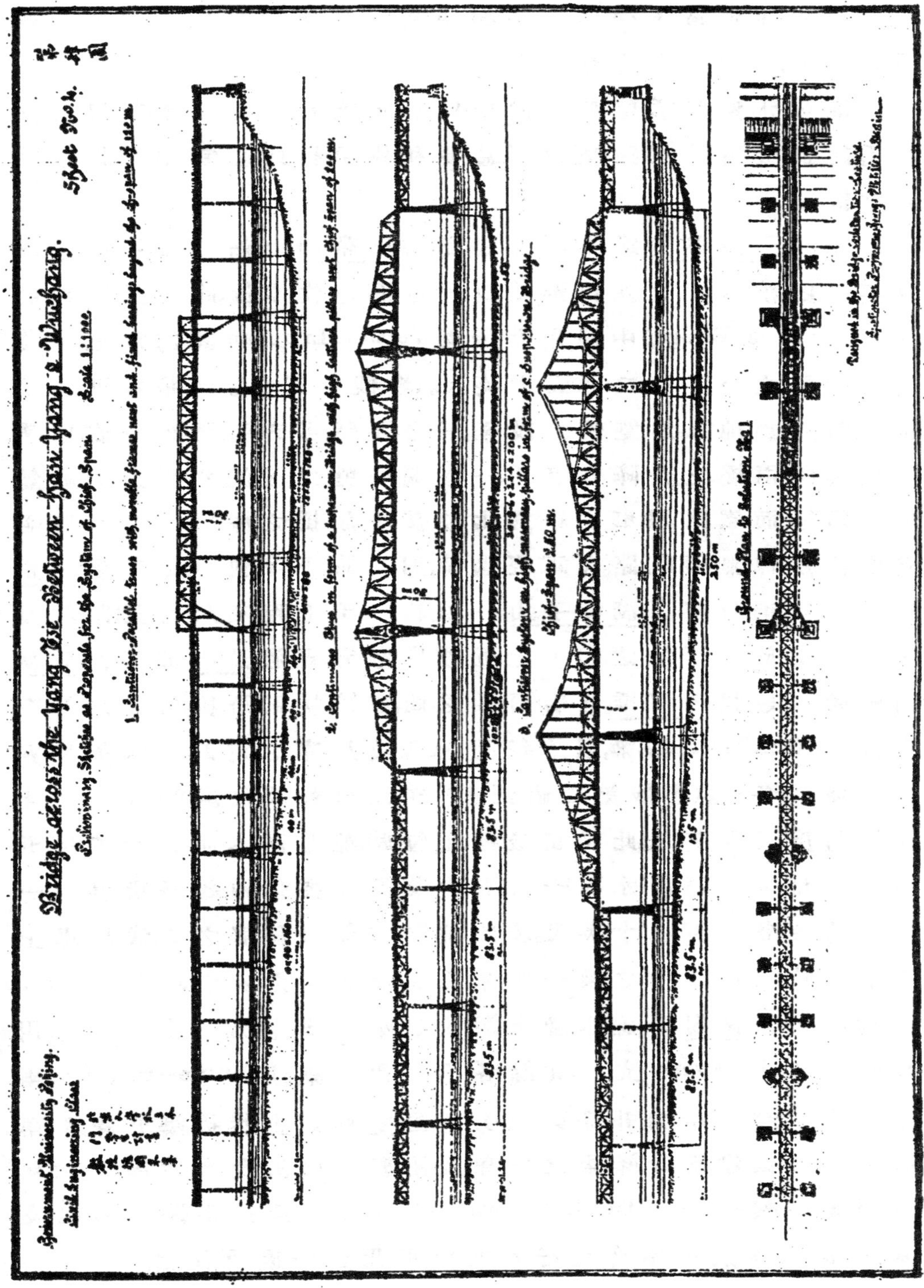

此橋與平漢鐵路玉帶門車站相距甚近。且路線經過,除河邊小舖戶數處外,餘均空曠之地也。

(3)漢水道路橋位置在武聖廟碼頭。橋長六百二十英尺。因鐵路橋繞道太遠,於三鎮交通,不甚便利。故另擇此適宜地點,作道路橋之計劃。

聯絡平漢粵漢鐵路線之起點,在玉帶門車站之西約一千四百英尺處。繞六度之弧線,至橋口附近而達漢水橋。此橋係單線設計 Single track Bridge。中間用升降梁 Vertical Lift Span,其跨度三百英尺。兩旁梁之跨度各二百五十英尺。(參觀第三圖)。鐵路線可先築單軌,而留餘地以為雙軌之設備。至必要時,可在旁添築一橋,以通雙軌。其時兩橋之升降梁,宜用一機關管轄之。因漢水之上下船隻來往頻繁,而鐵路列車之經過比較甚少。故橋之中梁宜常升至適宜之高度,俾無礙航路。火車經過時,則暫時下降便可。路線過漢水後,折而東南,行經月湖梅子山一帶,約八千七百英尺之譜,路線幾係水平。由此按百份之〇·七五坡度漸升,經過漢陽城邊之鳳凰山一帶,以達揚子江橋。此橋兩梁之間,容雙軌鐵路線。兩梁之外,有懸臂式 Cantilever 橫梁,以承每邊十八英尺寬之道路,及六英尺寬人行便道各一。(參觀第二圖剖面)。在江流最深之處,築升降式主要梁,跨度三百英尺。此梁在最低地位時,離最高水面六十英尺,升至最高地位時,高出水面一百五十英尺。主要梁兩邊各梁俱為一式,其跨度各二百七十英尺。按此地勢,當係最經濟之式。武昌岸上,須築雙軌二百英尺之梁一座。俾便其他各梁之依附以懸築 Cantilevering Out。漢陽岸邊水淺土深,故建築漢陽岸第一座梁時,可用臨時木架 Falsework 支托。其餘各梁可用懸築法 Cantilevering Out。兩端同時並築,至中間升降梁兩旁之二支柱為止。然後築升降梁兩旁之塔。最後建築升降梁之自身,及附屬之機房及機件等。橋之兩端須築高架銜接路 Trestle Approaches 三支。中央連接鐵路線。旁二支接道路線。至於橋兩旁之行人便道,可用台階直下江邊。

鐵路線由橋面直達武昌黃鵠山邊,經黃鶴樓旁首義公園一帶,繞道至蛇山之北邊。按百分之〇・七五之坡度,綫綫下降,至蛇山盡處,循六度之曲線,折而南,接粵漢線。此聯絡平漢粵漢之鐵路線,約長七英里。

鐵路線至武昌蛇山盡處,曾另測一支線,北折以連絡徐家棚車站。惟其建築費頗巨。若非至必要時,可暫不修築。玆已擬具此支線預算兩種:一係用百份之一坡度,一係用百份之一・五坡度。均另行列出,未加入此計劃總預算之內。

漢水道路橋在鐵路橋下游約一英里有半。其地係漢水一帶商業之樞紐。三鎮交通由此至爲便捷。此橋中央橋孔寬三百六十英尺(參觀第四圖。)中假係升降梁。在最低位置時,橋底高出最高水面六十英尺。尋常帆船往來,已可無礙。至必要時,中央之梁尙可升高五十英尺,高出水面共爲一百一十英尺,使最高帆檣可以通過。此橋兩端之銜接路坡度 Approach Grade, 擬用百分之四。橋面之寬度擬有兩種:第一種路面寬四十英尺,兩旁便道寬八英尺。第二種路面寬三十英尺,兩旁便道七英尺。橋梁築成之後,三鎮商務交通必大發展。故橋梁路面之設計,似用第一種爲宜。下列道路橋計劃之預算,只算橋梁之本身,及兩端銜接路下至地面而止。漢口方面須築一寬廣之路,以連接此橋及中山路。漢陽方面亦須築路以通揚子江橋。惟此種計劃及建築,應由當地市政府擔任,故不列入本預算之內。

國內政治經濟狀況變遷靡定。工程之實施,亦未有定期。作此預算甚爲困難。近日銀價漲落不定,若以銀元爲預算之單位,實屬無用。故本預算決定以美國金元計算。惟鐵路線之預算,係一九二九年作於上海,以銀元計算。玆以銀一元等於金元四角之率折合金元,俾歸劃一。至於橋梁材料,未便以近日之市價作預算之標準。因近日美國經濟狀況困難,此種材料在美製造者,價值格外低廉。但經濟狀況復原以後,物料之價必驟漲也。玆以下列之平穩單價

作預算之標準:

主要梁之炭鋼連建築費	每磅美金八分
主要梁之矽鋼連建築費	每磅美金九分
次要梁之炭鋼連建築費	每磅美金七分
鐵筋混凝石橋面	每立方碼美金三十元
混凝石橋墩	每立方碼美金十五元
沉箱法築橋基	每立方碼美金三十三元
打樁法築橋基	每立方碼美金二十五元
鐵筋混凝石樁連打工	每英尺長美金二元五角
長木樁連打工	每英尺長美金壹元
築路土工	每立方碼美金壹角
開鑿石工	每立方碼美金三角
鐵軌連鋪工	每噸美金四十五元
木軌枕	每根美金貳元
墊軌道石子	每立方碼美金四角

茲將各種預算開列於後:

一 連接平漢粵漢之單軌鐵路建築費預算:

土工 1,445,000 立方碼每碼一角	美金 144,500 元
石工 78,700 立方碼每碼三角	23,610 元
鐵軌等 2,000,000 磅每磅二分	40,000 元
軌枕 12,000 根每根二元	24,000 元
墊道石子 15,000 立方碼每碼四角	6,000 元
軌閘及號誌	10,000 元
購地遷墳等	100,000 元
總數	348,110 元
工程費加百份之12.5	43,510 元
共計	391,620 元

以上鐵路線建築費約需美金 392,000 元

二　連接武昌徐家棚車站之支線建築費預算

甲。用百份之一坡度支線長6050英尺

土工522,000 立方碼每碼一角	美金52,200元
鐵軌及枕木鋪工等6,000英尺每尺2.67 元	16,020元
購地遷墳等	28,000元
總數	96,220元
工程費加百份之12.5	12,025元
共計	108,225元

以上支線用百分一坡度約需建築費美金108,000元

乙。用百分之一・五坡度支線長4050英尺

土工270,000 立方碼每碼一角	美金27,000元
鐵軌及枕木鋪工等4,000英尺每尺2.67 元	10,680元
購地遷墳等	21,000元
總數	58,680元
工程費加百份之12.5	7,335元
共計	66,015元

以上支線用百分之一・五坡度約需建築費美金66,000元

三　揚子江橋及其兩端銜接橋之預算

如附圖第二幅跨江面之橋,共有一式 270 英尺之梁十三副。300 英尺之升降梁一副。在武昌岸上,另有200英尺之梁一副,以助建築之便利。茲將各種材料及工價預算如左:

甲.橋梁預算: 267英尺長之梁(即兩橋墩中線距離 270 英尺),其炭鋼及矽鋼每長一英尺之重量,爲7400 磅。每磅價以美金八分五厘計,故橋梁每尺長之價值,爲美金 629 元。又橋面每尺長之價值爲54元,故267英尺之橋梁,其每尺之總價值,爲美金683元。

200英尺長之橋梁,其炭質鋼每長一英尺之重量爲4800 磅,每磅價以美金八分計,故橋樑每尺之價值爲美金384元。又橋面每尺12元,故共計每尺之價值爲369元。300 英尺之升降梁,及其附屬機

件等之預算如次:

炭鋼1,856,000磅每磅八分	美金148,480元
矽鋼1,510,000磅每磅九分	135,900元
橋面之雙軌鐵路	6,100元
混凝土路面	13,000元
升降機件 Operating Machinery 200,000磅每磅二角五分	50,000元
導軌,鎖,及緩衝機 Guides, Locks, & Buffers, 49,000磅 每磅二角五分	12,250元
機房	15,000元
鋼索結及轉折機 Rope Hitches, & Deflectors 110,000磅 每磅二角五分	27,500元
電機及電氣設備品 Motors & Electrical equipment, 29,000 磅每磅二元	58,000元
橋塔鋼 2,260,000 磅每磅八分	180,800元
生鋼墊 Cast steel Shoes, 240,000 磅每磅一角五分	36,000元
升降錘之鐵 Counterweight Metal 465,000 磅每磅八分	37,200元
升降錘之混凝石 1,290 立方碼 Counterweight Concrete 每碼三十元	38,700元
橋塔上之機件 600,000 磅每磅一角八分	108,000元
升降機之索及範穴 Ropes & Sockets, 230,000磅 每磅二角五分	57,500元

以上升降梁及附件共計美金924,430元

橋梁之總預算如次:

267尺長之梁十三座共長3,471尺每尺683元	美金2,370,690元
200尺長之梁一座每尺396元	79,200元
升降梁與其附件及塔	924,430元
橋頂護梁及其樞紐等 Anti-overturning Girders & Toggles,	50,000元

以上橋梁總建築費美金3,424,320元……………………(1)

乙.橋墩預算(橋墩號數從漢陽岸起算):

第一橋墩	美金 73,000 元
第二橋墩	145,000 元
第三橋墩	145,000 元
第四至第十共七墩平均每個美金 187,500 元共	1,312,500 元
第十一十二兩墩各 340,000 元	680,000 元
第十三十四兩墩各 187,500 元	375,000 元
第十五墩(武昌岸)	140,000 元
第十六墩(武昌岸)	30,000 元

以上橋墩總建築費美金 2,900,500 元 ……………………………(2)

鐵路銜接橋 Railway approach 建築費美金 320,000元 ……………(3)

(1)(2)(3)三項共計美金 6,644,820 元……………………………(4)

另加工程費及設備費百分之12.5 美金 830,600 元 ……………(5)

另加道路銜接橋 Highway approach 建築費美金 297,000 元 ………(6)

另加台階路 Stairways 建築費美金 20,000元 ……………………(7)

(4)(5)(6)(7)四項相加即得揚子江橋及其銜接橋建築費美金7,792,420元約計美金 7,800,000 元

四　漢水鐵路橋預算(參觀第三圖)

甲.橋梁預算:

軌道720英尺每尺六元	美金 4,320 元
升降梁之炭鋼561,000 磅每磅八分	44,800 元
升降梁之矽鋼680,000 磅每磅九分	61,200 元
旁梁之炭鋼 1,247,000 磅每磅八分	99,760 元
橋塔之炭鋼855,000 磅每磅八分	68,400 元
混凝石升降錘344立方碼每碼30元	10,320 元
升降機件47,000磅每磅二角五分	11,750 元
導軌,鎖,及緩衝機26,000磅每磅二角五分	6,500 元
機房	8,000 元

電機及電氣設備品　18,000 元

鋼索結及轉折機21,000磅每磅二角五分　5,250 元

橋塔上之機件140,000 磅每磅一角八分　25,200 元

鋼索及範穴73,000磅每磅二角五分　18,250 元

以上橋梁總建築費美金 381,830 元……………………(1)

乙.橋基預算:

主要橋墩之混凝石2,220立方碼每碼15元　美金 33,300 元

主要橋墩基礎2,500立方碼每碼25元　62,500 元

基礎下之木樁30,000英尺每尺一元　30,000 元

兩邊橋墩之混凝石600立方碼每碼15元　9,000 元

兩邊橋墩基礎720立方碼每碼25元　18,000 元

基礎下之混凝石樁9,400英尺每尺二元五角　23,500 元

以上橋基總建築費美金176,300 元……………………(2)

(1)(2)兩項相加得美金 558,130 元……………………(3)

另加工程費及設備費百份之12.5美金69,766元 ……………(4)

(3)(4)兩項相加卽得漢水鐵路橋總建築費美金627,896元約計美金628,000 元

五　漢水道路橋預算（參觀第四圖）

橋面道路寬四十英尺兩旁人行路寬八英尺

甲.橋梁預算:

混凝石路面930立方碼每碼30元　美金 27,900 元

橋梁之炭鋼1,800,000磅每磅八分　144,000 元

橋梁之矽鋼1,600,000磅每磅九分　144,000 元

橋塔之炭鋼 570,000 磅每磅八分　45,600 元

混凝石升降錘341立方碼每碼25元　8,525 元

升降機件48,000磅每磅二角五分　12,000 元

導軌,鎖,及緩衝機26,000磅每磅二角五分　6,500 元

機房　8,000 元

電機及電氣設備品	18,000元
鋼索結及轉折機 21,000 磅每磅二角五分	5,250元
橋塔上之機件 85,000 磅每磅一角八分	15,300元
鋼索及範穴 42,000 磅每磅二角五分	10,500元

以上橋梁總建築費美金445,575元……………………………………(1)

乙橋基預算:

主要橋墩之混凝石5,640立方碼每碼15元	美金84,600元
主要橋墩基礎7,750立方碼每碼25元	193,750元
基礎下之木樁 39,200 英尺每尺一元	39,200元
兩邊橋墩之混凝石1,160立方碼每碼15元	17,400元
兩邊橋墩基礎650立方碼每碼25元	16,250元
基礎下之混凝石樁 10,100 英尺每尺二元五角	25,250元

以上橋基礎總建築費美金 376,450 元……………………………………(2)

兩端銜接坡路及行人便道建築費美金 315,000 元……………………(3)

(1)(2)(3)三項相加卽得漢水道路橋及其兩端坡路總建築費美金1,137,025 元約計美金 1,137,000 元

茲將全部計劃總預算列後:

鐵路線建築費	美金392,000元
揚子江橋及其兩端銜接橋建築費	7,800,000元
漢水鐵路橋建築費	628,000元
漢水道路橋及其兩端坡路建築費美金	1,137,000元
以上四項相加卽得全部計劃總建築費美金	9,957,000元

本預算各種材料數量,係一定之數。倘遇物價漲落,則建築費之數,可以隨時修正。

作者案本計劃漢水上擬建兩橋,原意欲使三鎮交通經由至便之路,而鐵路線又可避免經過漢口繁盛區域,雙方並顧,用意本至善。惟是建築兩橋,所費亦頗不貲。倘能照揚子江橋辦法擇適宜地點,將道路鐵路併於一橋,則建築費或可較省。以

形勢而論,此地點似在本計劃之道路橋址爲最適宜。鐵路線宜從平漢鐵路循禮門玉帶門兩車站之間起點,折而南,跨中山路,直達漢水過橋,沿兵工廠與月湖之間,繞龜山之南,而達漢陽城東北。由此接揚子江橋,則鐵路線較原計劃約可省三公里半。(參觀第一圖綠色虛線)。惟此路線經過漢口市區,購地費及須築高架鐵路,所費恐亦不少。究竟循此路線合併漢水鐵路道路兩橋,能減省建築費若干,仍須精密測量估計,與原計劃從長比較,方能決定也。

六 江底鑽探工作紀略

(一)緣起。 鐵道部於民國十八年作武漢橋梁計劃,是年夏季派測量隊至武漢,測勘鐵路線及橋梁之位置,於秋間工竣。惟是橋梁位置雖按地面之形勢而定,而江底地質及岩石層深淺尙未探悉,則橋基之計劃及預算仍未能進行。遂於十八年冬徵工承包江底鑽探工程,規定在長江橋址下鑽十孔,漢水兩橋址下各鑽四孔,共十八孔,各孔之深淺以達岩石下約六英尺爲度,應徵者絕少,且索價甚昂。上海英商東方鐵廠有限公司,Eastern Engineering Works 曾索工價七萬兩,六個月工竣。蓋江漢水深流急,鑽探工作極爲艱險,應徵者少,索價之昂,亦意中事。部中以包工旣不經濟,乃決意由部派員從事鑽探。

(二)工作時期。 施行江底鑽探工作,本以冬季淺水時期卽十二月至次年三月爲最合宜。此次部派主其事者爲魏約翰工程司及作者二人,因經費問題及種種之關係,於十九年二月一日始克由京出發赴漢。復因機械船隻預備裝置,頗費時日,於三月十六日始實行開始鑽探工作。是時江水已逐漸增漲,惟工事旣已開始祇可努力進行。經歷夏季最大水時期,仍舊繼續工作,於九月九日工竣。計長江底鑽八孔,漢水鑽四孔,共十二孔,雖不及預計之數,然察看形勢,已足爲橋梁計劃之用。

鐵道部武漢橋梁計劃

第一圖

橋梁位置及鐵路線

WUHAN BRIDGE SITE & RAILWAY

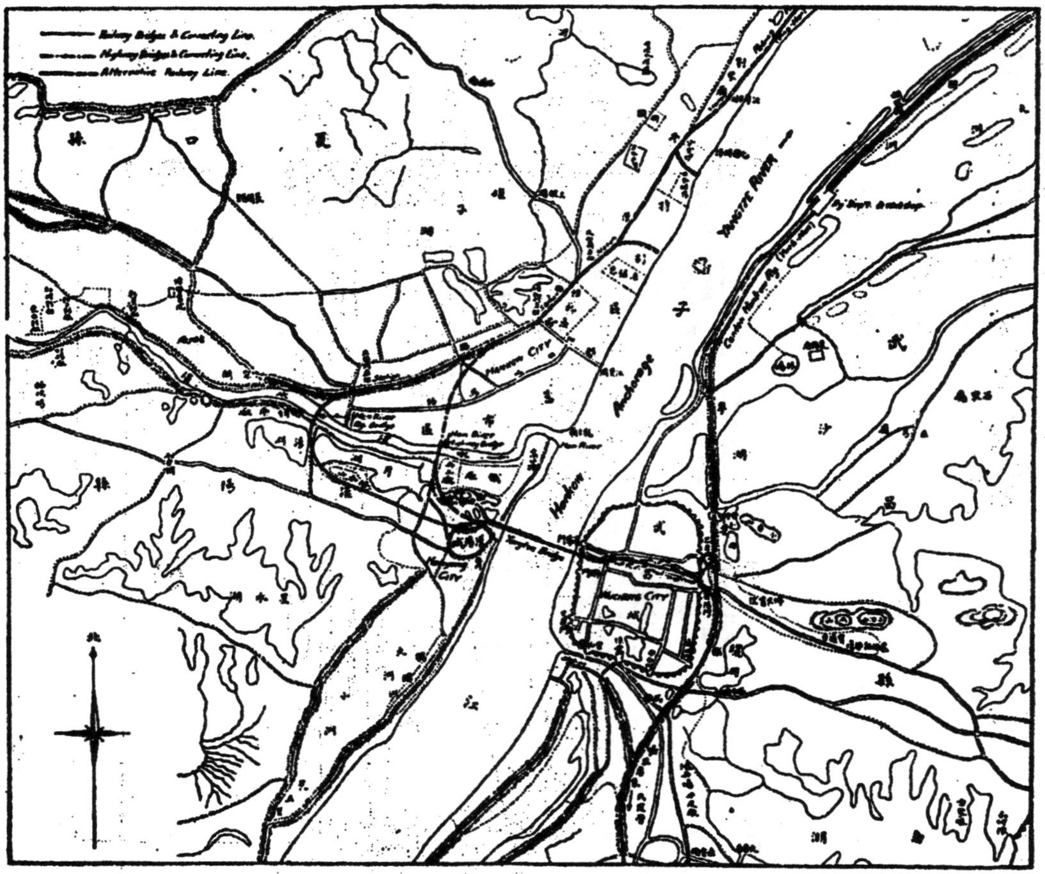

鐵道部武漢橋梁計劃

第叁圖

漢水鐵路橋

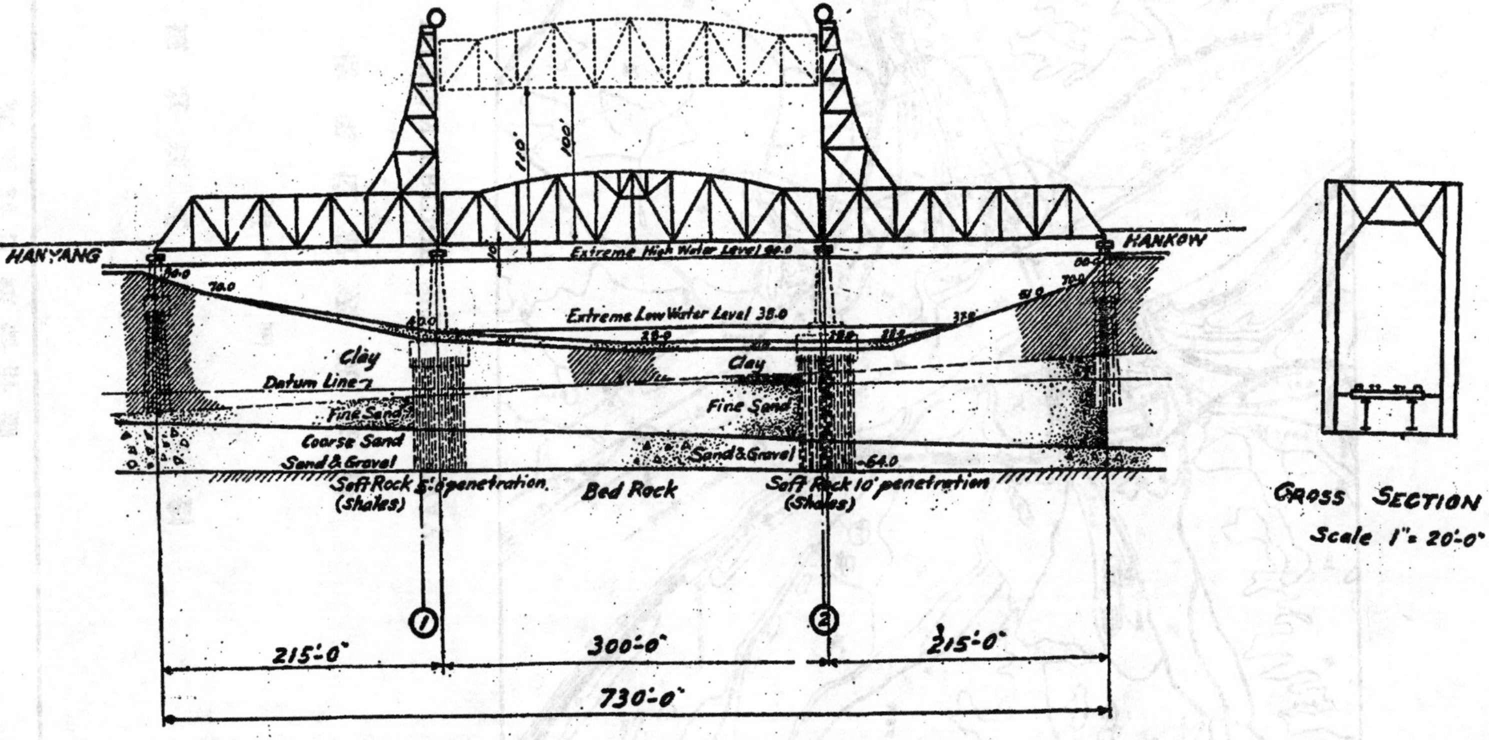

Note:- Hankow Customs Water Gauge Zero equals 39.15 ft, Survey Detum,

鐵道部武漢
第貳
揚子

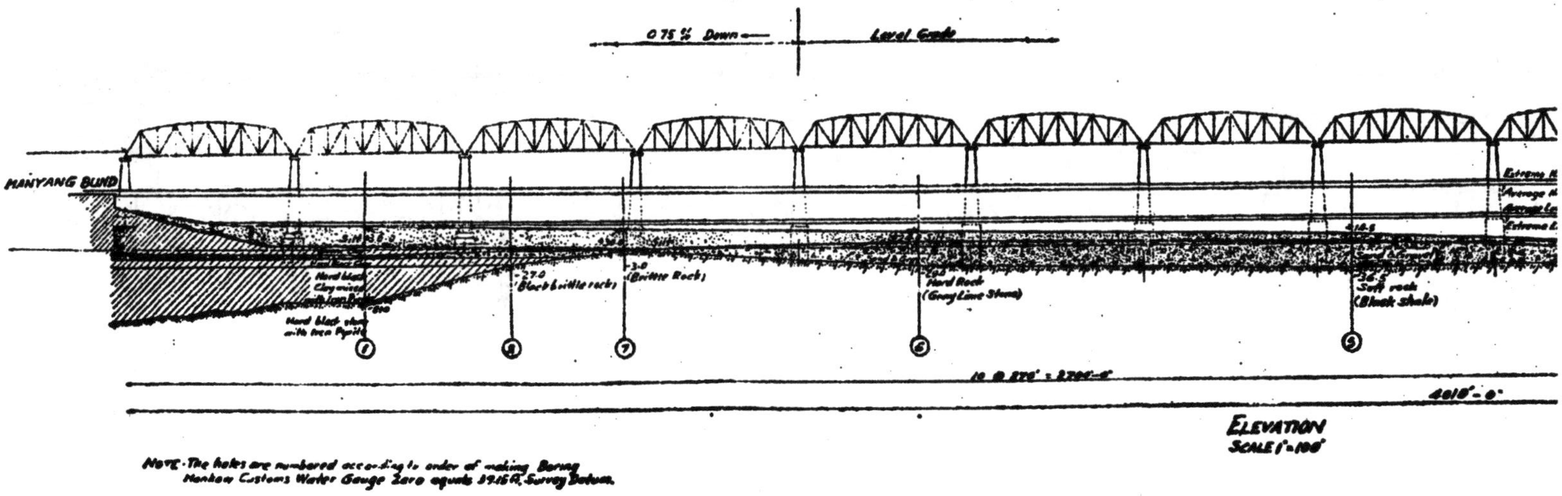

0.75% Down
Level Grade
HANYANG BUND
27.0
Black brittle rocks
3.0
(Brittle Rock)
Hard Rock
(Gray Lime Stone)
Soft rock
(Black shale)
10 @ 270' = 2700'-0"
ELEVATION
SCALE 1"=100'
NOTE - The holes are numbered according to order of making Boring
Hankow Customs Water Gauge Zero equals 39.15 ft. Survey Datum.

橋梁計劃

圖

江橋

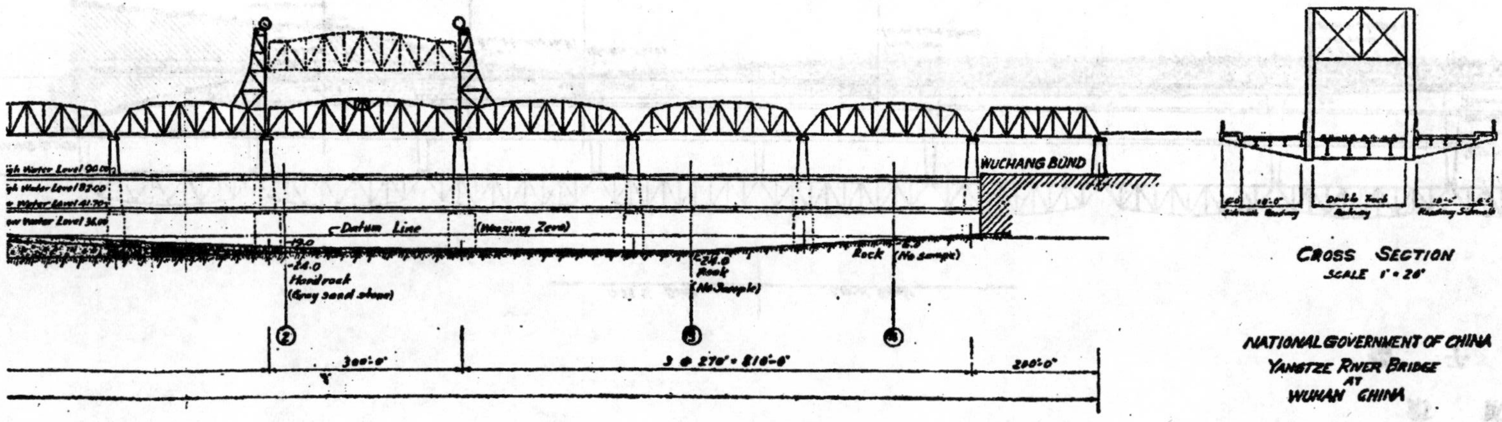

High Water Level 90.00
High Water Level 82.00
Water Level 41.70
Low Water Level 36.00
Datum Line
(Woosung Zero)
WUCHANG BUND
-19.0
-24.0
Hard rock
(Gray sand stone)
-24.0
Rock
(No Sample)
Rock
-8.0
(No sample)
300'-0"
3 @ 270' = 810'-0"
200'-0"
Double Track
Railway
CROSS SECTION
SCALE 1" = 20'
NATIONAL GOVERNMENT OF CHINA
YANGTZE RIVER BRIDGE
AT
WUHAN CHINA

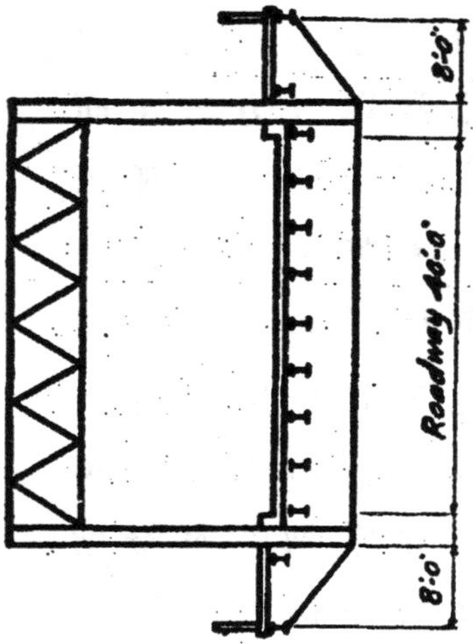

CROSS SECTION
Scale 1"=20'

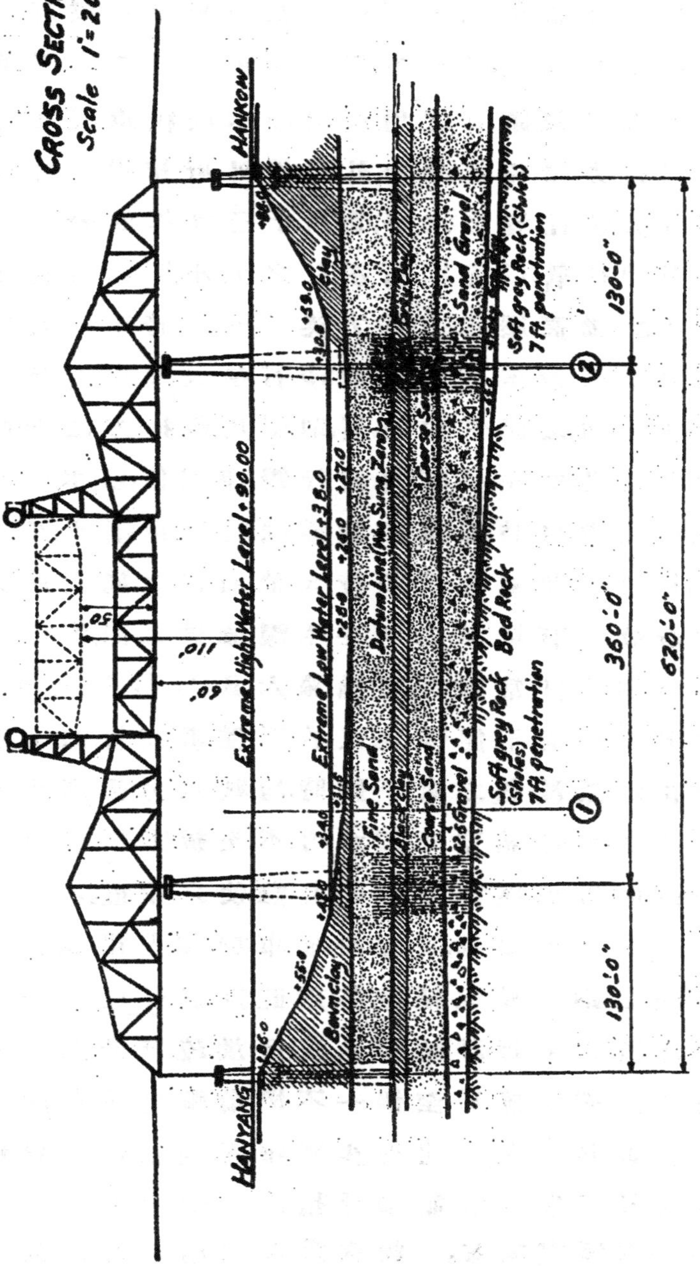

鐵道部武漢橋梁計劃
第肆圖
漢水道路橋

Note:- Hankow Customs Water Gauge Zero equels 39.15 ft. Survey Datum.

(三)鑽探方法及施工狀況。 鑽探橋基地質之方法可大別之爲人力鑽探,與汽力鑽探兩種。此次工程艱巨,自當以汽力爲主,而以人力爲輔。躉船係大貨船兩艘合併,以木梁橫列固結之,上鋪四寸厚之木板,使成一堅固之長方形平台,縱約七十英尺,橫約四十英尺。平台前端建一方形之起重架,高二十五英尺,以爲下墜及起拔鑽探管及鑽具之用。汽機抽水機絞車及其他工具等,則配置於台之後方。鑽探管分內外兩層,外層初用六寸徑管,後因六寸管不足以抵抗江流之水勢,改用十三寸徑四分之一寸厚鋼管。內層則用四寸徑管,以範圍所鑽孔之大小。開始時用水力鑽探方法 Wash Boring, 灌高壓水力(每方英寸五十磅至一百磅)於二寸半徑管內,由射水管射至江底,使泥沙石子及其他鬆軟物質,盡行冲出。若遇堅硬黏結之泥質或石質,則須用擊撞方法 Percussive Boring。此次實驗之結果,知在長江內施行鑽探工作,以水力與擊撞並用爲最合宜。曾在漢口特製鑽頭數種,同時可以噴水,又可用以擊撞。試用結果,其效力比他種鑽頭較大。總而言之,施工狀況因水勢地質時有變遷,故大有難易之別。在水深流急之際,停泊躉船於一定地點及下墜鋼管非常困難。嘗拋錨六具(前後各三具),用錨鍊至數千尺之多,躉船尚不能穩定。至於下墜鑽探管,則困難更甚。六寸徑之外管在水深流急之處下墜時,均被水力折斷,沉於江底。後改用十三寸徑之大管,始克抵禦水力,不至折斷。惟管徑既大,流水之冲激力亦因而增加,逐節下墜時,甚難使之垂直。須另用一躉船,停泊於上游約二百尺之處,裝置滑絞車於其上,用鋼繩數根常用絞力牽引下墜之鋼管,始能維持其垂直位置。長江水漲時,水深至一百餘英尺,江流速率每秒鐘至八英尺,洪流巨浸,船隻來往頻繁,風波不測。苟不設備防護周至,偶一不慎,動輒發生危險。此次在大水時期工作,歷數月之久,除損失少數鐵管及錨鍊等材料外,其他重要機件器具及工役人等並未受損傷,亦云幸事。

(四)鑽探結果。 此次鑽探之結果均繪具剖面圖,以示地質層次深淺狀況,俾作橋基計劃及預算之標準,(參觀鐵道部計劃第二三四圖)。長江近武昌岸處江底最深,約在最低水平下六十三英尺。然江底即係岩石層,漸向江心始有積沙及石子,故江底較淺,而岩石層則轉深。至距漢陽岸約八百尺之處,石層忽又凸高,從此漸降,石層成一斜坡,愈近漢陽岸則愈低,其上係黏硬性之黑色泥質,漢水內兩橋址之岩石層反較長江爲深,約在最低水平下九十餘尺。漢水底岩石層之高低及石質,均頗一致。而長江底石層則各處高下不一,石質又各有差別,此其不同之點也。

水力鑽探進行情形(Wash Boring.)

鑽探工事進行情形

七　財政問題之商榷

武漢跨江橋之建設,吾人莫不知其重要,而恆視爲工艱費巨,在今日天災人禍民窮財盡之中國,必無餘力以及此,故莫敢實行籌備建築。然觀測量設計及鑽驗江底地質之結果,則知工艱費巨之說,似不若人言之甚。此橋之建設既不容緩,建築費之籌措及償還問題,尤不可不先事規劃。竊以爲是橋之設可彷抽稅橋辦法Toll Bridge, 橋成之後以抽收通行稅爲還本付息之用,當不患無投資作建築費者。查民國二年北京大學之計劃,預算建築費約需國幣一千四百萬元;民十八年華特爾之計劃,全部建築費預算約需美金九百餘萬元。以近日金價而論,似屬所費不貲。然倘能盡量用本國材料,設立橋梁廠,自行製造橋梁,則經費可撙節不少。今約略估計,假定建築費需銀元二千萬元,以作籌款預算之根據。至於橋梁築成之後,稅收之數亦可先事估計以爲還本付息之預備。茲擇錄鐵道部最近統計所列,平漢粵漢兩路自民國四年至十八年間客貨運輸之數量,取其歷年平均之數以作收稅之標準。參觀附表第一可見平漢粵漢兩路歷年客運平均人數約四百三十餘萬人,貨運平均總噸數約四百七十餘萬噸,廣韶段之客貨尚不在內。將來粵漢全路完成。南北大幹線接軌之後,客貨運輸之數量,必大見增加。數年之後,或將倍於上列之平均數。然今作預算,不宜從樂觀方面着想,姑以上列平均數之半作爲經過橋梁之客貨,以此作徵稅之預算標準。貨運以每噸徵收一元,客運每人徵收一角計,並不爲多,則如預算(甲)所列歲收約可得二百五十餘萬元。又武漢三鎮交通,一切車輛行人之經過橋梁者,亦須徵稅。查武漢過江輪渡,統計每日平均人數約二萬五千人,即每年約九百萬人。橋成之後,過江人數亦必驟然增加,益以車輛貨物之運輸,估計稅收每年約一百萬元並不爲多。則武漢橋梁之總收入,鐵路道路兩項共計,每年約可得三百五十餘萬元（參觀預算甲)。又據歷年海關貿易總册所載,十三年至十九年漢口一埠之進出口貨總價值之平均數,爲關平銀二萬六千二百餘萬兩,合銀元三萬九千三百餘萬元,(參觀附表第二)。又從湖北財政廳各征收局方面調查,十九年份由參湘豫桂晉陝各省運漢口之土貨總價值一萬七千餘萬元,(觀附表第三甲);又十九年份四川省進出口貨價值共計八千四百餘萬元(參觀附表第三乙)。今按地域交通之遠近廣狹爲比例,預測將來運輸途徑之趨勢,取海關進出口貨三分之一,取湘豫桂晉陝各省之半數,取四川省貨物四份之一,作爲將來由鐵路運輸之數;以值百抽一計,約得二百三十八萬餘元;連客運所得及三鎮運輸稅收共計,亦約得三百五十餘萬元(參觀預算乙)。此數雖不可斷爲確實可靠,然從兩方面調查所得估計之結果略相同,則取爲預算之根據,亦不爲過。今以稅收三百五十萬元計,除去橋梁管理費外,以之付息還本,則如附表第四所列,不過九年,債務即可償淸。是此橋之建設,不但便利交通,即以營業論,亦大有利可圖也。還本付息,既有保障,則建築費之籌措,自易爲力。玆擬籌款辦法三種,略論如左:

(甲)徵求設計圖案,擇其至善者,與廠家訂定合同,投資建築,以橋梁稅收作還本付息之用。大局穩定,則歐美資本家,多有樂於投資作中國建設事業者。此種借款以橋梁本身收入作擔保,可不牽涉其他國有財產或國稅為抵押,離開政治,以杜弊端。竊以為單簡易行而效力最大之方法,莫過於此!

(乙)借用庚款建築,橋成後仍以橋梁稅收儘先付還。查英庚款雖已支配各路,所餘無幾,而意庚款自十九年至三十七年鐵道部應得之額尚有四千四百餘萬元;俄庚款鐵道部應得之額尚有九千餘萬元。武漢橋之建設,可仿照完成粵漢路辦法,撥借庚款為建築之用,或以庚款作抵押轉募公債,亦無不可。橋成之後,可照前法,收稅付息還本。

(丙)由平漢粵漢兩鐵路及武漢三鎮協款建築。查平漢鐵路過去營業最盛之年,收入達三千二百餘萬元,盈餘將近二千萬元。若無意外損失,則平均每年收入約二千五百萬餘元,盈餘約一千五百萬元(參觀附表第五)。設營業收入附加百分之五,為武漢橋建築費,每年約可得一百二十五萬元,又由盈餘項下每年撥百分之十,即一百五十萬元。又查粵漢鐵路湘鄂段平均每年收入約二百萬元,附加百分之五,約得一十萬元。廣韶段平均每年收入約三百萬元,附加百分之五,約得一十五萬元。以上四項,鐵路方面協款共計三百萬元。又由武漢三鎮每年協款一百萬元,(此款可由漢口市,漢口法日兩租界,三特別區域,武昌市,及漢陽市,八方面,按其經濟狀況分擔,當不難集。)故每年可得建築費四百萬元。行之五年,得二千萬之數,或可敷用,(倘仍不敷,可繼續協款。)此法集腋成裘,分期撥付,似屬輕而易舉。假定前二年為籌備時期,預將協款存儲生利,第三年開始建築。則如附表第六所列,款項可以源源接濟,至第六年完工,尚可餘款一百萬元,作後備費。此不過預先懸揣,約略估計。至於準確之數,及分年提用多寡後先,則俟造具詳細預算,及規定建築程序時,方能決定。此法既以路款及地方之款辦理建築,則橋成之後,應否抽收通行稅付息還本,宜酌定之。若仍照借款辦法,抽稅償還此款,則償還之後,在鐵路可用以改良路務,在武漢可用於他項建設,亦一舉兩得之事。倘大局穩定,鐵路營業可靠,則協款建築之法,或易於推行也。

第一表

平漢粵漢兩鐵路歷年客貨運輸統計

年份	平漢路		粵漢路湘鄂段		備考
	旅客人數	貨物噸數	旅客人數	貨物噸數	
民國四年	1,383,860	3,556,778	———	———	
五年	3,116,970	3,504,561	———	———	
六年	3,384,812	3,611,504	———	———	
七年	3,615,914	3,932,303	———	———	
八年	4,038,720	4,762,812	96,813	151,451	
九年	4,015,415	4,615,771	156,535	159,153	
十年	3,531,734	5,359,233	2,195,223	352,415	
十一年	3,727,223	4,135,111	736,269	410,407	
十二年	4,274,855	5,757,889	613,682	336,131	
十三年	4,457,068	4,975,978	789,876	483,503	
十四年	4,212,300	4,155,194	———	———	
十五年	———	———	419,917	312,493	
十六年	———	———	400,964	228,282	
十七年	———	———	802,945	340,537	
十八年	———	———	1,043,638	452,359	
總數	39,758,871	48,367,134	7,255,862	3,226,731	
歷年平均數	3,614,443	4,397,012	725,586	322,673	

兩路歷年客運平均人數合計 4,340,029 人

兩路歷年貨運平均噸數合計 4,719,685 噸

第　二　表

江漢關進出口貨物價值統計

年份	洋貨進口淨數	土貨進口淨數	土貨出口總數	進出口總數	備考
	H.K.T.	H.K.T.	H.K.T.	H.K.T.	
民國十三年	82,305,398	47,026,994	153,118,003	282,450,395	
十四年	69,365,189	64,309,105	155,086,783	288,761,077	
十五年	66,646,665	50,777,155	167,686,376	285,110,196	
十六年	34,228,671	39,541,011	127,190,262	200,959,944	
十七年	69,264,147	64,108,783	178,289,324	311,662,254	
十八年	64,199,924	52,853,917	148,465,688	265,519 529	
十九年	55,924,461	31,569,331	112,990,312	200,484,104	
總數	441,934,455	350,186,296	1,042,826,748	1,834,947,499	
七年平均數	63,133,494	50,026,614	148,975,249	262,135,357	

進出口貨物價値總數平均約合銀元393 203,035元(1H.K.T.＝$1.50)

第　三　表(甲)

民國十九年份由湘豫桂晉陝各省運銷漢口市土貨統計表

貨物來處	貨名	數量		價值	備攷
豫省	芝蔴	2,150,000	担	$21,590,000	
„ „	豆類	2,000,000	„	12 800,000	(以黃豆爲大宗)
„ „	繭綢	300,000	„	3,188,000	
„ „	煙葉	300,000	„	3,000,000	
„ „	植物油	1,000,000	„	14 830,000	
湘省	茶葉	329,200	„	7,192,000	

貨物來處	貨名	數量		價值	備攷
湘省	磁器	50,000	担	$160,000	
,, ,,	鞭爆	101,100	,,	2,228,000	
,, ,,	蠶豆	500 000	,,	2,800,000	
,, ,,	鑛產	285,000	,,	3,870,000	(以銻鑛爲大宗)
豫湘省	雞蛋	1,200,000	,,	18,000,000	(以豫省產爲大宗)
,, ,, ,,	本國紙			6,340,000	(以湘產爲大宗)
,, ,, ,,	牲畜	194,000	隻	3,020,000	(以豫產爲大宗)
,, ,, ,,	蓮子瓜子	220,000	担	3,010,000	
,, ,, ,,	絲繭	12,000	,,	1,130,000	
湘陝省	桐油	3,300,000	,,	9,900,000	
湘桂省	木材,皮篙,竹	1,820,000 2,500,000	兩 根	12,700,000	
豫陝省	棉花	426,000	担	12,780,000	
陝桂省	生漆	24,000	,,	3,120,000	
陝豫省	黃花	65,000	,,	2,730.000	
,, ,, ,,	牛皮	830,000	,,	3,040,000	
,, ,, ,,	小麥	700 000	,,	3,500,000	
陝豫桂	藥材	470,000	,,	7,680,000	
陝豫晉	花生紅棗	117,000	,,	1,568,000	
,, ,, ,,	獸毛,皮			3,550,000	
陝省	木耳	18,000	,,	1,980,000	
湘晉豫	煤,焦炭,柴	510,000	,,	4,580,000	
			總數	$170.286.000	

第三表(乙)

民國十九年度四川省進出口貨物統計

出口			進口			
貨名	數量	價值	洋貨	價值	土貨	價值
牛皮	24,930担	1,132,000元	疋頭	8,241,000元	棉紗	2,794,000元
羊皮	26,520 „	1,806,000	棉毛製品	827,000	菸捲菸葉	2,257,000
雜獸皮	355,600張	781,000	五金類	2,141,000	絲綢疋頭	1,360,000
猪鬃	11,390担	1,813,000	海產	1,392,000	棉布疋	2,570,000
禽毛	4,650 „	179,000	罐頭食物	238,000	棉毛製品	569,000
麝香	16,360 „	364,000	西藥用品	395,000	文具紙張	228,000
白臘	3,630 „	316,000	化學用品	163,000	植物產	1,967,000
其他動物產	21,360 „	566,000	赤白冰糖	2,890,000	海產	376,000
頭髮	1,220 „	111,000	紙煙	281,000	藥材	468,000
菸葉	36,460 „	1,071,000	染料靛青	1,356,000	磁器	427,000
生漆	29,970 „	2,916,000	洋磅紙	159,000	精鹽	2,490,000
紙類	101,460 „	943,000	糖磁玻璃	224,000	酒茶類	227,000
棕麻	54,490 „	785,800	皮件	124,000	鞋傘帽	175,000
其他植物產		1,037,000	火柴水泥	220,000	其他雜品	385,000
土布	101,000 „	2,090,000	建築材料	210,000		
夏布	115,000 „	4,814,000	電燈材料	198,000		
絲綢	13,270 „	9,632,000	日常用品	453,000		
木耳	5,288 „	4,448,000	女紅用品	123,000		
五倍子	62,600 „	897,400	煤油汽油	4,320,000		
藥材		6,243,000				
桐油	28,690 „	5,632,000				
總數		47,577,200元		23.955,000元		16,093,000元

進出口貨價值共計 87,625,200 元

武漢橋梁徵稅收入預算。

(甲). 以歷年鐵路運輸統計作徵稅之標準:—

平漢粵漢兩路貨運歷年平均噸數合計4,719,685噸取其半數作爲通車時經過橋梁之噸數以每噸徵收一元計約得	2,359,842元
平漢粵漢兩路歷年客運平均人數合計4,340,029人取其半數作爲經過橋梁之人數以每人徵收一角計約得	217,000元
鐵路客貨收入共計	2,576,842元
武漢三鎭道路運輸稅收估計約得	1,000,000元
鐵路道路兩項稅收共計每年可得	3,576,842元

(乙). 以海關貿易及徵收局統計作徵稅之標準:—

民國十三年至十九年江漢關進出口貨物總價值平均約393,203,035元取其三份之一作爲經過橋梁之數按值百抽一爲通行稅得	1,310,670元
十九年份湘豫桂晉陝各省運漢口土貨總價值170,286,000元取其半數作爲經過橋梁之數按值百抽一爲通行稅得	851,430元
十九年四川省進出口貨價值共計87,625,200元取其四份之一作爲經過橋梁之數按值百抽一爲通行稅得	219,063元
貨運稅收共計	2,381,163元
客運稅收仍照(甲)種計算	217,000元
武漢三鎭道路運輸稅收估計	1,000,000元
共計稅收每年可得	3,598,163元

第四表　武漢橋梁建築費還本付息表

年份	總收入	管理費	借款	付息	還本	年終債務	備攷
第一年	$ ———	$ ———	$ 5,000,000	$ 300,000	———	$ 5,000,000	前四年建築期內應付利
第二年	———	———	5,000,000	600,000	———	10,000,000	息暫由借款內扣除。
第三年	———	———	5,000,000	900,000	———	15,000,000	
第四年	———	———	5,000,000	1,200,000	———	20,000,000	
第五年	3,500,000	500,000	———	1,200,000	———	20 000,000	第五年除付管理費及撥
第六年	3,675,000	500,000	———	1,200,000	775,000	19,225,000	還歷年墊付利息尙不敷
第七年	3,858,750	500,000	———	1,153,500	2,205,250	17,019.750	1,200,000元故第六年開
第八年	4 051,658	500,000	———	1,021,185	2 530,473	14,489,277	始還本。
第九年	4,254 241	500 000	———	869,357	2,884,884	11,604,393	
第十年	4,466,953	500,000	———	696,264	3,270,689	8,333,704	
十一年	4,690,300	500,000	———	500 022	3,690,278	4,643,426	
十二年	4,924,815	500 000	———	278,606	4,146,209	497,217	
十三年	5,171,056	500,000	———	29 833	497,217	———	
總數	38,592,773	4,500,000	20,000,000	9,948,767	20,000,000		

說明:(1)假定建築費總額國幣二千萬元前四年爲建築時期每年借款五百萬元年利六厘計算。

(2)根據上列預算第五年開始通車徵稅收入3,500,000元以後逐年增加百分之五。

(3)每年稅收所得除去管理費假定五十萬元外以全數充付息還本之用照此算法至第十三年終（卽通車後第九年)債務償清尙餘4,144,006元

第五表　平漢及粵漢鐵路營業收支及盈餘統計

年份	平漢鐵路			粵漢鐵路湘鄂段				備攷
	營業收入	營業支出	盈餘	營業收入	營業支出	盈餘	不敷	
民國四年	$17,141,095	$ 7,120,173	$10,020,922	———	———	———	———	
五年	20,466,622	7,027,542	13,439,080	———	———	———	———	
六年	18,750,636	7,009,225	11,741,411	———	———	———	———	
七年	23,822,621	7,977,853	15,844,768	———	———	———	———	
八年	26,313,680	9,060,473	17,253,207	198,484	169,595	28,889		
九年	25,827,213	10,320,779	15,506,434	159,711	168,072		73,639	
十年	25,161,567	12,138,851	13,022,716	1,815,224	1,836,396		21,176	
十一年	26,388,117	11,444,303	14,943,814	1,895,980	1,632,803	263,177		
十二年	32,012,578	12,664,931	19,447,647	1,640,151	1,713,400		73,249	
十三年	28,859,815	13,152,029	15,707,786	2,012,510	1,893,479	119,031		
十四年	27,111,873	13,048,526	14,063,347	1,987,398	2,147,055		159,657	
十五年	14,739,136	11,874,787	2,864,349	1,061,903	1,976,295		914,392	
十六年	11,492,819	9,994,159	1,498,660	1,227,531	2,160,473		932,942	
十七年	———	———	———	2,177,431	2,494,918		317,487	
十八年	———	———	———	2,813,176	2,805,582	7,594		

武漢橋梁建築費丙種借款預算

平漢鐵路營業進款每年約25,000 000 元

附加百分之五得……………………1,250,000元

平漢鐵路盈餘每年約15,000,000 元

每年撥百分之十得……………………1,500,000元

粵漢鐵路湘鄂段營業進款每年約2,000,000 元

附加百分之五得……………………100,000元

粵漢鐵路廣韶段營業進款每年約3,000,000 元

附加百分之五得……………………150,000元

武漢三鎮每年協款……………………1,000,000元

以上五項共計每年借款……………………4,000,000元

第六表　　武漢橋梁建築費收支預算

年份	年終進款	存款利息	存款本息累計	用款	用款累計	年終結存	備攷
第一年	4,000,000	———	4,000,000	———	———	4,000,000	第三年開始建築將第二年終結存之款
第二年	4,000.000	320,000	8,320,000	———	———	8,320,000	8,320,000 元內提出 5,000.000 元餘
第三年	4,000,000	265,600	12,585,600	5,000,000	5,000,000	7,585,600	3 320,000 元仍舊存儲生利按週息八
第四年	4,000,000	206,848	16,792,448	5,000,000	10.000,000	6,792,448	厘計算得 265,600 元第四五六年提款
第五年	4,000,000	143,396	20,935,844	5,000,000	15,000,000	5,935,844	及餘款生利之法照此類推
第六年	———	74,868	21,010,712	5,000,000	20,000.000	1,010,712	
	20,000,000	1,010,712		20,000,000			

說明：(1)假定武漢橋梁六年完成前二年爲籌備時期後四年爲實行建築時期

(2)平漢粵漢兩鐵路及武漢三鎮分擔借款自第一年起每年籌借四百萬元五年共借二千萬元

(3)前二年未開始建築先將借款存放生利以週息八厘計算第三年開始建築每年用款五百萬元第六年完工共用款二千萬元尚餘1,010,712元作後備費.

二十世紀水工模型試驗之進步

總論——沿革——水工試驗室之設備——水工大模型試驗場及其最近報告——結論

鄭肇經

第一節　總論

科學之成立,莫不賴乎觀察與經驗,惟由觀察與經驗所得之現象,歸納之乃可產生學理,而致之實用。此項定律,可以推諸凡百科學而準,其於水工也亦然。是以治河者,欲求治導之合法,且圖以最經濟之方法,而獲有最美滿之效果,非熟諳河流之天然現象,與夫治河建築物之效能不可,如是則水工試驗尚矣。試驗之方法有二,一為實地試驗,一為模型試驗。二者相較,雖由實地所得之結果,最為可恃,但實地試驗之時,各種現象固無由分析研究,又不能操縱自如。例如流量與挾沙比降水深河寬等各個之作用如何,相互間之關係如何,在天然河流內,卽無從分析研究。又如洪水期內河床之變化最大,在天然河流內,亦無從隨時停止水流,探測河床之形態,且於設施方面事實上殊多不便,非僅費時耗財而已也。故從事水工試驗者,多以模型試驗為主。夫模型試驗之原旨,在摒除一切附帶現象,而研究一單純之現象。每一種試驗僅欲其解決問題之一部,詳察其變,推究其理,然後綜合之,歸納之,以求全部之解釋。是以每作一試驗,萬無解釋多數難題之可能,但一種難題,可以分析為多數之小部分,以便逐項研究。例如天然河流之流行也,其動作之原因,與夫同時所感受之影響,極為複雜。如欲研究一種現象,必先分別其有關係之各種原因,逐項試驗,始可決定某項原因對於此現象之作用,占幾何勢力,某項現象與他一現象之關係又當如何，然而試驗之結果，未必與實際之現象，絲毫無誤，換言之卽所得之結果，未必可以完全應用。故由理論而成之公式，必須加以係數，(Koeffizienten) 以求與事實脗合，此項係數，實表示吾人對於天然現象之未能澈底明瞭耳。

設試驗之時，天然現象之各小部分，均可以理論解釋之，或以公式歸納之矣。然最後綜合局部之試驗，藉以證明現象之全體，亦有發生困難者，或竟完全背謬者。須重作試驗，研究某小部分爲發生困難之主要分子，並考察該小部分對於全體之影響是否重要，若影響甚微，是否可以删除該小部分，勿使羼雜其間而爲梗。或研究此項試驗，如放大模型，精密計算，是否可以尋得錯誤之點。凡此種種，端賴試驗者之隨機應變，而卜試驗之成敗也。或於試驗之初，對於試驗之問題，令人無從下手，或竟無從思索以分析之者，可先作預備試驗，以小模型觀其全局，徐察其變而研究之。精力所聚，金石爲開，或於本問題毫無所得，而反能發明他項意外之新學理者，亦數見不鮮。又或試驗之結果，對於工程上並無充分之價值者，然學術上之試驗，莫非經累次之失敗，長期之研究，而後得有良果。多一次之失敗，卽係多一次之經驗，由此經驗，或反足以獲得科學上之進步。雖有因試驗結果之不良，以致靡費金錢，在工程方面，或爲不經濟，但在學術上仍有相當之價値。是以水工模型試驗之性質，非僅供社會上一切水工之解難決疑，而同時又可供應學術上之研究。魏司博 (Weisbach) 於所著水力實驗學 (Experimental Hydraulik) 之弁言中有云：“惟有模型試驗，足以使初學者澈底明瞭水力學之眞理，而印象之深，亦可以不易忘記。並能對於各種原理，敢下準確之批評。是以試驗室對於工業大學尤爲重要。經歷一次之試驗，各項學理可不待算式之證明而了解，所謂千聞不如一見也。” 惟試驗之事，非人人可以爲之，試驗之無美滿結果者，往往有之。其原因或對於所研究之問題，未能十分了解，或試驗之手續與設備，未能周到，或模型過小，不能得有準確之觀察，或缺乏相當之學力與經驗未能下精確之評判。是以試驗之事,非得富有經驗與理想力之專家主持之,在學理與實用二方面,均不能獲得可貴之價值也。

第二節　水工試驗之沿革

水利工程之需要試驗室,創議者爲半世紀前之德國普魯士工務總理哈根。(Gotthilf Hagen)氏曾在自著之海港學弁言中詳論模型試驗之重要,希望工界人士,對於舊式之學理與方法,不可盲從。誠以水利工程之設施,視各地情形之不同,而有所差異。工程方面不先有模型試驗,難期措施之必當。學校方面,無模型試驗則新學理無由闡明。氏之倡此偉論,實近世創設水工試驗室之嚆矢也。

至於應用模型試驗,解決實際問題之鼻祖,爲法國之法孤氏(Fargue)先是一八七五年,法國爲改進鮑爾克斯商港(Bordeaux)之航務起見,須挑濬老龍河。(Garoune)。彼時專家之意見,或以爲須專恃挖泥器濬深,或以爲須有相當之建築物,以維持航路之深度,議論紛紜,莫衷一是。於是法孤氏經過二年久之試驗,乃證明河槽之濬深,須用相當之建築物,以保持之,否則隨濬隨淤,功效甚微。

一八八五年英國擬改良自利物浦 (Liverpool) 至孟舍司特(Manchester) 之航路,彼時學者紛爭,其待決之點有三:一,建設運河,以容納吃水較深之海船,或治導原有之梅雪河(Mersey)二者孰優孰劣。二,導水壩之地位,與漲沙之影響。三,口外之攔門沙,可否利用導水壩,使之自然刷深。於是英國雷腦司教授 (Osborue Reynolds) 乃製造梅雪河下游之模型,從事試驗,一八八六年英國工師海鵠特(Vermon Harcourt) 繼雷氏試驗,乃決定梅雪河建築導水堤與開闢運河之位置。同年海鵠特繼續試驗法國聖茵河口, (Seine) 彼時改良該河之計劃有十項,而海氏逐項試驗之後,決定改良河口之善法,仍爲延長河口之導水壩,輔以挖泥工程云。一八九〇年,法國政府復於滨河之饒陰城, (Rouen) 重製河口模型,由法工師李羅爾(Mengin Lecroeul)試驗,經過五年之久,其結果大致仍與海氏無所軒輊云。

一八九三年,德國薩克遜大學教授恩格司氏 (Hubert Engels) 首創水工試驗室,試驗關於天然河流之學理,成績甚著。一八九〇年以前,有哈根氏之水力試驗,發明水力方面之學理。自此以後,有恩氏之水工試驗室,於是關於河工渠工海港各方面之發明,乃日進千里。噫恩氏之功,可謂偉矣。

恩氏之水工試驗室既成,德國各處,競相模仿。一九〇二年劉百克教授 (Rehbock) 創設第二水工試驗室於卡兒絲魯亥大學 (Karlsruher Technische Hochschule)。一九〇三年德國農商部創辦第三水工試驗室於柏林。一九〇八年谷海教授 (Koch) 創設第四水工試驗室于腸城大學 (Technische Hochschule in Darmstadt)。其他如俄國聖彼得堡 (St. Petersbury) 雖亦仿效恩氏之法,建築水工試驗河槽,究以規模較小,無可稱述。

一九〇四年恩氏感覺原設之水工試驗室,不敷應用,亟須擴充,乃擬定大規模之試驗室計劃,建於該校新校舍內,一九一三年落成,一切設置,較之他處益形完備。同時柏林工科大學,由葛蘭及悌里二教授 (Grantz, de Thierry) 亦另建新式試驗室於該校,內容仍多效法於恩氏。

一九〇三年奧國有維也納水利工程會會長饒達 (Lauda) 提倡創設水工試驗室,九年後由其後任薛達克 (Siedeck) 完成其計劃。迨至一九一四年.乃有奧國農商部水工試驗室產生矣。繼之而起者,有奧國大學教授施敏克 (Smreck) 創設試驗室於勃林大學 (Bruenn)。瑞典大學教授費尼司 (W. Felleuius)設試驗室於(Stockholm)大學。德國大學教授愛黎 (Ehlers) 及壽慈 (Dtto Schulze) 創設試驗室於但齊希大學 (Danzig)。然規模之宏,計劃之精,終不若薩克遜及柏林二大學也。最近美國方面,經費禮門 (John R. Freeman) 之提倡,亦已創設大規模之試驗室,設置亦頗完備。先是費氏於一九二四年夏遊歷歐洲,參觀德國各地之水工試驗室,對於近十年來,所發表之成績,大爲驚異。深信此項進步,足以引起世界各國之注意,追踪而競相效仿,主張世界名川巨流之任何困難問題,均應藉試驗之法,而求解決之道。良以試驗室之設備,所費有限,而因試驗所得之經驗,實足以使將來施工時,節省巨額之建築費,與虛糜之光陰也。

費氏在歐洲水工試驗室調查錄內有云:"水工試驗室之目的有二:

1.) 供應水工教課時之需要。

2.) 供應研究水工原理之需要。

聯合上項兩種目的,可分別下列試驗之種類:

1.) 就學理方面,研究水工上應用之各種流量公式。

2.) 就實地工程方面,研究治導河流,布置港埠,建設堰壩,及水電廠等之設備。

3.) 研究關於水工方面之機器,如抽水機與蝸輪機等,

4.) 研究關於航務方面之問題,如輪船之形態,與水中阻力之關係。

由此觀之,近世水工試驗之重要,與各國對於水工試驗之重視,可見一斑。

第三節　水工試驗室之設備

各國水工試驗室之設備,大都無多差異。茲以德國薩克遜大學之水工試驗室,爲恩格司所首創,又爲著者所研習之所,見聞較詳,爰舉以爲例。

恩格司氏於一九一三年在薩克遜大學新校舍內重建之水工試驗室,規模新穎,設置完備。內分河槽 (Flussgerinne) 及渠槽 (Tief-gerinne) 回水槽 (Ruecklaufkanal) 三部。河槽用以研究河工問題,首端有蓄水櫃 (Wasserbehaelter), 下端爲試潮機 (Flut-und Ebbevorrichtung)。渠槽用以研究關於水力方面之問題,二者均在試驗室之上層。回水槽用以研究水流對於船舶之阻力等問題,在試驗室之下層。試驗室之面積,長爲四十三公尺,寬爲十六公尺。與試驗室毗連者。有

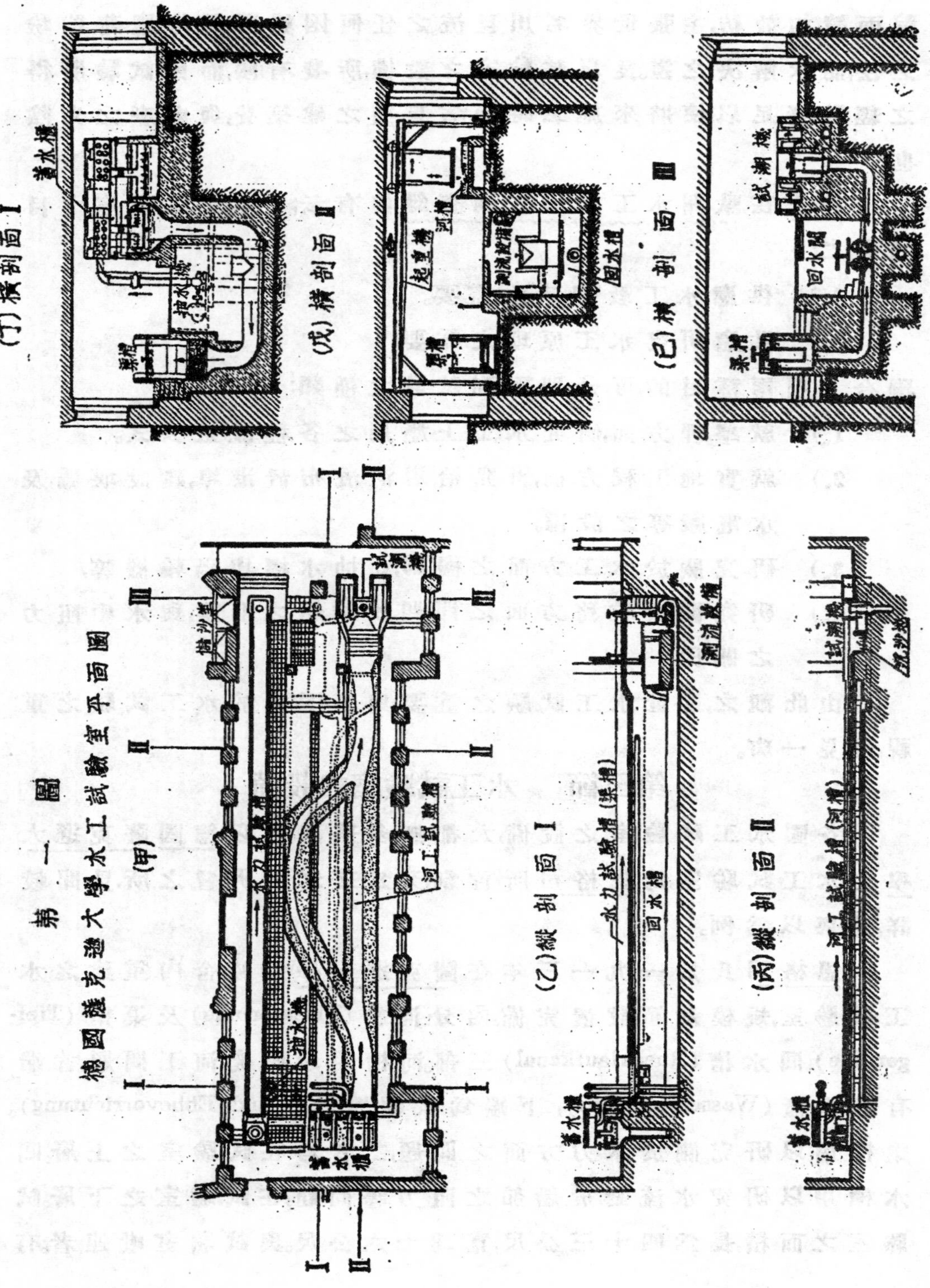

第一圖　德國薩克遜大學水工試驗室平面圖

陳列室,研究室,製圖室,攝影室,儀器室,儲沙室,模型儲藏室,工料室等。試驗室內部平面布置,參觀第一圖甲,渠槽及回水槽之縱剖面,參觀第一圖乙,河槽之縱剖面,參觀第一圖丙,蓄水櫃之橫剖面,參觀第一圖丁,回水槽之橫剖面,參觀第一圖戊,試潮機之橫剖面,參觀第一圖己。各部之詳細結構,臚舉之如下:

一.水之供給　河槽應用之洪水流量,估計約達每秒二百立

第二圖

蓄水櫃平面圖(甲)

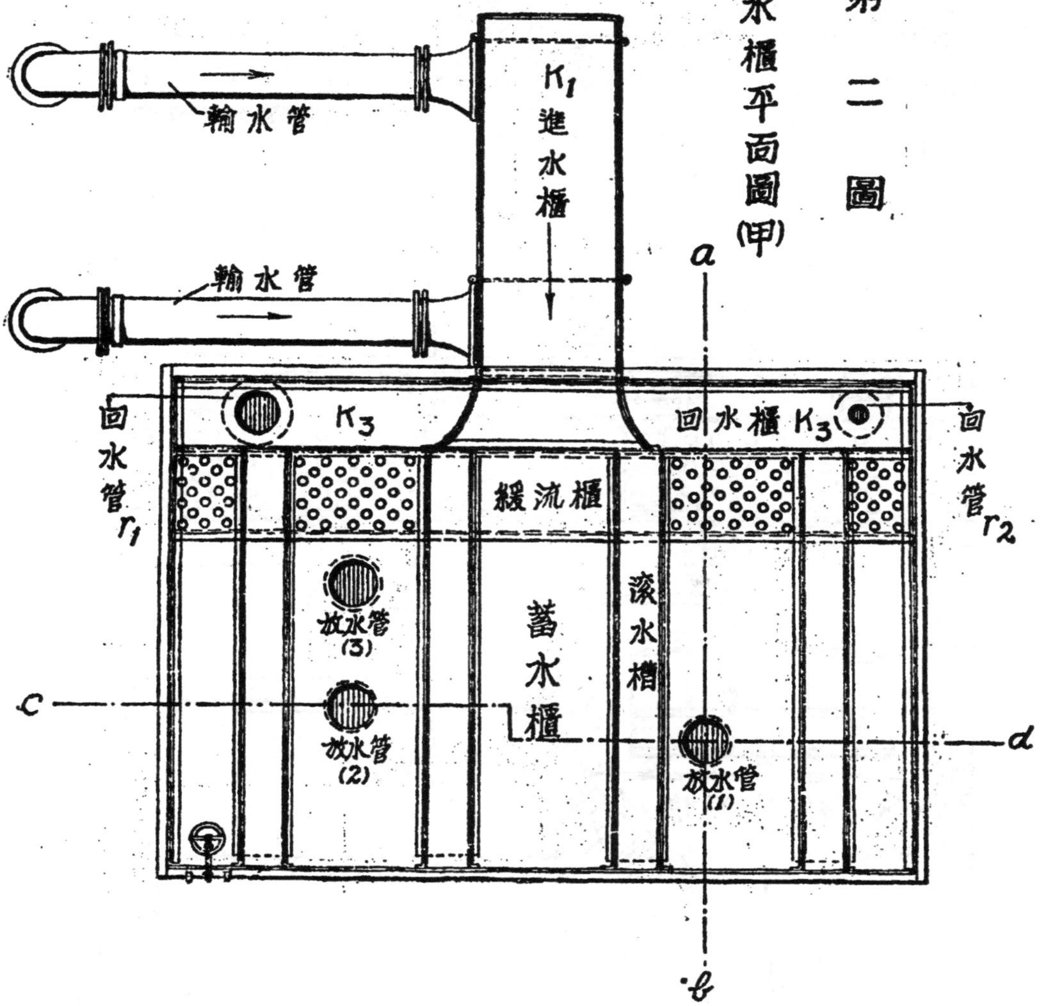

(乙) 剖　面　a—b

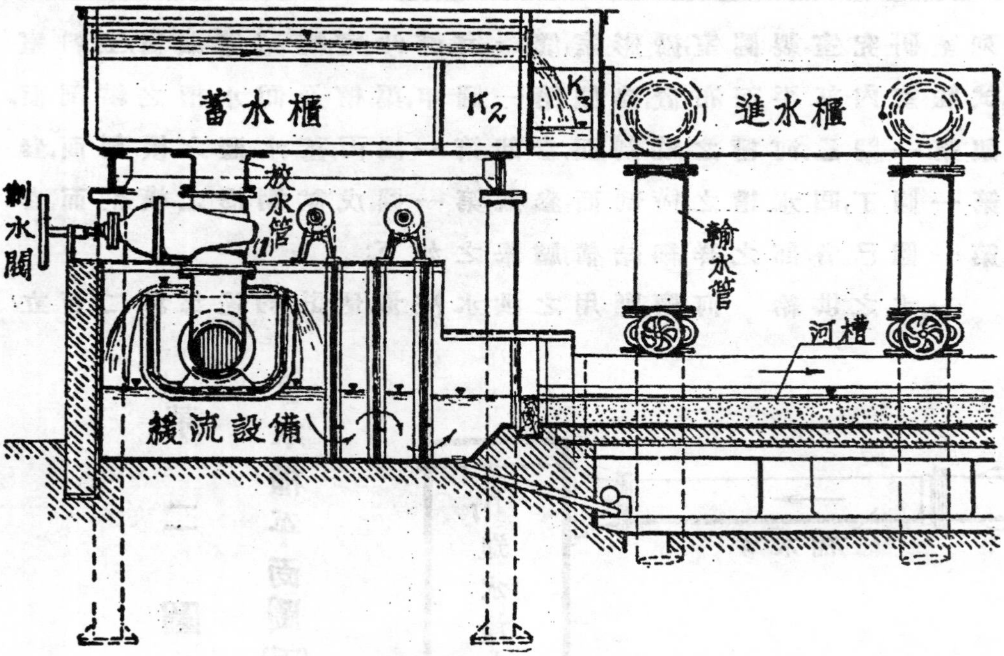

(丙) 剖　面　c—d

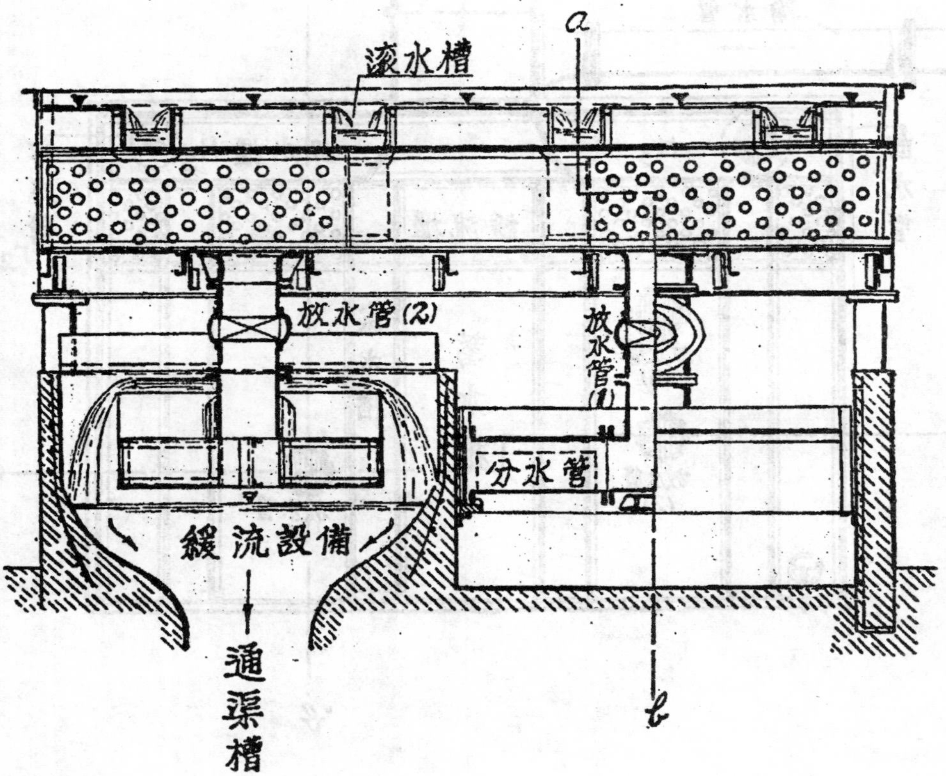

特,(公升)故用抽水機兩架,每架抽水之能力,爲每秒一百立特。水從回水槽內,抽送至蓄水櫃,由蓄水櫃導入渠槽或河槽,復匯入回水槽。故試驗之時,可藉有限之水量,令其循環迴轉,而資運用。此項水量,係一次取給於自來水,除蒸發之消耗外,幾無其他損失。流量之多寡,有制水活閥(Schieberstellurg)節制之。

二.蓄水櫃　蓄水櫃之位置,與河槽成丁字形。而櫃內之結構,可使流入河渠二槽之水量,各不相礙。當水抽入蓄水櫃之時,先達進水櫃,再達緩流櫃,緩流櫃裝有篩孔板,水流經過,可企平穩。而蓄水櫃中之水面高度,於試驗之時,應保持勿變,故又安設滾水槽,使溢出之水,經回水櫃巡返回水槽。試驗用水,由放水管(1)導入河槽,放水管(2)導入渠槽,水量之多寡,皆有活閥節制。而於放水管及試驗槽之間,又有緩流設備,務使水入試驗槽之前,不致湍激。此外又有放水管(3)可導水直達試潮機,專供試驗潮汎之用。全部詳細結構,參觀第二圖甲乙丙。

三.河槽　河槽係用鋼筋混凝土所製,寬度爲二公尺,長度爲三十公尺。槽床之上舖沙,河底之斜度,以舖沙之厚薄表顯之。河槽邊欄之一,可以拆卸,鑲以木質槽床,用作試驗河灣或支流之用,其寬度可達八公尺。河槽之末端,安設沉沙池,爲蓄積沙粒之用。參觀第三圖及第四圖甲。

第三圖

河槽結構

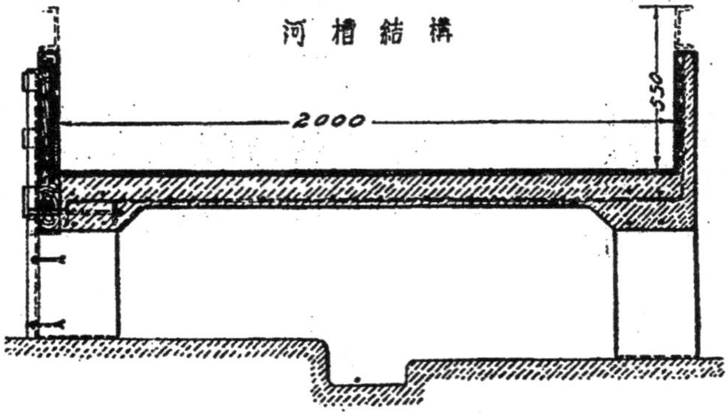

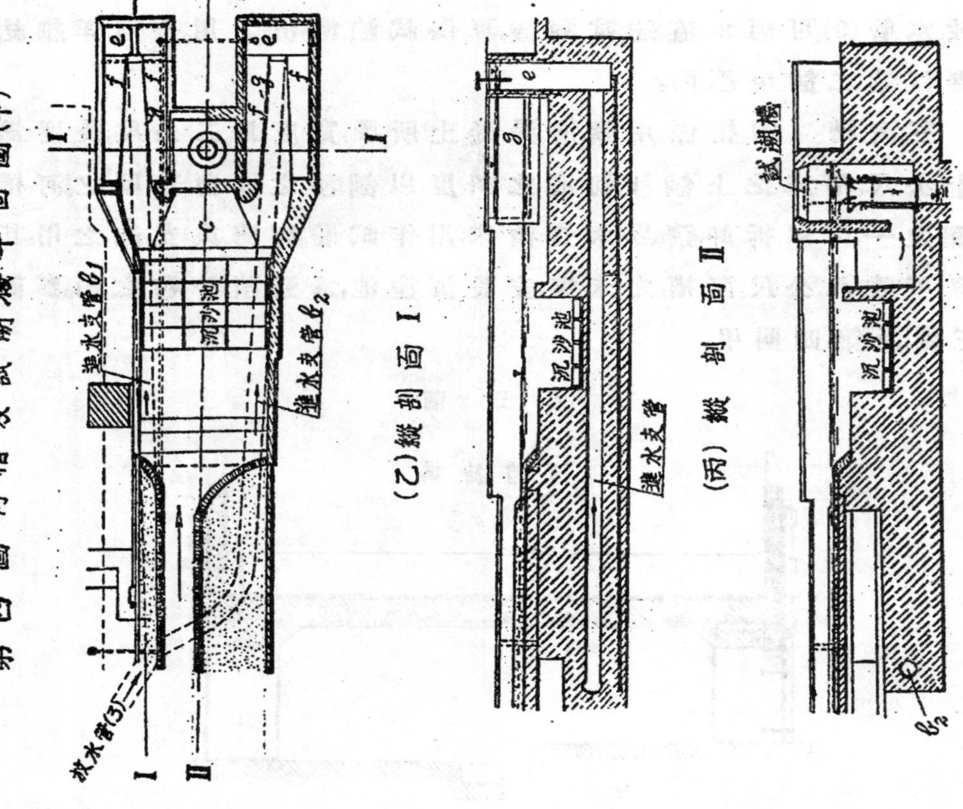

第四圖 河槽及試湖櫈平面圖(甲)

(乙)縱剖面 I

(丙)縱剖面 II

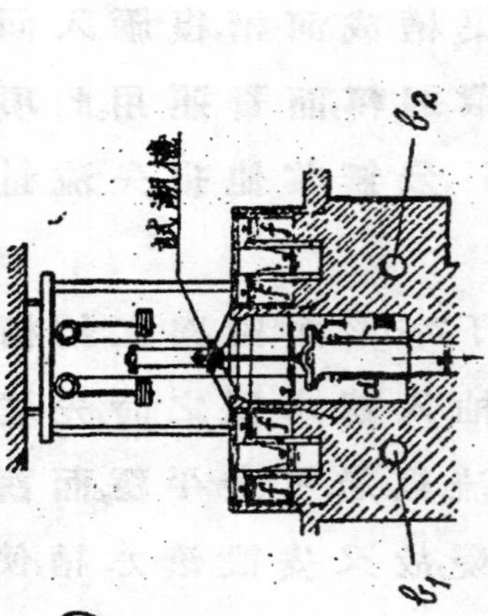

(丁)橫剖面 I

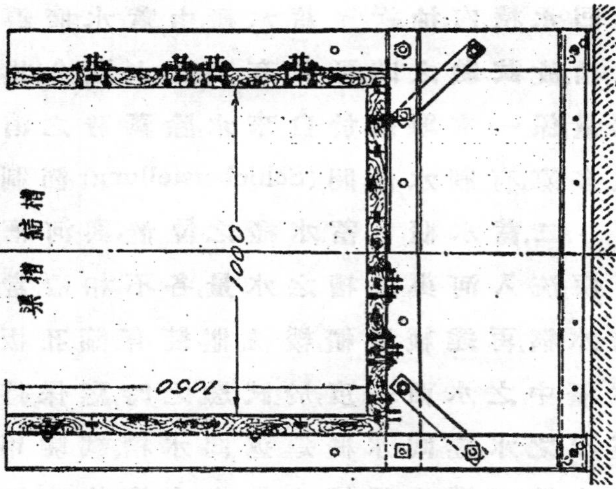

第五圖

四.試潮設備　設潮機之主要部分,爲二直立之管,下管(II)固定不動,上管(I)可藉水壓之變換而昇降,參觀第四圖丁。試潮之水,自蓄水櫃,由放水管(3)傳送而來。管之末端,分成 b_1 b_2 兩支管,導水先入橫槽 e,再入縱槽 f,越過槽沿 g,而至 c 槽,再達 d 筒。如是則 e f 兩槽之水量,可與試驗槽內之水面變化,不發生關係。而支管 b_1 b_2 放水入 e 槽之處,並裝設活閥。節制流量。試驗潮汎之際,河槽之水下流而橫槽 f 之水逆上,但 d 筒放出之水,可以任意變化。假設河槽下流之水量爲 Q_1,由水槽 f 越沿而出之水量爲 Q_2,放出之水量爲 Q_3,則漲潮落潮之現象,可用下式表明之。

$Q_3=Q_1+Q_2$……………無潮

$Q_3>Q_1+Q_2$……………落潮

$Q_3<Q_1+Q_2$……………漲潮

其詳細結構參觀第四圖丙丁。

五.渠槽　槽以木製,形方,範以鉄箍。試驗之時,如需要槽之寬深在一公尺以內者,可藉木板之闊狹任意支配。水之來源,係由蓄水櫃經放水管(2)導入渠槽。由渠槽流出之水,或經過測驗流量之設備放入回水槽,或直接放入回水槽。其結構參觀第五圖。

六.回水槽及其他設備　回水槽長約二十五公尺寬約三公尺。其由河槽與渠槽放出之水均歸納於斯。地位在試驗室之下層,上用鉄板掩蓋。試驗室內,其他重要設備如湯姆生式之滾水堰(Thompson-Ueberfall),可用以測驗流量,電力起重機,可以往來於試驗室之間。特殊之零星設備,亦屬甚多,茲從略。

第四節　水工巨型試驗場及其最近報告

一九二六年德國在南部奧貝那谷(Obernach-Tal)瓦痕湖(Walcheusee)附近,創設大規模之水工及水力試驗場(Forschungs-Institut für Wasser bau und Wasserkraft)。合力經營者,爲德國政府,巴燕邦政府,及威廉皇帝學院(Kaiser-Wilhelm-Gesellschaft)。試驗場所佔地計十萬平方公尺,約合中國一百五十餘畝專供水工及水力試驗之用,其

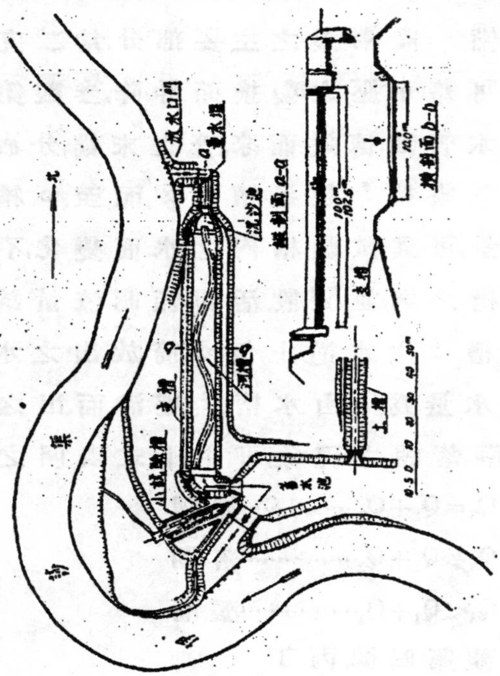

第八圖

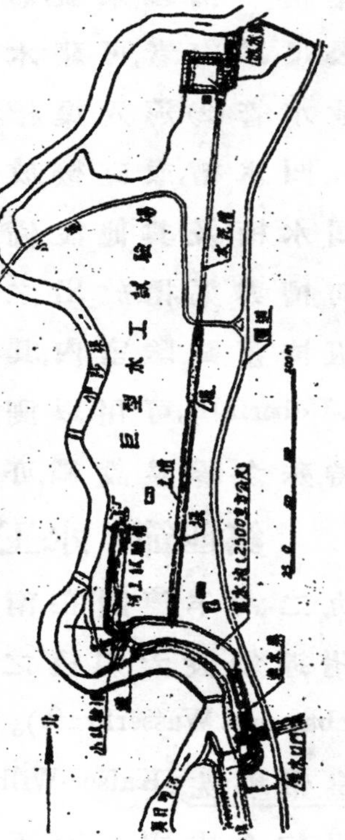

第七圖 巨型水工試驗場

第六圖 水工巨型試驗場地盤圖

位置參觀第六圖。所用水量全部取給於瓦痕湖水力廠之水渠內。此項水渠名曰伊涉渠 (Isar-Kanal) 在克銀鎮 (Kruen) 之南,與伊涉河 (Isar) 接通,北流至瓦痕湖之南端約二公里處,與奧貝那河匯合。試驗場之進水口門即在該處,參觀第七圖。進水量約為每秒八立方公尺,先經進水渠達蓄水池,池之面積為二千五百立方公尺。試驗時所用之水均由蓄水池分配水量,達于試驗槽內。該試驗場之工程開始於一九二八年,翌年夏,工竣開幕,此乃水工試驗場之大概情形也。

一九三一年夏,恩格司教授,曾利用此項水工試驗場作大模型之試驗,證明前在薩克遜大學水工試驗室內,由小模型試驗河流沙質移動之狀況,與現在之結果,完全符合。惟以巨型試驗比例較大,觀察更加精密,因以發明下列三項之重要結果:

1.) 河底之變化,在洪水期內為最大。

2.) 導水堤 (Leitdeiche) 對於航道有較佳之影響。

3.) 縮狹堤防之距離,不能使洪水面降落。

茲依據恩格司氏最近之試驗報告,摘要述之如下:

先是恩格司氏在薩克遜大學水工試驗室作一模型,與愛比河 (Elbe) 之河灣相類。試驗之題,為河流挾沙之情形,及水位升降與河床形態之關係,所得之結果,與實地觀察天然河流所得之現象,大都符合。但以模型較小,所製河道剖面之比例,不能盡與天然河道相似。又以試驗時,所選洪水位與低水位流量之比例,較諸天然河道內略有差異。並假定洪水未嘗溢出河槽,而模型內所用之沙,又係洗淨之沙,其大小參差之程度,不能與天然河道所挾之砂質相合。故試驗之結果,當然不能完全適合。是以恩格司氏提倡利用大模型試驗,矯正前項謬誤,加以精密觀察。恩氏所用之河工試驗槽,為長方形,其布置參觀第八圖。槽之長度為一百公尺,寬為十公尺,兩旁之坦坡為一比一,河床斜坡為千分之五。試驗用水由蓄水池放入河槽模型,經過沉沙池及量水堰復行流入伊涉渠。在此試驗槽內,製成河道模型,仍與愛比河之河灣相似。縮小之比例約爲五十五分之一。橫剖面爲梯形,上面寬度爲二百五十公分,河床及兩邊灘地之坦坡,均爲千分之一,岸之坦坡爲一比一。此種河道模型,其低水位之水深,與河寬之比例爲五十分之一,在小模型內僅爲八分之一。故所得之結果,大致均可與天然河流之現象相比擬也。

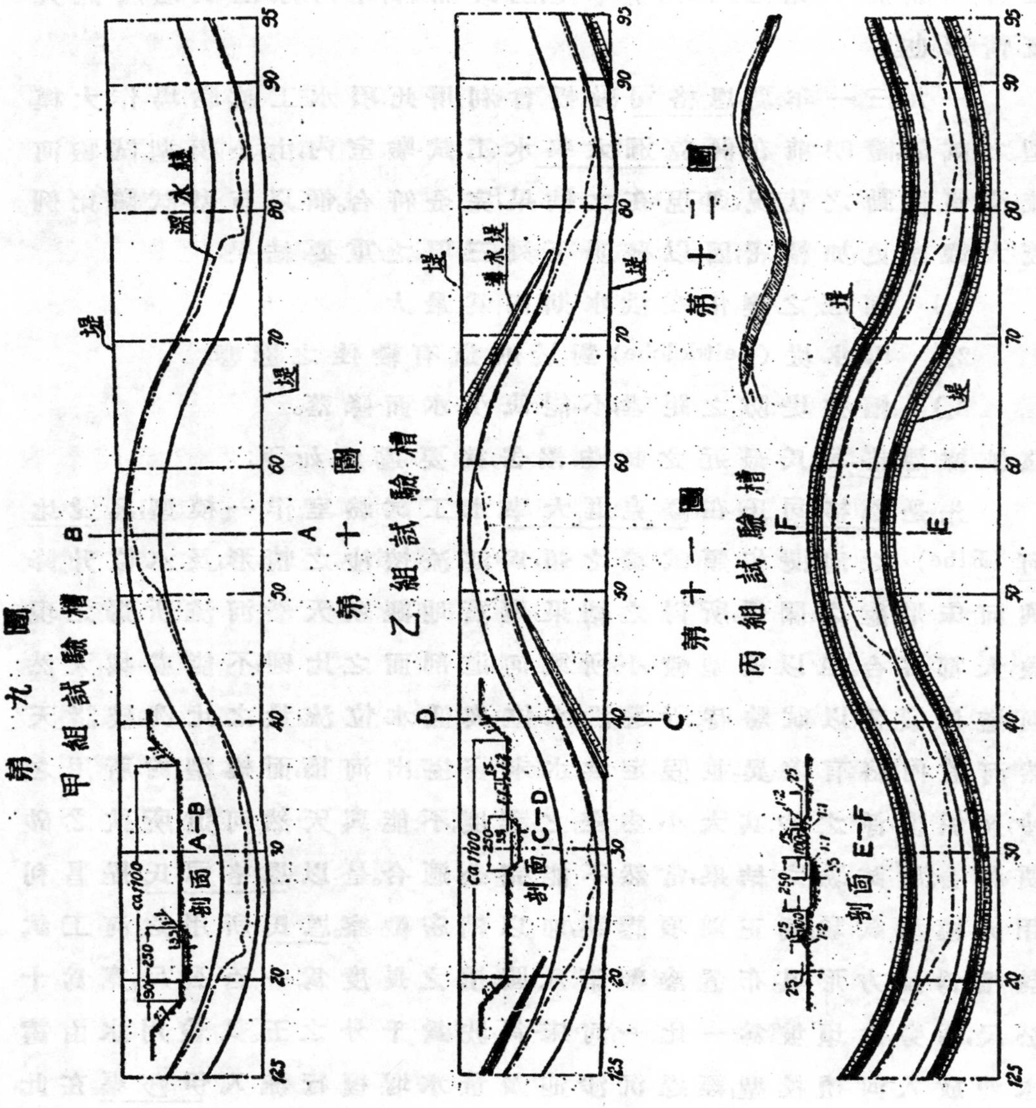

第九圖 甲組試驗槽

第十圖 乙組試驗槽

第十一圖 丙組試驗槽

河道模型內所製之堤,計分三種。各別試驗時,均用同一河槽。低水與中水洪水之流量,及水流之時間亦相同。水流時之斜度,均爲千分之一。沙粒之注入與放出,務求維持平衡狀態。其試驗之程序,共分三組述之如下:

(甲)洪水堤爲直線,堤距約爲十一公尺,參觀第九圖。

(乙)堤之情形與(甲)組同,惟灘地上加築導水堤,(Leitdeiche)參觀第十圖。

(丙)洪水堤之位置隨河流彎曲,堤距爲四公尺半,參觀第十一圖。

每組模型試驗之手續相同,臚舉如下:

1.)試驗槽內經過五十小時久之中水位流量,測定水面斜坡,然後使河底涸乾,測其剖面。

2.)再行放水入槽,既達中水位後,於六小時內逐漸增加水量,使由中水位,升至洪水位,然後經二十四小時久之洪水位流量,測定水面斜坡,涸出河底,測其剖面。

3.)又復放水入槽,既達洪水位後,於十二時內逐漸減少水量,使由洪水位降至低水位,再經二小時久之低水位流量,測定水面斜坡,並測量剖面。

上項試驗,所採用之流量,低水位爲每秒17公升,中水位爲每秒 172 公升,洪水位爲每秒 548 公升。放水處設立測水堰,所有各項流量,均於此測驗之。堰之寬度爲二公尺半,測得堰口瀉水之高度爲h,(Ueberfallhoehe)可用下式計算流量Q。

$$Q=1.9\cdot 2.5\,h\sqrt{h}$$

試驗時,注入之沙與放出之沙,欲求其平衡,須有一種專門技術,此項技術,乃得之于經驗。務使注入之沙,完全依照規定之時間與數量,于試驗洪水位時,沙祇注入河槽內,勿使注入灘地。灘地爲搗堅之粘土,當洪水流過時,因速率甚緩,不致發生裂痕。

試驗時所測各剖面,其相隔距離,最多爲 1.25 公尺,適爲河槽寬度之半。其在剖面內所測各點之距離,依剖面之形狀而定,但最多不得過二十公分。甲組試驗共測 235 個剖面,乙組試驗共測 232 個剖面,丙組試驗共測 298 個剖面,綜計 765 個剖面。依據此項剖面,製成各項圖樣研究後所得之結果如下:

一.沙質之推移　沙質之推移,除用目力視察外,並散放紅磚粉,觀其推移之狀況,所得之結果,與恩格司氏用小模型試驗之結果,完全符合,參觀第十二圖。惟涸出河床後,發見細沙停留於凸岸之前,粗沙則沿凹岸留積,與天然河流之情形相符,此項結果僅能得之于巨型試驗。恩氏前用細沙在小模型內試驗則見河底上之細沙,現出一種不規則之波痕(Riffelu)。在大模型內試驗,則河床仍然光滑,沙粒在河床上成長脊形(Rueckeu)向前移動,其上端坦坡甚小,下端坦坡甚陡。水量漸增,則河灣前之深槽,與兩灣間之淺槽,其高度相差亦漸大,此種現象,亦祇可在大模型內見之。

二.堤之影響　觀察甲乙丙三組之圖,可知河床之不規則變化,在洪水期爲最大。此項河床變化,雖經過洪水期後之低水位未嘗略有改變。又當丙組試驗時,低水位後通過五十小時久之中水位流量,亦未能使此種不規則之河底變化,再有更動。又觀察洪水對於河床之影響,互相比較,在甲組爲最小,在丙組爲最大。即河床深凹處與隆起處之高差,在甲組爲最小,在丙組爲最大。且河床上沙質隆起處之長度,在甲丙二組爲最短,在乙組爲最長,故乙組之沙脊最爲平直。由此可知導水堤影響於水流爲最佳。而低水期內沙質隆起處之水深,於甲組及丙組,爲五公分,在乙組爲八公分,益可證明導水堤之優點。按丙組堤之目的,在使洪水位河岸縮狹之後,可以刷深河槽,因以降落洪水位之水面,然根據試驗之結果,則大謬不然。即使放出之沙,多於注入之沙,洪水面仍不見降落,或反致升高。如于中水位後,再通過二十四小時久之洪水位流量,幷使沙之放出與注入,近乎平衡,亦不見水面之降低。此項結果,對於河工設計,甚爲重要。但欲詳細研究此項重要問題,容再依據各河流

之特性,在更大之河道模型內試驗之,

第五節　結論

水工模型試驗,對於治導河流之重要,既如上述。吾國自去歲水災以後,全國河流之急待修治,婦孺皆知。則水工模型試驗室之創設,實亦不容或緩。且試驗之工作,需要相當之研究時期與經驗。非試驗室成立之後,各種治導方策即可隨之而產生,故尤須培植人才,專力研討,方克於事有濟。而吾國爲害最烈之黃淮,其治導之策更非倉卒所能決定,自宜採取世界水工專家之意見,以期集思廣益。現在世界水利專家,對於黃淮之治導方策,熱心研究者,頗不乏人,其最著稱者,如美國之費禮門氏,氏曾於一九一九年來華考察黃淮,對於導淮擬有較詳之計劃發表。嗣氏遊歷歐洲,參觀各處水工試驗場所之後,乃有請求德國恩格司氏試驗黃河計劃之舉。費氏以外,又有德國薩克遜大學教授恩格司氏,氏爲創設河工試驗室之鼻祖,亦素以研究黃河爲志,二十年來孜孜研討不倦。一九二三年秋,曾應費禮門之請求,試驗黃河挑水壩之距離,結果非常

第十三圖

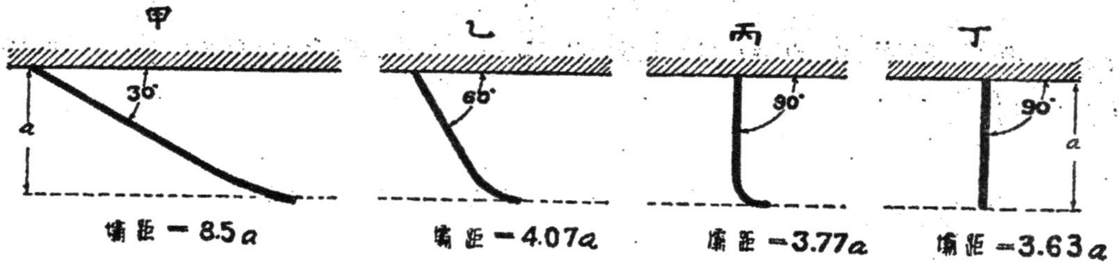

第十四圖

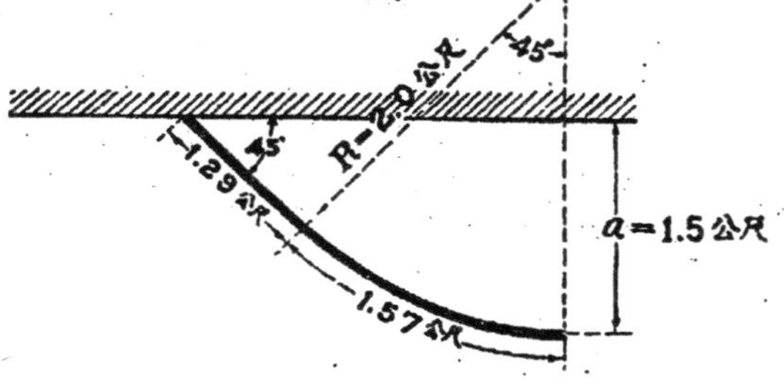

圓滿。氏曾選擇四種挑水壩之位置,研究最經濟之壩距,參觀第十三圖甲乙丙丁。依據試驗之結果,選定挑水壩之形態,如第十四圖。彼時恩氏又著制馭黃河論,主張以固定中水位之河槽,為治導之主旨,一九二四年春恩氏以七十之稀齡,辭退講席,惟仍願以衰邁之年,遊歷中華,實地考察黃河,以竟厥志。顧以吾國內亂頻仍,未能成議。一九二八年導淮委員會成立,曾電聘恩氏為顧問工程師,而氏適患病,遵醫囑不果行。導淮會乃改聘德國漢諾佛大學教授方修斯(Franzius)來華,方氏亦恩氏之弟子也。方氏於贊助導淮計劃外,兼研究治導黃河之策,主以縷堤束水,刷深河槽,蓋即明代潘尚書季馴築堤束水,束水攻沙之遺意也。恩方二氏之意見,大同小異,往返討論甚多,仍在繼續試驗研究之中。方氏在德國漢諾佛大學亦據有著名之水工試驗室。而恩氏則更進一步利用大模型試驗場,為試驗黃河之用,於本年六月開始工作。吾國方面,並由魯豫冀三省會派李賦都君參加試驗。期限約需百日,年內當有報告發表,此乃最近世界水工專家研究治導黃河計劃之情形也。噫,吾國苟能一面自建大規模之試驗室,隨時依據實地之情形,試驗各項難題,以為治導之張本。一面蒐集吾國歷代關於水利之文獻,以明河流變遷之沿革,更參酌名家之意見,確定治導之方策,他日實行治河,其利益豈淺鮮哉。

十　進　制

蕭　藹　士

杭江鐵路顧問工程師，美國土木工程師學會正會員

十進制(Metric System)之在今日，既有專籍以事研究，復經中國政府及世界多數國家，正式採爲標準制度，似毋須工程師之再加討論矣。然猶有不能已於言者，何哉？良以此種制度之輸入中國工程師與之不無深切之關係耳！夫工業未發達之國家，所需之構造原料，及機械，大都須仰給於國外，如英與美，其所用度量衡制度仍固守其舊有之標準，沿用長噸(Long ton)短噸(Short ton)之名稱。其餘如43,560平方呎爲一畝(Acre)，$16\frac{1}{2}$呎爲一杖，(Rod) 231立方吋爲一加侖(Gallon)，而帝國加侖(Imperial gallon)又較大百分之二十，凡此種種，苟欲與之完全斷絕關係，殆勢所難能。雖然，苟能以最大之決心，繼續努力，未嘗不可以將此種不良制度加以擯棄也。

中國舊時之度量衡制度，惜無公衆承認之基本單位以爲標準。倘無此缺點，恐數百年前，早已普遍於世界各部矣，因實際上，幾完全爲一基於十進之制度也。今欲革除舊制，而改用新制，必有堅決之努力，或大事更張，始能奏效，吾輩工程師，尤宜勿失時機。促其早日實現焉。

倘用嚴刑厲法，以推行新制，則著者對此，不無躊躇。憶曩在墨西哥時，曾因誤犯，而致對簿公庭。此種經歷，誠生平第一次，至今猶覺赧然。蓋在墨西哥內，不特明定十進制爲全國之標準，抑且嚴禁國人使用或仍存留舊式之度量衡器具，違者必科以罰金，或繫諸

* The Metric System, by Arthur M. Shaw.

囹圄,甚至二者皆不能避免。惟操靴(Boot-legging)業者,仍沿用舊式制度,幾遍及全國,而政府竟視若無睹。然當外國工程師偶用舊式天平,以證明售賣物品於軍營中之商人,確已短少分量時,則其奸商必往報警署:謂吾人倘有舊式天平之存在,於是逮捕隨之矣。縱告以此類不法器具久在本城大街中之舊貨店內出售,今不過偶用之以試驗奸商,並無惡意云云,亦不足以動有司之聽聞,減絲毫之罪戾。苟非賴私交之誼,至少難免一夜之羈留。古墨西哥之監獄,殊非消閑之樂土也!

但吾輩工程師中大多數因平時用慣英制,對于公分公里等單位,輒覺不能運用如意,苟能稍事練習,亦不難糾正之也。

工程師目爲最紛繁而不能統一者,首推鐵道測量之事最近中國大學內特設專科,以研究之者,惟有一校。而其中所用測量之器具,如鏈尺捲尺等,皆爲英制。其定曲線也,則以百呎之弦長爲標準。此法在中國鐵道上,用之者頗多。至今學校猶沿用之,蓋於必要時,用以重定舊線者也。惟其主要標準,仍須遵照鐵道部所公定之規章其言曰:

『鐵道曲線之劃定應以二十公尺之弦長所對中心角之度數爲準。』

此項規定,足以使十進制適用於美國鐵道定線之方法。因後者爲近世最良制度,不過所用之單位相異耳。英國工程師習於用整呎(Even feet)〔或用鏈尺與環尺〕之半徑以表明曲線。然當彼等從事於殖民地之鐵道工作時,毅然採用美國之方法於時間並無損失。現今中國工程師之從事於定線測量者,尙用整長之半徑,(如200,250,300公尺等)以表示曲線殊可異也!

上述二種鐵道曲線定置方法之討論,在未經實地運用之人視之,不啻純爲一種理論,終無實際施用之可能;然其中實有價值存焉。蓋在實際工作時,曲線之半徑,不過具學理上之興趣而已。爲工程師者,曾否想及其曲線中心點之位置與距離殊屬疑問。其所樂用者,亦不過就切線(Tangents),而量其偏倚角(Angles of Deflection),以定曲線之位置而已。倘每釘一中心樁於曲線時,其偏倚角必須臨時計算,或須自表册中找尋,則實地工作必因而遲鈍矣。苟測量者,不有非常之熟悉,則當其旋轉角度至奇數,或餘數分時,鮮有不發生無意之錯誤者,此在整長半徑制度中固難以避免也。

若用整角制度(Even-degree System)則不然,測量者如遇曲線之起點與終點,爲零餘站數時,僅須計算與旋轉其零餘偏倚角而已。其餘之偏倚角,皆爲整數。即不然,亦不過四分之一度耳。故其工作,因是而迅速,旋轉或記讀角度時,所引起之錯誤,亦可實際免除。而在測量者,尤可減少無謂之麻煩也,

其在整長半徑制度中,用公尺以表明曲線者,則爲之解釋曰:以20公尺之弦長,爲標準之十進制,固甚佳矣。然求其單位角曲線(One-degree Curve)之外距(Externals),與切線(Tangents)之各種表册,如美國出版之手册中所列,以百呎之弦爲準者,殆不可得。反之,日本出版之各種手册中,關於各種半徑之曲線,所有之偏倚角表詳至一分之幾分之幾者,固甚易得也。

著者因鑒於上述情形,故决心努力於編輯此項表册,以期適合於中國政府各鐵道之用。初則搜集未成,繼乃自行編製。幸未久接得美國土木工程師學會會員,Fred Lavis君之覆函,對於前此所詢一切,解答甚詳,幷謂是種表解,曾在其所著鐵道之測量與估計(Railroad Surveys and Estimates)一書中附同出版。該書雖已絕版,幸著者尙存一册。玆承Lavis君,與該書出版人之慨然通融,准許該項表解在中國重版,幷允作爲本篇之一部份。著者亟望其能俾諸實用,將其印爲多數之手册式小本,使爲工程師者,咸人手一編,庶不負著者之初衷耳!

其在德法各國,亦或有此類表册之存在,不過至今猶未發見。如能得之,其對于用英制測量者,有極大之便利,此種表册,可附入書中,以備應用。本篇所附各表,爲歐美各國之久已採用十進制爲

標準者所通行。就中如著者曾經服務之各鐵道,皆將此種表解,印於藍晒紙上,以供測量之用。

日本與中國因文字之類似,故其出版之鐵道手册(Railway Hand-books),猶多用於中國。惟圖表素無中西之別,文字上之困難,更無從説起。然則今日中國從事於鐵道定線者,倘根據何種充分之理由,而繼續採用既多繁難;又易錯誤之日式制度耶?故著者敢言曰:中國政府所定之標準,爲極合理之制度,無論何處,皆當採用也。(鄒輪譯)

應用十進制之鐵道曲線表

以二十公尺之弦長爲準

篇中所列各表,原爲Fred Lavis之『鐵道定線測量與其估計』書中一部份。玆經國民政府建設委員會顧問工程師Arthur M. Shaw.編輯成篇,并承著者與出版諸君特許在中國再版。

一九三一年,十二月廿八日蕭鑴士識於杭州。

第十三表 公度曲線之半徑*

20公尺之弦所對之角度 角度	曲線之半徑 半徑	角度	半徑	角度	半徑	角度	半徑
		20	859.46	40	429.76	4^{0} 0'	286.54
		22	838.49	42	424.45	2	284.17
		24	818.53	44	419.28	4	281.84
		26	799.50	46	414.23	6	279.55
		28	781.33	48	409.30	8	277.30
0^{0} 10'	6875.5	30	763.97	50	404.48	10	275.08
12	5729.6	32	747.36	52	399.78	12	272.90
14	4911.1	34	731.46	54	395.19	14	270.75
16	4297.2	36	716.22	56	390.70	16	268.64
18	3819.7	38	701.60	58	386.31	18	266.55
20	3437.8	40	687.57	3^{0} 0'	382.02	20	264.51
22	3125.2	42	674.09	2	377.82	22	262.49
24	2864.8	44	661.13	4	373.71	24	260.50
26	2644.4	46	648.66	6	369.70	26	258.54
28	2455.5	48	636.65	8	365.76	28	256.61
30	2291.8	50	625.07	10	361.91	30	254.71
32	2148.6	52	613.91	12	358.15	32	252.84
34	2022.2	54	603.14	14	354.45	34	251.00
36	1909.9	56	592.74	16	350.84	36	249.18
38	1809.3	58	582.70	18	347.30	38	247.39
40	1718.9	2^{0} 0'	572.99	20	343.82	40	245.62
42	1637.0	2	563.59	22	340.42	42	243.88
44	1562.6	4	554.51	24	337.08	44	242.16
46	1494.7	6	545.70	26	333.81	46	240.47
48	1432.4	8	537.18	28	330.60	48	238.80
50	1375.1	10	528.92	30	327.46	50	237.16
52	1322.2	12	520.90	32	324.37	52	235.53
54	1273.3	14	513.13	34	321.34	54	233.93
56	1227.8	16	505.58	36	318.36	56	232.35
58	1185.4	18	498.26	38	315.44	58	230.79
1^{0} 0'	1145.9	20	491.14	40	312.58	5^{0} 0'	229.26
2	1109.0	22	484.22	42	309.76	2	227.74
4	1074.3	24	477.50	44	307.00	4	226.24
6	1041.8	26	470.96	46	304.28	6	224.76
8	1011.1	28	464.60	48	301.61	8	223.30
10	982.23	30	458.40	50	298.99	10	221.87
12	954.95	32	452.37	52	296.41	12	220.44
14	929.14	34	446.50	54	293.88	14	219.04
16	904.69	36	440.78	56	291.39	16	217.66
18	881.49	38	435.20	58	288.94	18	216.29

* 此表錄自美國 Kansas City, Mo. 土木工程師學會會員 H.H. Filley 氏所著「測量用表」書中

第十三表 公度曲線之半徑(續)

角度	半徑	角度	半徑	角度	半徑	角度	半徑
20	214.94	40	171.98	8^{0} 0'	143.36	20	122.91
22	313.60	42	171.13	2	142.76	22	122.48
24	212.29	44	170.28	4	142.17	24	122.04
26	210.98	46	169.45	6	141.59	26	121.61
28	209.70	48	168.62	8	141.01	28	121.19
30	208.43	50	167.79	10	140.44	30	120.76
32	207.17	52	166.98	12	139.87	32	120.34
34	205.93	54	166.18	14	139.30	34	119.92
36	204.71	56	165.38	16	138.74	36	119.51
38	203.50	58	164.59	18	138.18	38	119.09
40	202.30	7^{0} 0'	163.80	20	137.63	40	118.68
42	201.12	2	163.03	22	137.08	42	118.28
44	199.95	4	162.26	24	136.54	44	117.87
46	198.80	6	161.50	26	136.00	46	117.47
48	197.66	8	160.75	28	135.47	48	117.07
50	196.53	10	160.00	30	134.94	50	116.68
52	195.41	12	159.26	32	134.41	52	116.28
54	194.31	14	158.53	34	133.89	54	115.89
56	193.22	16	157.80	36	133.37	56	115.51
58	192.14	18	157.08	38	132.86	58	115.12
6^{0} 0'	191.07	20	156.37	40	132.35	10^{0} 0'	114.74
2	190.02	22	155.66	42	131.84	2	114.36
4	188.98	24	154.96	44	131.34	4	113.98
6	187.94	26	154.27	46	130.84	6	113.60
8	186.92	28	153.58	48	130.35	8	113.23
10	185.91	30	152.90	50	129.85	10	112.86
12	184.92	32	152.22	52	129.37	12	112.49
14	183.93	34	151.55	54	128.88	14	112.13
16	182.95	36	150.89	56	128.40	16	111.76
18	181.98	38	150.23	58	127.93	18	111.40
20	181.03	40	149.58	9^{0} 0'	127.45	20	111.05
22	180.08	42	148.93	2	126.99	22	110.69
24	179.14	44	148.29	4	126.52	24	110.34
26	178.22	46	147.66	6	126.06	26	109.98
28	177.30	48	147.03	8	125.60	28	109.63
30	176.39	50	146.40	10	125.14	30	109.29
32	175.49	52	145.78	12	124.69	32	108.94
34	174.60	54	145.17	14	124.24	34	108.60
36	173.72	56	144.56	16	123.79	36	108.26
38	172.85	58	143.95	18	123.35	38	107.92

第十三表 公度曲線之半徑(續)

角度	半徑	角度	半徑	角度	半徑	角度	半徑
40	107.58	40	98.26	40	90.51	40	
42	107.25	42	97.98	42	90.28	42	
44	106.92	44	97.71	44	90.04	44	
46	106.59	46	97.43	46	89.80	46	
48	106.26	48	97.15	48	89.57	48	
50	105.93	50	96.88	50	89.34	50	
52	105.61	52	96.61	52	89.11	52	
54	105.29	54	96.34	54	88.88	54	
56	104.97	56	96.07	56	88.65	56	
58	104.65	58	95.80	58	88.42	58	
11° 0'	104.33	12° 0'	95.54	13° 0'	88.19		
2	104.02	2	95.27	2	87.97		
4	103.71	4	95.01	4	87.75		
6	103.40	6	94.75	6	87.52		
8	103.09	8	94.49	8	87.30		
10	102.78	10	94.23	10	87.08		
12	102.48	12	93.97	12	86.86		
14	102.17	14	93.72	14	86.64		
16	101.87	16	93.46	16	86.42		
18	101.57	18	93.21	18	86.21		
20	101.28	20	92.96	20			
22	100.98	22	92.71	22			
24	100.68	24	92.46	24			
26	100.39	26	92.21	26			
28	100.10	28	91.96	28			
* 30	99.69	30	91.72	30			
32	99.40	32	91.47	32			
34	99.11	34	91.23	34			
36	98.83	36	90.99	36			
38	98.55	38	90.75	38			

* 半徑小於100公尺之曲線定置時須改用10公尺長之弦

第十四表 公度曲線一度角之切線與外距*

角度	切線	外距	角度	切線	外距	角度	切線	外距	角度	切線	外距
1°	10.00	.044	7°	70.09	2.41	13°	130.6	7.41	19°	191.8	15.93
10	11.67	.059	10	71.76	2.24	10	132.2	7.61	10	193.5	16.22
20	13.33	.078	20	73.43	2.35	20	133.9	7.80	20	195.2	16.50
30	15.00	.098	30	75.11	2.46	30	135.6	8.00	30	196.9	16.79
40	16.67	.121	40	76.78	2.57	40	137.3	8.20	40	198.6	17.09
50	18.34	.147	50	78.46	2.68	50	139.0	8.40	50	200.3	17.38
2°	20.00	.175	8°	80.13	2.80	14°	140.7	8.61	20°	202.1	17.68
10	21.67	.205	10	81.71	2.92	10	142.4	8.81	10	203.8	17.98
20	23.34	.238	20	83.48	3.04	20	144.1	9.02	20	205.5	18.28
30	25.00	.273	30	85.16	3.16	30	145.8	9.23	30	207.2	18.58
40	26.67	.310	40	86.83	3.29	40	147.5	9.45	40	208.9	18.89
50	28.34	.350	50	88.51	3.41	50	149.2	9.67	50	210.7	19.20
3°	30.01	.393	9°	90.19	3.54	15°	150.9	9.89	21°	212.4	19.52
10	31.68	.438	10	91.86	3.68	10	152.6	10.11	10	214.1	19.83
20	33.34	.485	20	93.54	3.81	20	154.3	10.34	20	215.8	20.15
30	35.01	.535	30	95.22	3.95	30	155.9	10.56	30	217.6	20.47
40	36.68	.587	40	96.90	4.09	40	157.6	10.79	40	219.3	20.79
50	38.35	.641	50	98.58	4.23	50	159.3	11.03	50	221.0	21.12
4°	40.02	.698	10°	100.3	4.38	16°	161.0	11.26	22°	222.7	21.45
10	41.69	.758	10	101.9	4.52	10	162.7	11.50	10	224.5	21.78
20	43.35	.820	20	103.6	4.67	20	164.4	11.74	20	226.2	22.11
30	45.02	.884	30	105.3	4.83	30	166.1	11.98	30	227.9	22.45
40	46.69	.951	40	107.0	4.98	40	167.8	12.23	40	229.7	22.79
50	48.36	1.02	50	108.7	5.14	50	169.6	12.48	50	231.4	23.13
5°	50.03	1.09	11°	110.3	5.30	17°	171.3	12.73	23°	233.1	23.48
10	51.70	1.17	10	112.0	5.46	10	173.0	12 98	10	234.9	23.82
20	55.37	1.24	20	113.7	5.63	20	174.7	13.24	20	236.6	24.17
30	55.04	1.32	30	115.4	5.79	30	176.4	13.49	30	238.4	24.53
40	56.71	1.40	40	117.1	5.96	40	178.1	13.75	40	240.1	24.88
50	58.38	1.49	50	118.8	6.14	50	179.8	14.02	50	241.8	25.24
6°	60.06	1.57	12°	120 4	6.31	18°	181.5	14.28	24°	243.6	25.60
10	61.73	1.66	10	122.1	6.49	10	183.2	14.55	10	245.3	25.96
20	63.40	1.75	20	123.8	6.67	20	184.9	14.82	20	247.1	26.33
30	65.07	1.85	30	125.5	6.85	30	186.6	15.10	30	248.8	26.70
40	66.74	1.94	40	127.2	7.04	40	188.3	15.37	40	250.6	26.07
50	68.42	2.04	50	128.9	7.22	50	190.0	15.65	50	252.3	27.45

* 此表簽自美國 Kansas City, Mo. 土木工程師學會會員 H.H. Filley 氏所著「測量用表」書中

第十四表 公度曲線一度角之切線與外距(續)

角度	切線	外距	角度	切線	外距	角度	切線	外距	角度	切線	外距
25°	254.0	27.82	31°	317.8	43.25	37°	383.4	62.44	43°	451.4	85.70
10	255.8	28.20	10	319.6	43.73	10	385.3	63.03	10	453.3	86.41
20	257.5	28.59	20	321.4	44.22	20	387.1	63.63	20	455.2	87.12
30	259.3	28.97	30	323.2	44.70	30	389.0	64.22	30	457.2	87.83
40	261.1	29.36	40	325.0	45.19	40	390.9	64.82	40	459.1	88.55
50	262.8	29.75	50	326.8	45.68	50	392.7	65.42	50	461.0	89.27
26°	264.6	30.14	32°	328.6	46.18	38°	394.6	66.03	44°	463.0	90.00
10	266.3	30.54	10	330.4	46.68	10	396.4	66.64	10	464.9	90.72
20	268.1	30.94	20	332.2	47.18	20	398.3	67.25	20	466.9	91.45
30	269.8	31.34	30	334.0	47.69	30	400.2	67.86	30	468.8	92.19
40	271.6	31.74	40	335.8	48.19	40	402.0	68.48	40	470.8	92.93
50	273.4	32.15	50	337.6	48.70	50	403.9	69.10	50	472.7	93.67
27°	275.1	32.56	33°	339.4	49.22	39°	405.8	69.73	45°	474.7	94.42
10	276.9	32.97	10	341.3	49.73	10	407.7	70.36	10	476.6	95.16
20	278.6	33.39	20	343.1	50.25	20	409.6	70.99	20	478.6	95.92
30	280.4	33.81	30	344.9	50.77	30	411.4	71.62	30	480.5	96.67
40	282.2	34.23	40	346.7	51.30	40	413.3	72.26	40	482.5	97.43
50	283.9	34.65	50	348.5	51.83	50	415.2	72.90	50	484.5	98.20
28°	285.7	35.08	34°	350.3	52.36	40°	417.1	73.54	46°	486.4	98.96
10	287.5	35.51	10	352.2	52.89	10	419.0	74.19	10	488.4	99.73
20	289.3	35.94	20	354.0	53.43	20	420.9	74.84	20	490.4	100.5
30	291.0	36.38	30	355.8	53.97	30	422.8	75.49	30	492.3	101.3
40	292.8	36.82	40	357.6	54.52	40	424.7	76.15	40	494.3	102.1
50	294.6	37.26	50	359.5	55.06	50	426.5	76.81	50	496.3	102.8
29°	296.4	37.70	35°	361.3	55.61	41°	428.4	77.48	47°	498.3	103.6
10	298.1	38.15	10	363.1	56.16	10	430.3	78.14	10	500.2	104.4
20	299.9	38.60	20	365.0	56.72	20	432.2	78.80	20	502.2	105.2
30	301.7	39.05	30	366.8	57.28	30	434.2	79.49	30	504.2	106.0
40	303.5	39.51	40	368.7	57.84	40	436.1	80.16	40	506.2	106.8
50	305.3	39.96	50	370.5	58.40	50	438.0	80.84	50	508.2	107.6
30°	307.1	40.42	36°	372.3	58.97	42°	439.9	81.54	48°	510.2	108.4
10	308.8	40.89	10	374.2	59.54	10	441.8	82.21	10	512.2	109.3
20	310.6	41.35	20	376.0	60.12	20	443.7	82.90	20	514.2	110.1
30	312.4	41.82	30	377.9	60.69	30	445.6	83.60	30	516.2	110.9
40	314.2	42.30	40	379.7	61.27	40	447.5	84.30	40	518.2	111.7
50	316.0	42.77	50	381.6	61.86	50	449.5	85.00	50	520.2	112.5

4663

第十四表 公度曲線一度角之切線與外距(續)

角度	切線	外距	角度	切線	外距	角度	切線	外距	角度	切線	外距
49°	522.2	113.4	55°	596.5	146.0	61°	675.0	184.0	67°	758.5	228.3
10	524.2	114.2	10	598.7	146.9	10	677.3	185.2	10	760.9	239.6
20	526.3	115.1	20	600.8	147.9	20	679.5	186.3	20	763.3	230.9
30	528.3	115.9	30	602.9	148.9	30	681.8	187.5	30	765.7	232.3
40	530.3	116.8	40	605.0	149.9	40	684.0	188.6	40	768.1	223.6
50	532.3	117.6	50	607.2	150.9	50	686.3	189.8	50	770.5	235.0
50°	534.4	118.5	56°	609.3	151.9	62°	688.5	190.9	68°	772.9	236.3
10	536.4	119.3	10	611.4	152.9	10	690.8	192.1	10	775.4	237.7
20	538.4	120.2	20	613.6	153.9	20	693.1	193.3	20	777.8	239.0
30	540.5	121.0	30	615.7	154.9	30	695.4	194.5	30	780.2	240.4
40	542.5	121.9	40	617.9	156.0	40	697.7	195.7	40	782.7	241.8
50	544.5	122.8	50	620.0	157.0	50	699.9	196.9	50	785.1	243.2
51°	546.6	123.7	57°	622.2	158.0	63°	702.2	198.0	69°	787.6	244.5
10	548.6	124.6	10	624.3	159.0	10	704.5	199.3	10	790.0	245.9
20	550.7	125.4	20	626.5	160.1	20	706.8	200.5	20	792.5	247.3
30	552.7	126.3	30	628.7	161.1	30	709.1	201.7	30	795.0	248.7
40	554.8	127.2	40	630.8	162.2	40	711.4	202.9	40	797.4	250.2
50	556.8	128.1	50	633.0	163.2	50	713.7	204.1	50	799.9	251.6
52°	558.9	129.0	58°	635.2	164.3	64°	716.1	205.3	70°	802.4	253.0
10	561.0	129.9	10	637.4	195.3	10	718.4	206.6	10	804.9	254.4
20	563.0	130.8	20	639.6	166.4	20	720.7	207.8	20	807.4	255.9
30	565.1	131.8	30	641.8	167.5	30	723.0	209.0	30	809.9	257.3
40	567.2	132.7	40	643.9	168.5	40	725.4	210.3	40	812.4	258.7
50	569.3	133.6	50	646.1	169.6	50	727.7	211.5	50	814.9	260.2
53°	571.3	134.5	59°	648.3	170.7	65°	730.0	212.8	71°	817.4	261.6
10	573.4	135.5	10	650.5	171.8	10	732.4	214.0	10	819.9	263.1
20	575.5	136.4	20	652.7	172.9	20	734.7	215.3	20	822.4	264.6
30	577.6	137.3	30	655.0	174.0	30	737.1	216.6	30	825.0	266.1
40	579.7	138.3	40	657.2	175.1	40	739.4	217.9	40	827.5	267.5
50	581.8	139.2	50	659.4	176.2	50	741.8	219.1	50	830.0	269.0
54°	583.9	140.2	60°	661.6	177.3	66°	744.2	220.4	72°	832.6	270.5
10	586.0	141.1	10	663.8	178.4	10	746.5	221.7	10	835.1	272.0
20	588.1	142.1	20	666.1	179.5	20	748.9	223.0	20	837.7	273.5
30	590.2	143.1	30	668.3	180.6	30	751.3	224.3	10	840.2	275.0
40	592.3	144.0	40	670.6	181.8	40	753.7	225.6	40	842.8	276.6
50	594.4	145.0	50	672.8	182.9	50	756.1	227.0	50	845.4	278.1

第十四表 公度曲線一度角之切線與外距(續)

角度	切線	外距	角度	切線	外距	角度	切線	外距	角度	切線	外距
73°	847.9	279.6	79°	944.6	339.2	85°	1050.1	408.3	91°	1166.1	489.0
10	850.5	281.1	10	947.4	340.9	10	1053.1	410.4	10	1169.5	491.4
20	853.1	282.7	20	950.2	342.7	20	1056.2	412.5	20	1172.9	493.9
30	855.7	284.2	30	953.1	344.5	30	1059.3	414.6	20	1176.3	496.3
40	858.3	285.8	40	955.9	346.3	40	1062.4	416.7	40	1179.8	498.8
50	860.9	287.4	50	958.7	348.2	50	1065.5	418.8	50	1183.2	501.2
74°	863.5	288.9	80°	961.5	350.0	86°	1068.6	420.9	92°	1186.6	503.7
10	866.1	290.5	10	964.4	351.8	10	1071.7	423.1	10	1190.1	506.2
20	868.8	292.1	20	967.2	353.6	20	1074.8	425.2	20	1193.6	508.7
30	871.4	293.7	30	470.1	355.5	30	1078.0	427.3	30	1197.1	511.2
40	874.0	295.3	40	973.0	357.3	40	1081.1	429.5	40	1200.5	513.7
50	876.7	296.9	50	975.8	359.2	50	1084.3	431.7	50	1204.0	516.3
75°	879.3	298.5	81°	978.7	361.1	87°	1087.4	433.8	93°	1207.6	518.8
10	882.0	300.1	10	981.6	362.9	10	1090.6	536.0	10	1211.1	521.4
20	884.6	301.7	20	984.5	464.8	20	1093.8	438.2	20	1214.6	523.9
30	887.3	303.3	30	987.4	366.7	30	1097.0	440.4	30	1218.2	526.5
40	889.9	305.0	40	990.3	368.6	40	1100.2	442.6	40	1221.7	529.1
50	892.6	306.6	50	993.2	370.5	50	1103.4	444.9	50	1225.3	531.7
76°	895.3	308.3	82°	996.1	372.4	88°	1106.6	447.1	94°	1228.9	534.3
10	898.0	309.9	10	999.1	374.4	10	1109.8	449.3	10	1232.4	536.9
20	900.7	311.6	20	1002.0	376.3	20	1113.1	451.6	20	1236.0	539.6
30	903.4	313.3	30	1005.0	378.2	30	1116.3	453.9	30	1239.7	542.2
40	906.1	314.9	40	1007.9	380.2	40	1119.6	456.1	40	1243.3	544.9
50	908.8	317.6	50	1010.9	382.1	50	1122.8	458.4	50	1246.9	547.6
77°	911.5	318.3	83°	1013.8	384.1	89°	1126.1	460.7	95°	1250.6	550.3
10	914.2	320.0	10	1016.8	386.1	10	1129.4	463.0	10	1254.2	553.0
20	917.0	321.7	20	1019.8	388.1	20	1132.7	465.3	20	1257.9	555.7
30	919.7	323.4	30	1022.8	390.1	30	1136.0	467.6	30	1261.6	558.4
40	922.4	325.1	40	1025.8	392.0	40	1139.3	470.0	40	1265.3	561.1
50	925.2	326.9	50	1028.8	394.1	50	1142.6	472.3	50	1269.0	563.9
78°	928.0	328.6	84°	1031.8	396.1	90°	1145.9	474.7	96°	1272.7	566.6
10	930.7	330.3	10	1034.8	398.1	10	1149.3	477.0	10	1276.4	569.4
20	933.5	332.1	20	1037.9	400.1	26	1152.6	479.4	20	1280.1	572.2
30	936.3	333.8	30	1040.9	402.2	30	1156.0	481.8	30	1283.9	575.0
40	939.0	335.6	40	1043.9	404.2	40	1159.3	484.2	40	1287.7	577.8
50	941.3	337.4	50	1047.0	406.3	50	1162.7	486.6	50	1291.5	580.6

第十四表 公度曲線一度角之切線與外距(續)

角度	切線	外距	角度	切線	外距	角度	切線	外距	角度	切線	外距
97^0	1295.2	583.5	103^0	1440.6	694.9	109^0	1606.5	827.4	115^0	1798.8	986.8
10	1299.0	586.3	10	1444.9	698.3	10	1611.5	831.5	10	1804.5	991.7
20	1302.9	589.2	20	1449.3	701.6	20	1616.5	835.5	20	1810.3	996.6
30	1306.7	592.1	30	1453.6	705.0	30	1621.6	839.6	30	1816.2	1001.6
40	1310.5	594.9	40	1458.0	708.5	40	1626.5	843.7	40	1822.1	1006.5
50	1314.4	597.8	50	1462.3	711.9	50	1631.5	847.8	50	1828.0	1011.5
98^0	1318.2	600.8	104^0	1466.7	715.4	110^0	1636.6	851.9	116^0	1833.9	1016.5
10	1322.1	603.7	10	1471.1	718.8	10	1641.6	856.1	10	1839.8	1021.6
20	1326.0	606.6	20	1475.6	722.3	20	1646.7	860.3	20	1845.8	1026.7
30	1329.9	609.6	30	1480.0	725.8	30	1651.9	864.5	30	1851.8	1031.8
40	1333.8	612.6	40	1484.4	729.4	40	1657.0	868.7	40	1857.8	1036.9
50	1337.8	615.5	50	1488.9	732.9	50	1662.2	873.0	50	1863.9	1042.1
99^0	1341.7	618.5	105^0	1493.4	736.5	111^0	1667.3	877.2	117^0	1870.0	1047.2
10	1345.7	621.5	10	1497.9	740.0	10	1672.5	881.5	10	1876.1	1052.5
10	1349.6	624.6	20	1502.4	743.6	20	1677.8	885.8	20	1882.3	1057.7
30	1353.6	627.6	30	1507.0	747.2	30	1683.0	890.2	30	1888.4	1063.0
40	1357.6	630.7	40	1511.5	750.9	40	1688.3	894.5	40	1894.6	1068.3
50	1361.6	633.7	50	1516.1	754.5	50	1693.6	898.9	50	1900.9	1073.6
100^0	1365.7	636.8	106^0	1520.7	758.2	112^0	1698.9	903.3	118^0	1907.1	1079.0
10	1379.7	639.9	10	1525.3	761.9	10	1704.3	907.8	10	1913.4	1084.8
20	1373.8	643.0	20	1529.9	765.6	20	1709.6	912.2	20	1919.8	1089.8
30	1377.8	646.2	30	1534.6	769.3	30	1715.0	916.7	30	1926.1	1095.3
40	1381.9	649.3	40	1539.3	773.0	40	1720.4	921.2	40	1932.5	1100.8
50	1386.0	652.5	50	1543.9	776.8	50	1725.9	925.7	50	1938.9	1106.[illegible]
101^0	1390.1	655.6	107^0	1548.6	780.6	113^0	1731.3	930.8	119^0	1945.4	1111.9
10	1394.3	658.8	10	1553.4	784.4	10	1736.8	934.8	10	1951.9	1117.5
20	1398.4	662.0	20	1558.1	788.2	20	1742.3	939.4	20	1958.4	1123.1
30	1402.5	665.2	30	1562.9	792.0	30	1747.8	944.1	30	1965.0	1128.8
40	1406.7	668.5	40	1567.6	795.9	40	1753.4	948.7	40	1971.5	1134.5
50	1410.9	671.7	50	1572.4	799.7	50	1759.0	953.4	50	1978.2	1140.2
102^0	1415.1	675.0	108^0	1577.2	803.6	114^0	1764.6	958.1	120^0	1984.8	1145.9
10	1419.3	678.2	10	1582.1	807.6	10	1770.2	962.8	10	1991.5	1151.7
20	1423.6	681.5	20	1586.9	811.5	20	1775.9	967.6	20	1998.2	1157.5
30	1427.8	684.9	30	1591.8	815.4	30	1781.5	972.3	30	2005.0	1163.4
40	1432.1	688.2	40	1596.7	819.4	40	1787.3	977.1	40	2011.8	1169.3
50	1436.3	691.5	50	1601.6	823.4	50	1793.0	982.0	50	2018.6	1175.2

第十五表 公度曲線外距之改正(加)

角度	3⁰曲線	5⁰曲線	7⁰曲線	9⁰曲線	11⁰曲線
20^0	.001	.001	.002	.002	.002
30^0	.001	.002	.004	.005	.006
40^0	.002	.004	.006	.008	.010
50^0	.004	.007	.010	.013	.016
60^0	.006	.011	.015	.020	.025
70^0	.01	.02	.02	.03	.04
80^0	.01	.02	.03	.04	.05
90^0	.02	.03	.04	.05	.07
100^0	.02	.04	.06	.07	.09
110^0	.03	.05	.07	.10	.12
120^0	.04	.07	.10	.13	.16

第十六表 公度曲線切線之改正(加)

角度	3⁰曲線	5⁰曲線	7⁰曲線	9⁰曲線	11⁰曲線
10^0	.00	.01	.01	.01	.01
20^0	.01	.01	.02	.02	.03
30^0	.01	.02	.03	.03	.04
40^0	.01	.03	.04	.05	.06
50^0	.02	.03	.05	.06	.07
60^0	.02	.04	.06	.08	.09
70^0	.03	.05	.07	.09	.11
80^0	.03	.06	.08	.11	.13
90^0	.04	.07	.10	.13	.16
100^0	.05	.09	.12	.15	.19
110^0	.06	.10	.14	.19	.23
120^0	.07	.12	.17	.23	.28

廣州中山紀念堂施工實況

崔蔚芬

廣州中山紀念堂,建築範圍甚廣。紀念堂而外,有門亭,銅像座,華表,旗桿,大平台,停車場,工人室及辦公廳等。(參觀第一圖)。全部工程,佔地共約百畝,於民國十七年四月興工,今除門亭,工人室及辦公廳尙在建築中外,其餘均已完工。玆將紀念堂之施工概況摘述於次。

工料之採辦

本堂全部工作人員,均由上海選僱,按照工程進行狀況,往返更調。建築材料亦大部自外埠採辦,用料繁夥,運輸艱困。故均須按照施工程序,預爲策劃,俾所需工料得應時到達。下表所列爲本建築應用之重要材料,及其用途與採辦處。一切裝置及設備品,如電燈衞生器具等從略。

材料名稱	用途	採辦處
1 意大利雲石	舖地,欄桿,及柱磩	意大利
2 靑色大理石	四週外牆護壁	遼甯
3 花岡石	房屋落脚,石階,華表,及銅像座	香港
4 面磚	四週外牆面	上海泰山公司
5 馬賽克	大門平頂及走廊舖地	上海中國製瓷公司
6 靑色水泥	砌牆及一切水泥三和土	龍潭中國泰山水泥公司

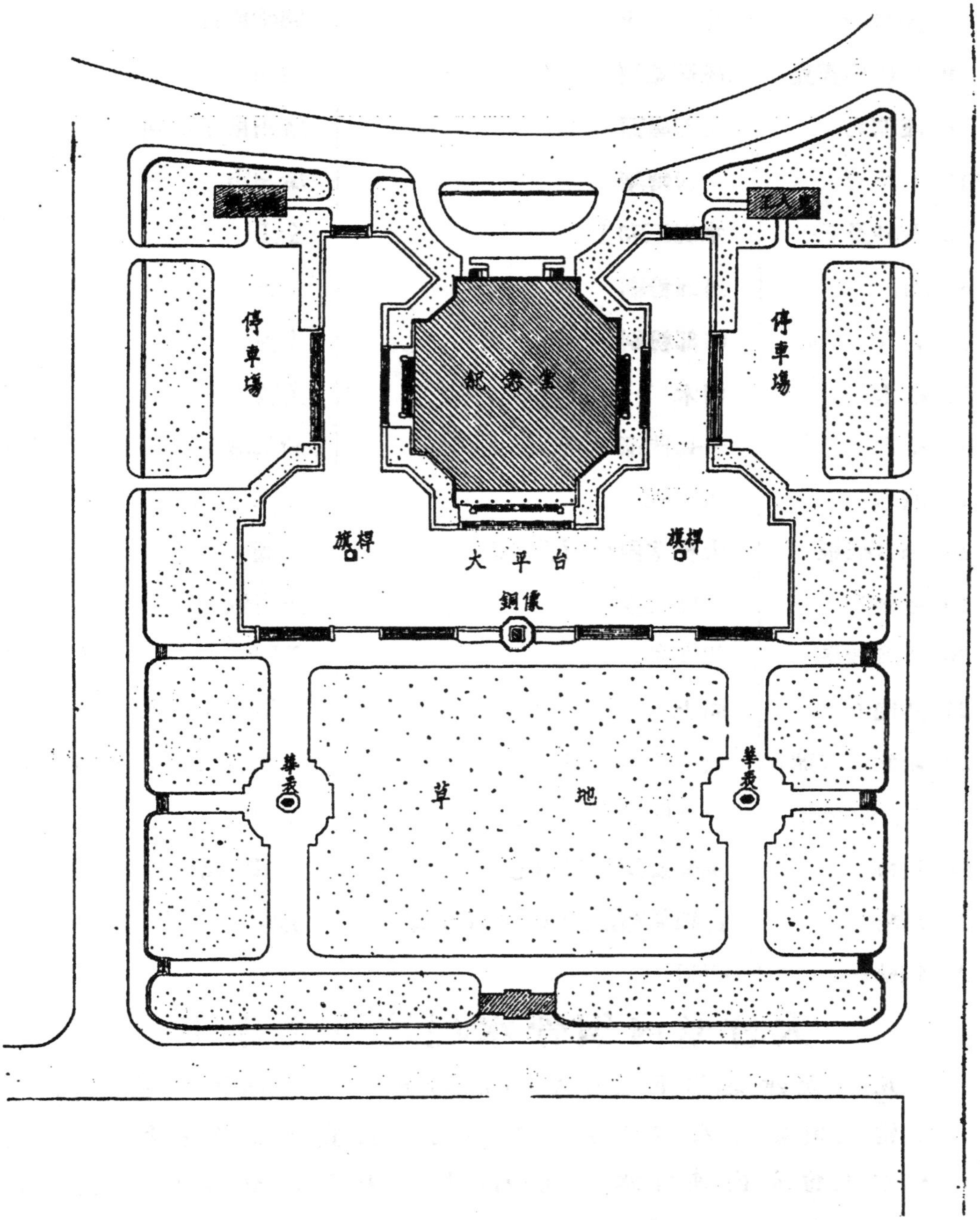

第一圖　紀念堂總地盤圖

7 白色水泥	顏色人造石	美國
8 顏料粉	仝　上	德孚洋行
9 金色馬賽克	屋面結頂	法國
10 琉璃瓦	全部屋面	廣州裕華公司
11 普通磚	一切磚牆	廣州市
12 黃砂及石子	水泥三和土	仝上
13 石灰	內部粉刷	仝上
14 石膏	內部粉刷	上海
15 松木	椿木	美國
16 柚木	一切門窗	新加坡
17 檀木	木地板	仝上
18 隔音紙板	大會堂內平頂及牆面	美國
19 舖地膠	看樓地板	上海恆大洋行
20 鎖及鉸鏈	門及窗	美國
21 其他五金	同上	上海瑞廠工廠
22 鉛條花玻璃	大會堂內天窗	上海亞細亞玻璃公司
23 二分厚玻璃	全部門及窗	英國
24 鋼料	鋼架及鋼骨三和土	上海愼昌洋行
25 銅料	古銅氣窗,踏步口,及凡水等	美國
26 鋼絲網	平頂	美國

大會堂內鋼骨水泥地板之施工

凡巨大建築,其下無堅實石層者,難免下沈。惟下沉須求其平均,此當爲計劃工程者所公認,惟亦爲主持實地工作者所宜注意。如本堂大會堂內鋼骨水泥地板,其所負載重,幾全爲活重量,可信其絕少下沉之機會,而其四週磚牆等建築,載重數層,所負之死重量極巨,難免有下沉之慮。此二者底脚,欲求其平均下沉,似屬不可能,故在本工程進行時,該處地板,不與四週工程同時進行,(參觀工程攝影四)而待全部紀念堂造成時,始補行建造。使該四週工程,得先期下沉,而減少二者底脚間下沉之不均。

(一)北部底脚土質堅硬木樁未能全部打入坭土

(二)樁端鋸平後預備舖碎磚底脚

(三)預備撑鋼骨三和土底脚殼子板之前

(四)第一層鋼骨三和土樓板做成時之工場全景

(五)鋼骨三和土時期工程之一隅

底脚工程

底脚打樁，係利用鍋爐汽力，及鐵錘打樁架施工。本工程共用鍋爐二只，及打樁架三只，同時進行工作。打樁鐵錘三具，一重二千磅，一重三千磅，係用以打六吋方木樁者；一重四千磅，係用以打八吋方及十吋方木樁者。

打樁時之平水，及樁之位置，最須注意。務求打入之木樁，深淺適度，地位準確。其平水符號，宜誌於鄰近固定建築物上，或遠離打樁處所特立之平水樁上。因打樁時土地震動，附近所立之平水樁，易被拋起，而失準確。木樁之地位，在未打樁前，按圖樣所示地位，插小樣樁，經校對準確後，始根據樣樁地位進行打樁工作。惟該項樣樁，或因受打樁時之震動，或因工作時之擾及，每易走動，故仍須時時加以校對。

鐵錘打樁之下墮距離，規定不得過六呎使樁木不致因受過重壓力，而受損傷及有歪斜等弊。又每打同一尺寸之木樁，均用同一重量之鐵錘，及同一之下墮距離，藉此以比較各部坭土之鬆軟。本堂之建築地址，因北近觀音山，故北部土質，極為堅硬，樁木多有不能全部打入者（參觀工程攝影一）。南部則土質較鬆，樁木亦較易下沉。於以知雖在同一地面建築，土質亦每有不同，益見計劃工程之匪易也。

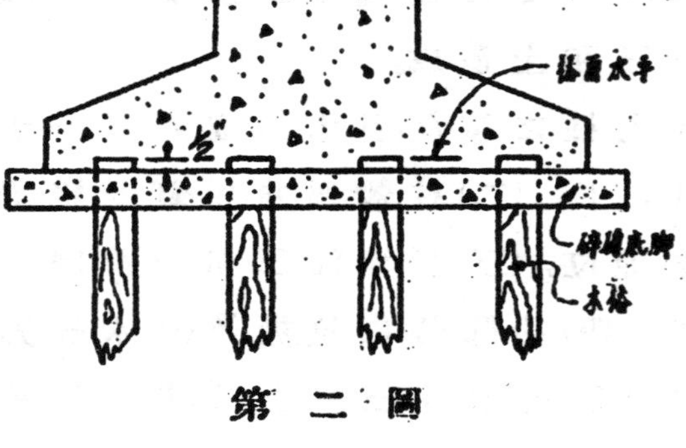

第二圖

木樁打入時，其端均使高出所規定之樁面平水少許，俾得將樁端被壓毛部份鋸去，使現堅平之樁面。此堅平之面，須露出碎磚底脚面約半吋，使其端嵌入鋼筋三和土底脚，而受直接壓力（參觀第二圖）。

在遇垠土堅硬部份,至樁木打至不能再復沉入垠土時,(斯時鐵錘遇樁木有反跳現象)卽不再打,而將剩餘之未入土部份鋸去。否則樁旣無下沉可能,一味强打,則樁身勢必受過重壓迫,而致傾斜或開裂,樁之載重力反將受損矣。

底脚木樁鋸平,及碎磚底脚鋪妥排堅後,在碎磚面塗一極薄層之水垠灰漿(參觀工程攝影三),俾得將底脚大料等之地位,完全用墨線明白彈出;旣易於校對,復可得極準確之工作。

鋼骨水垠底脚大料,因須與底板(Footing Slab)同時做成,故所撑大料殼子板,其底與地面懸空。其間支撑物,不宜用木料,應預做水垠三和土塊備用(如第三圖)。

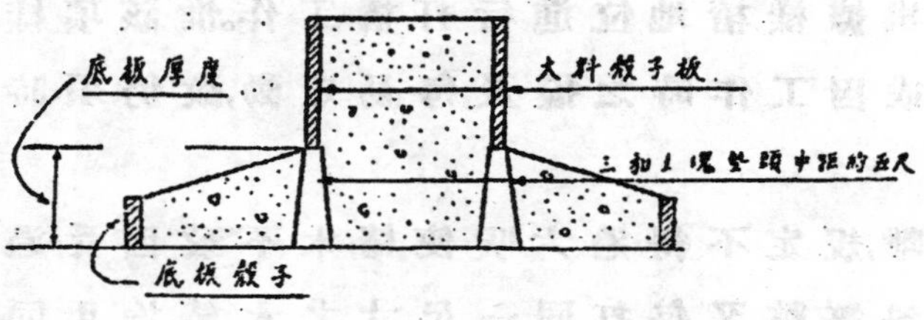

第 三 圖

底脚工程,須在地下水平線以下工作。故在底脚工程進行之先,在工場四隅,預爲開掘較深之水塘,使附近地下之水流,集中於該塘,而日夜以喞機抽出,洩之於馬路溝渠,如此可使工作地面常保乾燥。

骨架工程

繼底脚而後之工作,爲鋼骨三和土,及鋼架等骨架工程。全部屋面及看樓,均係鋼架構成,由外埠造妥後運送本工場安裝。其餘柱,大料,及樓板等,均用1:2:4鋼骨三和土造成。

鋼骨三和土柱 鋼骨三和土柱之鋼筋,及木殼立妥後(一)逐一用線錘懸於長木桿,校正其直度。(二)柱殼四角,用釘及鐵絲攀住,柱內鋼筋,使其保持在正中地位。(三)於灌注三和土前,將柱子木殼所現隙縫,完全嵌補完密。(四)清除殼內垃圾,及將木板完全用水淋濕,(五)於離柱底五六尺高處,灌注三和土。每柱(指每層

(六) 全部骨架工程完成時

(七) 屋簷之人造石几斗

(八)外部人造石工作完成後之正面一瞥

(九)工作中之大會堂內部

(十)大門走廊之馬賽克磁磚平頂

樓而言)於同日內,至少分二次灌成。因設在離柱底太高之處灌三和土,則石子因質重,將離水坭漿,而先下,致所灌三和土,不能得勻和之結果。

鋼骨三和土大料,及樓板,因載重上有連帶關係,故在灌三和土時,二者均限定同時做成。撑樓板殼子時,其底板使互稍離開,於灌三和土之前一日,用水淋濕,使板漲密。其不能緊密之隙縫,均用白鐵皮修補。蓋如底板中無開離,而又不予完全淋濕時,則在三和土舖下後,底板將吸收三和土中之水分發漲,其板遂上拱,而使尙未乾硬之三和土樓板生裂縫矣。

一切電線管,衛生管,落水管,電燈盒,及鋼網平頂所需之弔鐵等,均於未灌大料及樓板三和土時,預爲埋設妥當。

水坭三和土,係用機器拌車拌成後,用小車輸送工作處所。場內共裝設拌車二架,每車工作人數三十至四十名,每日可做水坭三和土約十五方(每方等於一百立方呎)。

全部鋼架,陸續由上海愼昌洋行運至廣州安裝。以其計劃複雜,運輸艱難,工程頗受延緩。看樓下之鋼大料(Plate girder)二只,長六十呎,高六呎,係整件運來,極爲重笨。計到達廣州後,由廣九車站運至工場,費時竟至二星期之久。又大屋頂鋼架,離地八十餘呎,中間空無依憑,更須建立極複雜之臨時橋架(Scaffolding),以進行工作,綜計鋼架工程,閱時凡一年有半。

裝設鋼架　承載鋼架之鋼骨三和土柱等,於三和土灌至離鋼架底約二呎處,卽進行埋置鋼架螺釘脚(Anchor bolt)。工作如下:

(1) 愼確測誌鋼架底板(Bearing Plate)之平水,及中線,於承載鋼架之三和土柱殼子板上。

(2) 做與鋼架底板同尺寸之木板一方,上以墨線劃出十字中線,并鑿與鋼架底板相同地位之螺釘眼於上。眼中卽懸置應埋之螺釘脚。

(3) 將此板架釘於三和土柱之殼子板,使其平水及中線,完全與所誌於該柱殼子板上者相合。

(4)釘脚上端四圍,裹以長約尺許之竹管。於澆三和土時,將此管頻頻移動,俾後易於除去。竹管除去後,釘之週圍,遂具空隙,故如釘脚之位置,稍有不符時,可將其偏移借正。

(5)螺釘脚裝妥後,即徐徐澆三和土,至離鋼架底板一吋處爲止。待三和土乾硬後再用水泥漿窩置鋼架底板,預備接裝鋼架。

安裝鋼架,先將底樑(BottomChord)架裝於兩端埋有螺釘脚之支撑柱。中間加以適當之木撑,使底樑完全水平。然後依次裝架其他部份。其接筍處之釘眼。用螺絲釘暫行接入絞緊。

鋼架裝妥後,在帽釘(Rivet)工作未完成時,架底撑頭不可移去。否則鋼架因本身重量下垂,其接筍處之暫用螺釘,遂受重壓而難更易,致帽釘工作受其困阻。

查驗帽釘　鋼架所受之壓力,完全由帽釘傳遞,故帽釘工作,在鋼架工程上,最佔重要。其優劣依下二法測定之:

(1)帽釘時,釘頭經敲打易碎裂者,其質劣,須更換。

(2)帽釘打成後,以小鐵錘輕敲其頭,如聲鏗然者,工作佳。如聲啞者,則此釘鬆,而不受壓力,係因用釘太短,或工作不妥所致,必去之。

顏色人造石

紀念堂之內外裝飾,如圓柱,花樑,護牆,欄杆,及全部屋簷等,悉爲顏色人造石粉成。蓋取其耐久不變,永無腐壞等之優點也。

顏色人造石,爲白色水泥,白石屑,及顏料粉之適量混和物。粉成後,加以數次磨光而成,爲紀念堂建築中重要工程之一。

因欲人造石,顏色明顯,所採用之白石屑,宜爲粉碎者;否則如用較大之石屑,則一經磨光之後,石粒顯露於外。即不能得明顯之顏色。

所採用之顏料粉,於採辦之先,宜經試用,以混和於水泥中,經久露不變色者爲合。

粉人造石之處,第一度先以水淋濕,粉極薄之水坭黃砂漿作底,其面愈毛愈佳。第二度以水淋濕後,以水坭灰漿分層粉至所須之厚度,至離將粉之人造石面二分處爲合。每層所粉之水坭漿,不得厚過半寸,其面幷須劃毛。第三度粉人造石層。在將粉時,先以極濃之水坭漿水,在底上刷過。所粉之人造石層,勿令厚過二分,蓋過厚,則本層重量增加,而有垂離底層之處,將來卽易脫殼或碎裂。新粉成之人造石,勿宜曝露於日光下,因其易致燥裂。

人造石粉成後,約閱廿四小時,卽可加以初度磨光。磨後以同色之顏料水坭漿,漿粉之。至少須閱一星期後,可加以第二度磨光,及漿粉。然後經長久日期後,加以第三度磨光。

普通人造石工作,以第三次磨光爲末度。但磨漿次數愈多則工作愈光潔精細。最後一度磨光時期以離初度磨光時愈久愈佳。蓋久則水坭混和物愈堅硬,磨時不易起毛痕及裂斑,而可得光細之結果也。

人造石工作之較爲複雜及難造者,爲欄杆,花樑,及屋簷等工程,均係預先分件做成後,裝配於實地,俾可減少工人在橋架上工作之困難及危險,幷可得較整齊之工作。但在工作進行之先,須在實地將尺寸及曲勢等,精確量出,方可分件配製。設稍有差誤,則全工皆棄矣。

屋簷工程

屋簷全爲人造石粉造,其構造及裝配如第四圖。(一)先做成鋼骨三和土底架如甲圖。(二)次將桁條粉人造石層,及磨光之如乙圖。(三)架裝預先做成之人造石椽子,及蓋造鋼骨三和土屋面,如丙圖。(四)裝設預先做成之人造石几斗如丁圖。(五)最後粉人造石花樑。全部屋簷卽告完成如戊圖。

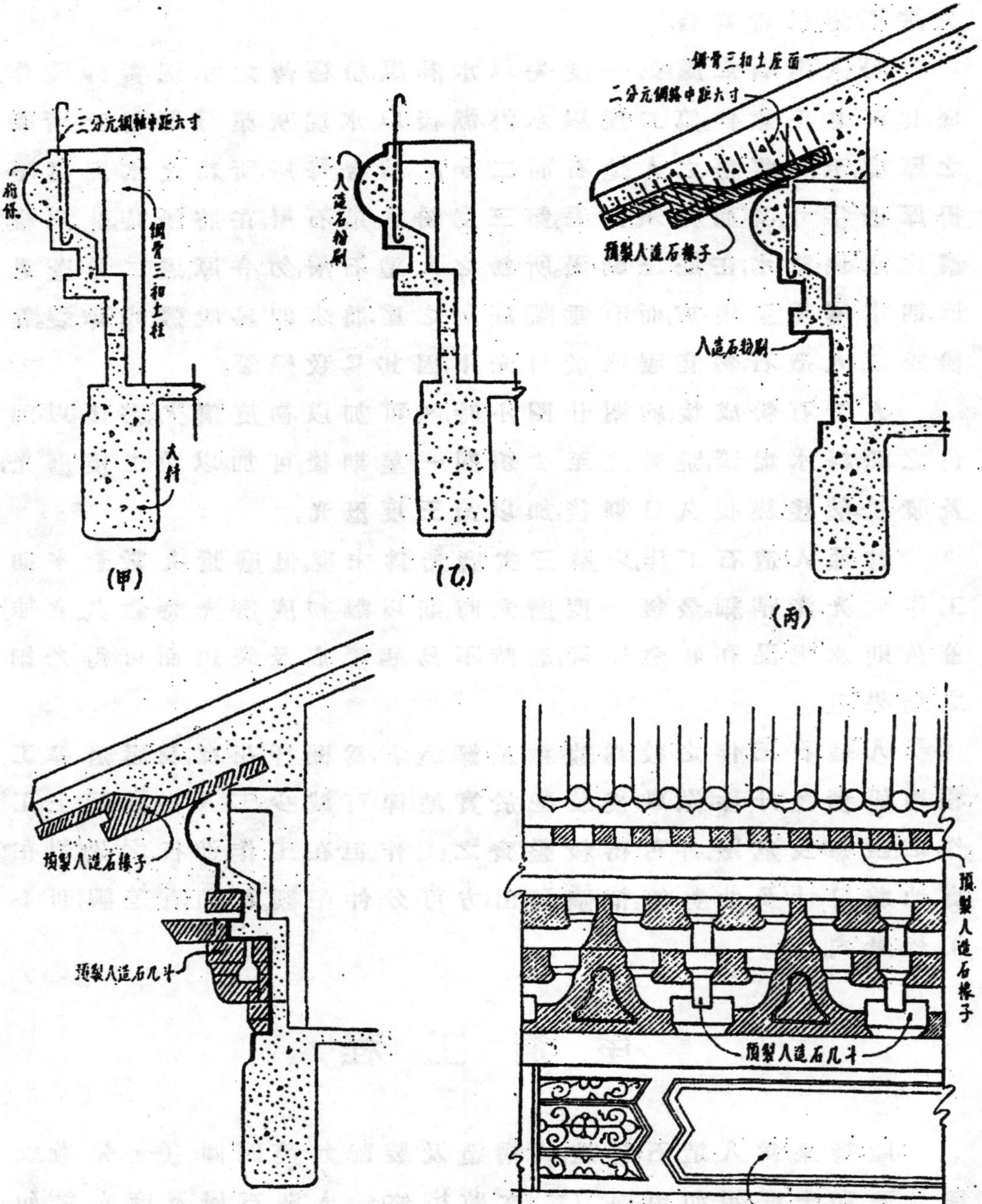

第四圖 人造石屋簷之構造

屋面工程

全部屋面均蓋鋼骨三和土版,上舖藍色之琉璃瓦。大屋面之結頂,則爲金色馬賽克所造成。

鋼骨三和土屋面板,大部爲預先分塊製成,(式樣參觀本刊第七卷第三號紀念堂工程設計)。該項屋面板,在澆製時,每邊附入約三呎長之白鐵絲,中距一呎,用以縛紮屋面之圓筒瓦。屋脊斜溝及近屋簷等處部份之屋面,其三和土板,均於各該地位,撑置木殼澆成。並於每距一呎中處,埋入三分圓之鋼枝,用以阻琉璃瓦器之斜傾。

舖設屋面瓦,先自瓦脊地位開始,脊底做水坭三和土基,基面做出瓦脊應有之曲勢。然後用水坭灰漿,砌築天狗及瓦脊。

底瓦,及筒瓦逐行舖置。因屋面斜曲之處甚多,其每行之寬度,及地位,於未舖瓦前,預爲排定,用墨線在屋面劃出,免瓦行有歪斜之慮。屋面斜溝等處,需用之斜瓦,其所需之尺寸,及塊數,均先行實地量出,做就樣板定製。蓋琉璃瓦片,質料非若普通紅瓦之易於割截,其有特別形式者,必預爲定造也。

內部工程

內部工作,大都於屋面告成後,始積極進行。一切木門窗,古銅花窗,及大理石裝飾等,均由上海造成後,運粵裝設。

鋼網平頂　堂內平頂,皆用六分水槽鐵 (Channel) 及有筋鋼網構成。水槽鐵中距至多十二吋,用十二號白鐵絲,或塗過柏油之分半圓鐵條,懸附於鋼架,及鋼骨三和土樓板等。同時更用塗透柏油之木撑撑實,使其無上下彈動之可能。用鋼網平頂之優點有三:(一)不患蟲蝕,(二)質輕,(三)所附之粉刷,可保永久乾燥,極適宜於油漆。但工作稍不合法,即易使粉刷龜裂,監工者極宜注意之。

內部粉刷,除一部爲人造石外,餘均爲石膏粉刷。計分三度工作:第一度爲石灰黃砂及麻筋之混和物,約粉三分厚,使之緊附於被粉之牆,或平頂上,而將其面劃毛。待其乾硬後,再用同樣之材料,粉第二度。此層約粉半吋至一吋厚,其面須十分平直。第三度爲石膏粉,及石灰漿之適量混和物。粉約半分至一分厚,並用鋼板括至十分光平。所用第一及第二度粉刷材料,於應用前一月,將石灰化漿濾過後,與黃砂及麻筋混和,堆置備用。粉刷用之石灰漿,如不經濾過手續,則粉刷間含有未化淨之石灰,日後必致有起泡之弊。如用新化成之石灰漿粉刷,則其面多起燥紋,而不得良好之工作。

人工核計

紀念堂於民國十七年四月開工,二十年十月十日落成,爲時

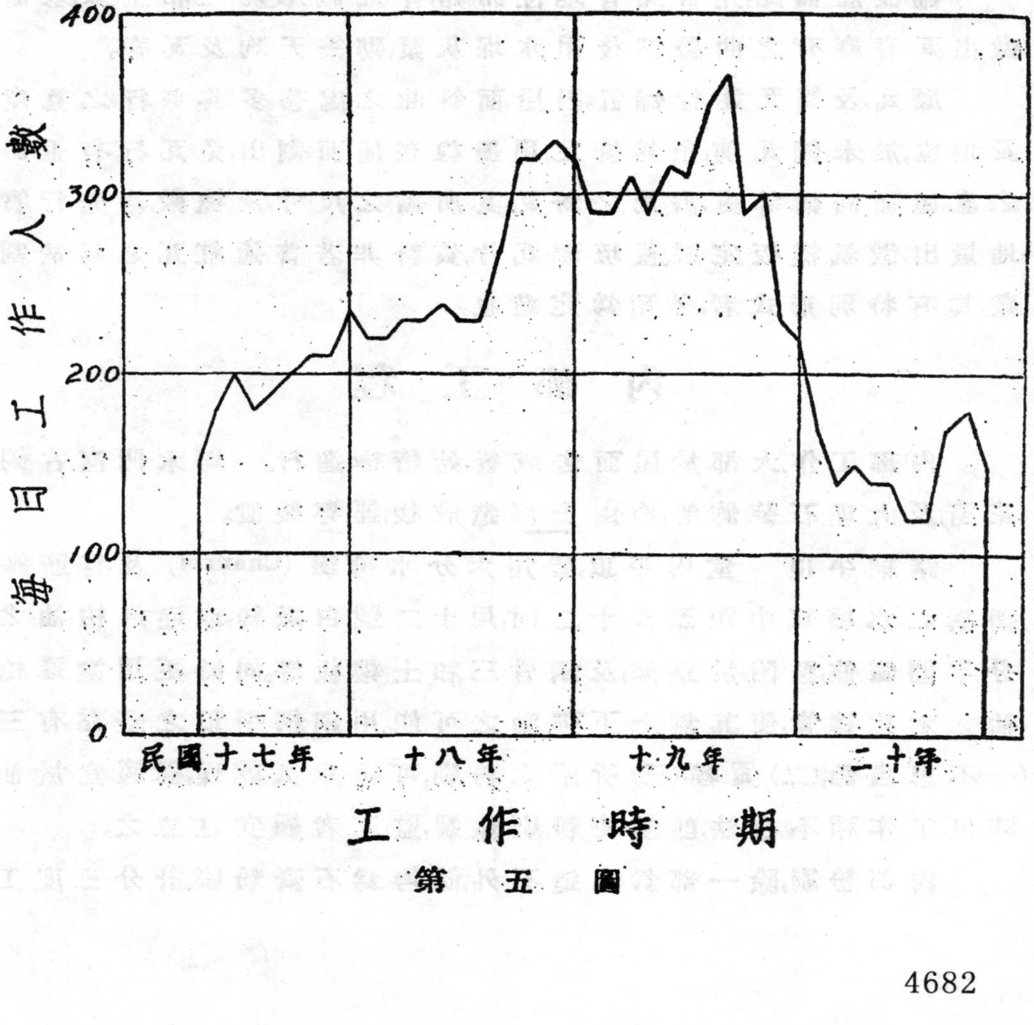

第五圖

共三年半之久。工作人數平均每日在二百名以上。上列第五圖,爲工作期間工人人數之增減情形。

本堂建築費,共約規元壹百肆拾萬兩。工作人數之總額,照上圖計算,約共二十九萬三千餘工。故本工程內,每人工一工,合佔造價規元兩4.77。

數字記法及讀法商榷

數可概分爲大數及小數二類,一以上曰大數,一以下曰小數,其記法及讀法各異,宜分別述之。

大數　億,兆,京,垓,等字有古義之分。古義十萬曰億,十億曰兆,十兆曰經,十經曰垓,十垓曰秭,十秭曰選,十選曰載,十載曰極,(見太平御覽七百五十引漢應劭風俗通義)。此係上古迄東漢用十進法紀大數之大概。逮漢末學者注古書籍時,有主萬進法者,即萬萬曰億,萬億曰兆等。亦有用萬萬進者即萬萬曰億,萬萬億曰兆,萬萬兆曰京。明淸之世,概用萬進法。此三法,均與西洋近代通用之千進法不同,故自西學東漸以後,有人復取古十進制之兆以譯million(百萬)。然除用古義兆字外,並不採用千進法,一般人以爲既有萬字,就不易採用千進法。其實一方面留萬字,一方面採用千進法,並無不可。此層已由王惲諸君等於中國工程師學會年會提案中言之,但王君等所製之新字,似可不必,蓋古十進法之『秭』即 10^9,『極』即 10^{12},吾人只須留『兆』『秭』『極』三字,放棄億經垓選載等字可也。如此,則360,523,725,520,000可讀作三百六十極五百二十三秭七百二十五兆五十二萬。

<u>小數</u>　元朱世傑所著『算學啓蒙』(1299),以分,厘,毫,絲,忽,微,纖,沙,作十進,沙以下用塵,埃,渺,漠等字作萬萬進,即萬萬埃曰塵,萬萬渺曰埃,萬萬漠曰渺等。如此,若以公分爲分,則 10^{-7} 分爲沙,更小之數不妨沿用塵埃渺漠等字而改爲十進。如此,則 10^{-11} 爲漠,而常用之 Anstrom unit 10^{-3} 即爲塵。

```
極    秭    兆    千    個
3,2 1 0,9 8 7,6 5 4,3 2  1.  1 2 3,4 5 6,7 8 9,0 1
                            分 厘毫絲忽微纖沙塵埃渺漠
```

(程瀛章)

中國所需要於工程者(續)

華台爾博士

一九三〇年八月三十日在紐約市國際大樓
中國工程師學會美國分會年會席上之演詞

航空運輸與航空郵政

余於一九二八年夏,在紐約遇孫科部長,曾建議創設航空路線,使全國各處得以充分聯絡,不但運輸郵件,且載乘客。一九二九年正月抵滬後,復繼續鼓吹,今者此種計劃,不獨已蒙採用,且已見諸實施。蓋余於翌年離華時京滬航空路線業已開航而漢滬線亦將着手創辦也。惟據余觀察,中國人士對於航空事業之價值,除軍用外,尙未有充分之認識,故巨大之發展,一時尙不可期。惟在中國集資籌辦航空運輸,似尙非難事,固不必以求助於外資爲得計。余不憚一再進言,中國必須立卽從事於航空路線網之完成,以增進運輸上之效能。

航空警察

去年七月余忽發念宜組織一種航空警察,一如加拿大之騎警。玆略引致孫部長報告書中數語如左:

中國今方努力從事於復興運動,以求在國際間之自由平等。余意欲達到此目的,首先須有基礎鞏固足以控制全國之政府,其理由爲:

甲.若內亂長此不已,則所有財政收入勢非全部作爲軍費不可,而一切有益於國計民生之事業,均將無法進行。

乙.一地如有亂事發生,則該地建設事業,卽遭停頓。此皆受軍事之賜也。

丙.國內資本旣不足以應付需要,則不得不借外資,然外國資本,决不願投與任何缺乏統治能力之政府,蓋恐其本息之不安全也。

由此可知穩固之政府,不特爲人民所渴望,抑且爲事實上所必需。夫罄全國收入,終年養此大宗之軍隊,則國家必愈窮。苟其不然,則此輩非特可以自食其力,甚且納捐稅以裕國庫,以視不事生產消耗國帑如今日者,其不經濟爲何如乎。

中國碩彥之士,無不一致主張裁兵,使之從事生產,庶內亂可免。唯裁兵而不給以工作,勢將散而爲流匪,滋無窮之害。政府固已决心裁兵,并給以工作矣,國中治安將何以維持之乎?曰:組織流動警察。此種警察人數並不多,但其行動須極敏捷,國內任何地點有警,數小時內皆可到達,故其效率甚高。其任務爲遏制亂萌,緝捕罪犯;倘遇大疫與水旱災荒,則散給藥物,分送醫士與看護至各處,均其專責。此種警察,世界各國尙無有成立者,余殊不知其不能組織,不能維持,不能利用之理由何在。加拿大之騎警,差可與此比擬,特不及此之行動迅迅,然已爲世界警察中之最佳而最有效者。余意此種警察,在現今中國,似屬最合理想,要爲中國所急需無疑。

中國所需乃一種有組織,經費省,奏效宏之航空警察,具有加拿大騎警之美點,而更較完善。此種警察當政府解散軍隊時,卽可開始設立,以南京爲中心,逐漸遍布全國。

欲設空警,則戰鬥飛機,水上飛機及水陸飛機之設置,均不可少。且須大小咸備,以應各種需要。惟當初辦時苟有若干二人座位及十人座位之機,亦可勉强敷用。陸地飛機場,及空中停船設備,俱屬必需,唯後者可用較省一種。飛行場可先闢面積較小之地,蓋現在所謂直升直降諸法,皆可利用也。

欲使空警盡其責任,則選才問題最爲重要。設所雇之人,其身體與智力不足以應此任,則將全歸失敗。今列舉主持人員及警察

應具之特點如下:

一.不怕死

二.忠於職守

三.服從紀律

四.有毅力

五.正直坦率

六.勇敢善戰

七.聰明敏捷

八.虛心

九.堅忍

十.誠實

十一.作事有始有終

十二.有決斷

十三.守時刻

十四.受有相當教育(長官須有民政與軍事常識,警察須能讀寫演算)

上列諸點,主其事者首須具備,較之一般警察,尤為重要,自不待言,但警察亦不當有缺。凡諸特點,或為天生,或受感化,一經訓練,當不難得之。

此種官吏與警察,其待遇必須較優;高等人材,理宜給以優越之酬報。空警在中國宜受重視,衣以制服,以示區別。有功則錫以勳章,或獎以現金。如有失職,懲戒宜嚴而速;小過罰金停薪,大過開除斥革。如有叛逆行為,則當處死無赦。其官吏當受審於軍事法庭,審判宜公開,不可稽延時日,案獄既定,尤當卽日執行。

官吏與警察間,宜鼓勵及養成其團體精神。須使明瞭彼個人之一舉一動,與其在團體中服務成績之良否,均為全體名譽之所繫。

駕駛人員之技術,宜優異而稱職,或有不及者訓練之,不特關於一己及同僚之生命,全團之成功,胥有賴焉。空警宜善用來福鎗及手鎗,並精於射擊,能急而且準,技擊棍術,亦宜教練,務使嫻熟。蓋警察有時,未佩武器,已遇惡犯,拳鬥鬥徵,有之則生,無之則死。其有善於攻禦者,宜特別獎勵。有時飛機行過處,受敵射擊則須御甲以抵槍彈,而警察須有攻擊之方,使敵不敢再行侵犯也。

如空中警察成立後,當使人民對之有一種尊敬禮貌,並凜然不敢犯之態度,有如加拿大犯民之視騎警。蓋加拿大設有人犯大罪而逃之荒野,警察一人,可以生擒,或致死之。若須偵察數月方得,縱敵夥甚多,此警仍可單身擒之,拘之數百里外之牢獄。蓋敵夥深知犯之將受重大之刑罰,而不敢稍抗也。

中國組織空警,欲求制度之詳盡,當參考加拿大騎警。如嫌飛機價貴,及適用之場地不多,則不妨量力而行,期以數年完成。加拿大之騎警,有所謂聯警者,其法擇數中心地點,集警察若干,有警,則附近各點之警察可以會剿,或以騎往,或以車往,初辦時大可取法也。

空警或格於勢禁,不能成立,則不妨設立陸地警察,而以加拿大騎警爲範,取長棄短,期適中國之需。

以上所述,皆摘自余去年在華時所草之報告書。

電報與電話

現行之電報制度,亟宜改善發展。設爲事勢所許,最新式之電話,亦宜普行全國,雖僻遠之鄉,不宜遺漏。主其事者當運其全智,時採國外關於電報電話之進步而研究之。凡認爲有採行之價値者,亟宜進行,毋稍延緩。

中國現有之電報綫,言之可歎。投遞一報,往往須二三日方克得達,有時電傳有誤,竟須重發,或竟有發而不到者。中國之需要最新與完善之電報及電話,蓋彰彰明矣。

鐵路

美國與中國國土幾相等,美有鐵道三十五萬英里,中國祇有七千英里,此種鐵道,時因軍事上之關係,極爲敗壞,尤以軌道及各種車輛爲甚。

設能修理完善,增高其效率,並加以良好之管理,則中國各鐵路,俱不難收入興旺,而成獲利之藪。然後以純利之一部,作維持與發展已成各路之用,而以大部份撥作測量新路,及建築公路之需,則中國鐵路事業之前途,必將立卽改觀。

鄙意中國目前宜努力將現有鐵路設備整理完善,做到無可訾議之地步,若不此之圖,而欲侈談建築新路,殊非良策。惟此中亦有一例外,卽粵漢鐵路之完成,因經濟及軍事之關係,以愈早爲愈佳也。

一年以前,余曾遣余之助理工程師魏約翰 Mr. J.M. Weir 赴粵漢路未成段考察,並有鐵道部工程師朱君偕行。魏約翰之報告,除所擬各項工程預算,因需開山及築隧道多處,數目至爲鉅大外,其餘各節,殊堪滿意。該路南段北端約卅英里間之工程,已於去年動工,惟何時完工,尙無所聞。

尙有一問題亟需解决者,卽如何使平漢路與粵漢路,互相聯接,由此得以武漢爲中心,由廣州可以直達北平。蓋粵漢路旣爲他日南部鐵路系統中,幹道之一,則此南北二大幹路之聯絡,自有其充分之必要也。武漢係漢口,漢陽,與武昌之總稱,三者皆位於漢水與長江之交點附近。漢口位於交點之北,武昌在其南,而漢陽則介於兩水之間也。水上運輸,現惟舢板及渡船是賴。有時風浪險惡,靡二三日不得渡。因此足知武漢跨江橋樑,無論其性質爲鐵路橋樑,或普通橋樑,均有建築之需要。去年五月至九月間,余曾率工程師數人實地考察,以李文驥君爲主任工程師,從事於新路綫之測量。擬由此與南北各路聯運,並擬設一公路,橫跨漢水。魏李二君,曾在漢水沿岸,鑽洞三處,以考察河底情狀,依其所得,余曾擬具計劃三種,其需用材料與經費,現正在估計中,一俟完竣,余將作一總報告呈鐵道部也。

在此報告書內,擬設計之橋樑凡三:(一)與兩岸地面相平之單軌鐵路橋樑一座,長約七英里,將來並可改舖雙軌。該橋之位置,距漢水口約二英里半。橋拱係升降式,可吊至離最高水位約一百十英尺。此橋除火車經行時外,通常高吊。(二)比較兩岸地面稍高之公路橋一座,其位置介鐵路橋與漢水口之間。亦爲升降式,但其中間孔寬較小,使高桅之船得以經過橋拱爲度。(三)於長江上築一鐵路及公路之兩用橋,橋底距最高水面約六十英尺,該橋亦爲升降式,能高吊至一百五十英尺,庶海洋巨輪可以經過。

李君等之測量工作,其成績,爲余從事工程五十五年來所僅見。其定綫之準確,與大三角測量及水平測量,皆足稀貴。上下每距二英尺定一等高綫,此種等高綫,俱用精密之儀器測成,非隨手粗定可比也。首尾兩綫,復依照北極之位置,加以覆核,故其差誤,竟小至二十秒,而大三角測量之差誤,則幾等於零。余未見更精密之測量工作有如斯者,誠中國工程師之獨長也。

關於鐵路機廠,因其所需工作種類繁多,致修理時費用較大,而工作亦不經濟。當余視察北甯路橋樑時,曾往山海關機廠一行,返後,曾作如下之報告:

> 余於九月二十四日下午往山海關機廠,雖爲時甚暫,已足使余認識該廠之價值,但不信其目前之情形,足以應付事實上之需要。且有使余不滿者,即光綫不足,而無電燈設備,以致全廠光線,祗憑陽光,而陽光亦極不足。蓋廠中玻璃窗甚少,即有,其上亦滿堆塵垢,欲其工作之佳,斯誠難矣。余意該廠亟需一上等發電機,以供給需要之電光與電力。
>
> 無論何廠既須適於修理,及製造上自機車,下至一切之用具,又須凡所出品,均合於經濟,殆未之前聞。機廠爲鐵路所必需,誠如前述,惟鐵道一路所屬之廠,似宜專爲該路修理各種器具之用。即欲製造橋樑材料,亦祗可限於板樑,工字式鋼樑,及長不滿五十英尺之橋架。
>
> 至於鐵路機廠製造新橋樑之不經濟,其理由如下。
>
> 一。橋樑所用之材料,均須向外洋購得,並有一定尺寸,未必盡合新橋之

用，勢非按照需要截斷不可，在中國此種被棄之材料，殊屬無法銷售。

二。中國各路機廠現用機器，皆非新式；若欲利用此種機器從事製造，殊不濟經。

三。廠中須購備大批原料，以備製造之用，資本勢須大增。

四。欲造鐵路及公路所用之橋樑材料，必須向外國訂購。長途輸運，易致失時。

抑有進者，各廠宜廣延專家，於工作及製造方面，作進一步之研究，以冀改革完善，至於最有効率之程度。

就效率論，中國現有各路，應根據所採制度之不同，分成數類，每類至少有一修理廠，各不相混。

中國現有各路之管理，其敗壞誠屬不可思議。推原其故，約有數端，即路員道德之墮落，操出納者之中飽，及軍事之擾害是也。惟各路所雇用之中國工程師，就余所遇者言之，類皆勤誠忠實，不可多得。第在此不良環境之中，此輩不得不潔身自好，以防惡勢力之侵襲。目今路基之穩固，水草之刈除，固有工程師爲之管理矣，不知枕木之已朽，而無力換新，他如車輛之缺乏，與夫久用而有損也，修理械具之不足也；各種橋樑以缺乏漆飾，致生銹蝕也；凡斯種種，不一而足。此後數年，中國恐仍不得不向國外訂購車輛，但必須早爲籌備，務使一切修養工作，不必假手外人。就政治及經濟言，中國各路應歸中國自有與自管，毫無疑義。西方各國縱欲參加管理，亦難有良好之結果。但余之言此，非謂中國自管後，即有良好成績，實則照目前情形論，自管後必愈敗壞，關於此層，後文當另及之。

公路

中國現有公路，其長度及建築法，二者均尚不能適合近代需要。即最近所築，亦爲半新式而率以最賤價築成，因國中缺乏資本故也。中國與美國之公路有不同之點：在美國務質，而中國務量，於質幾不注意。中國亟應建築若干良好之道路，以適合汽車運輸爲標準。顧此項汽車重量一時尙不宜過大，以行駛於碎石路面亦可以適用者爲宜。此外應在國中建築少數確屬良好之幹道以作模範，幷示國人；苟公路而建築佳者，卽費用較多，與經濟亦無不合。頻年來所築支路，非泥路卽碎石路面。因可捨滾路機而用人力平路，其費用較省多多也。

築公路時所應注意者，爲排水問題。文明國家，視洩水之重要，不亞於鐵路及公路之建築。如有不能宣洩者，當用抽水機以去之，若美國Louisiana地方等是。余嘗屢言於孫科氏，勸其在鐵道部內設一道路司，幷實任塔特氏 O.J. Todd 主其事。蓋塔氏於十餘年來，在中國從事各種建設，極富經驗也。余之建議，一時似甚有力，特以內戰發生，遂形擱置。余甚望貴國不久卽有類此組織之實現。蓋以公路之重要，除鐵道外無可比擬，並足爲鐵道之輔，以利商旅也。

飛機攝影測量

余於一九二八年離華前，卽聞飛機測量之進步。余之加拿大已故同學，Heury K. Wicksteed, C,E，嘗爲該項工作之先鋒，並曾奏偉大之功績。設余於首途赴華前，而有充分之時間，自將收集此項工作之材料。雖若此余於抵滬後，仍爲孫科氏言之，並研究中國政府採取此法所需之經費，頗蒙贊許。余當卽致書美國工程師之專攻該項學識者，調查是項測繪之精確程度，及所需之經費，但所得頗有不相合處，因不得不將結束報告書之結論，延至返美後再行述作。惟余在上海參加會議時，關於中國測定一英里長路綫所需之費用，曾由各路工程師方面，得有準確之材料，可與空中攝影測量費用作一比較。余返抵紐約後，復與 George C. Diehl. Inc., of Buffalo. 及 Fairchild Aerial Survey, Inc., of New York City. 詳細討論此事。據某專家報告，空中測量測定之等高綫，其準確程度，可在一英尺以內，苟此言固確，則其效用良屬可觀，以其所生差誤，於圖上確定地位時，並無大影響也。但據另二專家之意，則等高綫之最大差誤，可至二英尺半，是則不能謂空中測量爲準確矣。余等作第三次討論時，三專家示余一法,卽將大地測量,與空中測量合而爲一。此法在中國於費用方面,以視純粹之地形測量,較爲節省,且較爲準確。余將以此法告諸貴國政府焉。

上法迅速而且經濟,欲測繪全國地形,不妨採用每十英尺或廿英尺之等高綫。設中國政府而能購置需用之器械,及訓練工程師與飛行人材,則可以同時測繪各縣之地形,於建築公路及鐵路時,將大受其便也。

橋樑工程

中國現有鐵路橋樑之情形,言之殊堪浩嘆,其致此之由,有如下述:

(a) 各路橋樑現已不能勝用。以當時設計承造之載重,在目前已感不敷。甚有今日之機車貨車重量,已爲此項橋樑所不能承負。

(b) 各路橋樑之設計及構造,本極草率。卽在當時,其設計與構造,已不合科學方法。

(c) 各項橋樑雖在經濟拮据時,猶能飾以油漆;但放其實,漸將失用。重載之下或已呈彎曲之象矣。

(d) 橋面情狀,已呈危險,設一軌有失,橋之全部,卽不堪設想。

欲使普通載重貨車,以相當之高速度,駛經路橋之上,則百分之九十以上橋樑,均須加固,或修换。爲改造經濟計,宜將二相等之橋架,改合爲一,在特種情形之下,亦可將三橋架合成爲一。接頭處普遍用混凝土膠合並壓以重物,以防隆起。其於不能加固者,則寧棄而重建,或以之改爲公路橋樑焉。

去年余曾作四幹路橋樑之視察,視察之橋孔總數約在七千左右。余等首先取道平漢路,車行每至一橋,余與工程師數人,輒作一度詳細之視察。其他三路,路局曾爲余備置專車,故每經一橋,亦可下車細察。以當時承造工程師國籍之不同,故各橋之式樣,長度,及構造亦不相同。

方余視察時，余覺中國工程師之品格及能力有足多者。有數人正從事於新橋樑之工程，其工作雖美國橋樑專家，亦無以過之。

余嘗建議鐵道部，在該部設一橋樑司，凡鐵道與公路橋樑之建築俱屬之，並以余所遇之專家主其事。設中國政府而欲實事求是者，余甚望余之建議即能實現也。

爲應付將來橋樑工程之需要起見，余以爲在中國亟宜設一製造橋樑用材料之工廠。該廠祗限製造板樑，工字樑，及一切短而結構簡單之橋架。至其餘較長及較複雜之橋架，暫時惟仍有購自國外。此種樑廠，宜設置完善，足以應付上述各種需要。其辦法可先在漢口創一總廠，然後逐漸在他處分設。此項橋樑製造廠，預計每年可有一萬噸之出品。余於此事，另有專著以說明其計劃。就今估計，以漢口爲中心之附近各處，需要橋樑材料者，共有五萬噸之多。即此需要，足使該廠支持五年；五年以後，需要必更激增。如前述之武漢三大橋，一部分材料，固亦可仰給於此廠也。再平漢路上之黃河新橋將來所用之上部構造材料，亦未始不可取給於此。由此觀之，此項橋樑製造廠設立之重要，蓋可知矣。

冶金與輾軋

冶金與輾軋廠，中國目前既無充裕之經費，且乏已開之礦產，惟有待諸將來工業發展時再行設立。此等工廠之設立，以在採取原料相近，及運輸產物便利之地爲宜。

自來水

除沿海口岸少數大城市有自來水設備外，全中國對於飲水之供給，向不注意。其結果，多數人民，因飲食之不潔而死於傷寒及腸胃症者，比比皆是，此則在他國所不經見者也。

去年，余曾與蕭爾士君 Arthur M. Shaw 共同發表一文，對於各城市之無充裕經濟,以建設新式自來水工程者,介紹以自流井爲代替。余等雖於自流井之水,並不能認爲絕對無害,但自流井苟能有適當之深度,則百分之七十五當屬有益而無損。

惟須牢記者,卽有新式之給水工程,須有新式之溝渠工程相輔。此層在中國恐未必盡曉也。

衛生

關於衛生問題,余與蕭君有如下之論列:

在中國智識界中,無論外僑,或游歷外洋歸來之中國人士,莫不關懷中國將來之安寧,及人民之健康,而思改良其衛生問題。

現時中國中下級社會,尙未知飲料及垃圾之足以危害健康。故在教育方面,應於改良衛生問題,首先提倡及獎勵,務使人人盡了然於彼等目前生活狀况之危險。

對於不知衛生利害者,不能施以生活上强迫之改善。卽如美國數年前,曾有多數慈善家,建一新式公寓,而居住者多來自藏垢納污之所,頓使潔白之浴室,變成煤炭之貯藏間。

曾有一外國工程師至中國未設溝渠之處,思有以補救之法,其法在使污穢之物,放入適當之河川中,俾自行溶化,否則提倡垃圾窖(如 Septic tank, Imhoff tank 之類)之設立,分別解決。但行此方法,苟研究中國情形者,可立知其有二弊:一中國多數城市均無自來水,須仰給河川爲飲料,二垃圾中含有於耕種有益之原料,必須使之保存。

因之現時中國各城市惟有先行設法,建一有比較良好飲料之公共給水所,較易辦到,卽經費方面,亦不致發生問題。而人民由此可得其應有之清潔飲料,及洗身用水之所,已屬一極大之改良。此等公共給水處,可用自流井法。井之深度,大概掘至可以避免污濁之水爲止。給水可分公衆與住家。公衆用者,不收費用,惟須有一定規則,務使用水者不至濫費。住家則可酌收經費。井之造價,可於各該處自行集款。貧苦鄉村,則由公家貼補。

在中國現在經濟狀况之下,勢不能建設如美國之大規模給水設備以爲飲料,冲洗道路及公園灌漑之用。惟於可能範圍以內,亦應使人民費相當低廉之代價而有享受清潔飲料及用水之便利也。

排水管爲排洩污穢物之最有效而又最便宜者,且可免除臭濁之氣,但此法在中國未必適用;蓋污穢物之處理,在泰西已認爲複雜,在中國則尤甚。其方法,須視工程師之才能而定。泰西工程師曾經多方幫助與研究,但至現時,亦尚不能以過去之經驗,而有充分改良之方法也。

對於垃圾及污穢物之消滅,余曾介紹 Dr. Guiseppe Beccari 博士所發明之溶化爐 (Digesting Cell) 於中國;此法可使任何垃圾全部變化而成有益之肥料。焚時旣無臭氣,且無害於衛生。余於此法曾在他處作下列之介紹,茲轉載如下:

自著者觀之,此法對於中國之適宜,甚於其他一切。欲求新生活,清潔,衛生,以及農事改良等等之實現,固宜注意於此,而工程師之欲解决其複雜的衛生問題者,更舍此末由。且此種方法,包含所有物理學,微菌學,及政治經濟學,工程師須得上開各項專家之有益指導與合作,然後能成功而獲美譽。如此,則此後華人之壽命,可使增長,並能增多其田地產量,減少其疾病痛苦。同時,亦可實際改良其物質上之生活,祗須督使街道家戶等等,依法清潔之耳。現今華人所處地位,無一不在恐怖狀態之中。如垃圾之傾積門外,排洩物之在曠地,屋內,街上,處處可見。卽有設法去之者,亦不加以清掃,坐使蠅類挾污穢而集於食物之上,傳佈微菌,殺人生命,莫此爲甚!我等何忍見青年人類之死亡,而貧勞者之生活於慘苦狀態中乎?欲解除此厄,非執政者強行清潔運動,及改良飲料不可!

隧　道

余前已述及,中國現時除通過山嶺之鐵路,及灌溉水道,需築隧道外,公路上僅偶或用之。中國有最佳之隧道二,均在自大連至牛莊之公路上,爲日人所築。至於水下隧道,余頗不謂然,以其不如建築橋樑之經濟而安全也。

水利問題

中國之水利問題,可分爲下列四大類:

一,　疏濬河道

二,　內河航行

三, 運河

四, 灌溉

此四大問題於中國最爲重要,應爲統一的研究與處理,不可各行其是。否則將來必感困難,而又多費金錢。蓋工程既經建設,設因他種關係,又須更改,每爲勢所不能也。

疏濬河道關係全國國民之生命財產,設有忽視,則數千萬人民隨之餓窮而死。對此重大問題,中國政府急宜設法,加以澈底之研究,不可坐失時機。

中國對於內河航行,雖經若干年之提倡,仍少進步。河道之有待整理,及航行方法之改良,隨處皆是。凡此種種,亟宜隨時設法改良。

中國於運河之設備,雖有悠久之歷史,但此後中國工程師,務宜應用科學方法從事建設,毋以舊有運河尙屬可用,而加以漠視。

中國農田灌溉方法,由來已久,然均不能應用科學方法,蓋因中國舊有之粗笨灌溉法,已深印於農人腦中,一時無法改變之故。

一載以前,余曾屬塔特先生草一文曰治理洪水經濟法Economics of Flood Control. 中英文版俱有,甚願介紹與諸君,詳細研究之也。

海港

中國理宜建設新海港數處,及將舊有者加以改良。惜以國內其他重要事業,需款之孔亟,實已無力及此。但無論如何,大宗海港工程之建設,有待於來日之進行,殊無可疑也。

農業工程

中國農業雖甚發達,但均不應用科學方法,尙有待於農業工程師此後之努力。如以余所知之泥土成分之分析,中國絕未採用,而在美國,則幾爲從事園藝及耕種者之家常便飯焉。

再者,在東三省與內外蒙古尙有荒地數千里,不難開墾而耕植之;惜乎中國農民之閉關自守,而不思開拓也。如能使優良冒險之輩,移植於此北方廣漠之區,教以如何耕種之道,則農產物之增加,可以計日而待矣。

製造工業

比年以來,中國雖有大規模之實業計劃,但迄未實現,致各種貨物仍仰求於國外。余在余之經濟條陳中,對於『提倡內國工業抵制舶來品。』一層,曾有所述及,茲摘錄如下:

各種貨物之必須仰求國外,抑由中國自行製造,論者不一。惟在中國經濟如此拮蹶之秋,借貸外債,實屬非易。故在此惡劣環境之下,欲圖物質改良,捨從內國工業入手,無他法焉。

使中國而能不賴國外之輸入,誠有莫大之利益,而民生之寬裕,自不待言。且如有大宗貨物之產生,則人民更可利用經濟力量,以資推廣。妄至如中國現時欲求對外貿易平衡而尚不可得,發展云云,更無從談起矣。所惜政府短於見識,每視人民稍有積蓄,即橫征暴斂,以供其購置汽車飛機之用,此實國內工業之致命傷也!本國工業雖爲個人,或團體之試驗事業,似與政府無關,但政府爲提倡起見,在一宗工業創始之初,應予以特種權利,如補助經費及免除捐稅等是。於國家有特別利益之大規模事業,應由政府計劃創辦,如冶金,輥軋,橋樑,車輛,機頭,汽車,飛機等等。其他如紡織,羊毛,紙張,烟油,機器,電料,油漆,以及用具等廠,則可任人民經營之。至於增加進口稅,更有益於中國之實業家,蓋能助國貨之暢銷及發展也。

無論個人或公司,如擬於中國創辦製造工業,應將利害關係詳爲推敲,以便由事先觀察,得以預測是否有成功之可能。除非計算準確,則擬辦之事業,寧可!從緩。因已經發動之事業,一遭失敗,不但金錢損失,及多數人困窘,且足以影響國內其他一切之發展,而以影響外資之加入爲尤甚。

在前述以及其他未述之各項事項中,應有許多事業,值得由中外商業家有企業心者加以嚴密之考慮。此類企業家,應不忘建設一事業,由創設以迄成功,並運用得宜,使本國毋須再行輸入國外貨物,換言之,即其愛國心之表現也。

以中國工資之低廉,人民天資之聰慧,習性之勤儉而言,自不難與外國角逐;但須中國資本家能設法製造,目前中國人民之必需品,而能爲外貨之代替耳。最後,於企圖發展其事業之中國資本家,余有一言相告;如彼輩所出貨品銷路已暢,獲利出乎意外,則應減低售價,以謀其事業之發展,萬勿孜孜於個人一己之利益,而忘其身爲國民一份子之責任也。

工程教育

中國將來之發展,全恃乎中國工程師之努力,固無疑義,但專門教育實爲工程事業之基礎,故政府亟應多設良好之工商業,專門學校,培植技術人才以資需用。不宜僅在造就領袖人才上着重,務須各種人才俱備。余於蒞滬之後,孫科氏卽徵余同意,爲上海交通大學設計曾添土木工程學課,使之切合實用。此事雖在余之任務範圍以外,但以其重要,樂而允之。當卽搜集美國最佳之教本,及土木工程參攷書,根據學生之能力,排定中國所需之學課。呈報孫氏,卽命實行。並聘美國工程師 Mr. Herbert Davidson 及 Mr. HaroldC. Wessman 擔任教授,卽於是年九月到校授課,頗著成績。惜以經費關係,致渠等不能久於其位。嗣後又擬添聘教授四人,雖接洽者已有三,但仍以經費而罷。

此等不幸事件之發生,實使余非常失望。蓋余於此事,實具無窮希望,因不僅上海交通大學由此可以發展,中國工程教育,亦將由此有鉅大之改進也。余在今日猶不絕希望,日後或有機緣,使余重有扶助該校發展,成爲全國工學院模範之機會,以其關係中國將來之發展,異常重要故也。

惟余於上海交通大學之課程及管理,有不能已於言者,如『學期中假日過多,』『教科太不重實際,』『教授之懶及漠不關心,』『學生體質薄弱,以致缺少持久奮鬥精神。』及『學生成爲學校管理者之一份子,無理顧問一切。』上述各點,甚盼該校之早日加以糾正與改良也。

一九二九年余在中國發表之著作

在余離華之前，即與蕭鴻士君整理余在華之報告書，備忘錄，工程計劃及演說辭本擬印行問世，惜以限於經費，未能如願。此項著作深信對於貴國，不無價值之可言。即余之中國知友之目覩此項文字者，亦莫不公認，苟能照此實行，大可為開發中國之助也。

如何使『各種需要』能達目的

在結束此演辭之前，至少，余應將以上所述之各種需要，如何能達目的之法，大概加以說明，否則或將造成一種嚴重之錯誤，此固余所不願為也。余不憚質直陳辭，並非有意攻訐，甚望讀者平心靜氣，勿至引起誤會。其實，現時中國各事之每況愈下，稍有頭腦者，皆能詳道之。且欲各事之蒸蒸日上，非有直爽之忠告不為功也。

中國之工程師，宜以美日二國為規範而效法之，不必效法歐洲，因中國工程界之狀況，完全與歐洲不同，而與日本及美國反有許多類同之處也。

日本現時種種之發展，皆由於半世紀前效法美國而致。中國人苟能小心翼翼，宛如已往之日本工程師，而研究美國之工作及管理法，擇其善者而從之，不善者而去之，則來日之興盛，殊可預卜也。他姑不論，即如日本之經營南滿鐵路，其成績之良好，殆罕其匹。余意中國政府應派遣若干鐵路人員及工程師，至南滿鐵路附近各地，研究其經營二十餘年之大煤礦與鐵路工程，並一究其如何可使中國之鐵路工程，以經濟有效之方法，造成同樣之鐵路而管理之。蓋簡單言之，日本在南滿之各種建設，如鐵道，商港，碼頭，公路，隧道，市政，公園，各種公共建築，學校，醫院等等，均屬現在文明國家中之最上等者。

余雖有此效法南滿工程之建議，但並未忘却現在中日兩國人民之感情，尚在一極不和協之狀態之中，而推原其故，無非起因於軍閥之野心，此則殊堪惋惜者也。據余所知，日之有識階級，亦未嘗無人不渴望中日二國之真正親善，故余深信此後中日二國，苟欲有所供獻於世界,非先恢復兩國間之友誼不可也。

在國內恢復和平之後,中國欲建設余所已講之各種工程,自非借大宗外債不可。但欲借外債,須先整理已發之國內公債,務使本利清償而後可。其清償之法,可發行特別公債,先於華人方面募集,不足之數,由外人補之。據余觀察,如中國能將一切舊有公債清償後,則外國銀行家,必多樂於投資中國之各種建設也。

如中國借得此項建設用之特別外債後,不宜將自建之鐵路等,仍蹈以前覆轍,托付於外人之手。蓋能自行管理,而又能使債權者知此等債款之用於正當經濟之途,則其結果必甚光榮而經濟。至於本利之應按期清還,自屬當然之事。使一切依此辦理,則對於政府亦無所謂束縛。惟對於收支之管理等,則由債權者指派外人,薪金由中政府供給,同時或須雇用外籍工程師,以資於設計方面有所規劃也。　(張仁春譯)

埃及尼羅河電力灌溉

埃及尼羅(Nile)河北口入地中海之三角地，面積計5200平方公里(2,000平方英里)，西自Alexandria城起，東至Port Said止，長約160公里(100英里)，爲鹽滷沙土，不能耕植之地。昔曾開鑿清水渠，引導淡水，灌注田中，使鹽滷漏下，由排水溝中流出，以入于海，或入近海處之三個鹽水湖。惟此項方法極遲緩，須費年代甚久，清水渠與排水溝高低相差不大，水流不能迅速。埃及政府乃决定採用電力灌水墾荒，使能種植甘蔗，棉花，稻作一類植物。其情形與我國江蘇省長江北岸東海濱一帶土地頗相若。

埃及電力灌水墾田，並非灌溉淡水，而以鹽滷之水從排水溝打出，使排水溝之水位降低，田中淡水得加速流下，多帶鹽滷，以期墾田成熟時間提早。是項計畫自1930年始動工，今已完成。分述如下：

發電廠計有三處，總共23,500瓩(Kw.),輸電佈電均用架空式，有雙重設備，以防一線損壞。線路現在電壓爲 33,000 伏，惟各項材料均用66,000伏者，以備將來改爲66,000伏之輸電網。抽水機站，共有十五處，水量水高各處不同，惟因水面高度相差甚低，僅1.5至3公尺，十五處抽水機站中共裝抽水機68具，各用電動機轉動。　(李開第)

無空氣射油提士機關之新學說

張　可　治

(一)　引言

提士機關,係在三十餘年前為提士博士所發明。德政府旋採用之為潛水艇之原動機。提士機得此機會,改良與進步甚速。迨歐戰旣終,工程界鑒於提士機之優點甚多,遂更進而加以改造,使適于現代普通工業上暨航業上之需要。迄今提士機已有打倒其他一切內燃機之趨勢,且幾有進而與汽鍋輪相抗衡之槪。

三年前,作者曾為本刊草「提士機關之現勢」一文,論述提士機之優點,應用範圍及其發展趨勢。近來用具體方法,研究提士機關者更多,而對於汽缸內燃燒之實況,竟漸有澈底了解之希望。故此後提士機之設計與製造,必更能趨于合理化。晚近吾國之機器業已漸有進步,其能造提士機關者頗不乏人,故更草斯篇以供學者之參攷兼求教焉。

按提士機關者,乃一內燃機之機關,其所用之燃料,係在壓程之末,射入於汽缸所容之熾熱空氣內,因而自然燃燒。該機關之優點有三:一.因壓力較大,故效率較高。二.因燃料後加且能自燃,故其調速及開車較能操縱自如。三.因缸內溫度甚高,燃料旣易燃燒,燃燒復易透澈,故燃料之選擇較易。

提士機所應用之原理,頗為簡單。蓋其熱力變化,係脫胎於等溫循環,成就於等壓循環,引申於等積循環,而折衷于混合循環者也。惟其製造上之困難則甚多。按提士機最重要之部份,乃射油裝置。故其所遭遇之困難爲尤多。提士機所用之射油方法有三。曰空氣噴射,曰瓦斯噴射,曰直接注射是也。空氣噴射者,係將空氣壓至一千磅之壓力,然後用之將柴油噴入氣缸之內也。瓦斯噴射者,係將汽缸之上部另隔成一室,謂之先頭燃燒室。室端鑽有小孔若干,室壁因無水夾,故温度較高。柴油射入該室,因受高熱,故遂卽燃燒而增加室內之壓力。室內之瓦斯,遂憑此壓力挾燼餘之柴油而噴出也。直接注射者,係由油滂用極高之壓力,將柴油直接射入汽缸而使之直接燃燒也。瓦斯噴射法與直接注射法,又可總稱爲無空氣射油法,

先是提士氏發明提士機時,本欲採用直接注射法,以求全部機器之簡單化。當時製造之手續欠精,油滂之應用深感不靈,蓋其每次所需要之油量極微,而又須極爲準確,且須在極短之時間內,(約在.01秒左右)用極高之壓力,(自一百二十氣壓至六百氣壓)輸入于氣缸之內也。于是不得已而思其次,乃採用空氣噴射法。其所用噴射空氣,雖恆在一千磅左右,但用分級壓縮法壓之。其所感之困難亦屬有限,且每柴油一磅,約需空氣1.3磅,空氣雖被壓縮,但究係氣體,其容積頗大。故空氣挾柴油噴出時,空氣與柴油容積之比,約在三十二比一之譜。夫以巨量之空氣,用旋風式之速度,强使些微之柴油奪油孔而出,則其所成之油霧,必極細;其所達之距離,必極遠。霧細則柴油易于燃燒,射遠則燃燒易于透澈。故自提士改用空氣噴油後,提士機遂告成功。

反之,若廢除空氣而改用直接注射法,則注射油孔之面積極小,製造不易,且易被堙塞。又因射油過急之故,油孔易被侵蝕而變其大小,以致射油量有與時俱增之傾向。足使注入氣缸之柴油,過多過粗,而發生燃燒不透澈之弊。其次柴油射出時,不用空氣以扶翼之,則分配極難均勻。欲其射遠,則油點或致過粗,欲其霧細,則遠處或難顧及。加以注射油滂在將關未關之時,注射壓力或竟有降低之可能,而使柴油點點滴入氣缸之中,延長燃燒之時間,並使氣

缸發熱回氣不淸。凡此種種,皆爲直接注射法之難關,而必須設法避免者也。

然而空氣噴射,終嫌複雜,其造價較昂而效率亦較低。故吾人終不能忘情於直接注射法也。積十餘年之研究試驗而迄於今,直接注射法已能戰勝一切。卽在五千馬力以上之引擎,亦能適用矣。而攷其所以成功之究竟,則實由於燃燒之原理,有澈底的了解之故也。玆請于下列各章內,稍稍論列之。

至于瓦斯噴射法,則係擷取二者之長,而自成一法。吾人亦將于下文稍稍論及之。

(二) 柴油在氣缸內燃燒之情形

1. 以前之誤解: 按內燃機係濫觴于瓦斯機,再進而爲汽油機,火油機,熱球機,瓦斯機。瓦斯機之燃料,固爲氣體,而汽油機與火油機之燃料,亦須先行蒸發。熱球機之燃料,亦須先行加熱。故數十年來一般之理想,僉以燃料在未燃之先,必須蒸發或汽化。然而此實謬解之甚也。玆請用各種方法以反證之。

按柴油之來源有二,卽石油與石煤是也。自石煤提出之柴油,多含脂肪體,甚合內燃機之用。自石炭提出者,則多含芬芳體,但不合內燃機之用。

今若依照舊說,柴油必先蒸發始起作用而燃燒,則柴油之氣壓及其蒸發之緩速,對於其適用與否,必有甚大之影響。然而第一圖與第二圖之曲線,乃由實試所得之結果而製成。其適用者之曲線,竟夾雜于不適用者之間,已屬無線索之可尋。況柴油自射入以迄燃燒,僅在一剎那間,其蒸發量亦屬有限,觀于第三圖可以知之。然則持蒸發論者,固難以自圓其說矣。

其次謂柴油必先氣化而後可以燃燒乎?(按氣化者乃液體分子起分裂作用而變爲瓦斯也)今若將各種柴油加熱而使其完全蒸發氣化,然後忽復冷却之,則其蒸發部份必仍能凝結。其氣化部份則不復凝結。乃柴油之適用者往往氣化較少。其不適用者,氣

第一圖

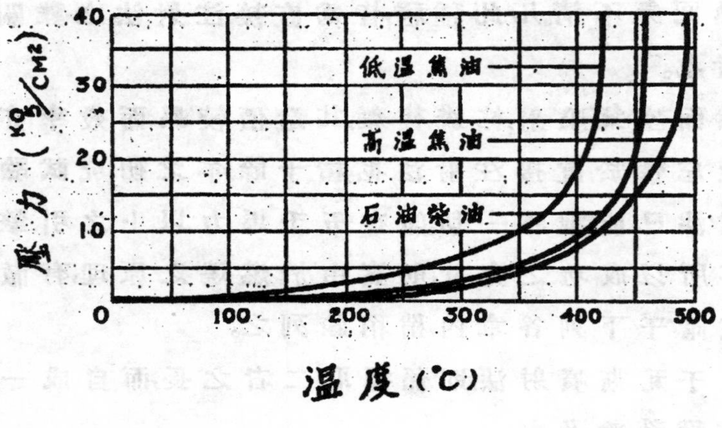
壓力(KG/CM2)
低溫焦油
高溫焦油
石油柴油
0
10
20
30
40
100
200
300
400
500
溫度(°C)

第二圖

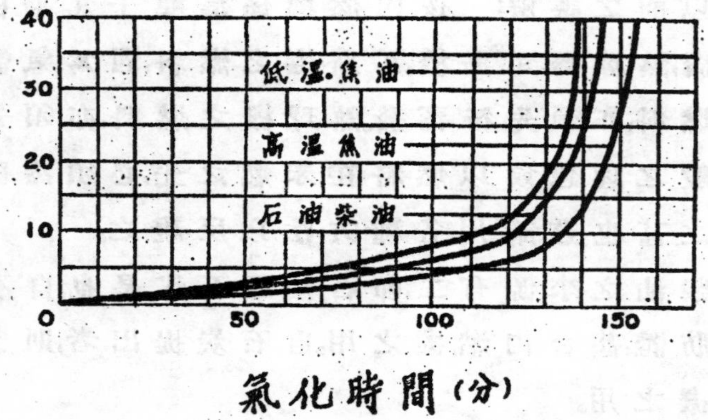
壓力(KG/CM2)
低溫焦油
高溫焦油
石油柴油
0
10
20
30
40
50
100
150
氣化時間(分)

第三圖

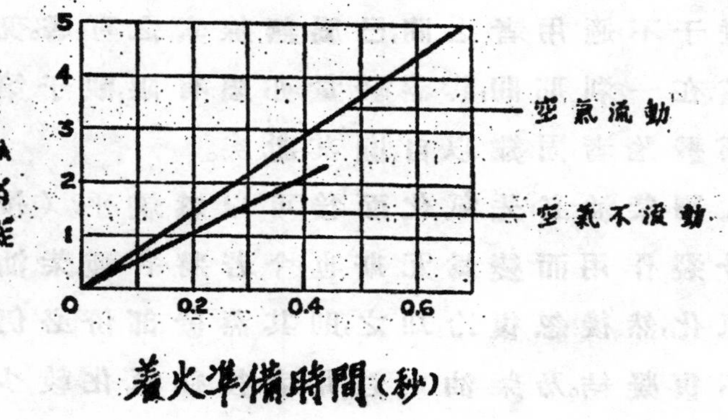
蒸發量(%)
空氣流動
空氣不流動
0
1
2
3
4
5
0.2
0.4
0.6
着火準備時間(秒)

化反多,固明明與氣化說不相容也。

再其次附和舊說者,將謂水素之遊離,係有利于柴油之燃燒乎?則瓦斯分析之結果,又適得其反。蓋石炭柴油氣化後,瓦斯所含之水素多,而石油柴油氣化後,瓦斯所含之水素少也。此其故亦甚易明瞭。蓋脂肪體分子之結構,係成鍊條式 C—C 之結合力,不如C—H,而芬芳體之結構,係成六角式C=C之結合力,係大于C—H也。

又或謂液體之燃燒,必難於氣體乎?則液體之燃燒點,固明明遠低於氣體之燃燒點也。且各柴油於氣化後,其燃燒點係大致相同,蓋此時其所含者,不外 H_2, CH_4, C_2H_6, C_2H_4, C_2H_2, 及 CO 也。夫其燃燒點既相同矣,則又烏能持以爲柴油適用與否之鑑別點乎?反之,各柴油本身之燃燒點既低,且係與其適用之程度相呼應,則吾人雖欲不廢氣化論而立直接燃燒之說,又豈可得乎?

今更進一步,取一熱球機在其熱球上鑽一小孔而插一金屬溫度針于其中,然後用點錫密封之。當該機開動後,吾人求得熱球之溫度,約在四百度左右。今若柴油必先氣化始可燃燒,則瓦斯之燃燒點尚未達到。燃燒將何自而起乎?反之,液體柴油之燃燒點,僅爲二五〇左右,則四百度之溫度,固已綽綽乎有餘裕矣。

2. 燃燒點: 今夫吾人既已說明柴油之燃燒,不必借徑於氣化或蒸發矣。請更進而申論柴油直接燃燒之過程。庶吾人以後對于內燃機之設計,可以更趨于合理化也。

按柴油之溫度,必先達到燃燒點,而後始可以燃燒。燃燒係依各種柴油之性質而異,且卽在同一種之柴油,其燃燒點亦因空氣密度之不同,而有高低。蓋燃燒者,係酸素與水素炭素間相互之作用。若空氣之密度加高,則分子間之接觸必更多且密,因而易起化學作用,故燃燒點亦必因是而降低。下列之公式,卽表示空氣之密度與燃燒點之關係者也。

$$T=Cr^{-m}$$

T乃燃燒點之溫度。C與 m 二數,係視所用之柴油而異。普通石油柴油之C爲七〇九,m爲一六〇。r爲空氣之密度。

3.柴油之着火: 當柴油適自油頭射出時,其溫度尙低,不能立卽燃燒。故必須自汽缸內之熱空氣,吸取若干之熱量,使其本身之溫度達於燃燒點,而後始能着火。按柴油自油頭射出,以迄于着火所耗之時間,謂之着火準備時間,該時間之長短,係視油點吸取熱量之緩速而異。故若汽缸內空氣之溫度,能遠出柴油燃燒點之上,或能作劇烈之流動,又若油點能分至極細,則空氣與柴油間傳熱之效率,皆可因以激增。因而使着火準備時間縮短。其汽缸內空氣之溫度,與柴油燃燒點溫度之差,係謂之過賸溫度。

但柴油係具壓縮性,導油裝置,係具伸張性。故欲使柴油在數千磅壓力之下射入汽缸柴油之本身,必須先被壓縮,復須擠入油管,而使其漲大,然後始有餘力射出。故自油滂開始推動,以迄柴油自油頭射出,亦必須耗費若干時間,是謂之射前準備時間。

第四圖

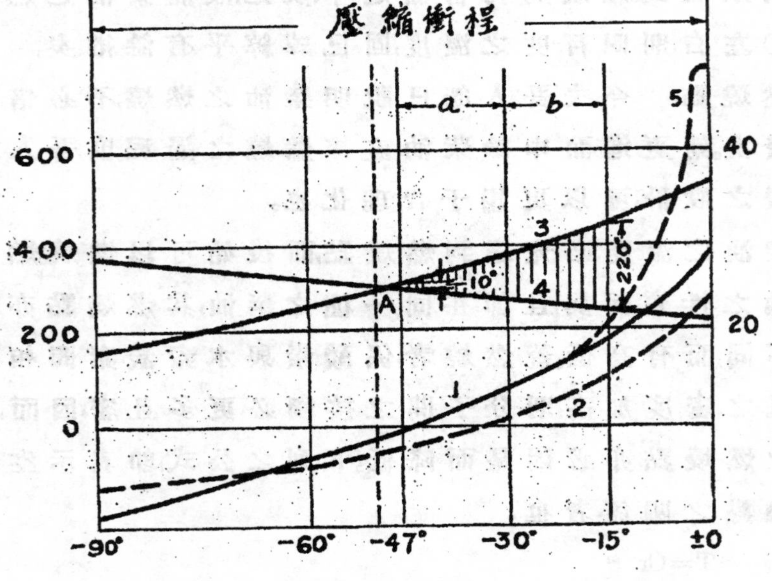

茲請舉一實例,將以上所討論之各種關係,用曲線表示之如圖四。按空氣在汽缸內,係受類似絕緣之壓縮。故其壓力密度與溫度變遷之形勢,可用曲線1, 2, 3以表示之。柴油之着火點,係與空氣之密度成反比例。故可用曲線4以表示之。在A點以前,空氣之溫度係低于柴油之燃燒點。故在此時,柴油係絕對不能着火。在47^0角時,油滂之活塞,開始推動。自47^0角以迄30^0角,係射前準備時間(a)。油滂雖動,缸內仍無油也。在30^0角時,柴油開始自油頭射出。此時缸內過賸溫度係在120^0左右,但油體尙冷,不能立卽着火,故自30^0角以迄15^0角,係着火準備時間。在15^0角時,柴油之溫度已達其燃燒點,而開始燃燒,並發生熱量,使空氣之壓力線升高甚速,如曲線5。故曲線1與5分離之點。卽柴油在缸內開始燃燒之時也。

然則吾人可下新定義曰,提士機者,乃將空氣單獨的壓縮,使其溫度與密度增高,庶柴油射入汽缸後,其着火準備時間,可以縮短至一預定之程度也。凡越過該項程度之溫度與密度,皆屬無用,而反使各機件受無謂之負担也。

4. 柴油之燃燒: 燃燒者,乃一種化學作用也。其所產生之化合物,乃HO與CO_2。但其實在變遷之情形,則決非如下列化學式之簡單。

$$C_nH_{2n+2}+(n+1)O_2=nCO_2+(n+1)H_2O$$

蓋此式之左項與右項之間,固尙有無數之相等項,以代表各種過渡之情形也。茲請將燃燒之過程,約略推測之如下,以爲設計時之助。

微細之油點射入汽缸時,與缸內之熱空氣相遇,因而吸取其熱量並增高其本身之溫度,油點之溫度既增,其化學上之吸力,亦因之而加大。于是油點外層之分子,遂與一二酸素分子相結合,而成一種複雜之酸化水炭。但此乃一種不穩之現象。故若溫度繼續加增,則此項臨時之化合物,便復分裂,而變成若干之較簡單之分子。但當其分裂時,大宗之熱量,亦隨之以產生,而完成燃燒之初步。

此即所謂着火點是也。分子分裂後,復循同樣之程序,造成各種臨時之酸化物,並遂復分裂而成更簡單之化合物,同時產生若干之熱量。如是遞進,以迄告成H_2O及CO_2爲止。至其累次所發生之熱量,則一部係變爲機械能力,產生機械工作,其又一部則係供給其他油點之熱量,而助其繼續燃燒。

由是以觀,燃燒者,乃一組繼續的化學作用,而必需若干之時間,始可以完成之。(大約在0.4秒左右)故在轉數較少之柴油機,燃燒過程,約占衝程之$1/4$至$1/3$,而在轉動之較快者,甚有直至囘氣瓣已開,而燃燒始告終結也。

(三) 燃燒裝置之設計

今夫柴油在汽缸內燃燒之過程,既已明瞭矣。則請進而研究燃燒室及其附件之設計問題。茲姑分爲下列各項,而分別討論之。

1. 熱力循環 2. 射油之速度 3. 燃燒室之形狀

1. 熱力循環: 按柴油射入汽缸後,必須經過着火準備時間,始能燃燒,已如上述矣。故柴油必須提早注入,庶于至死點時,缸內之壓力可以適達其最高值。惟若過分提早,則大部份之柴油,在死點以前,勢必已經燃燒,而使缸內之壓力,激增至於其極,遂造成一等積循環。

又按提士機關,用空氣噴射時,柴油可以徐徐噴入。故缸內之壓力升高較緩,而幾可造成一純粹之等壓循環。反之,若採用直接注射法,則柴油射入時,終不能若空氣噴射之緩和。故缸內之壓力,升高亦較速。

又按等積循環之效率較好,但因其所造成之壓力過高,足使機器易于摧壞。反之,等壓循環之效率較低,但其作用則較和平。

由是以觀,一座柴油機之熱力循環,並非一成不變。若射油較早而急,則必類似等積。若射油較遲而緩,則必近似等壓。而普通一般,則總在等壓與等積之間也,

2. 射油之速度: 夫欲使燃燒透澈,則柴油與空氣必須有適

當之配合。但空氣在汽缸內之動作甚微,不能迅速的移就柴油,則柴油勢必移就空氣。故吾人可先用低速度開始,將柴油射入汽缸。柴油之速度既低,其穿透力甚小,則必被阻于油頭附近之區域內。同時油滂倘繼續打油。如欲使此繼續打入之油,仍獲與新鮮之空氣相遇,則必須使其穿透已與柴油相化合之氣層,而達于新鮮之境界。故油之速度,必須提高。如是遞進,直至柴油已達于汽缸內最遠之處而止。故最後射出之油,應具最高速度。

根據以上之討論,吾人便可從事于「射油如意盤」之設計,而第五圖之曲線(1),即該盤之輪廓也。取曲線(1)之微分作曲線(2),則可用以代表該盤輪廓升高之速度,而亦即油滂打油之速度也。再取曲線(2)之微分而作曲線(3),則可用以代表輪廓升高之加速度,而亦即打油之加速度也。如意盤升高一糎後,始與轉子相接觸。自第二糎至第五糎,乃射油準備時間。此時打油之速度,係與缸內之作用無關。故應縮短之,以圖節省時間。是以加速曲線,在此段

第五圖

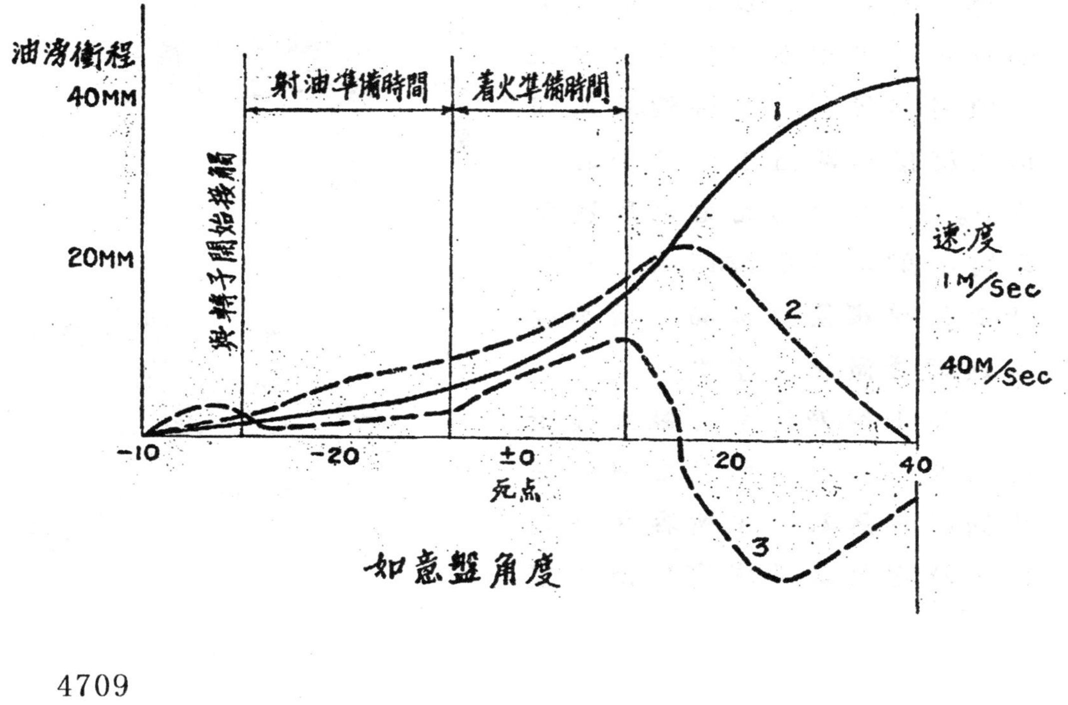

內,有一最高點。又根據上節射油速度應愈趨愈急。故自射油開始後,各曲線皆升高甚速。曲線(3),達最高點時,吸油瓣開,射油即告停止。但此時射油之速度,並非最高。蓋若引擎更受過量之負荷,其所射油量,必尙須增加若干,則此最後射出之油,必須有更高之速度,始得穿透較厚之氣層,而與新鮮空氣相遇也。故加速曲線最高點與速度曲線最高點間之區域,乃過量負荷之區域也。過此以往,雖因力學的關係,如意盤仍繼續上升,但油滂活塞之速度旣低,便不堪復充打油之用矣。故速度綫最高點與輪廓線最高點之間之區域,乃打住區域也。

3. 燃燒室之形狀: 夫調整射油之緩急遲速,固能促進空氣與柴油之遇合,然苟燃燒室之形狀未曾經過合理之設計,則燃燒必仍不能竟全功也。蓋曩日之提士機,係全用噴射法。以多量之空氣,挾少許之柴油,而冲激流盪乎燃燒室內,固不憂夫燃燒之不透澈也。但自改用注射法後,柴油頓失其雄厚之憑依,偶一不愼,必跋前疐後,而動輒得咎。故燃燒室之形狀,不可不愼重選擇也。

第六圖,乃普通噴射提士機之燃燒室也。其形狀至爲簡單。柴油自中心噴出,雖與活塞相撞,但因噴射空氣係富于彈性,故油霧仍能反覆活躍,而不至黏于活塞之上。反之,若襲用此室之形狀,而只將噴射空氣取消,則柴油一與活塞相接觸,便立被黏住而不復有燃燒透澈之希望矣。

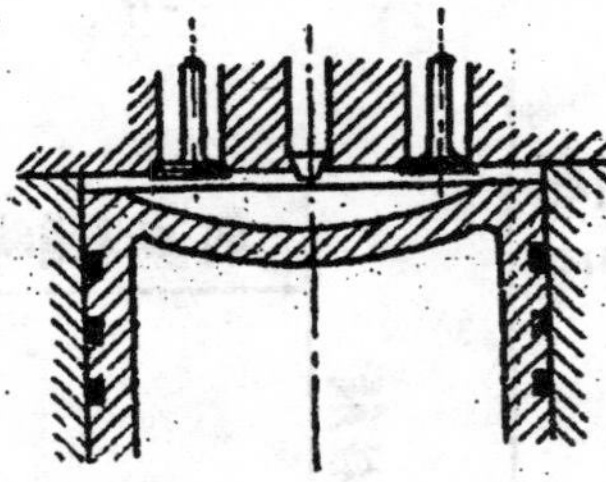
第六圖

第七圖,乃道馳牌臥室提士機之燃燒室也。按柴油之射軌,係成圓椎形,適爲該室所容,又加缸內之熱空氣被壓,緣室口衝入室

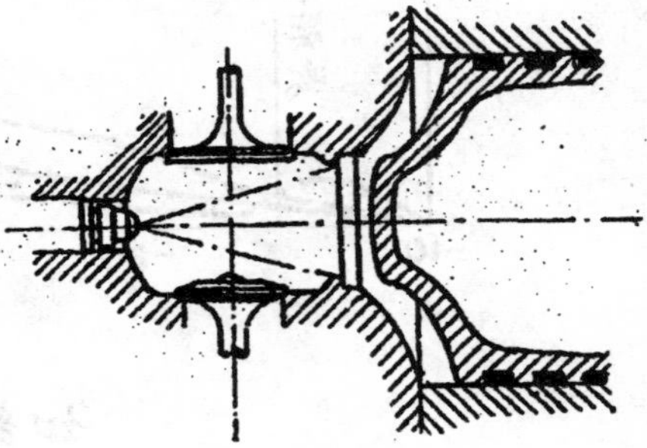
第七圖

內而成劇烈之渦動,故燃燒頗見透澈也。

第八圖,乃 Price, Fulton 等牌提士機之燃燒室也。油頭係位于燃燒室之二側,而稍稍向下傾斜。故出入氣瓣仍可保持其垂直之位置,而活塞上面之形式,則可隨吾人之意旨而大致與油軌相契合。又就平面而言。油頭亦非正對,而係各偏于一邊。因之由兩端射出之柴油,並不互相抗觸。故不致發生局部過份飽和之現象,而因偶力作用之關係,反足以促進室內空氣之渦動。

第　八　圖

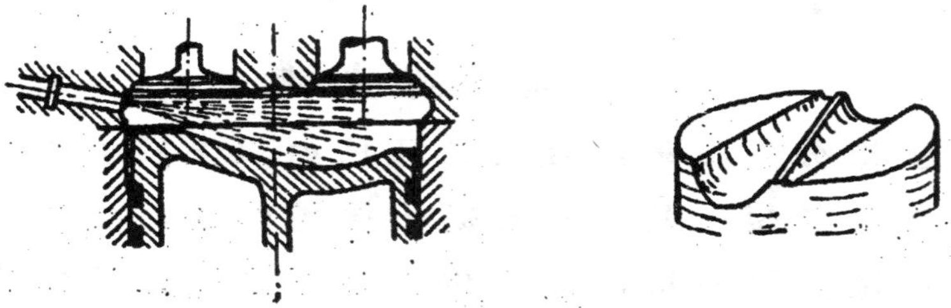

第九圖,乃 Hesselman 式提士機之燃燒室也。係成環形,中薄而外厚。故柴油自中心射出,適爲室形所容。活塞之周圍,係高起作盂形。其厚度「t」,係可以任意改變,以遷就空氣之壓比及射油之穿透力。又此式若用于大馬力之引擎,則尤爲合式,因汽缸雖大,而油頭亦可以加大如第十圖,而使柴油之射距,不致超過其最高之限度也,又或所用之柴油,係富于芬芳體,則缸內之溫度,必須提高,以圖增進着火之速度。故 Krupp 式活塞頂部 C,係另行鑄就。如是則傳熱可以較緩,而汽缸內之溫度自增矣。

第　九　圖

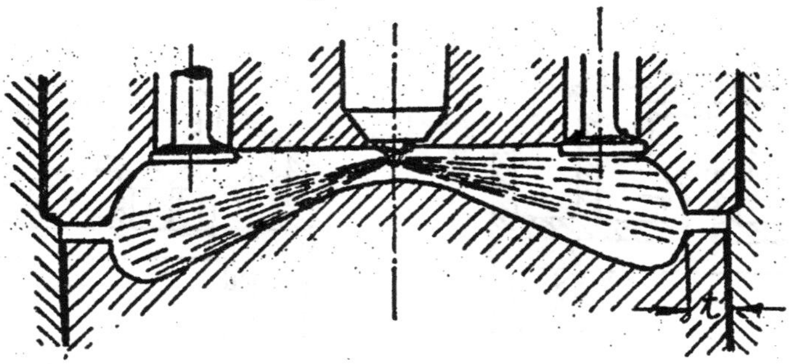

第 十 圖

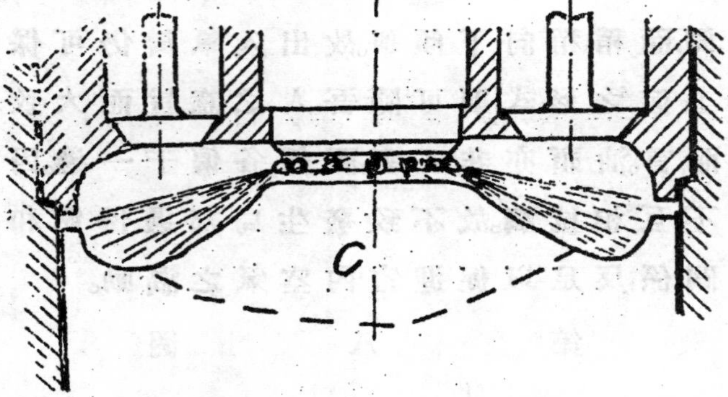

(四) 前室提士機

按提士機分爲噴射與注射二種,已如以上所述矣。二種各具所長。但亦各有其短。于是乎前室提士機,遂應運而生焉。前室提士機之缸頭空隙,係用一鐵碗隔爲兩部。是謂之先頭燃燒室,「或簡稱爲前室」,如第十一圖甲,與主要燃燒室,「或簡稱爲燃燒室」如第十一圖乙。柴油係用油滂直接射入前室,故此點係與注射柴油機相似。但其壓力則僅有八十氣壓,只及普通提士機注射壓力之六分之一至二分之一耳。鐵碗之底部係鑽有小孔若干,以供溝通上下二室之用。一部份之柴油,在前室受熱,即作初步之燃燒,而使室內之壓力陡增。于是未燃之柴油,即被驅而緩緩噴入燃燒室。在等壓狀況之下,完成燃燒。故此點則又與噴射提士機相似。所不

第 十 一 圖

(甲). (乙)

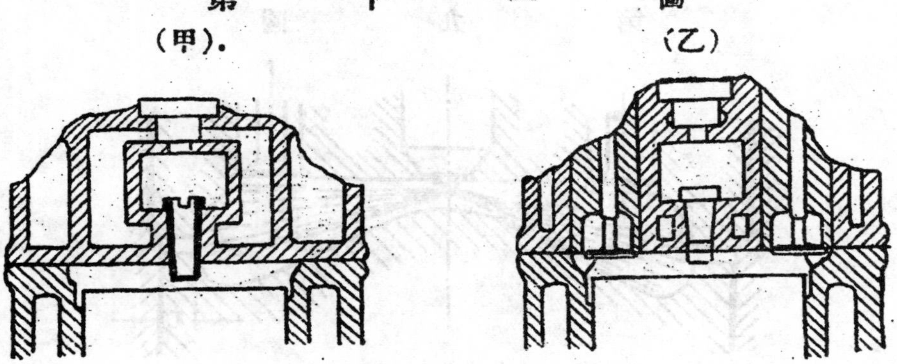

同者,後者係用壓力空氣,而前者則用汽缸本身內之瓦斯耳。故前室提士機又可稱為瓦斯噴射提士機。

又按提士機之扼要點,係將着火準備時間縮短,亦已如前章所述矣。縮短之法有三:(1)增加缸內空氣之壓比,(2)使射入之油散之極細,(3)增加着火過臏溫度是也。今者前室提士機之射油壓力既低,則油點必粗,而前室內瓦斯之過臏壓力,又小於噴射時,亦不能使油點變細。故欲縮短着火準備時間。則不得不以失之東隅者,收之桑榆,而將壓縮壓力增至三十五氣壓以上,(按注射柴油機所需要之壓縮壓力,僅在二十五與三十氣壓之間耳)。以圖撳低柴油之着火點。並利用鐵碗使缸內之空氣多一熱源,以圖增加柴油于着火時所需要之過臏溫度。又將油頭與碗底間之距離加長,使油點多獲與熱空氣相接觸之機會。凡此種種,皆所以救濟油點過大之窮,而將着火準備時間縮短者也。雖尚未能完全達其目的,(目下之前室機所需要之着火準備時間,係仍在普通提士機所需要者之三倍左右。)但其壓縮壓力既高,而燃燒之狀況又為等壓,則亦可受提士機之名而無愧,且亦不致被擯于所謂半提士機之列矣。

至于前室提士機內之燃燒作用,多半在等壓狀況之下行之,亦自有其故。蓋前室與燒燃室間之交通,係全賴乎噴油之細孔,故在排氣與掃除之時,前室內之瓦斯,必絲毫不為所動。加以柴油開始燃燒後,又陸續產生廢氣,皆足使後至之柴油,不能迅速的覓得其所需要之酸素。因之燃燒遲鈍,而造成等壓之現象。迨夫柴油自碗孔噴出時,雖其溫度因在前室內受熱之故,而已達着火點。但油點係被瓦斯所包圍,亦難以在剎那間,完成其燃燒作用。故在燃燒室內,亦造成一等壓之現象。由是以觀,前室者,乃促進着火作用而緩和燃燒作用者也。

玆將前室之作用,再用方程式表示之如下:

令G為前室內所容之物質,T_A為其絕對溫度,于是該物質在

等壓狀況之下,向燃燒室流出時,

$$\frac{dG}{G}+\frac{dT_A}{T_A}=0$$

但

$$-\frac{dG}{G}=f_m\frac{U_m}{GV_m}dt$$

$$m=\sqrt{2g\frac{n}{n-1}(T_A-T_m)}$$

(f_m爲碗孔之面積,U_n爲流出碗孔時之速度,V_m及T_m爲在該處時之比積與溫度。)

于是

$$\frac{f}{V}=\frac{12\left(\frac{P_n}{P_m}\right)^{\frac{1}{n}}\left(\sqrt{\frac{T_2}{T_1}}-1\right)}{\alpha n_1}$$

(N爲R. P. M, α爲噴油角度,T_1與T_2乃前室內物質之起首溫度與終局溫度。)

故此方程式乃表示前室之容積,碗口之面積,迴轉數與噴射時間各項間之相互關係者也。故吾人可利用之以爲設計前室提士機時之一助,

(五)熱球柴油機(半提士機)

按吾國因設備上及經濟上之關係,引擎製造廠,多以熱球柴油機爲其標準出品。蓋以其構造簡單,而使用較易故也。是以吾國之操機器業者,幾莫不熟悉是類之引擎。故熱球機在他國雖已無何討論之價值,本篇仍稍稍論及之,以助吾人之興味。

按熱球機與前室機,皆有一熱面。惟一則露于外面,而一則藏於室內。故熱球機又可稱爲外熱面機,前室機又可稱爲內熱面機。夫二機係同具一熱面,而一則式樣已經陳腐,一則方興未艾。此何故,乃不得不一探索之。蓋前室機之鐵碗,係具有小孔,其兩邊之壓力差與溫度差皆微。故雖用甚高之壓縮壓力,亦無危險。反之,熱球機之熱球,既係露于外面,則裏外之溫度差及壓力差皆鉅,缸內之壓縮壓力必不能提高。於是乎着火準備時間,遂不得不延長而致過久。換言之,即柴油必須提早射入是也。射油旣過分提早,則着火

之遲早,必極難捉摸。于是行使之狀,必不能十分穩定。加以熱力效率,又因壓力減低之故,亦不甚佳。則熱球機所以不能充分發展之故,亦可以明瞭矣。

茲爲整個的了解內燃機之燃燒問題計,請亦將熱球機之燃燒過程簡單說明之。

當粗大之油點,受低微之壓力,射入溫度不高之熱球時。其吸熱之速度必微。且球內滿貯廢氣,故亦無燃燒之可能。但因熱球本身之溫度甚高。一部份之油點與球面接觸時,卽被蒸發或氣化。同時缸內之空氣,亦被壓而漸漸侵入球內。迨活塞已達死點時。球內一部份之油點已在長時間內,受到充分之熱量,而達其着火點。於是卽行着火,而開始燃燒。因之球內之溫度陡增,足使其所含之瓦斯亦着火而爆發。

(六) 結論

由是以觀,若吾人欲使提士機之設計,趨于合理化,則必須廢去氣化之舊說。然後可以溝通一切內燃機之原理與學說也。茲請將各種內燃機列爲一表,並載明其相互之關係如下,以爲本篇作一結束。

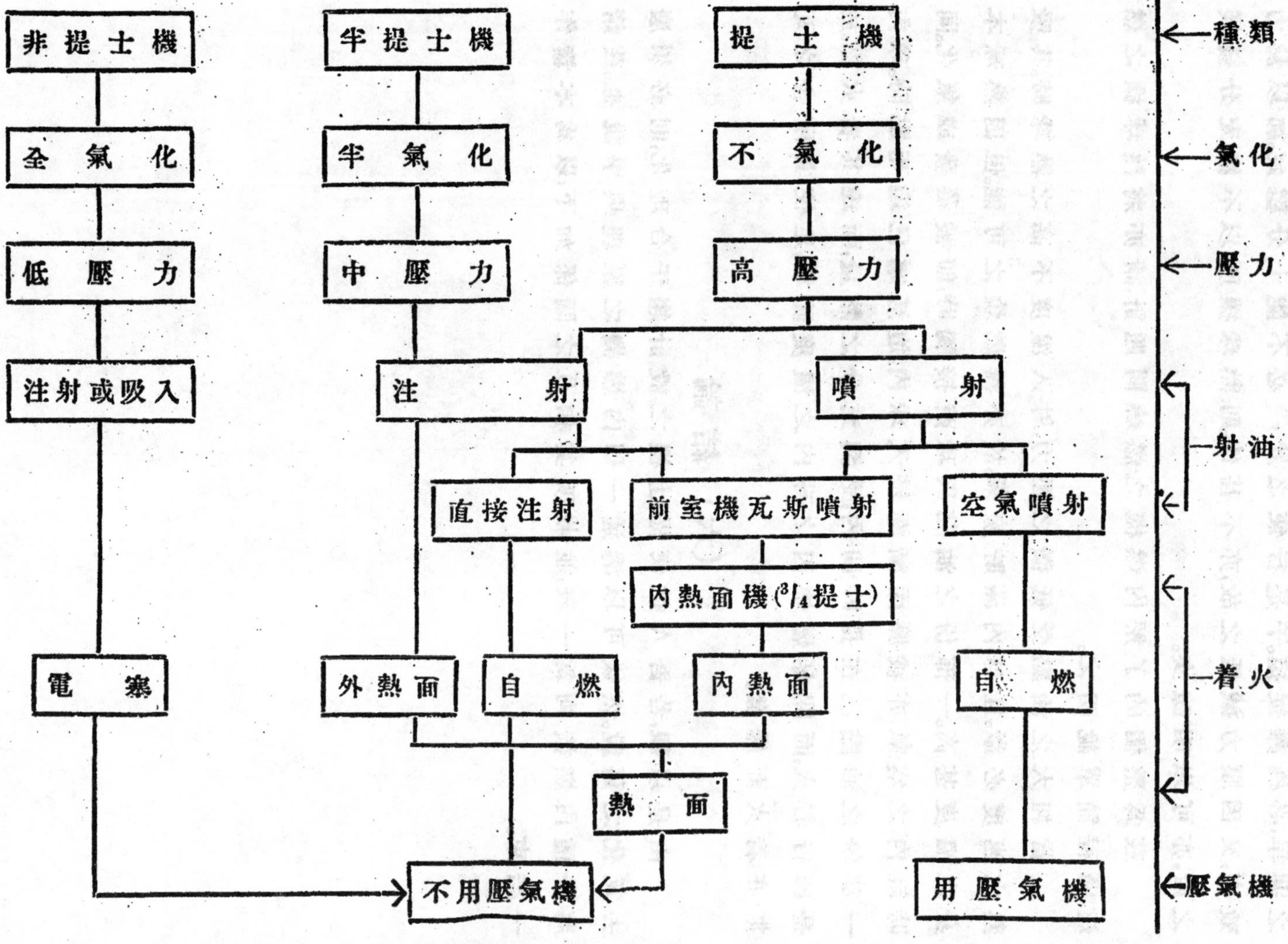
種類
氣化
壓力
射油
着火
壓氣機
非提士機
全氣化
低壓力
注射或吸入
電塞
半提士機
半氣化
中壓力
注射
直接注射
外熱面
自燃
提士機
不氣化
高壓力
噴射
前室機瓦斯噴射
內熱面機(3/4提士)
內熱面
空氣噴射
自燃
熱面
不用壓氣機
用壓氣機

堤工管理述要

李崇德

堆土爲堤,驟視之似極簡易;但工段往往綿長數十百里,工人動以千萬計,且係臨時集合而來,非素有組織訓練者可比;欲其工作得法,款不虛靡,端賴管理得宜。我國於築堤工程,向極重視,良以國內大小水道,多以土工爲堤防之具,人民生命財產,賴以保障。昔人憑經驗所得,於工作方法,分明步驟,足資遵循;惟如管理不周,則亦易於僨事。

管理之道,重在得人,尤須得法。工作旣有一定步驟,管理者,卽依其步驟,分別派人,務使事有專人。人有專責,無可推諉;加之主持者嚴密督促,則計日成功,可預卜也。

茲先將築堤工作步驟,分列如下:

第一期

清底
- 1. 去淤 —— 堤基如係淤土,不足支持堤身重量,必須去淨;但此非常有之事。
- 2. 除草及瓦礫 —— 堤基所生之草或有瓦礫等物,均須除去。
- 3. 勾坯 —— 如係幫寬舊堤,應先將舊堤坦坡做成梯形,高約六寸,寬約一尺五寸。
- 4. 倒毛 —— 將土面挖毛。
- 5. 上水 —— 上水將土窨濕,俾新舊土易於粘合。

第二期

上土

- 1. 安方 —— 指定取土地點,規定方塘大小,以便工人開掘。
- 2. 挑土 —— 按照次序,挑土上工,切忌拋撒。(第一圖)
- 3. 上坯 —— 所挑之土,按一定層次傾倒,每層約厚一尺二寸,名為一坯。
  - 破塊 —— 挑出之土,多係成塊,須雇夫立於坯頭用鏟破碎。(第二圖)
- 4. 挖水碗 —— 土坯上足,如土質乾燥,須挖成水碗,以便灌水窨濕。(第三圖)
- 5. 上水 —— 上水多寡,依土質而變,務須適量。
- 6. 打硪 —— 土已窨透,至半乾時打硪。硪以石爲之,圓徑爲一尺二寸,重八九十斤,十人共打一架。(第四圖)
- 7. 驗釺 —— 驗土已否堅實粘合,用釺試之;釺以鐵爲之,方形,長三尺至九尺,驗釺時,將釺打入硪土中,穩直不可轉動,釺抽出,在釺眼灌水,以水滿不漏者爲有釺;若滿而復虛爲無釺,則須翻土重硪,必至有釺而後已。(第五圖)
- 8. 剷坡 —— 土坯硪實後,兩邊形式不整,須雇夫剷齊,使合於規定之坡度。(第六圖)
- 9. 批鱗澆水 —— 每坯土於釺驗之後,在土面批鱗澆水,鱗距約五寸,批滿再上第二層土,使鱗面與新土易於接合。
- 10 收方 —— 丈量土塘大小,以憑發給土方工資。(第七圖)

第三期

整理堤頂及坡面
- 1. 窨水 —— 在堤頂及坡面灑水,使土窨濕。
- 2. 加黃土 —— 在濕土面上舖黃沙土一二寸,俾堤面不易裂縫。
- 3. 打邊硪 —— 在堤坡上打硪,俾黃土不致散脫。(第八圖)
- 4. 較高 —— 用旱平較量堤身高度(第九圖)
- 5. 較坡 —— 較量堤身坡度,此步不僅堆土到頂後較量,在工作時亦須較量。(第十圖)

第一圖　挑土工人排列進行

第二圖 上坯及破塊

第三圖 挖水碗及灌水

第四圖 打硪

第五圖　驗釬

第六圖　剷坡

第七圖　收方

第八圖 打邊硪

第九圖 旱平

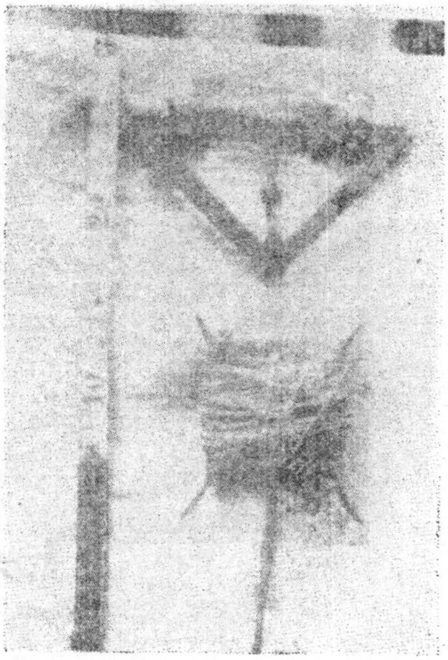

古法較量地之高下，多用旱平，雖不如儀器準確，以之較量坡度，亦已足用，且手續簡易。旱平以銅片爲之，中懸銅球，可以搖動，用時懸於繩上，以球下尖頂與三角架上尖頂垂直時爲平。

第十圖 較坡

工作種類,已如上述,至於工人類別,統分三種:曰土工,曰硪工,曰雜工。1.土工以所掘土方計值,視距離遠近而定;在特殊情形之下,土工亦有以日計或以担計者。

2.硪工以所硪方而計值,以保釺爲準;

3.雜工以日計,亦稱日計夫,視能力及工作不同,而異其值。

各種工人任務如下表

- 工別
  - 雜工
    - 勾坯
    - 除草
    - 破塊
    - 挖水碗
    - 挑水
    - 批鱗
    - 剷坡
    - 其他
  - 硪工
    - 打硪
  - 土工
    - 掘土
    - 挑土
    - 土船

管理方法,應按照工作步驟,分配管理人員;第一期清底工作,重在去淤,但非常有之事;第三期整理工作;通常多用日計夫辦理。第二期堆土工作,用人最多,時間最長,管理亦最繁,茲將第二期工程管理方法,伸述如次;其第一第三兩期工程管理法,因較簡單,且多重複,故不贅述。(第十一圖)

第十一圖　堆土程序及管理系統圖

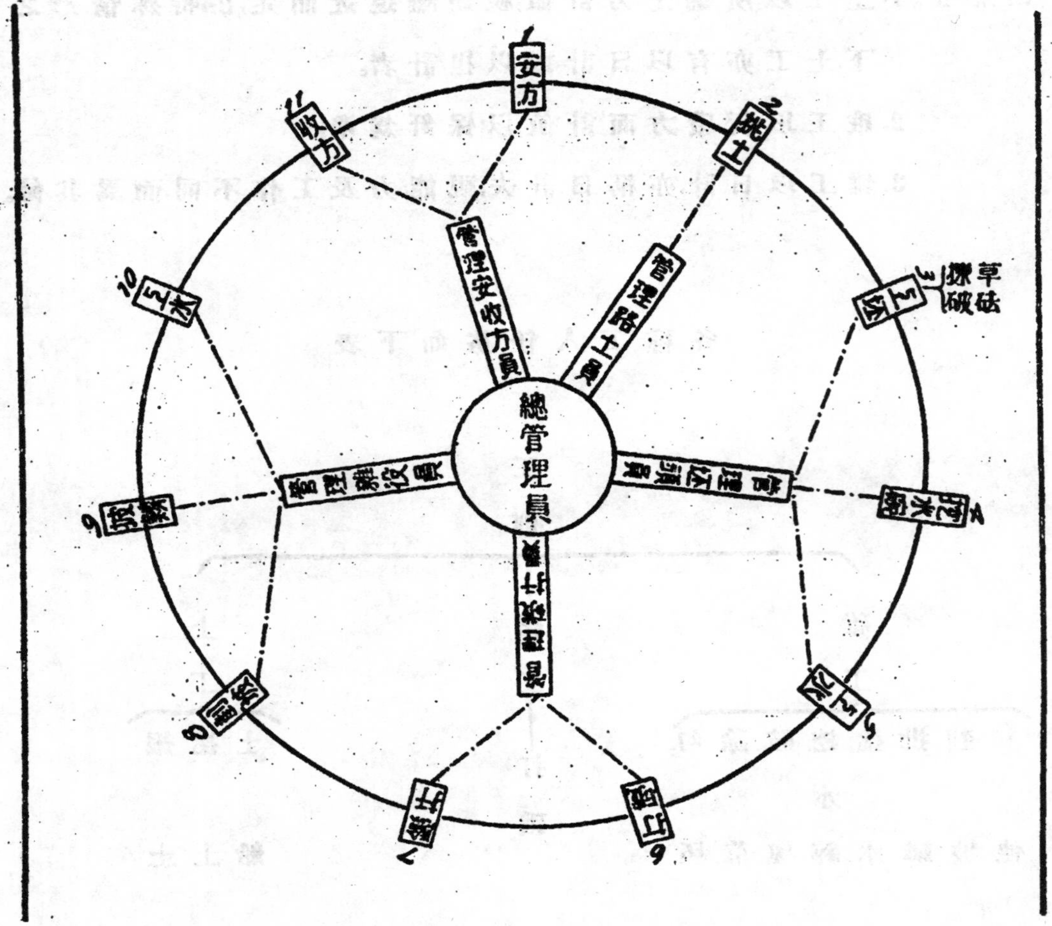

茲將各管理人員應行注意事項,條列如下:

I. 管理安收方員

1. 管理員應按時到工安方,不可過遲,以免耗費多數工人時間。
2. 每一土塘,應令工人自推或選派工頭一人,以便指使。
3. 每一土塘大小,以三丈至五丈見方爲率,不可過大,大則丈量難於準確,易致爭執。
4. 土塘與土塘中間,應留土格,寬約一丈,以免挖成順堤河,並便夫工往來。

5. 開掘土塘,應從遠處先掘,逐漸退後,挑土較便。

6. 不良土質,不准挑用,如土內夾有草根,瓦礫,須揀淨方准挑出。

7. 所安土塘地位,至少須離堤根二十丈,用固堤基。

8. 土塘距工遠近,為發給方價之標準,務須丈量或步過,以免爭執。

9. 所掘土塘,最好按日收量,發給領款憑證,可免弊竇,且易稽核。

10. 每一管理員所管土塘,不可過多,多則照顧難周,卽易發生弊端,工費開支,大部用於挑土,不可不慎也。

II. 管理路土員

1. 挑土最忌拋撒,照顧稍疎,工人往往故意將土倒於路旁,藉圖省力,不可不嚴行查察。

2. 工人衆多,來往路綫,必令分開,前後次序,亦應分明,以免擁擠爭吵。

3. 每人管理路綫,不可過長,如過長必須分段派人,方能周到。

III. 管理坯頭員

1. 挑土上工,必須按照一定層次,一定地位傾倒,否則卽須翻動,廢工廢時,殊不經濟,管理者應善為指使之。

2. 坯頭愈薄愈好,以其易於硪打堅實,以虛土一尺二三寸為式,可多立木樁為標準。

3. 挑出之土,往往成塊,須雇夫立於坯頭,隨時破開,使之散碎,名為破塊。

4. 土上坯後,應使水窨之,方行可硪;如土性乾燥,則督飭日記夫挖成水碗,挑水灌注,使水窨透,隔日打硪。如土性不甚乾燥,則於上坯時,在坯頭澆水。

用水多少,隨土質而定,不可過多,多則不硪亦能包釬,亦不可過乾,乾則雖硪亦無釺,故管理者務須留心考察。

IV. 管理硪釺員

1. 硪之大小輕重,應合法度。

2. 土窨水後,須俟半乾,方可行硪。硪夫往往利於多水時打硪,易於包釺,但影響堤身甚大,不可不注意及此。

3. 每硪一架,共用十人,應令推出或派定硪頭一名,以便指揮。

4. 打硪以起得高落得平為好,每硪十人,如全係熟練者,自可辦到,否則應注意訓練。

5. 每坯土至少須打三四遍,先南北一單遍,再東西一單遍,然後再行連環套打,以包釺為止。

6. 堤之兩坡最關重要,打硪驗釺均須周到。

7. 堤之堅實與否,全恃硪工得宜,硪工以驗釺為憑,硪土至此伏彼起如波浪式,或似立於棉被或一大塊橡皮上者為好,此為全部粘合之證,經風吹過三四日,即變堅硬。通常每架硪工,每日可打十二平方丈。

V. 管理雜役員

1. 雜工所包括者甚多,以其工作不同,而名稱亦異,例如1,撳手司勾坯剷坡等工作;2,水夫司挑水,戽水等工作,3,除草工……等各種工人,如雇用人數多時,應令每十人或二十人推一工頭以便傳達命令,如人數不多,即由管理員自行管理。

2. 雜工多以日計,故須隨時督促,否則未有不偷惰者。

3. 堤之兩坡,須常較量,以免錯誤,俾工作得有準繩。

VI. 總管理員

總管理員,為上述各員之領袖,關係工程成敗甚大,必得精明篤實而有相當經驗者任之;該員應行注意事項如下:

1. 審視堤基

堤基有無淤土,應先檢查,如有之,應察看深度若干,範圍若何，可否讓避，如不能讓避，必須拔挖，或用其他方法以固堤基，務須審慎於先，免致拆卸於後。

2. 審度工情

如 a. 工長若干，b. 取土地點何在，c. 土質如何，d. 可以容納工人若干，e. 規定工作日期若干……

3. 計算應用工人

依實地情形及限定工作日期計算應需 a. 土工若干 b. 硪工若干，c. 雜工若干；但開工後，視工作情形每日均有增減，必須支配得宜，總求人各有工可做，免致硪閑地閑，此層關係工程經濟極大，亦即總管理員日常最要任務。

4. 物色管理人員

管理人員需要若干，人數須確定，不可過少，少則照顧難周，勞而無功，不可過多，多則互相推諉。

用人以篤實爲主，機警次之。

除上述各在工人員外，內部管賬及管材料者，亦須分別派人。

5. 督促工作

管理員派定，工人招足，工作開始，即應嚴加督促，如稍因循，則法制漸弛，終將有法等於無法，必致僨事，尤宜愼之於始。

6. 核計賬目

每日到工人若干，出土若干，用款若干，必須結算；否則積累日久，即有舛誤，猶屬茫然，及至發覺，追悔莫及矣。

以上所述，可謂一單位工團之管理法；如工程浩大，則合若干團爲一組，合若干組爲一段，合若干段爲一區，合若干區爲一處，依此類推，均無不可。

欲管理手續簡易，有用包工制者，但其弊端甚多，例如 1. 偷改誌樁，2. 偷挖堤根，3. 底坯高厚，夯硪不實等等；亦有祇包土方，公家僱夫打硪者，其弊有六：1. 不選土質 2. 不依指定地點取土，3. 假做土堆4.恃衆要挾,加價罷工5.與監工人員,彼此不能相容,6.如中途取銷,則於續招工人時又百端阻撓。凡事有利必有弊,不可不慎之於始也。且工程之道,在於工作得法,以求堅實,管理得法,以求經濟,一切應以科學為根據,此非可語於一般之包工也,

雖然堤工之可恃,不僅在建築得法,尤重修守不懈,方克有濟,因堤工平時自不免為1.水流冲刷,2.風雨剝蝕,3.人畜踐踏4.鼠獾穿穴等損壞;若不善為修守;不數年即變為單薄卑矮;大水一至,又衝決矣。古人云「河務工程,宜未雨而綢繆,勿臨渴而掘井,」實屬名言。去歲我國江淮大水,冲毀隄圩至四千五百餘公里,私人財產損失,達二十萬萬元,為中外歷史所無;此則近數十年來,內爭不息,堤防失修,有以致之也。今者政府,人民,努力復堤,約費三四千萬元,於建築及管理,固須得法,以達堅實與經濟之目的,尤望防守有恆,方免覆轍之再蹈,願當世君子,三致意焉。(二十一年八月)

國道工程標準

路幅寬度:30公尺。

鋪砌面寬度:直綫處　不得小於6公尺。

曲綫處半徑<100公尺者,　加寬2公尺。

曲綫處半徑>100,<150公尺者,加寬1.5公尺。

曲綫處半徑>150,<250公尺者,　加寬1公尺。

曲綫處半徑>250,<300公尺者,　加寬0.5公尺。

曲綫處半徑>300公尺者,　加寬0公尺。

路肩(鋪砌面之兩邊):

堤上	各寬	3	公尺
坎內	各寬	1.5	公尺
山旁坎邊		1.5	公尺
堤邊		3	公尺
隧道內	各寬	1	公尺
橋面(人行道)	各寬	1	公尺

路面高度:超過通常水面0.5公尺以上

路坎兩旁斜坡:1.5:1

(特性黃土及硬石路坎兩旁垂直)。路堤兩旁斜坡:土質,最小1.5:1

硬石,最小1:1

附　　錄

二十年度長江水災之善後

（摘錄國民政府救濟水災委員會救災工作概要）

水災成因。民國二十年夏霪雨連綿，江淮運漢諸流域雨量激增，山洪陡下，傾江倒海，勢不能容，各處圩堤，相繼潰決。漢口長江平時排水量一秒鐘二百萬立方呎，迭經暴雨後，上流與內地激流，奔注江身，其速度在八月十九日，一秒鐘爲二百八十萬立方呎。江湖遂漲至五十三呎半，高出平地六七呎。較一八七〇年之洪水，亦漲高三呎有奇。據勘測結果，江淮運各區被災最重區域面積，計二十萬五千平方里（三萬四千平方英里）；災輕區域面積亦不下六萬平方里（八千平方英里）；原有河流湖泊，一併計入。

被　水　情　形

損失估計　直接被災人口,約五千萬人。衣食不備,無家可歸者,數百萬。溺斃與死於疫者,無數。殷繁之農區與市鎮,盡成澤國。悽慘情形,遠非意想可及。此次災祲,國內重鎮如武漢南京等處,財產上損失,已屬不貲,然創痛最深者,則爲二千餘萬之農民,本會爲明瞭各區災農狀況起見,特委託南京金陵大學農科,作一精確之調查。結果調查之一百三十一縣,各項損失如被淹之作物,房屋,役畜,農具,穀類,衣被,燃料,家具,生畜,飼料等之總值,約二十萬萬元。此外圩堤與道路之損毀,與秋冬兩季作物因積水無法播種之損失,猶未詳計也。至於每家之損失,平均估計爲四百五十七元。物質上之損失如斯,已足爲我民族致命之巨創。至於刼後孑遺,流離無告,滿目瘡痍,情至悲慘,其精神上之虧損,又非勘查可得而估測者也!

救濟水災委員會之設立　國民政府軫念賑務之綦重,於二十年八月二十二日核准國府救濟水災委員會條例,成立委

民舍被水淹沒日期平均爲五十一日

員會,辦理救濟災民及災區善後事宜,以宋子文氏為委員長。復以賑務紛繁,非調度歸一,未易奏效,乃電商國際聯盟祕書處,聘請辛普生爵士來華主持,並委為副委員長兼總辦事處處長,綜理一切賑濟工作。辛氏曾在印度及希臘等處辦賑,經驗極豐。會中設調查,財務,會計稽核,衞生防疫,運輸聯絡,災區工作七組。災區工作組之下,復設急賑,工賑,農賑,儲運,視察等處。急賑處辦理放賑,收容救護災黎,及舉辦小工賑事宜。工賑處掌理災區中排除積水,修復隄防,疏通水道,及其他地方善後建設工程,實施以工代賑計劃。農賑處掌理災區中恢復農事之設計及實施事宜。儲運處專司賑麥之發放與存儲事宜。視察處專掌調查災區賑務之設施,賑品賑款之動用事宜。綜上以觀災區工作組幾執行賑務之全部,其所負之責任,至為綦重也。

救災經費 賑務之實施,端賴財力。國府救濟水災委員會財務組為募集賑款,特設財務委員會,廣為勸募。計截至二十一年六月底止,該組經收捐款共合國幣$7,398,527.46,由國人捐助者,在六百萬元以上。外國人士與團體捐助者,一百二十餘萬元。此次水災發生,適值國內工商凋萎,日寇入犯之時,而國人捐輸,仍極熱烈,仁風至堪欽佩。惟災區遼廣,賑務綦繁,私人與團體捐款來源有限,國府為完成各項賑務計劃,議決發行賑災公債三千萬元。惟時值日軍攫佔東省,舉國騷然,內國債劵市面,萎氣不振,新債無從銷出。前向美貸購之賑麥,一時雖無須付款,惟舉辦各項善後建設工程,與美麥運輸費用,為數浩鉅,政府乃決另徵海關進口附加稅,及鐵路客票附加稅以資應付。關稅附加自二十年十二月一日起至二十一年八月一日止,徵收百分之十,以維持賑務經費。八月一日後減徵百分之五,以備償還美麥價款。所有收支情形,截至二十一年六月二十日止,列表如下:

收入項下

捐款	7,387,400元

海關賑災附加稅	12,131,555元
雜項收入	610,997元
意庚款協款	900,000元
內債基金保管委員會墊款	1,500 000元
共計	22,529,952元
付出項下	
急賑	5,970,000元
購置冬衣等項	1,642,370元
工賑(意庚款協款在內)	2,362,000元
衞生防疫	610,000元
運輸	8,034,100元
運儲視察等處經費	1,900,000元
結存	2,011,482元
共計	22,529,952元

工賑　二十年九月初,災區工作組設立工賑處,委席德炯爲處長,專掌籌劃與實施修復江淮運漢幹堤,及江北區導河入海各項工程。協修民堤事宜,則劃交急賑處辦理。工賑處分工賑爲十八區,計長江七區,淮河三區,漢水二區,運河洞庭湖及河南各一區,江北運河東三區。該十八區中第十五區(在運河東)因計劃變更,迄未興辦。洞庭湖一區,則委託湖南水災善後委員會代爲辦理,惟工程視察及用款稽核,仍歸本會主持。各區工程,俱於二十年十二月至二十一年一二月間賑麥運到後,分別組織完竣,積極進行。全部修堤工程,至爲浩大,約須土方一萬萬五千餘萬立方公尺,災工一百餘萬人。國府救濟水

實施工賑　修繕堤防(一)

災會分配美麥三十萬噸,作完成此項工程之用。工賑機關之組織系統。至爲縝密。各設工賑局,局下分段,每段分工團,工排。區段各有正副工程師負責管理。本會爲討論及審定一切技術上之設計及實施事宜,特設技術委員會,直隸於工賑處,聘請國內建設及水利機關專門人員爲委員。關於災區中各省舉辦修繕堤防改良河道等事,悉先由該會審核。十七工賑區中,共分爲一百二十一段,其歸本會直接管轄之十六區,計用工人七十七萬五千餘人,湖南一區計用六十八萬人,共計一百四十餘萬人。此外尙有修繕民堤之災工,由本會急賑處撥給賑糧者,亦不下數十萬人。工賑處共用工程師四十四人,副工程師及段長一百二十五人,監工員二千二百八十一人,截至本年六月十日止,十七區共修成堤防長逾三千公里。築成土方一萬萬三千萬立方公尺。工賑處復以去年幹堤潰決,雖咎於霪雨所致,而堤身殘缺不全,實居多數,特規定修復高度,均應超過去年最高水標一公尺。全部工程均於二十一年六月底完成。災工工資,均以美麥或麵粉代發。惟漢水一區,因運輸不便,改用現金。工資概按市方給價,劃一標準,然各處情形懸殊,得由區工程師酌量損益

實施工賑　修繕堤防(二)

之。每星期發工資一次，由分段監工員，按照工作報告表，填報工作人數，工作日數，及修成土方數目，向段工程師領取。計截至二十一年六月十日止，十六區共用賑麥二十萬噸。此外湖南用去賑麥一萬五千噸，山東運河工程五千噸。分配工賑美麥原額所餘十一萬噸內，十萬噸業經分配各區，尚留一萬噸，以備補充不足之需。淮河流域除堤工外，尚須修理水閘；此項工程，約需賑糧一萬噸。又蘇省東北裏下河入海之處，添築閘門四道；該項工程所需款項，亦經籌備。工賑處經費截至二十一年六月二十日止，共支一百四十六萬元，約等於賑麥價值百分之六・四。工賑區域遼廣，實施各項工程，多感棘手。有數區匪禍至烈，工程人員被匪擄去凡十七人，尚有未慶生還者，而工程之進行，絕未稍懈。多數災工，頗明工賑意義，以工易賑，尚少怠忽之弊。地方當局，對於中央實施工賑之需要，亦能與以相當協助。各區工賑人員，任勞任怨，履危不餒，其戮力從公之精神，尤堪傾佩，工賑之完成，實深賴之也！

結論　本會成立之初，揆審災情之慘重，與夫官義賑款之有限，決議專擇辦主要工作，期收最大之效果，不跨高騖遠，致事倍而功半。當核定第一步工作為救護災民，給以衣食住及衛生上之需要。第二步工作為俟水勢退後，儘財力所及，修復潰堤毀堤，增其高度，以防水患之重現。最後工作為辦理農賑，救濟農村經濟。以上工作，最要之關鍵為堤工。堤工成，則急賑不致虛擲，農村之善後，亦較易舉也。今各項主要工作，皆已照預定計劃十九蕆事。未竣之工程，已定有計劃，備有的款，不難循序進行，以底於成。故本會常務委員會於六月十八日決議，自二十一年七月一日起，將各部分機關，開始結束。其未完工作，仍繼續進行。經提出全體委員會通過，並組織一結束委員會，處理一切事宜，以期早將工作過去情形，及賑款賬目，彙報政府，至將來堤工之永久維持，亦當擬具方案建議政府，以供採

擇而完任務也。(二十一年七月)

祝中國工程師學會年會

(錄廿一年八月廿二日天津大公報)

擁有二千餘會員之中國工程師學會，今開其第二屆年會於天津。際茲熱邊告警，國難緊張，此代表全國工程技術家之最大團體，在津開會，不獨爲津市之盛舉，且對於國家前途，爲一種光明之暗示。謹述數言，以祝該會，兼致其勗勉之意焉。

自「九一八」之變，全國社會，精神上受非常之痛擊，莫不懍危亡之禍，抱雪恥之心。而去冬以來，外患憑陵，日益擴大，竟至三省淪陷，淞滬被兵。同胞軍民殉國受害者，已以數十萬計，財產犧牲，以數十萬萬計。然禍且未已，此日此時，熱河邊界卽在砲火中。方去秋國難之初起也，凡血氣之倫，莫不立志禦侮救國，學校青年，至罷課入京，請願宣戰，萬千學子，願從軍效死。苟有人心者，覩一般青年之血淚激昂，孰不感動?神州民氣之熱烈眞摯，固近代所未有也!然日月忽忽，瀋變將屆週歲，淞滬之役，亦且半年。然而中國民族，今尙不能達其禦侮救國之目的者，至有其最大之理由。此無他，國家無自衞之備故也。中國自甲午以後，卽無國防，徒賴列强之均勢，爲灰色之苟安。國民習焉不察，遂以爲均勢可恃，和平可保，享樂偷懶之生涯中，便可坐成自由平等之中國。一旦遼東告警，紙虎戳穿，始皇皇然呼籲國聯，乞靈公約。及知其寡效，決求諸在已也，而四顧蒼茫，始切感國防之無備。此一年來中國民族酸鹹苦辣之經驗，亦可謂天佑憒民，使之得最後懺悔發憤之教訓者也。夫時至今日，一切業已大明。第一急需，爲建成廉潔有能之鞏固政府;以此政府，與全國專家，決定中國整個的經濟計畫國防計畫，而儘速實現之。此爲中國民族光榮的生存惟一之路，否則必亡國。且不但外患之可危，卽此澈底困窮，亦將自趨衰滅。夫政治問題之解決，全國各界公共之責任;而經濟與國防計畫之決定與實施，則有待於工程技術家者最多。易言之,今日開會之工程師學會,即應負,且能負重大部分之責任。吾人所最表示歡迎與期待者在此。夫中國過去缺技術人才,今則不缺。即以工程師學會論,其收納會員,限制甚嚴;非有工程經驗若干年,不得爲會員。故不獨有技術智識,且皆爲實際曾負或現負工程責任之人;而現有會員,已逾二千。中國雖大,兩千有經驗之工程家,亦儘可負一代之責任矣!況新材輩出,年年增加乎?惟工程界過去風氣,有一點應改革。即工程界人,每以爲職在技術,不應出位而談國事。此在承平之國,或爲良好風氣,在中國則不然。今國家整個的環境,太危太急,零碎散漫之私人企業,不獨不能救國,且不能自保。閘北吳淞間辛苦經營之工廠,一夜而成灰燼矣!或者又以爲政治未解決,工程界人縱有計畫,亦無法推行,此亦不然。工程界誠能與經濟學界及軍事科學家,自行合作,產出整個的偉大計畫,並擬定其實施步驟,則此一有權威之計畫,便將成爲政治上最高之綱領。微論現政府絕不至漠視,假若此政府不負責,國民當然建一能行此計畫之政府。何也?救國目標,人早共見,而具體計畫,則必須智識。將來智識之最高權威,定即成爲政治之最高權力。現在人心奮發,所短者仍在智識,所以一般愛國之人,動輒呼號中國無出路;而因無一致公認之整個計畫,所以政治上之新陳代謝不行。工程界諸君,勿自謙卑!應決心自行負起救國之大部分責任!應各貢獻其智識,與相關之各界有權威者,共同擬議,彙爲中國國防工業及一般經濟建設之總計劃。此項計畫,至遲一年內討論完成而宣布之。吾深信工程師學會之力,必能勝此重任,而此計畫完成後,政治上定立時發生極大反應。全國國民定將信賴此計畫,而努力推動其實行。禦侮救國,關鍵在此。吾人謹本此意,祝工程師學會成,爲新中國建設之大本營,不獨望該會會員之學問職業與年俱進已也!掬誠致勉,工程界[illegible]君其鑒之!

SCHMIDT & CO.

Leica CAMERA

「徠卡」照相機目前使用者達八萬以上均甚滿意構造精巧靈便可用極廉之電影軟片每卷攝三十六個極清晰而適於放大之影像誠工程師懷中必備之照相機

Leitz FIELDGLASSES

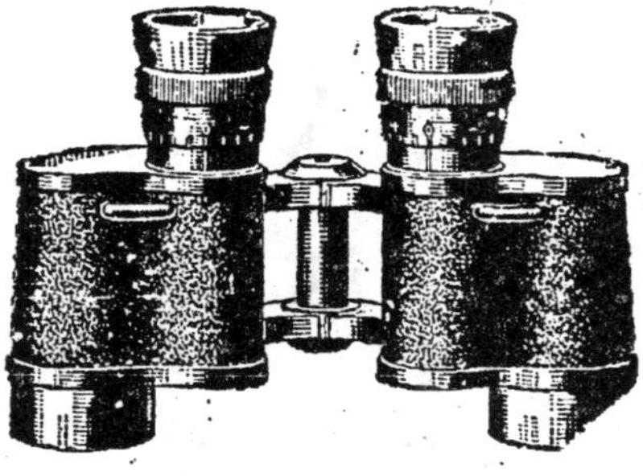

「徠資」望遠鏡爲獨一無二之折光望遠鏡光度最大且能抗受風雨足稱爲價廉物美之極品望遠鏡

徠資廠之光學儀器久已馳名全世界如礦物顯微鏡金屬顯微鏡顯微照像器等凡研究工程材料金屬性質者均應採購此外如材料試驗儀器測量儀器理化試驗儀器畫圖儀器化學藥品以及照像材料敝公司均有出售備有目錄函索卽寄

駐華總經理

興華公司

津　哈爾濱　瀋陽　廣州　香港

請聲明由中國工程師學

國工程師學會『工程』介紹

工程

第八卷

沈　　怡
總編輯

中國工程師學會發行
中華民國二十二年

工程

第八卷總目錄

科別	類別	題目	著者	號數	頁數
水利	河工	治理黃河之討論續編	沈怡	6	496
水利	河工	黃河問題	李賦都	6	508
水利	河工	東溜攻水分水放淤計劃	孫慶澤	6	563
水利	河工	沉排磚壩	孫慶澤	6	568
水利	塘工	浙江海塘之整理工程	曾養甫	2	99
水利	塘工	上海市東塘工程	張丹如 周書濤 徐以枋	2	109
水利	水力	揚子江上游水力發電勘測報告	惲震 曹瑞芝 宋希尙	3 4	195 304
水利	試驗	導黃試驗報告	恩格思（德國）	2	179
水利	試驗	黃河初步試驗簡略報告	方修斯（德國）	4	339
水利	試驗	恩格思教授治導黃河試驗報告書	恩格思（德國）	6	530
水利	其他	治導黃河試驗報告書書後	鄭肇經	6	561
水利	其他	二十二年豫省黃河險工暨漫溢情形	河南河務局	6	573
水利	其他	河北省黃河情形	河北河務局	6	577
水利	其他	已往關於黃河工作之進行經過	華北水利會	6	580
水利	其他	黃河水利委員會組織法		6	585
水利	其他	二十二年黃河漫決紀事		6	586
機械	機車	日本鐵道機廠修理機車車輛快速之原因	陳廣沅	1	1
機械	汽車	參觀湘省煤氣車記	劉先林	2	184
機械	汽車	以木代油之汽車	蔣平伯	3	263
機械	其他	中國印刷工業之改進	沈來秋	4	294
機械	其他	道路試驗機	淸之譯	4	386
機械	其他	發展中國機器工業之意見	貢德爾 富禮（德國）	5	391
鑛冶		檢取煤樣之原理	王寵佑	1	16
鑛冶		二十年來之錫業	賀闓	2	130
電氣	電力	山東章邱縣金盤莊水電灌漑工程之設計	曹瑞芝	1	54
電氣	電信	京滬長途電話之改良與擴充	徐學禹 包可永	1	64
電氣	其他	電銲	陸增祺	3	266
電氣	其他	英國泰晤士河兩岸之鋼塔輸電工程		3	275
電氣	其他	電工譯名之商榷	趙曾鈺	3	282

科別	類別	題目	著者	號數	頁數
電氣	其他	發展中國電氣事業之意見	戴梯瑪（德國）	4	285
電氣	其他	利用人目不能見之光線作警鈴	平伯譯	4	384
無綫電		沒有絲極的無綫電電子管	源清	3	279
無綫電		蘇聯無綫電工業之現狀	清	3	280
無綫電		美國無綫電工程師會一九三二年年會	奇	3	281
無綫電		東沙島無綫電台被風吹折	奇	3	281
化工		淡氣救國論	陳德元	2	150
紡織		我國急應自製人造絲	顧毓珍	3	252
雜項		本會第二屆年會詳記	大公報	1	72
雜項		中國古代工程的創造和近代工程師的表現	范旭東	1	83
雜項		工程教育管見	張含英	2	174
雜項		我國工程教育今後之途徑	夏堅白	3	270
雜項		實用各種工程單位換算表	張家祉 陳中熙 韋松年	4	378
雜項		悼費禮門先生	沈怡	6	

中國工程師學會會刊

工　程

二十二年二月一日　第八卷第一號

中華郵政局特准掛號認為新聞紙類

內政部登記證警字第七八八號

二十一年年會論文

二十一年年會開幕攝影(在天津南開大學)

請聲明由中國工程師學會『工程』介紹

工程

中國工程師學會會刊

第八卷第一號目錄

二十一年年會論文

附錄

編輯後記

中國工程師學會發行

總會地址：上海南京路大陸商場五樓542號
電話：92582
本刊價目：每册四角全年六册定價二元
郵費：本埠每册二分外埠五分國外四角

分售處：上海河南路商務印書館
上海河南路民智書局上海四門東新書局
上海徐家滙蘇新書社南京中央大學
廣州永漢北路圖書消費社上海生活週刊社

日本鐵道機廠修理機車車輛快速之原因

陳廣沅

修理機車車輛者,如設備完好,材料充足,人工滿意,而管理得法,則速率自增,在廠日數減少,機車能力增加,而每次出廠運轉之里程亦從而增加;然機車車輛入廠必須按一定程序,入廠後工作必須各部緊張,而後始克有效。日本鐵道機廠實行件工法 (Piece Work) 給工資,規定各種修理程序,緊張各部工作後,成效日著。大修機車在廠日數與年俱減,平均在五六日之間,而濱松工廠祗須四日半即可完成一機車之大修工作。第一圖表明 1914 至 1928 十五年間日本五大鐵道機廠之成績,始則每車在廠亦需二十餘日,繼則逐漸減少;至八日與十日之間,則進步不易驟見。近年來始得最好之成績。機車修理出廠後運轉之成績亦與年俱增。(如圖表二) 表一般煤水車機車之運轉成績。其上部表明每機車出廠後運轉里程。C51 式機車出廠後行十八萬英里,始入廠再修。其下部表明每機車出廠後應用年月,在 1920 年平均每機車出廠祗能應用二十五個月,近年來能應用至三十五個月之久。(如圖表三) 表煤水櫃之機車出廠成績,其上部表明運轉里數,其下部表明應用之年月,其應用年月有顯然之進步,亦由二十五個月增至三十五個月,大修客車連等待油漆乾燥在內祗須六個工作日完成,凡行駛一年三個月再入廠修理。大修貨車祗須二十小時,凡三十三個月再入廠修理。其修理之快捷成績之優良,在世界可稱第一。然修車快速在鐵道經濟上有若何價值,不得不於述明其原因前,一解釋之。譬如有一機廠,其每月出產量爲修理機車五輛。苟此五輛機車于每月月初同時進廠,一個月內修理完竣,又至於每月月底出廠。則機車在廠之日數,各爲三十日。即爲一百五十個機車日。即鐵路失去一百五十個機車營業日。如該廠改良方法,減少在廠之機車,增加修理之速率;設每六日即可修完一機車,則每六日進機車一輛,出機車一輛,一月中所修機車仍爲五輛;該廠工作效率,表面上毫未增加,然而每機車祇失去六個營業日,五個機車共失去三十個機車營業日,較以前方法增加一百二十個機車營業日。每機車營業日在鐵道運輸上添若干收入,則一百二十個機車營業日共添若干收入,管理鐵道者當不難計算其價值。此僅就一廠言,如某路有三廠,每廠每月皆能增一百二十個機車營業日,則影響鐵路之收入爲如何耶。且尤有進者,依前法修理則每日在三廠者共有十五輛機車,依後法修理則每日在三廠者祇有機車三輛,不啻爲鐵路增十二輛機車。客貨車之修理增快亦不啻爲鐵路上增加車輛。換言之,鐵路即可以同量之機車車輛運多量之客貨,或以少量之機車車輛運同量之客貨,鐵路商家兩受其稗益。然則修車快速之價值,亦顯而易見矣。吾國各路客貨日多,而機車車輛日趨破壞,無不感機車車輛之缺乏,即無不望機廠員工之努力,以求修理之快速。日本修理機車車輛之快速方法,誠有研究之價值。然而其快速原因不止一端,歸納爲管理,設備,材料,人工四項請分別詳述之。

一· 管理

管理二字,涵義至廣,即機廠中設備,材料,人工,莫不各有其管理方法。本節所述,爲機務方面。除上述三項外,一切與修理機車車輛有關之管理方法也。有關于機務者,有關于機廠者,請分言之。

甲. 關於機務者

車輛標準化——修理預算——六個月小修——詳記履歷表

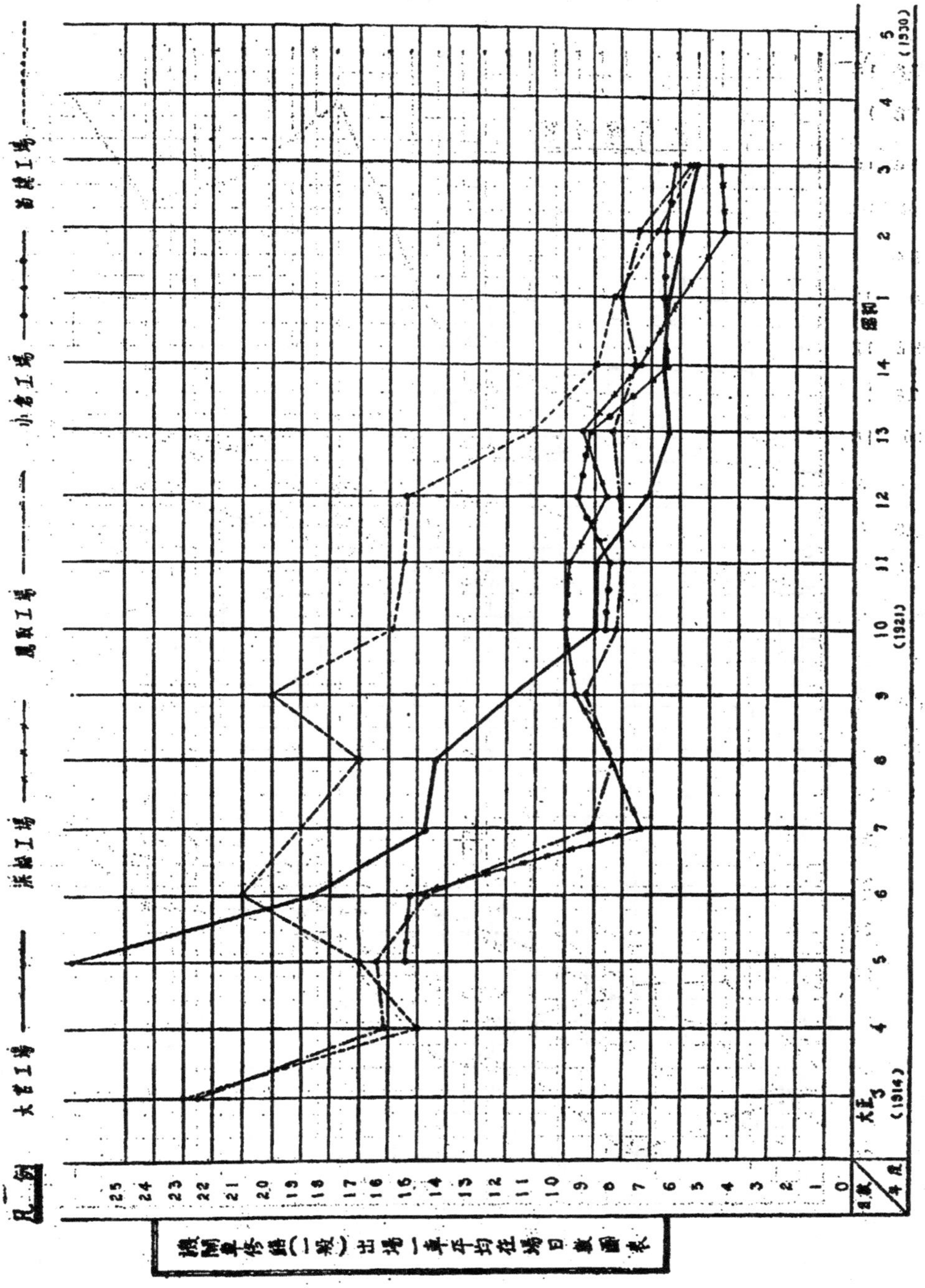
機關車修繕(一般)出場一車平均在場日數圖表
凡例
大宮工場
濱松工場
鷹取工場
小倉工場
苗穗工場
日數
年度
大正3 (1914)
10 (1921)
昭和
5 (1930)

第一圖表

煤水車之機關車

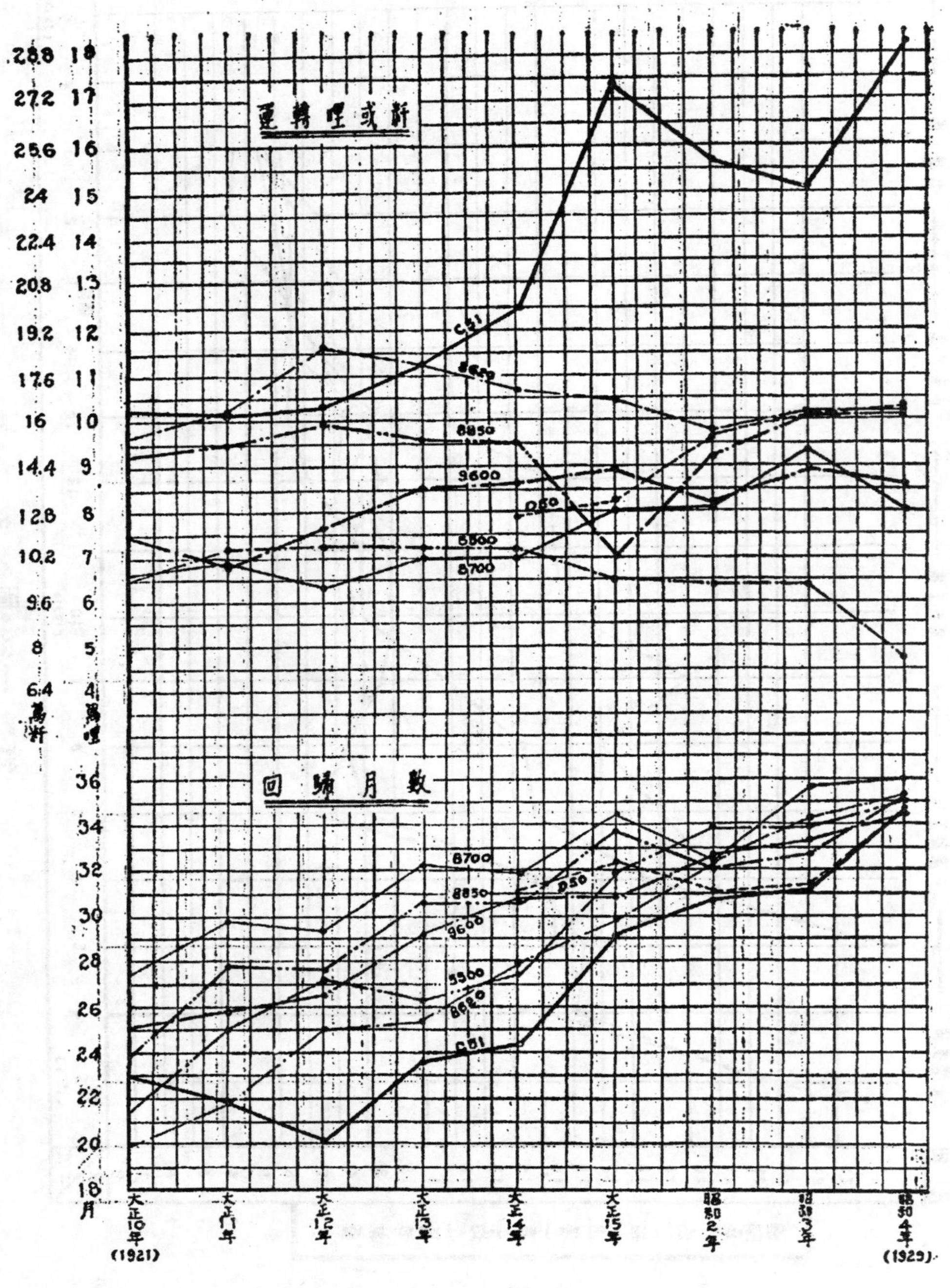

第二圖表

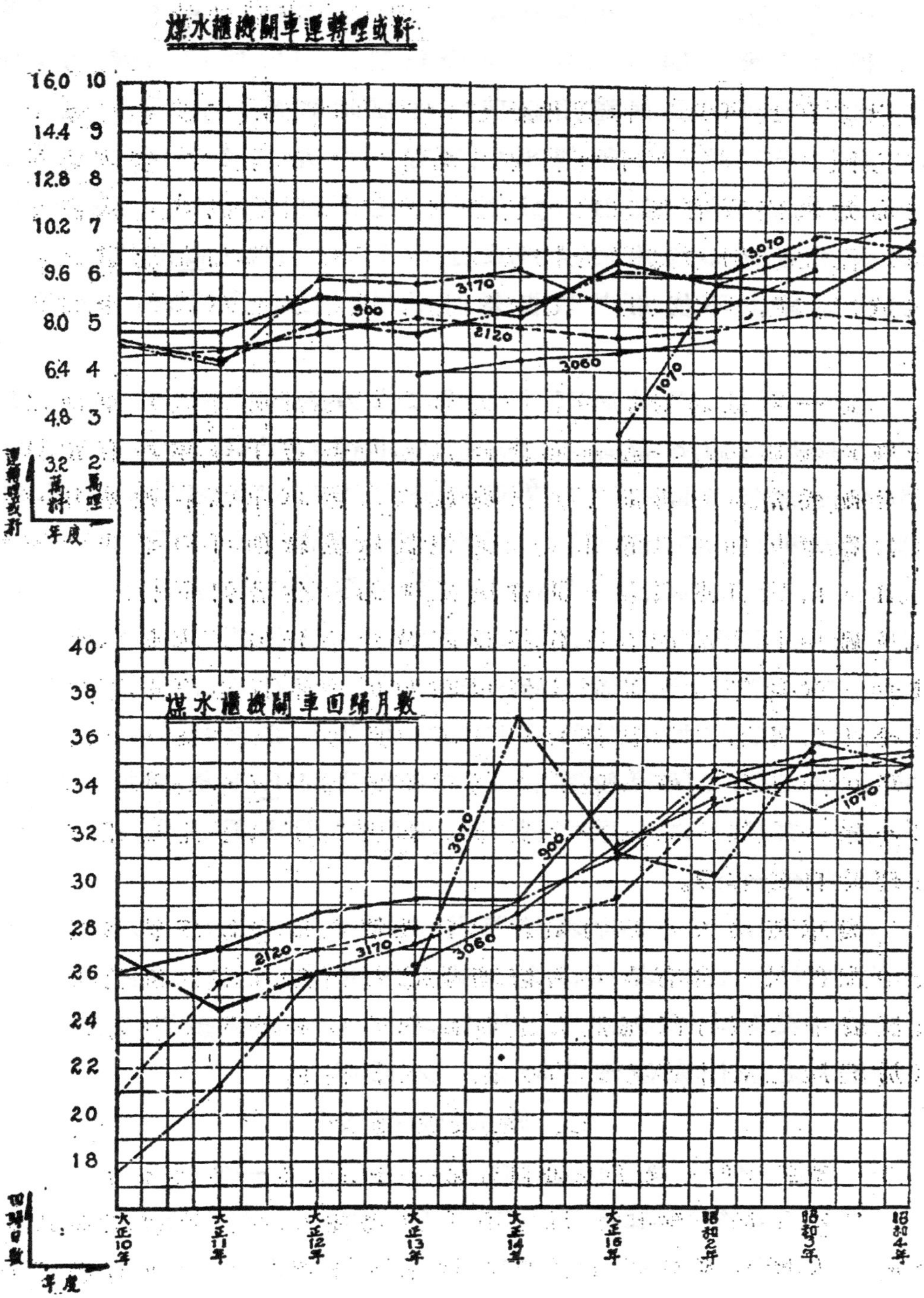

煤水櫃機關車運轉哩或粁
16.0 10
14.4 9
12.8 8
10.2 7
9.6 6
8.0 5
6.4 4
4.8 3
3.2 2
萬粁 萬哩
運轉哩或粁
年度
3070
3170
900
2120
3060
1070
煤水櫃機關車回歸月數
40
38
36
34
32
30
28
26
24
22
20
18
回歸月數
年度
大正10年
大正11年
大正12年
大正13年
大正14年
大正15年
昭和2年
昭和3年
昭和4年

第　三　圖　表

機車車輛之標準化,爲日本修理機車車輛快速之一大原因。蓋各機車車輛全國一式,或具極少數型式,則配件種類減少,每種可以多存,且可以互換應用,修理時省臨時修配之誤。考日本1912年全國二千三百四十輛機車中,即有一百九十式,其修理之繁,可想而知。鐵路國有後,卽努力於標準化,逐漸計畫成功。舊式機車車輛之能用者,則多應用於枝路,或運輸不繁之路,如北海道之扎幌鐵道局諸路;其不能用者,悉皆棄而不用。如是則車式旣少,修理較易。

每一鐵道局對於局有各機廠之能力,及所有機車車輛之應修數,均透切明瞭,各廠每年能修機車車輛若干,每年均有預算,事前分配妥當。每月再將下月某廠應修之機車車輛名號通知車房與機廠。車房卽可以預先檢查通報機廠。機廠卽可以事先預備材料。且入出廠日期須各方開會决定。無論發生若何事件,亦不能更改。故廠中得預先配合工作,不致臨時倉卒。任何機車每六個月必檢查一次,此等檢查卽係小修,以在車房中舉行爲原則。車房設備完全,平常小有破壞,當然可以自理。卽此等小修之機車三分之二在車房中工作,其破壞較重者,仍送廠修理。是日本機車每六個月卽小修一次。故大修入廠之機車,决非破壞不堪,不能應用者可比,修理時自較容易。

機車無論大小修,均須詳記其破壞程度,及修理情形於履歷表中。配件尺寸自有表可稽,修理前已可預測。且零件新舊,亦載在履歷表中。入廠時旣無遺失之虞,修理時自無特製多數零件之弊。車房機廠之合作,亦修理省時之一大原因也。

乙. 關於廠務者

手腦合作——動作與時間研究——平行工作——集中全力

日本工廠組織,廠長以下有各分場主任,主任管監工領班以至於工人。廠長及分場主任皆爲技術人才。惟廠長以下有若干技術員,不直接管工人,而爲廠長之助理人,指導工作。分場主任以下有若干技術手,不直接管工人,而為分場主任之助理人,指導工作。技術員技術手專門研究機車車輛入出廠之程序,如某車某日應完之預定表。又研究各場工作之進行,如某件某時應完之進行表。由廠長場主任轉飭實行。預定表在每月二十五日前決定,進行表於每日上午十一時決定之。如是則用手者與用腦者各盡其能,而相得益彰矣。

技術員研究工人工作時之動作與時間,以增進工人工作之能力;動作研究(Motion Study)與時間研究(Time Study)之結果,增加修理之速率。工人因件工制而多得薪金,工廠因多出機車車輛而增加效率,雙方得益。請略述動作研究與時間研究之方法:

其法先將每種製造或修理動作分為若干要素動作,然後再研究每個要素動作所需時間。如是得此種製造或修理動作共需若干實際工作時間,是謂正味時間。然後以此為準,加疲勞餘裕時間20%,作業餘裕時間5%,用達餘裕時間3%,職場餘裕時間5%。疲勞餘裕時間者,恐工人接續做工不免疲勞而給以餘裕時間使休息也。作業餘裕時間者,因工人手藝不同,多給以餘裕時間使手藝較差者,亦能於規定時間內做完也。用達餘裕時間者,機器有時須移動打磨換刀等工作,給以餘裕時間使工人不致因做此等工作而耽誤正工也。職場餘裕時間者,鐵道省因各廠設備不同,而特加之餘裕時間也。其時間之總數,即為此製造或修理動作之標準時間。以標準時間除每日之工作時間,得每日製造或修理之件數。如工人所製件數超過此數,則按數加資。標準時間外又有所謂標準準備時間者。先將準備工作所需實際工作時間求出,然後加疲勞餘裕時間20%,其總數即為標準準備時間。如每次動作皆須準備者,則每次動作標準時間上,加標準準備時間。如一日祇須一次準備,以後即不必二次準備而可以連續工作者,則在每日實際工作時間內扣除,此通則也。請再以實例說明之。譬如用電力焠接焰管之動作,如圖所示。A為夾短管之鐵夾,B為夾長管之鐵夾,將A向B推,則兩管相接而電流自通,兩管聯接。此項動作可分六個要素:(1)將長管放在B夾上。(2)將B夾夾緊(此時有一助手將短管夾緊在A上)。(3)在長短管之兩端裝上焊漿。(4)將A推向B,使短管端與長管端相接。(此時電流既通而兩管熔接矣)(5)鬆開兩夾。(6)將管取下。研究時間者即將此六種要素動作,一一加以研究。求每一要素動作應需若干時間。法用一種格式,及

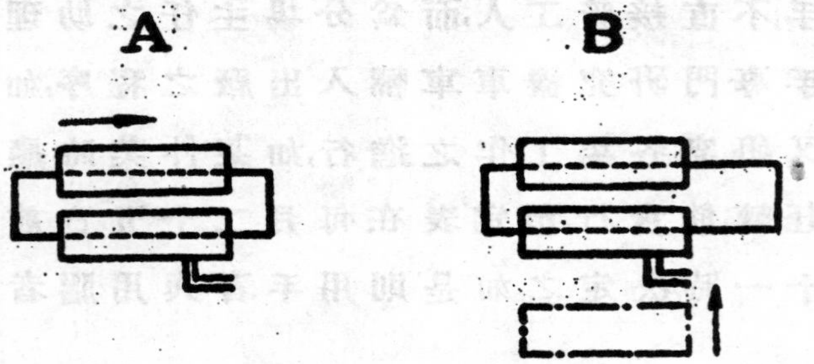

跑表Stop Watch一只。跑表構造有將每分鐘分爲一百分者,應用時較爲便利。格式上橫行所列爲各種要素動作,直行爲測定回數。每一直行分左右兩行,右行記跑表之時間,左行記此要素動作所需實際時間,如是按法記載,得一總數,記在下方。將此總數平均後,再加許容率若干,得許容時間。如許容時間相加,即得總動作之許容時間,亦即正味時間。依此再發行工作指導票發給場中,作爲標準。初用時仍係試驗。用之旣久,時時改良,卽成爲動作標準而不可更易。如是日日研究,事事研究,則工作無不標準化,而修理之時間可以預測矣。

動作研究與時間研究係專爲各個動作而設。在整個的廠之動作上,則應用平行工作法,譬如鍋爐大軸汽缸,在同一時間內著手動工,卽爲平行工作法。日本機廠應用此法甚廣。對於彼此工作間極爲聯絡。如做銷子與銷套,在我國機廠必先做好銷子,然後做套,或先做好套子,然後做銷子。在日本機廠則利用極限定規(Limit Gauge) 定銷子與套子之尺寸爲若干種。幷製成此等尺寸之若干銷子與套子作爲測規(Gauge)。製銷子者,以規定之套爲測規,製套子者以規定之銷爲測規。如是則銷子與套子可以同時做完,同時應用,不必互相等待。且製成若干磨耗定規(Wear Limit)各件磨耗逾此定規,則須更易。檢查者指定尺寸,則機械場可以同時幷做。此中省時,卽爲不少,亦可見日人研究之細矣。又如鍋爐上所用絲代,均係按照標準尺寸做成若干種,作爲預備品,不必等絲代眼掏絲成功後再做。此日本機廠修理鍋爐之省時也。

機廠面積,設備人工,均爲一定數。如集中全力修理一車,則精神充足,時間餘裕。如分散全力,修理十車,則精神時間兩皆不足。故日本大機廠中工人逾千者,在廠機車最多爲三個。且大修機車祇爲一個。集多數人之心力,專注于少數之機車車輛,無怪其修理速率之快速也。

二·設備

建築物互有聯絡——運搬便利——機器各場平均——原動力大——刀具鋼好——獎勵發明

工廠設備之完善與否,直接影響於工作之效率,其理至明。設備分建築,運輸,機器,工具,原動力,五項。有一項不完善,則足以阻滯工作之進行。

工廠建築,需地面寬大,使工人做工有迴旋之餘地。拆卸零件與修完零件須歸於一定之處所,運搬器具有通行無阻之可能。每建築內對於採光,照明,暖室,通風,均有充分之設備。各建築間又須互有聯絡,省運搬來回之時間。日本各廠建築物,本係舊式,惟自昭和元年起(1926),决定各廠改良計畫,分年進行。現在年年增築,不久即可完成其整個計畫矣。其新近增築者,皆與上列原則相合。

日本鐵道工廠中于運輸一層,至爲講究。且設有運搬科,專司其事。對於各分場間之聯絡,則有電池車,摩托車多輛,來往不絕。其運搬辦法,則或以電話通知運搬科,或將應運搬物置一定處所,運搬車行經該處則取而運之目的地。不因兩地相隔而失時,爲運搬之原則。在一場中短距離之運搬用長臂吊車,幾于每一機器即附有一長臂吊車。其數目之大可想而知。長距離之運搬用構架吊車(Over Head Crane)。吊車之應用頗廣,各處須用者必多。如運用不得其法,勢緩而避急則必且誤時。又各方呼喚,則開車者無所適從。濱淞工場近應用一法,將每日某時某分運搬何物,須先規定,到時運搬,即五分鐘之工作,皆事先規定。或兩車幷用,或各車單行,井井有條,想見其工作時之絲毫不紊也。濱淞工場在日本修機車爲最快,祇須四·二日,觀其應用吊車之方法,亦可概見其所以致速之原因矣。

機器爲機廠中要素。機器之多寡定生產之多寡,其理至明。然而機器多則資本大,資本大則銀利重。如所修之機車有限,則修一機車之單價必高,是機器固不可過多也。又機器之新式者,其出產量大,然而廠中原有之舊機器,亦不可全行棄去,以增設新機器,亦所以防銀利之特高也。日本機廠中之機器設備詳數,玆不贅述。其舊式者,仍在應用,惟多加附設具(Attachment)以增其效用。且各職場機器,平均設備,決不偏重一場。故各場能平均出貨,決不因某場機器獨少而該場有供給不暇之弊;亦不因某廠機器獨多,使他場有趕不及之苦。

原動力爲機器之生命所係。如原動力不足,則機器雖好,亦不能出貨。中國機廠中多備壓風機,電焊機,鋸木機等。有因原動力不足,壓風則不能電焊與鋸木,鋸木則不能壓風與電焊。甚且電焊者因電力不足,而不能焊好。壓風機因同時開用兩個風鑽,而壓力不足,風鑽停止。日本機廠決無此弊。一個機廠中至少備兩個電焊機,一個鍋爐職場中,至少有五個風鑽,同時幷用,全廠馬力達一千以上。其電力有購買而來者。每基羅瓦特平均值爲三分四厘(三四錢)。每年支出卽爲十一萬九千圓,其電力之大可想而知。

機器好,原動力大,而刀具質劣,則切鋼鐵時不能深入;深入則刀鋒反卷或竟斷裂,是仍不能增製造之速率。日本刀具多係高速度鋼所製。該鋼價値頗高,祇在刀具前端鑲焊一塊以應用。製造及修理刀具,自有工具房主理其事。機器匠祇須臨時取用,無須自己磨刀,以省時。至南滿廠中,每匠可領多種,至有一兩損壞,祇須按一電鈴,便有工具房小工來代爲更易。其爲工匠減省時間計,可爲無微不至矣。日本機廠中鏇機車大輪每日十對,鏇客車車輪每日三十對,工具不良曷克臻此。

尤有進者,日本機廠皆用件工制給資,工匠本人如有所發明,使每日增加出貨,則除其發明所應得之奬勵及專利外,在廠做工之每件單價,仍不改。于是大家努力,時有發明,使出貨日多。日本修理機車車輛之快速,非偶然也。

三· 材料

購買便利——存料充足——先期送料——備用品多

日本機廠中有一總倉庫存儲一般材料,各分場又有小倉庫存儲該場常用之預備品,及特殊材料。其新造及改造機車車輛所需之材料,由鐵道省工作局預備,送入各廠應用。其修理所需材料,則由工廠製一年預算表送至購買部買入。每年分爲幾期,每期祗購買某種材料備一年之用。故購買者得專心辦理,不致淆亂。其購買法分兩種:一種爲臨時購買,多係不常用之材料;一種爲常用之材料,與商家訂立合同一年,至廠中缺料,祗須由電話通知,則商家自將所需數量送到,決無等料誤期之弊。

廠中材料爲應修理快速之需要,自應愈多愈好。然而倉庫之面積有限,且存儲過多則不免多耗銀利。每種材料之存儲量,約足一月之用。在倉庫中每種材料附一小牌,牌上記標準量與最低量。管倉庫者每日檢查數量。如係標準數則不必請求,如較標準量低,則須依一定公式算出請求量。主管人不得自由增減。又存儲品不得低於最低量。如是各場倉庫決無缺料之虞。

各場用料於每日上午十時以前,計算翌日應用物品,作成領料單,置於一定處所。由管庫人於每日上午十時巡視收集,于十一時半以前交發料人。於當日四時以前將翌日所用之物品送達於請求場。故翌日開工,各料齊備,不致因等料而失時。

備用品之常用者,如絲代螺釘等,可由領料人在存料處記其工作號數,物品尺寸,記號及數量於黑板,自由領取。然後由管庫人集合該一日每種料所發總數,記入領料總數表,請求場主任補簽。亦領料省時之一法也。材料購入時之試驗責任,付之於鐵道研究所。

四·人工

工人智識高—工廠待遇好—家庭生活安—件工制度—給資較寬—分工細—工會備諮詢

日本工人,工作努力異常,說者多歸功於工人之智識高,工廠之待遇好,家庭之生活安,而尤以件工制爲修理快速之最大原因。

日本係强迫教育,故各工人均識字。又得當局者之指導與獎勵,對于本身工作多能明瞭,故能與計畫者合作,共同研究改良方法。且有技工見習教習所,授工廠技工以必需之智識與技能,以養成良善之技工。又有工場員講習會,對於現在服務於廠中之職員講演,關於業務之事項,併作必要補習,以明瞭各人之職務,提高各人之智識。又選職員中之優秀者,給費令入專門學校或大學求學,以資深造,而爲廠務改良之準備。

工廠待遇工人,亦可謂無微不至,有寄宿舍分配工人,其人數太多不足分配者,則依年輪住,使不至向隅。工作衣服由廠中發給,每年兩套。有洗衣房,專門代洗代補。更衣室中各有衣櫥一個,備存儲各人用品。浴場洗面所設備整潔,有專人管理。廠中備有食堂,每日飯食員工相同,收費低廉,每頓九錢至十一錢而食品良好。有娛樂所,有體育場,有醫院,種種福利,無所不備。

不寧惟是,廠中且顧及工人家庭安樂焉。有消費組合,以廉價購遠地產品,鐵道上祗收運費百分之二十,再以廉價售之工人家室。在工作時間內,工人家室可至廠中浴室洗浴。在傳染病或流行病發生時,則廠中有人至病人家中調查其情况。對於公傷者,則加以慰問,而傳達鐵道大臣所給與之茶菓費。有共濟組合,强迫員工每月出其薪之百分六,又由政府出相當薪之百分五,貯蓄銀行以備疾病退職死亡災害之救濟。如是則工人家庭之生活安樂,而工人工作之效率自增。然而工人特性,自己無特殊利益者,工作則不感興趣,效率亦不能特高。日本鐵道工廠以前用日工制,即做一日給一日工資之法,修車不快,效率不高。及改用件工制,即做一件給一件工資之法後,全廠工人大家努力。以前須廠長場主任催促工人者,現在工人催促廠長場主任。蓋工人在件工制下,以多做件數爲惟一目的。舉凡材料設備等事,有一件阻滯其工作之進行者,則工人必要求改良。工作件數有一件不能隨蹤而來致誤時間,則工人必設法催促。如是廠長場主任祇在計畫上用功夫。工作上工人自己已催促自己,不必監督矣。惟件工制下工作,或不免粗略。工廠特設獨立之檢查科,專門檢查出品。其有不合者不能通融應用。如是則出品快而且好,效率大增矣。

日本鐵道工廠之件工制,有以銀圓爲單價者;大宮,大井,小倉,濱淞等皆用之。有以時間爲單價再乘以各工人之工資者,鷹取工廠用之。兩法各有優劣。如應用前制,則無論工人在路之年數若干,多做則多得,少做則少得,年老者自在劣敗之列。如應用後制,則同一機件,易人而做之,則其價不等;工資高者樂而工資低者苦矣。然對此亦非無救濟方法。日本工場對於資歷久者,有年功加俸法。每五年則在工資外,每月加給二元。故資歷愈高,則所得亦高。其餘勤懇者每年加薪法,與吾國同。又有保證工資法,卽每日所做件數,不足標準數時,仍給與應得之日薪,不扣少做數。如是則各方滿意。廠中動作時間之研究,於工人有利而無害,工人自然樂於奔命。

其餘如分工細,用具有一定之置所,工作熟練而不致因尋用具而誤時等,上下合作而工作自快矣。

工人方面有現業委員會,其性質與我國工會相仿。爲工人陳述意見之機關。備當局之諮詢,及上下意思之疏通,但并非决議機關。

五· 其他

社會安定——產業發達——經濟充裕

除以上所述諸種原因外,日本社會安定,職工得安心於事業,社會上各種事業自有進展。事業進展,則鐵道營業日盛,收入日多,而鐵道經濟充裕,更得餘裕財力以發展鐵道工廠,增加設備,多用技術人員,研究改良,而工廠日益進步矣。

六. 結論

反觀吾國情形,則中國鐵道工廠有待于改良者尙多。其關于管理者,鐵道部須積極定車輛之標準,以後各路製造或購買新車,皆須按車輛標準尺寸辦。如是則車輛可以逐漸標準化。各路機務處須測定每年每月之修理數,不能臨時變更,有礙工作之進行。厲行六個月小修法,通飭各車房各機廠詳記機車車輛之履歷表。各機廠須略更組織,使勞力者與勞心者分工合作。卽日實行動作研究與時間研究爲實行件工制之基準。廠中速訂磨耗定規與極限定規以便實行平行工作法。又以後各廠修車,不可同時修理多輛,須集中全力修理少輛以減少機車車輛在廠之日數。以上各項,均可無需多量財力卽可辦到,故可以卽日實行。

惟設備材料兩項則有待於財力者頗多。建築物尙可以因陋就簡,造賤價之板棚以應急需。運搬器具不靈,不足者,務必設法購置。至於機器原動力爲修理工作所必需。財果可設法籌得,必須按各分場能力平均增設。惟原動力無論如何必須增加,始克有濟。壓風機之需要更甚,以後各廠須多備用風力機件,以增修理之速率。氣焊器尤爲當務之急,各路最好設一製氣所,專門製造亞西台林與養氣以省費。至於刀具鋼更須購最好高速度鋼,是關於設備者。至於材料一層,中國與日本大異,日本各料皆可用日本貨。中國各料鮮用中國貨。日本可以電話通知商家送料。中國卽以電報購料,一個月亦不能送到。卽使財力充足亦不如在日本之便利。如各廠能先期預計所用料,各鐵路局又能辦理迅速,則不致使機車車輛在廠中等料也。設備材料兩項,似乎需財太多。然果修車速率快,每機車車輛能早出廠十日,則一年營業上所增加之收入,將十百倍于所費。日本鐵道省有鑒乎此,故對於鐵道工廠竭力擴充,對於工廠工人十分優待,蓋所失有限而所得至多也。

件工制度爲日本鐵道工廠修車快速之最大動力。中國各廠須漸次實行。所以不卽實行,而必須漸次實行者。蓋件工單價與各廠之設備有關。適用于一廠者不卽適用於他廠。此項單價,又必根據動作研究與時間研究之結果,方爲彼此公道,不然,則因此改制又必引起糾紛,殊非鐵路主管人之初意也。此外對于工人教育,工人之福利設施,亦須量力漸辦。蓋如工人之心志不定,其工作效率必大減,非工廠之福,亦非鐵路之福也。

造路新法

用皮透門水泥 Bituminized Cement 做漿，以造碎石路之方法，而成水泥三和土之路面。

爲求造路的經濟起見，德人首先用水泥灰漿 Cement Mortar,澆於碎石路面 Macadam, 照尋常做法，一層層的滾輾堅實。結果費用省而功效和水泥三和土路面一樣的平坦結實。

自德人倡行之後，法蘭西瑞士等國，相率試驗，成績甚佳。

所用水泥，最好不要乾硬太快，以便有餘時間，使滾路機往來壓輾。此項需求，今以皮透門Bitumen與水泥 Cement對拌之方法解決之。

拌合之後，發生特性，發硬Setting之時間增長，工作容易，所含過多之水，自會排出，至適可而止。平常水泥，乾硬完成，須28日，而皮透門水泥，則須96日。其漿色較黑，外觀較肥。

美利堅聞風而起，在*Hampden, Mass.*造了一段2,700尺的試驗路面。用上下二層碎石，中夾一鋪皮透門水泥灰漿，滾成一體。結果成一非常堅實之面，質重每立方尺170 磅。末次滾過，便能任重通車。日久不拆裂，不滲水。

第一層碎石，厚$2\frac{1}{2}''$,石子大小一律，能過 $2\frac{1}{2}''$篩眼，不過 $1\frac{1}{2}''$眼。鋪散後，重滾機在其上輾過數次，使之大致平坦。

次之皮透以門水泥漿，灑澆於其上。比例水泥1:黄沙$2\frac{1}{2}$，水泥一袋，調水六加侖。

泥漿澆訖，再鋪上層石子，與下層同，用十二噸三輪滾機，往復回還，一直滾到夾層間之泥漿，滲透面上，至此，滾實總厚，僅得四寸許。

復次面上隙孔，用泥漿封填，以鐵絲帚掃之入孔，俾碎石因以凝結，然後以輕滾機輾過數次。

最終，復薄薄的施上一層泥漿,散蓋石屑,使成一接受車輪磨輾之皮面。

如是造成之路，以用較大碎石故，面不滑而平坦，適於行車。

吾國目下，需要良好之路，而又要省錢，此法似堪注意也。(黄炎)

4761

檢取煤樣之原理

王寵佑

一. 導言

煤之爲物,成分極複雜。所含雜質種類亦不一,此煤層之煤,與彼煤層之煤含質不同,卽同一煤層之煤,亦有參差。若因開採時,偶有泥版石 (Shale) 混合其中,亦能使煤之灰分變更。煤質之不同,其情形旣若斯,煤樣之檢取自較任何其他物品爲繁難。今日學者,盛倡運用科學方法,以從事煤樣之檢取,宜矣。檢樣不得其法,而欲求準確之化驗結果,直是緣木而求魚。商人每以煤樣同出一處,而化驗成績各別,歸咎化驗師,此盲於檢樣之法也。更有進者,卽使運用科學方法檢取之煤樣,亦未能使每次化驗成績完全一致。不過檢樣之目的,雖未必能盡知其成分,卽有出入,亦僅百分之一耳。然則,檢取煤樣必不能達完全準確之目的耶。非也。特同時應顧及經濟耳。善檢樣者,在乎用最小之費,以求最實用最近實在之樣煤耳。

三十年前,世界各國工業未臻發達。煤之用途不甚廣。煤樣之採取亦不重視。近年來,工業界大變厥觀。煤之地位,亦非昔比矣。中華民國紀元前四年,(西歷一九〇八年)美國已重視煤樣之檢取。其學者裴賚氏(Mr. Bailey)首倡科學方法檢取煤樣之說,著有論文刊行於世。至民國二年,(西歷一九一三年)美政府礦務局(Bureau of Mines)根據該氏學說與方法,從事探討,乃有檢取煤樣專書之刊行。科學檢樣之論,從此確定根基矣。

最近五年中,各工業國愈重視此事。英美德諸國社會人士,咸悉心研究,冀獲一最臻完善之煤樣檢法。至民國十九年,(西歷一九三〇年)葛倫邁爾與鄧甯哈兩博士(Drs. E.S. Grumell and A.C. Dunningham)乃有煤樣檢取法之宏著出版。材料豐富,立論精當,科學檢樣之法,登峯造極矣。本文之作,根據該二氏學說方法之處甚多。惟是煤樣取定後,縮小搗碎之法,裴賚氏之說,較爲詳盡,故著者對此則主用該氏之法。

二.檢樣準確與否之利害

煤樣檢取準確,其利有三,分述于后。

(一)開礦主可以明瞭本礦各煤層各部份之煤質。

(二)販煤商可以知悉各種煤之成分,及應售何處適合其用。

(三)用戶可以明瞭何種煤最合其用。

煤樣檢取不準確,其害亦有三,述之如次。

(一)檢樣不準確,化驗成績必不可靠,其費用卽屬虛糜。

(二)檢樣不準確,常可引起買主有故或無故之爭執。

(三)取值不平,劣煤倖得善價,純煤錯售低價,勢所難免。

三.檢取煤樣法原則

煤樣檢取方法,雖各有不同,但其宗旨則一。若能依據一法,始終其事,必有益無害。茲述檢樣原則四條於次。

(一)設有煤一批,分裝輪船或火車,在船艙在車箱檢樣,每艙每車所取重量,務必相等。

(二)取樣煤塊之大小,與全堆中大小煤塊,須合比例。換言之,取樣時,大小煤塊須兼蓄並收,庶可代表全堆。

(三)煤堆中如有泥版石,或其他雜質,均應酌量檢取,不能屛除,庶可見其實在。

(四)取出煤樣中之泥版石,其重量應有相當比例,(譬如取煤樣二磅,內雜泥版石一磅半,純粹煤質半磅,豈不離題太遠。若五十磅中含泥版石一磅半,則無礙宏旨矣)。

四.檢取煤樣之理說

數十年來檢取煤樣之理說,向根據裴賚氏所發明者。但現有將其不含實用之處,更易者。茲將該氏及葛鄧兩氏 (Drs. Grumell & Dunningham) 之理說並述於後,以資比較。

甲. 裴賚氏檢樣理說

裴賚氏之科學檢樣理說,係由其發明之「大小重量比例」(Size Weight Ratio) 演出。即謂煤樣中最大塊所含雜質之重量,與全樣之重量,須有相當比例。譬如有煤一堆,由一寸半眼篩之篩出者樣煤最大塊所含泥版石之重量爲〇・二二磅。

再如,取煤樣三份,(甲)二十五磅,(乙)五十磅,(丙)一百磅,

甲 $\frac{0.22\times100}{25}=0.88$

乙 $\frac{0.22\times100}{50}=0.44$

丙 $\frac{0.22\times100}{100}=0.22$

甲樣「大小重量之比例」最大,乙樣次之,丙樣又次之。而丙樣之準確率,較乙樣爲佳。乙樣之準確率,較甲樣爲佳。換言之。「大小重量之比例」愈大,愈不準確。愈小,愈準確。基此理說,取樣愈多愈準確。

依據裴賚氏「大小重量比例」之縮樣法,最堪注意之點有二。

(一)取樣從多。

(二)將煤樣搗碎縮小,使泥版石分小。每分縮一次,即搗碎一次,化驗成績可較準確。

(煤樣之縮小,後有專章詳之)。

乙. 最近葛鄧兩氏理說

最近檢取煤樣之理說,爲葛倫邁爾與鄧寧哈兩博士(英文名姓見前)所倡行。其理說係根據其所謂「平均錯」(Average Error)公式而推測。謂各種煤之灰分各有其「平均錯」。此項「平均錯」乃由「錯之原理」(Theory of Error) 推演出。根據「錯之原理」可推出關乎檢取煤樣法之原則三條。

(一)取樣多寡,不視煤堆之大小而定。

(二)取樣多寡,根據該種煤之「平均錯」而定。卽謂取樣次數 (No. of Increments) 多少,須視該種煤之「平均錯」率而定。所以全樣應取重量,繫乎「平均錯」率,而不在乎煤之多少也。

(三)取樣次數多,而每次重量小者。較次數少,而每次重量大者,爲準確。

「平均錯」與「可能錯」(Average Error & Probable Error)

(子)「平均錯」　葛鄧二氏之理說,根據其所謂「平均錯」前已詳之矣。然則何爲「平均錯」,請申其說。

設有煤甲.乙.丙.丁.四車,每車取樣三撮,分別化驗之,各車灰分必不完全相同。假若

甲車　灰分爲 9%. 9%. 10%.

乙車　灰分爲 10%. 8%. 7%.

丙車　灰分爲 11%. 9%. 7%.

丁車　灰分爲 10%. 8%. 8%.

將各車灰分分別相加,然後分別除之以樣數(三),卽得各車之平均灰分。

甲車　$\frac{9+9+10}{3}=9.3$

乙車　$\frac{10+8+7}{3}=8.3$

丙車　$\frac{11+9+7}{3}=9.0$

$$丁車 \frac{10+8+8}{3}=8.6$$

再將各車平均灰分相加,除之以車數(四),即得四車之總平均灰分數。

$$\frac{9.3+8.3+9+8.6}{4}=8.8$$

8.8卽四車之總平均灰分數。

然後以此總平均灰分數,與各車平均灰分數分別較之如下

甲　9.3−8.8=0.5　　　乙　8.8−8.3=0.5

丙　9−8.8=0.2　　　丁　8.8−8.6=0.2

再將四差數相加,除之以四,得數卽爲「平均錯」。

$$\frac{.5+.5+.2+.2}{4}=0.35$$

上述煤四車之灰分「平均錯」,卽.35。「平均錯」之推算如此。

(丑)　**可能錯**　何爲「可能錯」,此乃由彼得算術公式推算得之,謂「平均錯」之百分之八十五,卽爲「可能錯」。例如「平均錯」爲·三五,「可能錯」卽·二九七五。

(寅)**「平均錯」之差別**　「平均錯」大概隨灰分之高低而參差。凡同一礦,或同一地,或同一煤層之煤,不論重量多少,煤質大旨相同。一千噸然,一百噸亦然,無甚分別。此理說,可由實驗證明之。按「平均錯」之高低,因下列五原因而出入之。

(一)潔淨之煤,比有雜質之煤較爲均勻。

卽煤之灰分愈少,煤質愈均勻。

(二)篩過煤之灰分,比未篩者爲均勻。

(三)軟頂煤層中之煤,較硬頂中之煤爲均勻。因軟頂雜質散開,比硬頂爲普遍之故。

(四)開礦時,工人留心工作者,所產之煤,較不留心工作所產者均勻。

(五)礦底裝運時,工人留心者,比不留心者,產煤較為均勻。

基上理說,足見取樣多寡,不在乎煤量若干,而在乎「平均錯」率如何。此所以取樣,貴乎次數多而小,不宜次數少而大也。

(卯)**煤樣每次取量**　煤樣每次檢取量,視煤塊之大小而增減之,玆約略定之,如次。

煤塊大小	每次取量
一吋以下	二磅
一吋至二吋	四磅
二吋至三吋	五磅

檢樣次數之多少,視「平均錯」如何而定。本文已一再詳述。易言之,含灰分少者,少取幾次,明乎此,事半功倍矣。玆列檢樣表于后。

註:依照下表檢樣,經準確之分析,即使有出入,亦僅百分之一。〔+or−1%〕

煤類	甲			乙			丙			丁			戊		
平均錯	<1·0			1·0−1·5			1·5−2·0			2·0−2·5			雜煤 2·5−3·0		
灰分百分率	高至百分之七			百分之七—十			百分之十—十五			百分之十五以上					
煤塊大小	1吋	2吋	3吋	1吋	2吋	3吋	1吋	2吋	3吋	1吋	2吋	3吋	1吋	2吋	3吋
	磅數			磅數			磅數			磅數			磅數		
煤樣每次取量	2	4	5	2	4	5	2	4	5	2	4	5	2	4	5
煤樣檢取次數	10	10	10	23	23	23	42	42	42	66	66	66	93	93	93
煤樣全部重量(次數與每次量相乘)	20	40	50	46	92	115	84	168	210	132	264	330	186	372	465
(註)各種煤之平均錯應先由實驗驗明。															

依據前表取樣,信可達準確之目的,即有出入,亦僅百分之一耳。綜觀全表,最少之樣,祇需二十磅。但各國情形間有不同,例如阿

非利加洲,礦上檢樣,不論煤之多少,終不少過二百磅,似別有見地,未能引爲標準也。且洗過或篩過之煤,檢樣較易,且可較少。未洗過,或未篩過之煤檢樣較難,需量較大。此亦有科學根據,非徒虛談也。

五. 煤樣縮小法

一。 煤樣之縮小,用半棄半取法。每次棄取之重量,務必相同。

二。 取樣時,應防增減其水分。

三. 置樣地點,須淨密,不可有塵埃,及其他物質攙和其中。

四。 檢樣時,要愼重,勿使雜質因不小心而漏入。

五。 煤樣每縮小一次,務將取用部份搗碎一次。

六. 結論

本文所述檢取煤樣各法,或宗專家所述,或據著者經驗所得。學者若能根據一法,見機而作,必能底於成。此檢取煤樣之祕訣也。然檢樣雖有法可循,從事者亦當具三項要素:一。須有審察力,二.須精愼將事,三.須循一定法度。率爾操觚,必無濟於事也。

金門大橋近訊
爲當今橋工之最大者

美國金門大橋Golden Gate Bridge, 在三藩市San Francisco, 於 1932 年十一月四日，第二次招商承包工程，數目錄下。

縺索 Cables	G$ 5,855,000
大橋墩 Main piers	2,935,000
扳錨 Anchorage	1,859,854
旁橋孔 Approach Spans	934,800
三藩市堍 San Francisco Approach	996,000
馬林堍 Marin approach	59,780
電气裝置 Electric instalation	154,470
	G$ 12,794,904

橋上部鋼鐵部份，計G$ 10,484,000,已於上次包出。（黃炎）

4768

上海市推行土地政策之實例

沈　怡

上海市現在每年收入之總數,約八百萬元,全市各項建設,悉賴此挹注。其分配於工務方面者,年約八十萬元,其中約五分之一爲行政費,則實際能用於工程上者,歲僅六十餘萬元耳。上海市現在之面積,共爲七十餘萬畝;已成之道路,除寬度在十公尺以下者不計外,共有二百餘公里。工程之範圍如此,經濟之能力如彼,似此戔戔之數,僅就道路工程一項而言,整理舊路猶虞不給,則用於市政工程之新建設者,爲數蓋至微矣!

嘗考市政凡百設施之能否進展,端視市財政有無辦法爲轉移。歐美各國都市無不以實行土地政策,爲確立市財政之基礎。良以市政建設每需鉅額之經費,苟不從此等方面求出路,而惟枝枝節節以增加賦稅爲務,不僅於事無濟,必且引起市民重大之反響。故上海市政府成立五年,從未舉辦新稅,但於原有捐稅,力求整頓,即是此意。其中雜及苛細者,甚且加以廢除。一方面則斟酌國情,謀土地政策之推行。舉例而言,如築路征費辦法,如收用市中心土地計劃。以上二者,均係作者所手訂,故於其前因後果,知之特詳,今且分別言之。

一.築路征費辦法

上海歷來市政機關對於拓寬已成之道路,所有陸續收讓之土地,向不給價。至開闢新路,則按割用成數之多寡,酌予補償,故價格往往遠在實價之下。上海市政府成立之初,固亦沿用此種辦法。迨民國十七年國民政府頒布土地徵收法,內第三十條規定,『收用土地應照所報價額,給予補償』;又第四十八條內載明『本法施行後,從前中央及地方關於土地徵收之法規廢止之。』則沿用習慣上之辦法,已完全失其根據。惟以過去數年中之統計觀之,滬南閘北引翔三區繁盛之地,因建築房屋拓寬道路,每年收讓之土地,平均約三四十畝之多,每畝之價格,恆在萬元以上。即此一項,每年已需三四十萬元之鉅,所有建築新路需用之經費,尚不在內。此後整理舊市區道路及建築新路,收用地畝日益增多,非現在經濟狀況所能担負,可謂彰彰明甚。

更就法理言之,收用土地自應照數給價,公家當無強用民地之理。惟整理或開闢道路後,均足使地價增高,則割用較少之業主,既得收用補償之資,復受土地增價之益;割用較多或完全割用者,反不能沾其利,此欠公允者一。市政府收入取之於全體市民,以全體市民之財力,造成少數業主獲利之機會,此欠公允者又一。然在歐美各國都市以及上海市兩租界,均採用照數補償之辦法,而竟措置裕如,毫無困難,蓋其財源之從出,則賴土地稅之徵收,因此權利義務之間,亦無所軒輊。在我國土地稅尚未舉辦,而土地徵收法既已頒布之際,青黃不接,不得不謀補救之道,以冀經濟無竭蹶之虞,而市政有發展之望。作者爰參考廣州市梧州市及以前上海市政機關之成規,起草築路徵費暫行章程十一條,藉爲過渡之辦法,並經市政會議議決通過,於十八年四月一日,由上海市政府公布施行。其原則近似歐美之「特別估稅」,其範圍則以土地收用一項爲限,而其他遷拆及工程等費不與焉。

按照十八年四月一日上海市政府公布之築路徵費暫行章程,凡市政府因築路收用土地,俱照國民政府公布之土地徵收法如數給價,惟得向該路兩旁及附近土地之所有人或關係人,徵收費用,爲收用土地時付給補償金之用。徵費之辦法,分爲兩種:一

(甲)新開闢或一次整理之道路,兩旁土地被割用之面積,在原面積七成或七成以下,或毫未割用者,一律按該地時價徵費三成。割用八成者,徵費二成。割用九成者,徵費一成。全部割用者,免徵。大凡收用成數愈多,徵費愈少,全部割用,則完全免徵。蓋業主之地,若大部分或全路被市政府割用,縱使將來道路築成後,地價增高,地主已無利可得。若割用成數不多,或完全未被割用,則地主獲利之機會正多,故徵費應隨割用之成數,而有等差也。

(乙)設非一次整理之道路,因翻造房屋及其他原因而割讓之土地,在原面積七成或七成以下,或毫未割用者,一律徵收二成。割用八成者,徵費一成。割用九成者,徵費半成。全部割用者,免徵。蓋非一次整理之道路,於短時間內,不能影響於該地段之市面;換言之,即非俟全路或大部分整理完竣後,地主實無利可得,故徵費成數,較甲項減少。

又徵費所根據之面積,以由新路之人行道內邊起,(其無人行道者,由新路溝邊起,)向兩旁深入,各為該路規定寬度之二倍。蓋距路邊甚遠之地,其價格並不能因築路而增高,故規定此項限制。在限制以外者,雖其地為同一業主所有,不在徵費之列。

上項築路徵費暫行章程實行之例,最著者為上海市東門路之整理。(參看照片)施行結果,兩旁地主皆無異言。計該路因放寬而收用之土地,共約五畝,在未整理前,每畝地價平均為五萬元,收用五畝之地,當需二十五萬元,今應用前述築路徵費辦法,計徵費四萬三千餘元,補償地價約五萬元,結果市政府所負担者,不過七千餘元。在地主方面,則割用土地成數較多者,均獲鉅額之補償,而收用成數較少,照章須找徵者,無不於路成以後,無形中仍收回其全部或數倍所繳之數。東門路路成以後,平均每畝地價,由五萬元立即漲至七萬五千元,今則已達十餘萬元,其中地主獲利之鉅,無待言矣。

上海市初次公布之築路徵費暫行章程規定徵收之費,係充築路收用土地時付給補償金之用,遇必要時,得由市政府另徵築路工程費;但後者自該項章程公布以來,迄未實行。年來上海市政府鑒於有待開闢整理之道路日多,爲減少市庫困難起見,認爲工程費亦有由兩旁土地業主分担之必要。爰於十九年十一月將前項章程加以修正。此項修正章程,亦係作者所起草,其要點如下:

第一圖　上海市東門路之整理

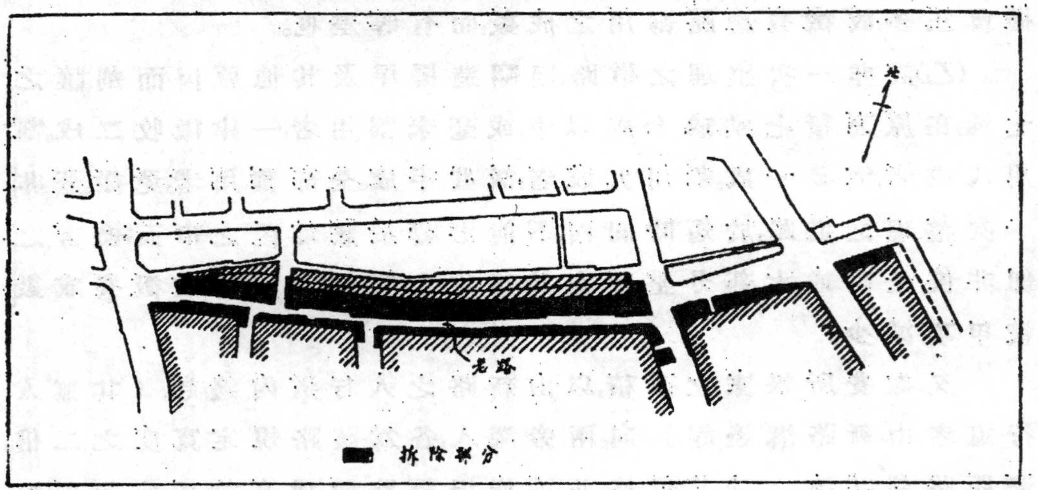

(一)徵收之築路費,分「工程費」與「基地費」二項。

甲.「工程費」包括道路溝渠橋梁涵洞等建築費,及房屋拆遷費。

乙.「基地費」指收用土地之補償費而言。

(二)凡係一次開闢或整理之道路,得同時徵收工程費及基地費。

(三)凡非一次整理之道路,徵收費用僅以基地費爲限。此項基地費並得於二路間之一全段,整理完竣時,再行補繳。

(四)徵收工程費計算之標準,以總額之一半,按照全路門面之長短,另一半按照全路面積受益之多寡,分別求得徵費單位,再就各戶所佔門面長度及受益面積,計算徵收之。

(五)工程費之徵收,視道路寬度而定,其規定如下:

路寬二十公尺及以下　　徵收工程費之全部

上海市東門路之今昔

今

昔

上海市和平路之今昔

今

昔

二十五公尺	百分之八十
三十公尺	百分之六十
三十五公尺及以上	百分之四十

(六)收用基地所需之費用,一律按兩旁受益地時價,徵收三成。

觀此可知新章規定徵收築路工程費及基地費之辦法,較前尤為完備。例如非一次整理之道路,不徵收工程費,甚至應徵之基

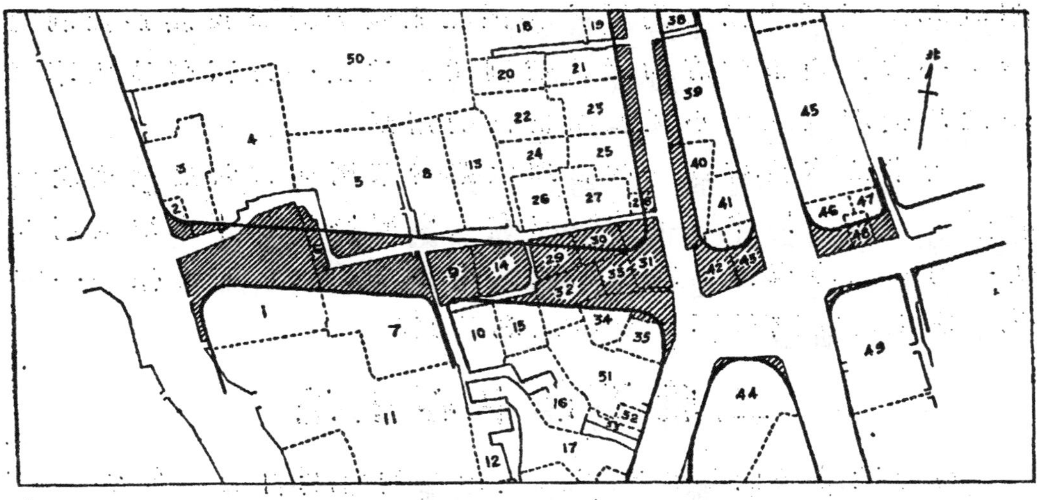

第二圖　上海市和平路之整理

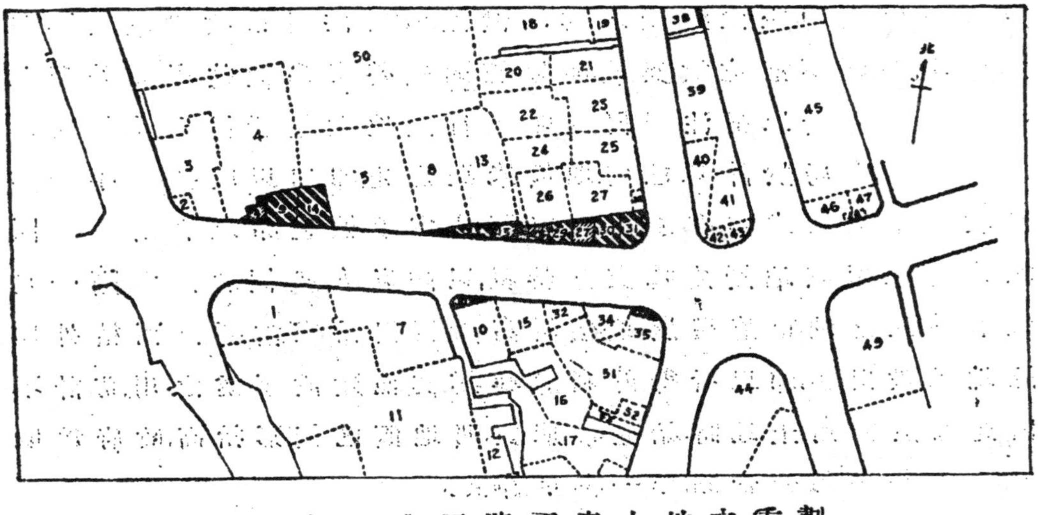

第三圖　和平路兩旁土地之重劃

地費,亦得於一全段整理完竣時,始行補繳,所以免地主不能實享土地漲價之利益,而担負築路之費用也。又路寬二十公尺及以下,始徵收工程費之全部,其較寬之道路,則減收至百分之四十爲止;蓋較寬之道路,供公衆交通用之成分較多,其工程費勢不能盡責償於兩旁地主也。又工程費半按土地沿路之寬度,半按土地之面積比例計算,所以顧念業主之土地,因形狀不同,而受益各異之情形也。凡此種種,皆係參酌歐美各國之成規,力謀市民義務權利之均衡。一方面由市政府如數補償割用之地價,一方面視地主享受土地增價利益之大小,徵收相當之費用焉。

新章公佈後,施於一次整理之路者,舉例而言,如最近築成之和平路。(參看照片)市政府並在該處同時舉行「土地重劃」,使一切地畝均取得出路,即原地完全在路線內者,亦得保全一部分,庶地主由此咸得享受築路之利益焉。

二.收用市中心土地

嘗考歐美各國都市,有所謂土地政策者,其目的,不外使市政府對於市內土地價格,有比較支配之權,以防止私人之投機與壟斷。更欲賴土地上之運用,以其增價之所得,供都市建設經費不足之需也。今姑不必遠徵異域,即以德國經營青島之往事而論,舉凡一切建設所資以挹注者,何莫非實行土地政策所得之羨餘。嘗考其法,必須當局於計劃已定,地價未漲之先,即出以敏捷之手段,盡量收買土地。其或力有未逮,則依照法定手續,宣布政府對於某區域內,有保留該地優先購買之特權,以防私人投機者之壟斷。一旦政府購入之地,市府發展,地價增高,除留出公家需要之面積外,將餘地悉數出售,即以所得餘利,爲興辦其他建設事業之用。苟計不出此,而於需用土地時,始從事購買,則地價已無形抬高,政府爲財力所限,勢必動受牽制,無一事可辦矣。

上海市政府於成立之初,即有以江灣一帶爲市中心,並開闢吳淞商港及改進市內鐵路之主張。經長時間調查研究之結果，乃於十八年七月劃定淞滬路以東，黃浦江以西之間，北至閘殷路，南至翔殷路，東至預定路線，西至淞滬路，約六千餘畝，爲市中心區域，並自公布之日起，停止該區內地產買賣過戶。以上議決案，旋即提交上海市建設討論委員會復議通過，由市政府正式公布。向者政府及學校機關等收用民地，因貪圖便利，並欺鄉民之無知，每不照市價給價。上海市政府深察其非，故規定收用市中心土地，所有地價概以計劃公布日之市價爲標準，完全照價給償，一改從前「官價」辦法，並規定市民得隨時向市政府要求給價收買其土地，因此時該區域之地，市政府已宣布停止買賣，倘市政府自己一時並不收買，又不許他人買賣，未免使地主陷於絕境，故有以上規定，謀所以救濟之道。至於市政府因自身需要，如建設公共房屋，道路，公園等，需用土地，均立即給價收買，自無待言。

上海市政府自將建設市中心區域計劃公布，並呈准中央，將其中一部份之土地，歸市政府收用以後，即從事建築道路，以謀該區域之發展。第一期幹道中，直接與市中心區域有關係者，如中山北路，三民路，五權路，淞滬路，水電路，閘殷路等，或係新闢，或係就舊路改良，均已次第通車。風聲所播，附近之地價，即逐漸高漲。此時倘市政府並未取得收用市中心區域土地之優先權，則所有土地，不難盡爲私人購去，而市政府因建築道路，反須向彼出重價購買，一出一入之間，關係之鉅有如此者！

上海市政府收用市中心六千餘畝土地之目的，舉要言之，不外三端：(一)使新市區之建設，從一定地點，即目前規定之市中心起，逐漸發展，而無零落參差之弊。(二)除市政府自己需要以外，仍可將餘地重復出售，即以所獲之利，充建設事業之補助費。(三)因市政府挾有大部之土地，私人不致居奇壟斷，阻礙市政之進行。市政府復因市中心建設之初，各項計劃尚未實現以前，市民對於該區域之投資，或將觀望不前，爰首先在劃定之行政區內，開工興築市政府房屋,以資提倡。此項工程於二十年六月開始,約在二十二年六月間,可以完竣。屆時市政府及各局,均將全體遷入辦公。又為促進市中心區域之繁榮,及鼓勵市民經營建築起見,復於二十年七月,有招領土地之舉,將市政府購進之一部份土地,約八百餘畝,以極公平之價格,公開招領。其地價分二千元與二千五百元兩種。市政府即以此項售地之盈餘,建築該區內之道路溝渠,現已在分別進行中矣。至於領戶方面,則根據原規定,須於領地後一年內,開始建築,否則照地價百分之二,按月徵收荒廢金,逾一年半不建築者,照原價收回其領地。第一次招領地八百餘畝,因領地者異常踴躍,供不應求,故同年十一月,復有第二次招領土地之舉。第二次招領地計五百餘畝,對於每戶領地畝數,規定以四畝為限,其餘辦法,均與第一次領地同。

三.結論

論者或謂以市政府之力,拆屋築路,未始不可強制執行,且整理道路,對於公衆原屬有益之事,政府經費既甚困難,城市地價又大率甚昂,勢不能一一照價補償,於是築路收用土地,羣相率趨於不給價之一途,以致怨言四起,良非無故。誠能參考上述築路徵費辦法,更斟酌當地情形,加以採用,深信不獨因此可以減少市政府經濟上之困難,而市民對於市政府之不滿,亦可消除,其裨益於建設前途之進行,詎可以言語形容!論者又謂預購大宗土地,固屬長策,但以政府之力未始不可以低廉之代價,強制收買價値甚昂之地。甚或於地價已漲之區,由政府宣布收買,則所得之結果相同,又何必汲汲焉惟收買是務。此其事固可行,而論理要有未合。依照上說,私人已得之利,政府從而奪之,市民不察,必將藉為口實。故不如當利益未彰,人未注目之時,先由政府收買,則他日利益歸政府所有,誰又得而置喙哉!

4778

鐵橋加固

羅　英

一. 緒言

國有各路鐵橋,大約均製自歐美。其設計之規範書,乃依照製造者各人之習慣。其載重能力,大約爲古柏氏重量E35。近來運輸日繁,機車重量日增,致各鐵橋日現薄弱。爲一時救濟計,僅限制機車速率,藉減輕機車之撞擊力,或可免意外之危險。但列車經過各橋,速率概受限制。非徒行車時間增長,致煤油之耗費增加。且以每次車輛佔用較久,周轉呆滯,而影響運輸之能力甚大。如北平至漢口特別快車,需四十六小時,平均速率每小時約二十六公里。天津至浦口特別快車,需三十四小時,平均速率每小時約三十公里。北平至遼寧特別快車,需二十一小時半,平均速率每小時約三十九公里。較諸大連至長春特別快車,需十小時半,平均速率每小時約六十七公里。即可證明國有各路車輛,佔用時間,竟延長一二倍矣。今若改進橋梁增加其載重量。俾列車經過各橋,毋庸限制速率。則行車時間,可以縮短,而車輛周轉次數亦增。由此運輸能力,無形中增加一二倍,而營業亦隨之日發達矣。當今謀路政者,往往注意添購機車,車輛。藉發展運輸之能力,而對於改進橋梁,多漠然視之者,誠恐運輸之能力未臻發達,而意外之危險,即乘弱而來。如十餘年前,京漢膠濟各路斷橋之慘劇,實爲殷鑑。蓋求發展運輸之能力,必先顧及行車之安全,則勢非改進橋梁不可。改進橋梁,勢難概換新橋,徒增經濟上重大之擔負。此橋梁加固問題之所由生。但橋梁加固,必先研究機車之重率,橋梁之能力,然後按照各橋及機車之現狀,因勢制宜,完備相配必需之要素,擬具橋梁加固大綱,俾獲精慶之計劃焉。本篇所論,祇及鐵橋加固問題,而橋墩橋垜加固諸問題,容他日另篇及之。

二.計算機車之重率

計算機車重率,不以其重量最大者,卽爲其重率最大,因機車之身長,車輪距離,以及各車輪載重,處處均有關係。如以兩根鐵梁其長短大小,均屬相同,且兩端置於同樣及距離相等之支點上。今若以一千斤重量,懸於一根鐵梁中間,再以一千斤重量,勻均分佈,置於其他一根鐵梁全部,則第一根鐵梁,受重量下沉而發生之垂度,竟兩倍於第二根鐵梁。由此,可證明橋梁受機車重量下沉所發生之垂度,不能獨計其重量,尙須察其重量之分配情形如何,始能定機車重率之大小。其計算之法,乃用各機車駛行於一假定之橋空,細算其受機車下沉所發生撓率,撓率最大者,卽機車重率爲最大。撓率最小者,卽該機車重率爲最小。所以機車之重率,卽以機車重量所發生之撓率爲比例。如平綏馬克多式機車其重量居各路機車重量之第四。但在四公尺以下之橋空,其重率爲最大。而四公尺以上之橋空,惟隴海北寧各路機車重量較他爲重。但平綏機車重率較隴海北甯機車之重率爲大。因平綏機車駛行於橋上,所發生之撓率,較該兩路機車所發生之撓率爲大。計算機車重率,普通均以古柏氏重量爲標準,因計算橋梁能力,亦以古柏氏重量爲標準。今試以津浦,北寧,平綏,平漢,隴海,膠濟六路機車重量計算,除平綏爬山機車不計外,三十公尺以下之橋空,機車重率最大者,爲古柏氏 E38.4。六十公尺以下之橋空,機車重率最大者,爲古柏氏E 39.5。(參觀第一圖)

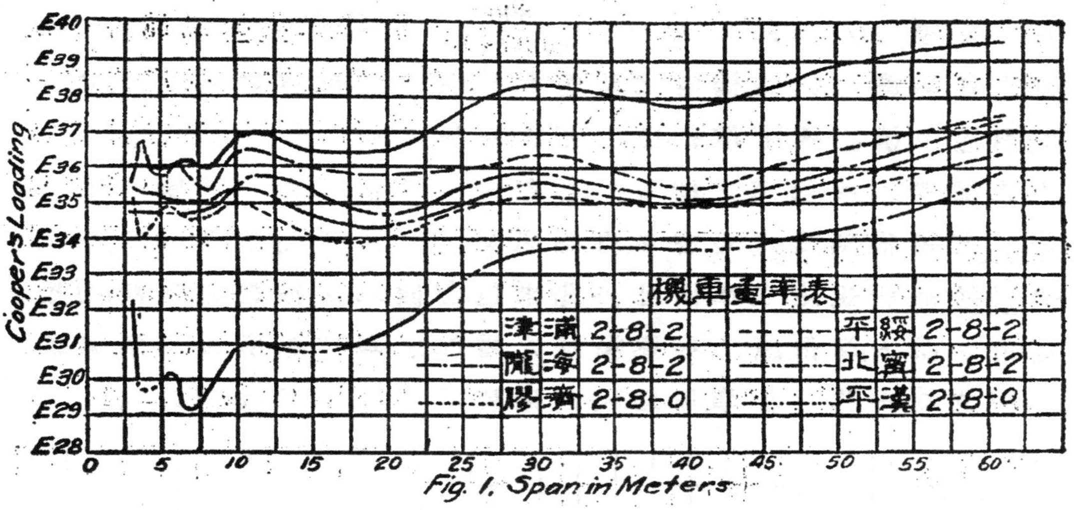

第一圖

三. 計算橋梁之能力

計算橋梁能力,先算橋梁各部尺寸,旋幅,以及截面等,然後將所求得之截面,乘以適當準個應力,卽爲各部之能力。復次,計算各部聯接之鉚釘數,乘以相當準個應力,卽爲各部聯接之能力。將此兩種能力,與古柏氏重量E50或E60所發生各部之應力相比較,凡某部份最小之比例數者,卽爲該橋之能力。此種精密計算,爲橋梁購自各國,非根據同一規範書所計劃者,必不可少之工作。若遇一段橋梁,根據同一規範書所計劃及製造者,則祇須比較其標準載重,及規範書與部定不同之點。如此計算橋梁之能力,簡而賅,免却許多之麻煩矣。今試以由遼寧至浦口一段之橋梁,計算其現在之能力,以資申述焉。查由遼寧至天津一段橋梁,除有少數已經更換古柏氏重量E50者外,其他係根據英國數十年前橋梁規範書所設計,其能力大約爲古柏氏重量E35。由天津至韓莊一段各橋梁係根據德國二十年前橋梁規範書所計劃,其能力大約爲古柏氏重量E40。由韓莊至浦口一段各橋之設計,與遼寧至天津各橋相同。前交通部所頒規範書,規定準個應力,爲每平方公厘十一公斤半。撞擊力乃按照公式 $I=S\frac{2800}{2800+L^2}$ 計算。但英德規範書所規定之準個應力,依據橋空之長短而分。在一定橋空之長度內,定一準個應力。橋空逐漸增長,應力亦逐漸加大。如此,即不另行計算機車之撞擊力。故機車之撞擊力,即包含於準個應力中。我國各橋自交通部頒佈鋼橋規範書後。自應以交通部之規範書爲標準。今試將交通部所規定之準個應力,先求包含機車之撞擊力。如此,則橋空由小而大,準個應力亦逐漸隨之增加,庶與英德所規定準個應力,同立於一律之標準,俾比較討論較爲明晰。(參觀第二圖)

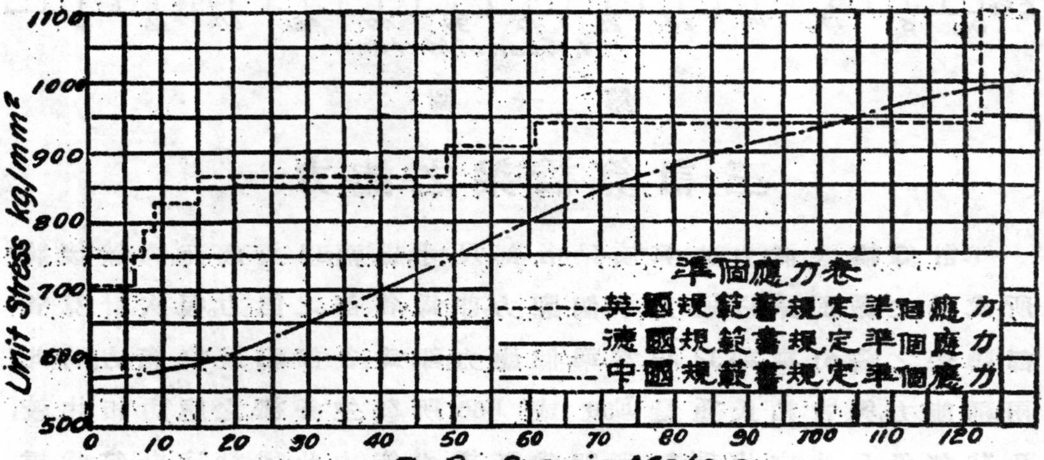

Fig. 2　Span in Meters

第二圖

今試參觀第二圖所獲之結果,凡橋空在壹百公尺以下者,英德兩國所規定之準個應力,俱嫌過大。故按照英德兩國所規定準個應力計劃之橋梁,其能力應與我國規定準個應力照此例打一折扣。其折扣成分表示於第三圖。橋空愈短,其折扣愈大。橋空在壹百公尺以上,即可毋庸折扣。今先比較準個應力,求其折扣之數。照英國規範書規定準個應力,其最大之折扣數,在十五公尺橋空,爲六成九五。照德國規範書所規定準個應力,其最大之折扣數,在二十公尺,爲七成二。今既求得準個應力之折扣數,再按照設計時所用機車標準重量,求其古柏氏重量之能力。求得此能力,即按照上

述所得之折扣數,將其設計時之能力,逐一扣折,則所得數卽爲各橋梁現在實確之能力。(參觀第四圖)

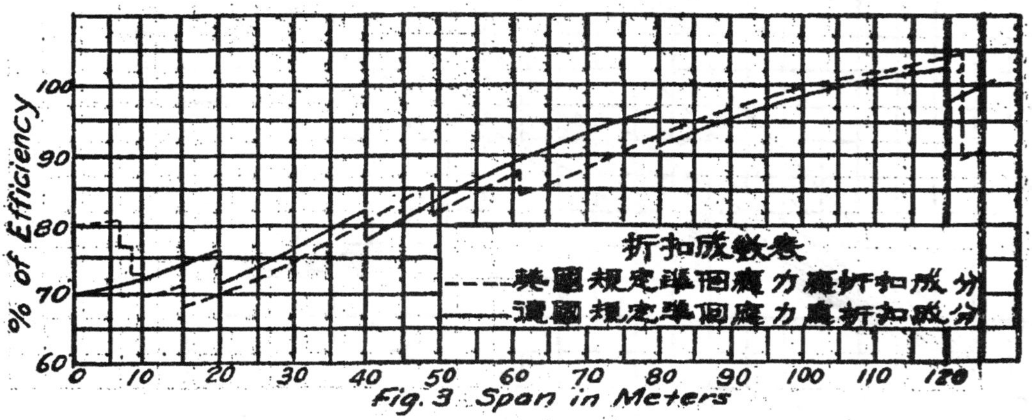

第三圖

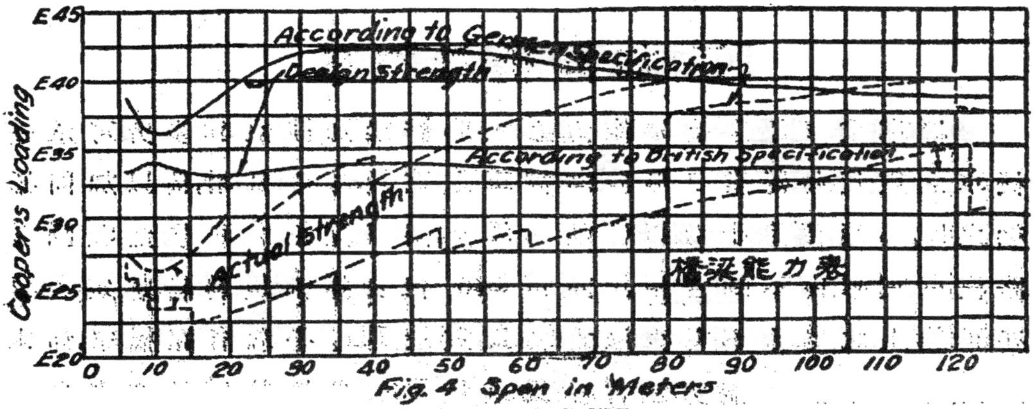

第四圖

由此觀之,照英國規範書所設計之橋梁,其最小能力,爲古柏氏重量E23。但用英國規範書設計之橋梁,橋空最長者,不過六十公尺。所以各橋梁實際上最大能力,不能超過古柏氏重量E29.5。用德國規範書設計之橋梁,最小者爲古柏氏重量E26.5。最長之橋空,除黃河鐵橋外,不過四十五公尺。所以各橋梁實際上最大能力,不能超過E36。其中間各數,不難按圖索驥,一目瞭然。如此,各橋梁實際上之能力旣明,再與現行機車重率相比較,則加固橋梁之大綱,可以分別擬議矣。

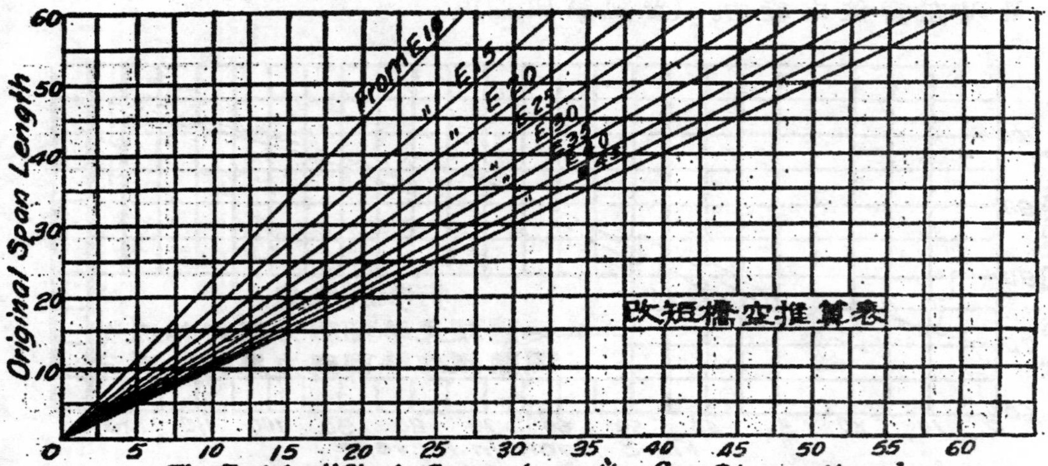

Fig. 5 Modified Span Length for Strengthening

第 五 圖

四.加固橋梁概述

機車重率,超過橋梁能力,必須將橋梁加固,使其能力可承任機車之重量。如營業日形發達,機車之重量,勢必日增,是以加固橋梁之時,必須預蓄能力,以備他日增加機車重量之可能。如我國各路機車重率,尚不到古柏氏重量E40。但交通部規範書,規定各橋在正線上之能力,不得少過古柏氏重量E50。是以各路橋梁,如求加固,必須增加其能力至古柏氏重量E50,此應特別注意者也。

進行加固方法:(一)工作時,須妥籌行車之安全,不得阻礙行車。(二)凡原有材料,及詳細計劃,必詳加研究,均須設法利用。(三)鋼軌高度,水上淨空,非萬不得已時,決不可變更。(四)添配材料,務求勻均合宜。(五)增加各部截面,宜與中線偶配。(六)計算書,必須明晰有序。(七)設計時必求工作簡便。(八)尤須注意者,最弱之點,即為估計橋梁能力之準繩。以上八點,如能時時注意,則加固工作進行有方矣。

我國各路橋梁 (一)為上行橋。上行橋可分為四種:(甲)四個工字梁，(乙)兩個工字梁，(丙)鐵板梁，(丁)鐵桁橋。

(二)爲開頂橋。開頂橋可分爲兩種：(甲)爲鐵板半開頂式。(乙)開頂桁橋。

(三)爲下行桁橋。

上行橋橋空最長者，不過三十公尺。若照英國規範書所設計之橋梁，其能力大約爲古柏氏重量 E25 之譜，所以加固之法甚爲簡便。凡二個鐵板梁，或工字梁上行橋，除十五公尺以上，因橋身深，不便工作者外，其他祗用兩座聯爲一座，即加固至古柏氏重量 E50 矣。至於四個工字梁上行橋，祗須上面加一蓋板，即增其能力至古柏氏重量 E 50 矣。(參觀第六及七圖)上行桁橋加固，亦祗須將兩座聯爲一座。橋之各部份，分別用鐵板鐵條聯合，工作至便。(參觀第八圖)其十五公尺以上之鐵板橋，不能用兩座聯合爲一座者，可照下述鐵板半開頂式橋梁之鐵板梁加固法行之。

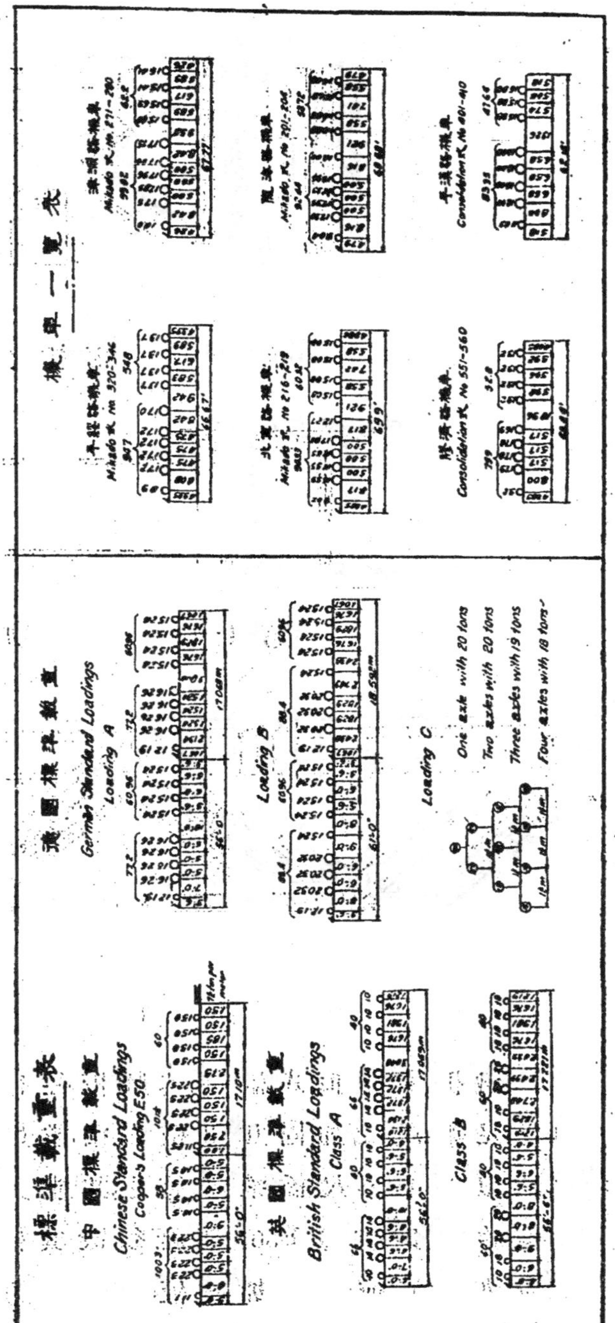

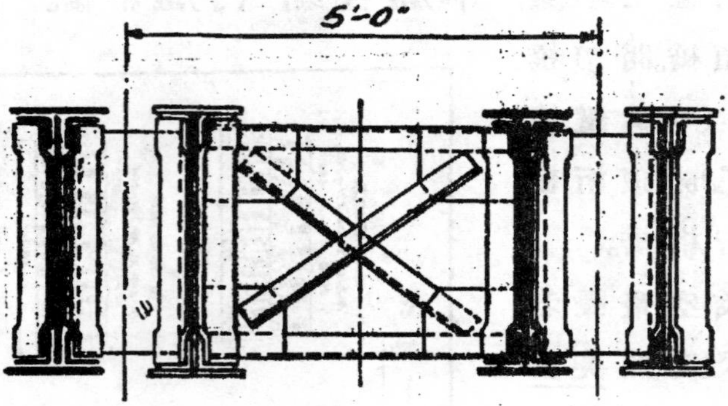

第六圖 兩橋合成一座

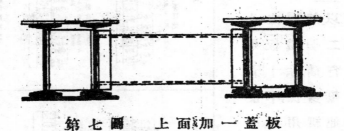

第七圖 上面加一蓋板

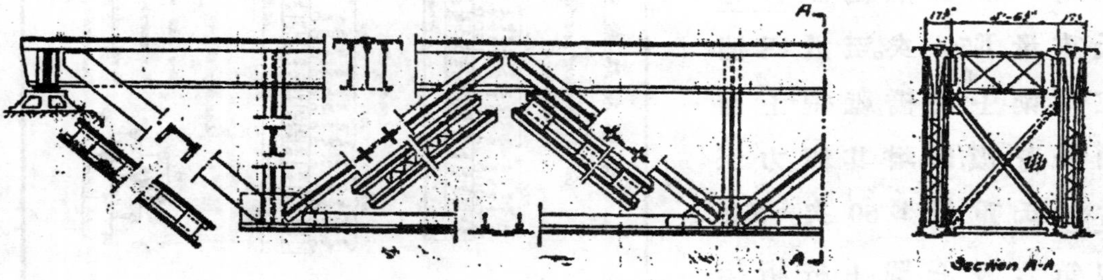

第八圖 兩座桁橋合成一座

鐵板半開頂式橋梁,其腰板往往蓄有餘力,而肢板角鐵等,大約僅足敷用。故加固其鐵板正梁,或則按照其能力,改爲較短之橋空。試以二十公尺橋梁計算之,其能力爲古柏氏重量E23.8,若欲加固至古柏氏重量E50,則祇須改其橋空,爲十三公尺半。(參觀第五及九圖)或則增加肢板,使其能力,增至所需要之數爲止。如祗增加肢板,尙不能臻所需要之能力,則可再增加角鐵,以及側板等。

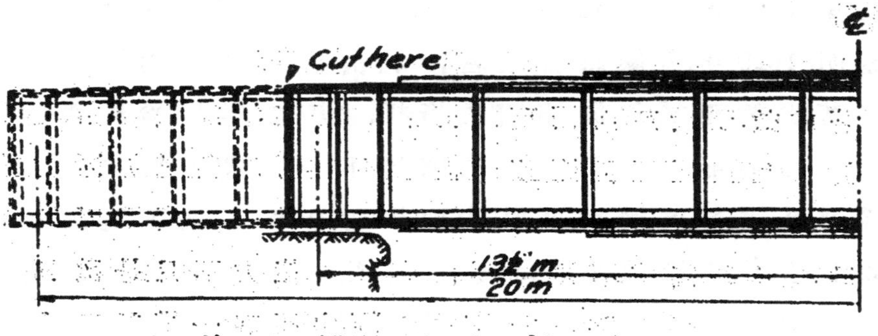

第九圖　改短橋空

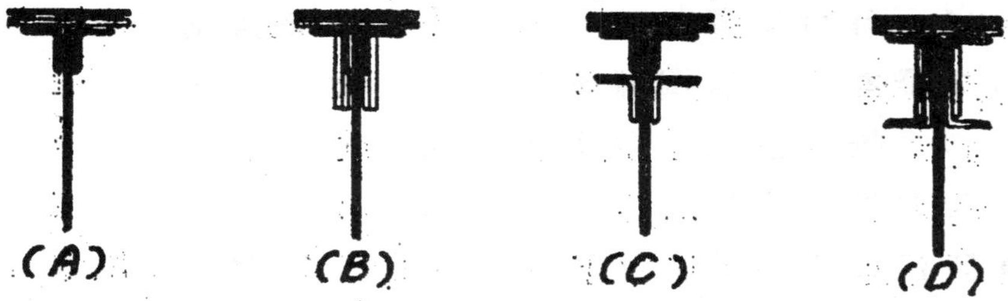

第十圖　添加肢板側板及角鐵等

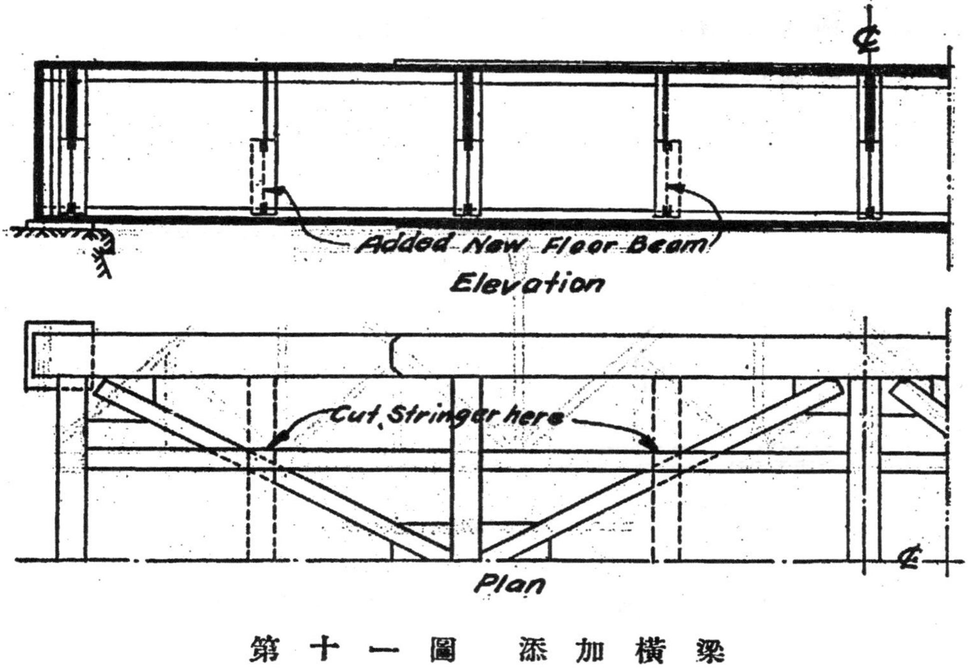

第十一圖　添加橫梁

(參觀第十圖)但只增加肢板,往往其肢部鉚釘,無法增加,幸現在電銲發明,1929年,美國路羅城密沙利河橋,用電銲加固肢部鉚釘能力,頗著成效。至於加固開頂式桁橋,其桁架增加鐵板角鐵,至所需要之能力,尙無困難。但開頂式橋梁,不論何式,對於加固其托軌横直梁,則甚困難。直梁尙可將其兩根聯合爲一,但横梁因地位關係,增加肢板,角鐵,旣感不便,而腰板亦往往能力不足。是欲利用原有材料,藉圖節省,祗有將直梁截爲兩斷,中間加一横梁,則全盤困難問題,均解决矣。(參觀第十圖及第十一圖)

加固下行桁橋對於加固桁架,或則增加角鐵及鐵板,或則改爲較短之橋空,尙無甚困難。不過加固托軌横直梁,其困難問題,亦正與開頂式橋同。是以仿效上述辦法,將直梁截爲兩斷,中間加一横梁,未始非解决困難之善法。但中間加此横梁,不如鐵板橋之容易,因爲裝置此横梁於桁架下肢,則下肢下沉,將不勝任。幸各路桁架形式,或用王式(Warren),或用白式(Pratt),故可將王式改爲複分王式(Warren truss with Subdivided panels),白式改爲波式(Baltimore),庶中間加一横梁,而有聯合之點,則除去此種困難問題矣。(參觀第十二及十三圖)

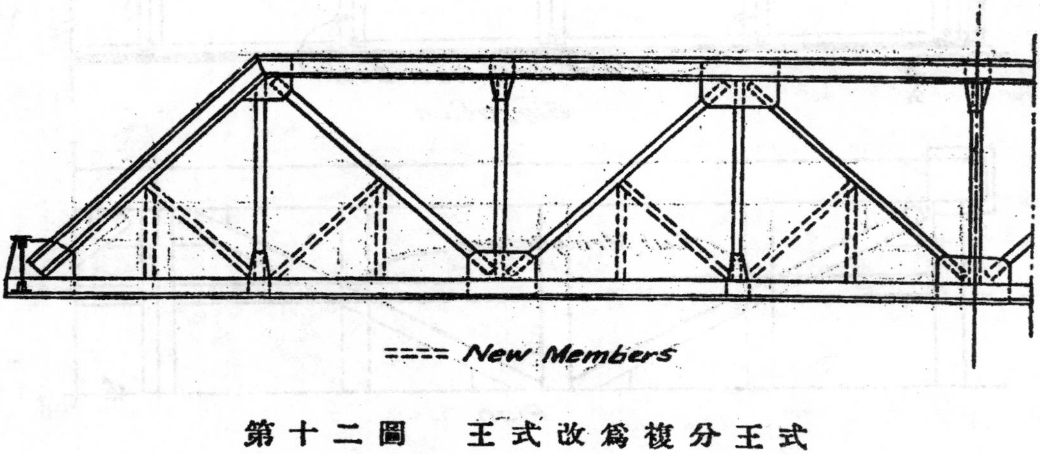

第十二圖　王式改爲複分王式

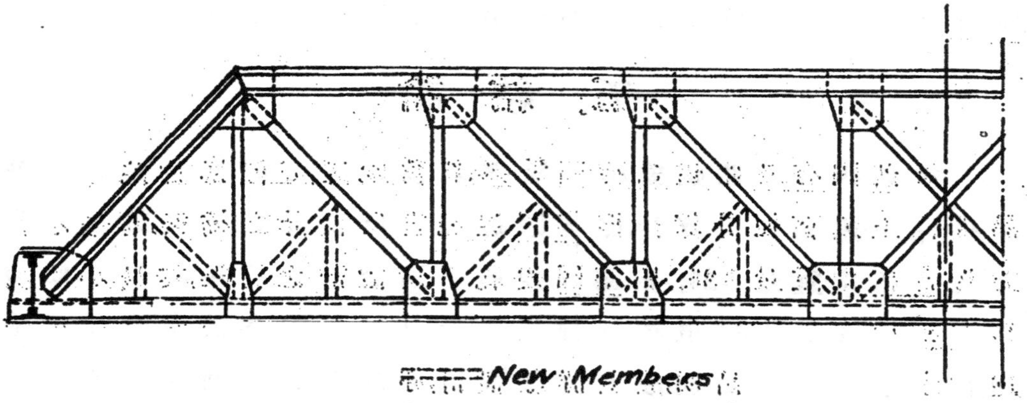

第十三圖　白式改爲波式

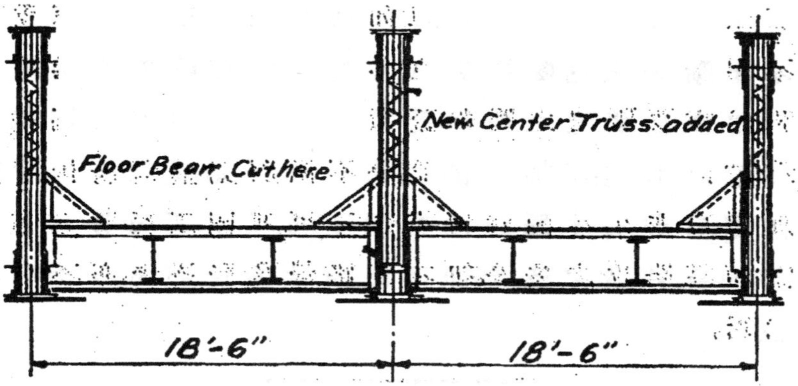

第十四圖　加中桁

如遇雙軌橋梁,桁架只有兩扇者,可將托軌橫梁於中間截斷,增一中架,則兩傍桁架之能力,將所差不遠矣。(參觀第拾肆圖)

復次,我國橋梁鋼料,均購自外洋。且加固橋梁工作,本國工廠而能承辦者,則寥寥無幾。是以於拉力部份,添加鐵筋,然後全橋用洋灰包固,改爲洋灰橋,未始非加固辦法之一種。不過此種辦法,對於橋空過長,以及下行橋,不能使用。一則因靜重太大,一則因靜空不足,有礙行車。

加固橋梁,如能將完整橋梁,運至工廠加固,則省工殊甚。倘加固工作,須在路線上舉行,則須預備特製按裝螺絲,臨時托架及拉鉚等料,庶列車得以安全通行而無阻。不過所費工資,當較在工廠加固時數倍矣。如洋灰包固,則非另築便道行車不可。

五. 結論

試觀國有各路鐵橋種類繁夥,新舊龐雜,好似博物院之陳列品。根據上述簡便計算法,照英國規範書所設計之橋梁,其最小能力爲古柏氏重量E23。照德國規範書所設計之橋梁,其最小能力爲古柏氏重量E26.5。但該兩種橋梁設計於數十年前,當時橋梁學理,尙未如新近之昌明,故其詳細設計,亦未盡合乎新穎之學理。著者曾將各橋逐壹計算,發現其詳細計劃聯接部份,間有一二處,其能力只有上列最小數之半數。以如此超過數倍之機車重率,駛行其上,其不出斷橋之危險,固屬意外之僥倖。是改進橋梁問題,實爲今日工程界重要研究之問題。蓋製造新橋,尙可請外國橋梁工程專家代爲設計製造,而加固舊橋,決不能將完整舊橋折下,逐一運送國外加固,自非在本國就地辦理不可。我國工程界宜預爲研究,以應要需,而謀路政之安全。即求鐵路營業發達者,亦不可不於此深加注意焉。

中英文對照

鐵橋加固	Steel bridge strengthening.
規範書	Specification.
載重能力	Carrying capacity.
古柏氏重量	Cooper's loading.
撞擊力	Impact.
機車之重率	Locomotive ratings
橋梁之能力	Strength of bridge.
橋墩	Pier
橋堍	Abutment
車輪距離	Wheel base
車輪載重	Axle loads
支點	Support

垂度	Deflection
橋空	Span length
撓率	Bending moment
馬克多式	Makido Type
旋幅	Radius of gyration
截面	Section area
準個應力	Unit stress
鉚釘	Rivet
應力	Stress
標準載重	Standard loading
詳細計劃	Details
鋼軌高度	Elevation of rail base
水上淨空	Clearance above water level
與中線偶配	Symmetrical about center line
上行橋	Deck bridge
鐵板梁	Steel plate girder
鐵桁橋	Steel truss bridge
開頂橋	Half through bridge
鐵板半開頂式	Half through plate girder type
開頂桁橋	Pony truss bridge
下行桁橋	Through truss bridge
腰板	Web plates
肢板	Flange plates
角鐵	Angles
側板	Side plate
路羅城密沙利河橋	Bridge over Missouri River at Rulo, Neber.
桁架	Truss
托軌橫直梁	Floor beams and stringers
桁架下肢	Lower chord of the truss
雙軌橋梁	Double track bridges
拉力部份	Tension members
靜重	Dead load
淨空	Clearance

德國最近鋼筋混凝土之成績

嵇銓

津浦鐵路工務處津濟總段正工程司

一九三二年五月,萬國橋梁及構造工程學會,在巴黎開第一次年會,論文中有德國三博士所著之鋼筋混凝土論文三篇:(一)長跨度桁梁橋,(Long Span Girder Bridge);(二)鋼骨架外包混凝土(Steel Encased in Concrete);(三)鋼條網混凝土平版(Mesh Reinforced Slab);對於鋼筋混凝土工程頗有特殊貢獻。茲姑譯述其大意,並爲章次標目,介紹於下:

(一)鋼筋混凝土長跨度桁梁橋

(甲)新建橋工之概況 在鋼筋混凝土初行十年內,德國橋梁只用璇拱式一種,因對於鋼骨混凝土拉力性坼裂之危險,尚無充分之研究,工程家不敢造高度撓曲力之長跨度橋,故各種橋工,只限於受軸向壓力之璇拱式一種。最近鋼筋混凝土質料改良,作法進步,長跨度桁梁橋已漸次實現。跨度在100英尺以上之桁梁橋,已造成十八座;最長跨度可至202英尺。長跨度橋概用雙懸臂式,其用途仍只限於公路之橋,尚未應用于鐵路。桁梁均用實腰式(Solid Web),因組架式(Truss)不甚美觀,接點處Node有次應力(Secondary Stress)之危險性,且不如鋼組架之經濟。橋床大半在桁梁之上,間有一二主梁相距不遠。橋床偶有置于兩樑間,成一槽形橋。

此種橋梁建築之進展遲緩,實緣設計所用之規範並無專用者,而普通鋼筋混凝土規範,又太不相宜於橋梁設計。例如路橋設計混凝土,最大准許壓力每方英寸僅640磅。1930年鑒于水泥改良,混凝土成分之比例有較好之支配,混凝土水份有確定數量,混凝土力量因之增大,乃對于長跨度之設計規範,如(一)如何計算靜重,(二)如何分配橋床重量,(三)鋼筋及混凝土之最大准許應力,均另有規定。於是長跨度桁橋建築之進展,乃一日千里焉。此種橋梁建單空者少,建多空者多;用單式梁(Simple Beam)者少,用連樑式(Continuous Beam)或懸臂樑式(Cantilever Bridge)多。因單空者橋座處負號撓曲力率太小,橋中部正號撓曲力率太大,不如多空者爲

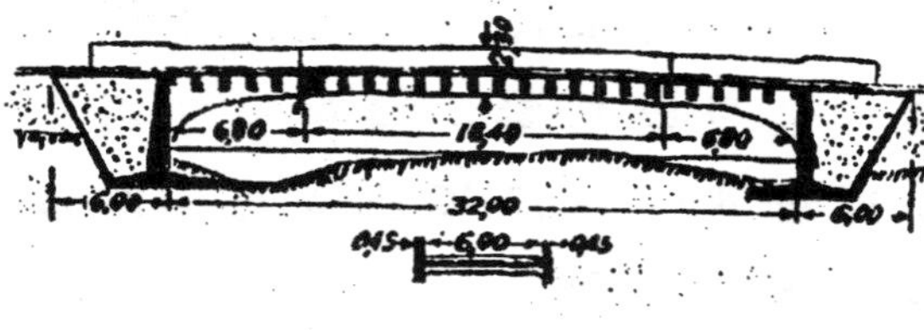

第一圖

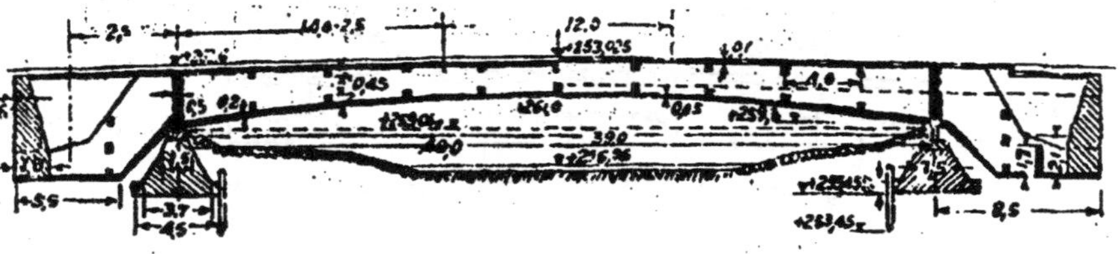

第二圖

宜,且跨度在100英尺以上者,即不能用單式樑,因樑身太重,並需要建築深度過鉅。故德國單空桁橋,均用特別布置,以減少橋中心撓曲力率。例如第一圖,橋墩後有牆伸入土中,橋座伸出22英尺,與橋座整個相連成一懸臂,中部60英尺,係一單式樑,即擱于兩懸臂之端。(二)第二圖,跨度130英尺,橋墩後添一尾牆,作懸臂之秤重,此臂空下必須留有空隙,以便橋臂之搖擺。(三)第三圖,跨度144英尺,在橋左右各添一錨臂空(Anchor Arm),中部厚度,只有跨度五十分之一,外表似一拱橋。

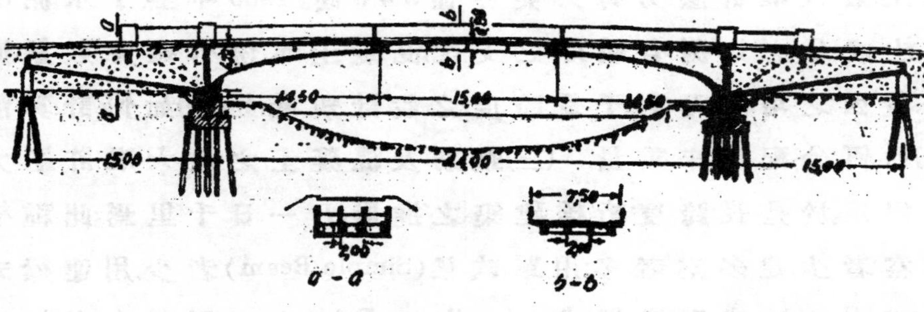

第　三　圖

現有建築單空橋最長跨度爲144英尺,主樑相距最遠21英尺,主樑中部厚度最小者2.9英尺,橋座處建築高度最高 13.2 英尺。

多空連樑橋　最長跨度爲263英尺（用彎樑吊棍,無水平力者）中部最小厚度 5.25 英尺,橋座處最大高度 16.4 英尺,主樑相距最大 36.1,最小者4.6英尺。

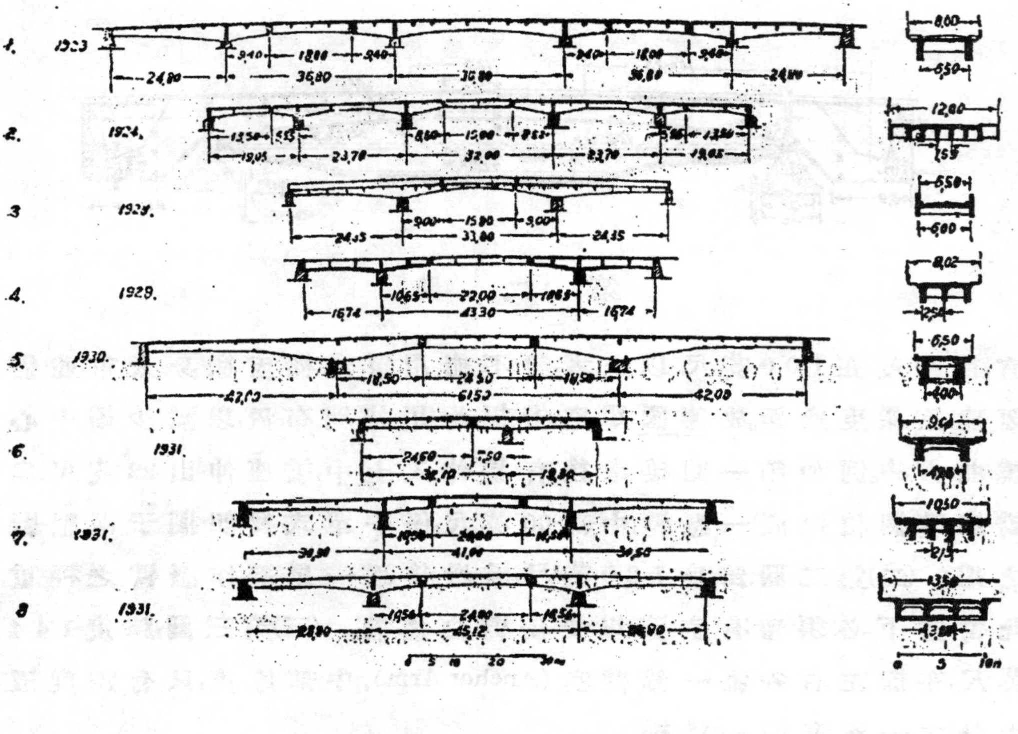

第　四　圖

多空懸臂樑橋　最長跨度爲202英尺,中部最小厚度4.82英尺,橋座處最大高度17.58英尺,主樑相距最大19.7英尺,最小5.2英尺(參觀第四圖)。

(乙)長跨度桁橋之優點

(一)此種橋梁應力如何支配,可用靜力計算法確定之。(Static Determined)

(二)因温度變更,及硬化收縮時發生之應力,均可設法避免。

(三)因橋座沉陷而生之次應力(Secondary stress),亦可令其不發生。

(四)橋梁設計,應付橋座處大量負號撓曲力率,較應付橋中心大量正號撓曲力率爲易。且橋座處高度建築較有辦法。此處靜重亦較易應付。故建橋理想條件,必使橋中心部份撓曲力率,愈小愈好。此處建築深度,因橋下高度限制,須設法縮至極小限度。而此項長跨度桁橋用連樑式(Continuous Beams),或懸臂梁式(Cantilever Bridge),均合此理想條件。

(五)基土不適用于懸拱橋時,可用此式,較爲簡易而經濟。

(六)多孔懸臂樑中有鉸點,全空可分數段。建造模板鷹架,可分期利用數次。

(七)有水之河,造橋時不必完全阻水。每次阻水,不致超過一空以上。

(八)因加入鉸點,天然將一空分爲數段,可不必用極長之鋼條,較易工作。

(九)長跨度公路橋負重,以靜重佔極大部份。例如德國多惱河上長跨度桁橋,靜重占86.2%,動重佔13.8%。此種連樑及懸臂樑之割面,由橋座機心逐漸縮小者,其惰性力率(Moment of Inertia)係逐漸變更。設計時加入此點,則橋之靜重可減去不少。

(十)桁樑割面減小,工作較易,其造價自亦減小,故此橋爲最經濟式樣。

(丙)割面之設計

(一)最大准許應力之規定

混凝土壓力　平均每方英寸640磅,最大每方英寸850磅。安全系數3.5;如係丁字形桁樑,在負號撓曲力率處,尚可再加每方英寸150磅。

鋼之最大拉力每方英寸17100磅。如用大力鋼,每六英寸可至21400磅。

第五圖

(二)主樑數目　欲得一最經濟之割面,必先定一最適宜主樑數目。照最近經驗,爲減小造價計,均主張跨度增長,主樑數目減少,橋床板跨度加長。主樑數減少,有數項利益:(一)模壳可以少用,(二)樑寬則鋼筋容易佈置,(三)塡放水泥阻力可以減小。但主梁減小亦有限度,卽水泥拉應力之限度,普通長跨度橋寬度在20至50英尺間。最適宜主樑數爲二,至多爲四。

(三)橋床板　主樑相距過遠,床板可用鋼絲網混凝土,較爲合宜。

(四)橋面　爲減少靜重計,可用柏油瀝靑,最要水不准漏入橋床。

(五)活座　長跨度橋中部單式懸橋之活座,應特別注意。橋座處須用鉛板及特別鋼筋佈置。(第五圖)

(丁)施工方法　此項工程之施工,關于將來之耐力,關係綦鉅,非愼重將事,佈置周詳,檢查精密不可。

(一)模壳內按入極多,極粗,極長,極重之鋼筋,使其相互位置,不分厘差,爲極不易事。最好模壳須露開一面,以便檢查。

(二)在橋墩處,鋼筋叢集部份,可用橫鋼條逐層承托之。該鋼條兩端,即坐于混凝土上。(第六圖)

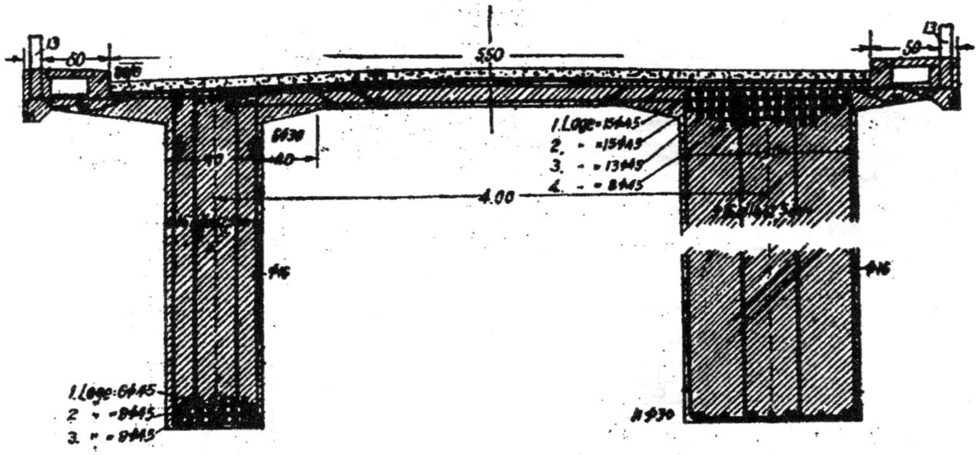

第六圖

(三)對于極長鋼條如一百尺長者,按設時,極爲困難,應事前研究一妥善辦法,以免臨時棘手。

(四)模壳鷹架須堅固紮實,豎立在極穩確之基座上,以免模壳沉陷。

(五)無論如何,填放混凝土時,鷹架之撓曲力沉陷,必不能免。但橋座基礎係固定不變者,若全樑一次作完,橋座處發生裂縫,極爲可能,因該處混凝土已硬化之故。若欲避免此病:(一)須用特製模壳,在橋座處留一空隙,俟脚手下沉確定後,再填實。(二)用其他方法,在填混凝土前,先將模壳鷹架壓下,使其沉陷確實後,再行施工。(三)木楔切不可用。

(二)鋼骨架外包混凝土(Steel encased in concrete)

鋼骨架外包混凝工程,係將鋼條組成骨架,外包混凝土,或鋼筋混凝土。此種建築,因骨架能單獨自立,自負靜重,模壳鷹架較省,(木材缺乏地方,尤爲相宜)。故工作最捷,造價最省,在德國頗盛行。各種建築,如房架,橋梁,懸拱,均有採用之者。

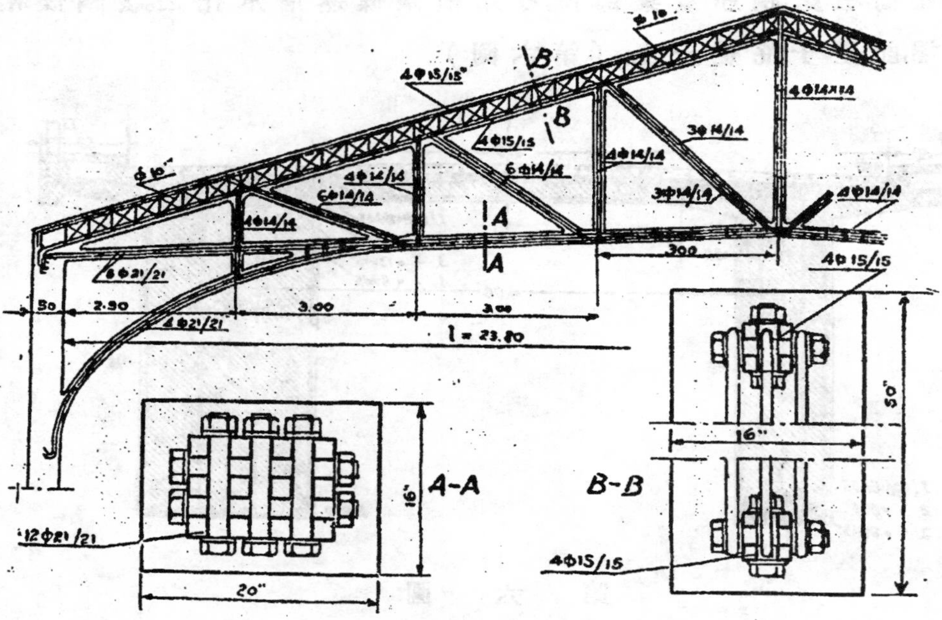
φ10"
4Φ15/15"
B
B
4Φ14×14
4Φ15/15
3Φ14/14
6Φ14/14
4Φ14/14
4Φ14/14
6Φ14/14
3Φ14/14
4Φ14/14
φ10"
4Φ14/14
A
A
6Φ21/21
300
4Φ15/15
50
2.90
3.00
3.00
4Φ21/21
l = 23.80
50"
16"
A-A
16"
B-B
12Φ21/21
4Φ15/15
20"

第 七 圖

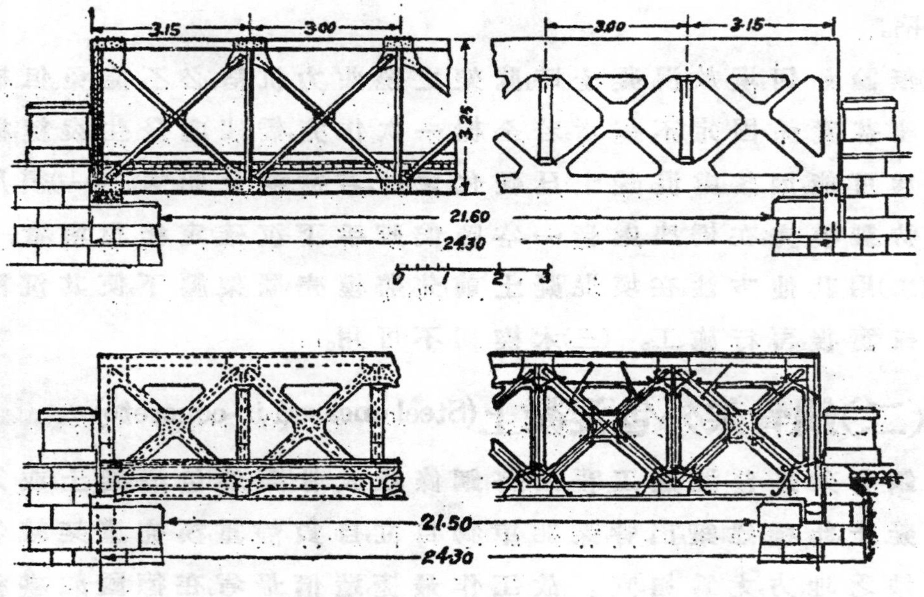
3.15
3.00
3.00
3.15
3.25
21.60
24.30
0 1 2 3
21.50
24.30

第 八 圖

第七圖係一房架,跨度78英尺,其骨架上下肢桿件,用方棍組成,相距有一定數,用二行螺釘正交綜合之。立桿及斜桿,用圓棍在螺釘上套扣,成一接點(Node)。此種辦法,工作最簡易,各桿件不必在廠內配合,在工場配合卽可。

第八圖利用此法,加固舊橋之不能負重者,頗爲便利。此橋跨度80英尺,橋床太弱,亦太窄,加以鋼筋及混凝土,卽可增加其負重量。

(三)鋼條鋼混凝土平版(Mesh Reinforced Slab)

歷來平版之設計,大抵假想將此版分成九十度正交,或四十五度斜交之條梁(Beam)若干條。然此乃假定單受撓曲力,並非水平版受力之眞相。其實應照受扭力之平板計算法,計算應力,方爲正確。最好用各種尺度之平版,照實地受力情形,逐一試驗,根據試驗結果,列入規範條款,方爲可靠。德國自1915年至1926年試過六尺六寸長者,九尺九寸長者,四角固定或浮擱者,四邊固定或浮擱者,共八十六次。試驗結果,在裂敗前,平版受力情形,與受扭力之薄板Isotropic Plate相似。伸長及應力,均與負重爲正比例。裂敗時,力量照鐵筋混凝土之數大三倍,安全系數約大二倍。

計算撓曲力率,可照下列公式:

方平版四角受制不能翹起者

平均撓曲力率 $= \dfrac{wl^2}{27.4}$, w = 每單位長之重量, l = 跨度

方平版四角浮擱

平均撓曲力率 $= \dfrac{wl^2}{20}$

德國最近頒布之鋼網混凝土平版設計規範,卽係根據此項試驗結果而定也。

本刊啓事

本刊備有印就稿紙,專爲繕寫稿件之用,倘投稿諸君需用此項稿紙,卽祈逕向本編輯部函索,當卽寄奉不誤。

山東章邱縣金盤莊水電灌溉工程之設計

曹瑞芝

一. 緒言

民國十八年秋，山東建設廳孔廳長有發展水電之議。當時作者即充水利組技正，負水利工程之責，曾查得濟南新東門外護城河水磨攔河壩下游水位之差爲 1.43 公尺。河水流量每秒鐘 1.43 立方公尺；若再加高原壩，可得 1.73 公尺之水頭。按機器效率百分之六十計算，能發電量 14.4 啓羅瓦特，可供給十六燭光電燈七百盞。當經廳務會議通過，設計招商，撥款興築，遂成立山東建設廳第一水電廠。至今建設廳電燈，省政府無線電台等處，猶賴該水電廠供給電量。而山東之有水電且獲得相當之利者，蓋自此始也。

同時又查得齊河縣城附近黃河北岸，普通平原地面低於黃河最低水位 1.19 公尺，而黃河最高水位與最低水位之差爲 1.83 公尺，即普通水位高於地面約三公尺。當時設計安設五十八吋虹吸管一付，引黃水灌溉田畝，以三公尺水頭計算，預計出水量每秒鐘 8.2 立方公尺，可灌田一千頃。管子末端，附設水輪，藉以發電。經過水輪水量，以每秒鐘 6.35 立方公尺計，可發生電量 123 啓羅瓦特。惟洪水位愈高，出水量愈多，而吸水站需電之量亦愈大，故加大發電機至 180KVA。此項計劃經省府核准後，於十月二十五日與利達鐵工廠訂立合同。迨虹吸管已大部做成，發電機全部購到，適魯省政變，遂行中止。迄今尚未繼續完成，可惜孰甚，然已開山東水電灌溉工程之端矣！

本年春張廳長爲發展水電起見,曾派員調查各河水力情形。據李技士象震報告:繡江河發源於章邱縣明水鎮附近諸泉,自發源地至金盤莊一段,長約二十餘里,地勢陡傾,水流甚急。沿岸居民,利用水力,安設水碾五處,水磨三十五盤。統計理論馬力,共有八百

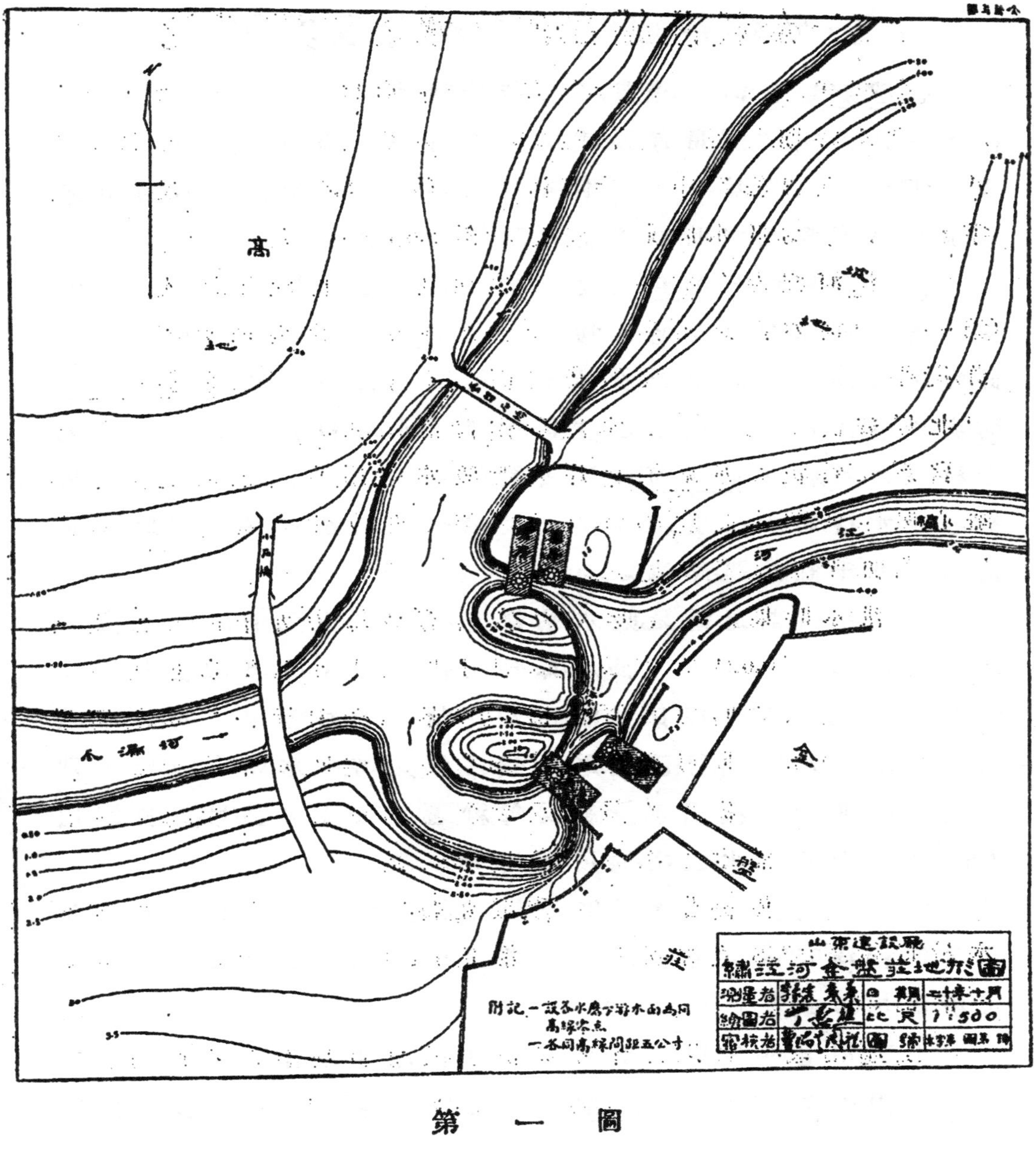

第一圖

七十五匹。惟所有水輪設計，及引水設備，類皆沿用舊法，未加改良，水力損失，爲數甚鉅。今擬在金盤莊建設水電廠一處，以資提倡，商之章邱官紳，一致贊同，並組織籌備委員會，積極進行。款項籌備，略有端倪，遂命作者詳細設計焉。

二·金盤莊繡江河之水力及其用途

金盤莊繡江河之流量，具有特殊情形。自十月初至來年三月終，爲洪水時期，其流量每秒鐘4.253立方公尺；四月初至五月半及八月半至九月終爲中水時期，流量每秒鐘3.46立方公尺；自五月半至八月半爲低水時期，流量每秒鐘2.6立方公尺。

繡江河經過金盤莊之北，復繞至莊西，陡降流下，匯入爪漏河。(第一圖)兩河水面之差，通常爲3.5公尺。爪漏河之西，地勢漸高，約里許，復平緩向西北傾下，此段農田面積，不下百頃。擬在金盤莊繡江河北岸安設水電廠，以洪水流量作設計水輪根據，可發生電量九十啓羅瓦特。復在爪漏河西岸安設吸水站用水電廠之電力拖動離心吸水機，起水高度約4.57公尺，以全年灌水兩次計算，則可灌田三萬九千餘畝，謹略述之。

按洪水時期之電量，吸水站當有有效馬力九十匹。吸水機出水量約每秒鐘0.624立方公尺。每日工作二十小時，渠道損失百分之四十，灌水深六吋，每日可灌田297畝，六個月灌田二次，共可灌田26730畝。中水時期，可發生電量48啓羅瓦特，吸水站有效馬力當爲五十一匹，吸水機出水量約爲每秒鐘0.34立方公尺，每日灌田162畝，三個月灌水二次，約可灌田7290畝。

低水時期僅發生電量36啓羅瓦特，吸水站有效馬力38匹，出水量每秒鐘0.238立方公尺，每日灌田113畝，三個月灌水二次，約可灌田5103畝。

上述用電，每日以二十小時計算，故每日尚有四小時可供給電燈之用。查章邱縣城距金盤莊不過四里，架線安燈，甚易從事。按最小水量時所發生之電量三十六啓羅瓦特,亦可供給十六燭電燈一千八百盞。

三·水力機之設計

水力機購自外國,異常昂貴。幸水頭有限,規模不大,機械部分尙屬簡單,遂決定自行設計,在中國製造,以資節省。茲將水力機設計分水輪與離心吸水機兩項說明如下:

甲. 水輪設計　前者濟南新東門外水電廠之水力機,卽爲作者所設計,由濟南利達鐵工廠製造,今已二年有半。機器各部,工作尙佳。惟水輪取尼哥拉式 (Nagler's type), 當時設備試驗,極感困難。其輪葉角度,及其他水力部分,悉本素日所習見者規定,故效率未臻極大耳。民國十九年三月建設廳曾用四吋水輪數種,如第二圖,在水電廠附近試驗,茲將結果列下;

水輪號數	1	2	3	4	5	6
不荷重時每分鐘旋轉數	1288	1155	1199	1149	1093	1109
不旋轉時之扭力以呎磅計	.4075	.2360	.2810	.3260	.1910	.2000

從上表觀察,第一號水輪,旋轉數最多,且其扭力亦最大,故知其輪葉角度弧度之安排,較其他水輪爲佳,遂以此輪作種種試驗,得結果如下:

試驗次數	1	2	3	4	5	6	7
桃葉式活動門口角度	0°	10°	20°	30°	40°	50°	60°
出水量秒立方呎	0.533	0.444	0.372	0.412	0.375	0.364	0.291
水頭呎數	2.583	2.700	2.740	2.737	2.755	2.740	2.750
每分鐘旋轉	1171	961	790	951	880	732	884
軸馬力	0.0745	0.0994	0.0966	0.0948	0.0870	0.0731	0.0655
效率	53	72.6	83.3	73.8	74.	64.	71.8

從上表觀察,活動門開至二十度時,其效率最大。即以最大效率時算得輪緣速度與 $\sqrt{2gh}$ 之比數 Φ 爲 1.038。又水量與水輪直徑及水頭之方根成正比,其恆數爲 K,得 0.014。此等係數,雖爲四吋小水輪試驗之結果,然與作者在美國所得者相差無多,亦可適用。

按洪水時期,水量爲每秒鐘 153 立方呎,水頭 11.5 呎,機械效率以百分之六十計,軸馬力應爲 120 匹。

水輪直徑依下列公式算得 56.7 吋。

$$D=\sqrt{\frac{q}{k_1\sqrt{h}}}$$ D=水輪直徑以吋計　q=水量以秒立方呎計　h=水頭以呎計　$k_1=0.014$

水輪速度,用下列公式:

$$N=\frac{1840\Phi\sqrt{h}}{D}$$ N=水輪每分鐘旋轉數,　Φ=輪緣速度與 $\sqrt{2gh}$ 之比數

算得每分鐘旋轉 115 次。

一定速度 (Specific speed) 公式如下:

$$N_s=\frac{N\sqrt{H.P.}}{h^{5/4}};$$ N_s=一定速度,　H.P.=軸馬力

將上述軸馬力水輪速度及水頭代入公式,得一定速度爲 59.5。

據道提氏 (R. L. Daugherty) 經驗,一定速度爲 59.5 時,其進水門高度與水輪直徑之比數爲 0.46。水輪直徑爲 24 吋,則進水門高度當爲 10.8 吋。

進水門爲桃葉式活動門,共十六扇,以啓閉圈開動之。水箱中部圓錐向下,使水進活動門後,按正當水力情形,導入水輪,水輪之下安設槐提氏 (White) 喇叭管,水離喇叭管時,其速度爲每秒 2.45 呎。輪軸上端,以 66 吋齒輪連於 90 啓羅瓦特發電機如第三圖。其他機械部分,賴褚君文林之助,而成詳細設計圖如第四圖。各部尺度,均一一註明,不再贅述也。

乙. 離心吸水機　按離心吸水機既爲灌田而設,則其拖動之馬力應按洪水時期電量計算。查洪水時水電廠電量爲 90 啓羅

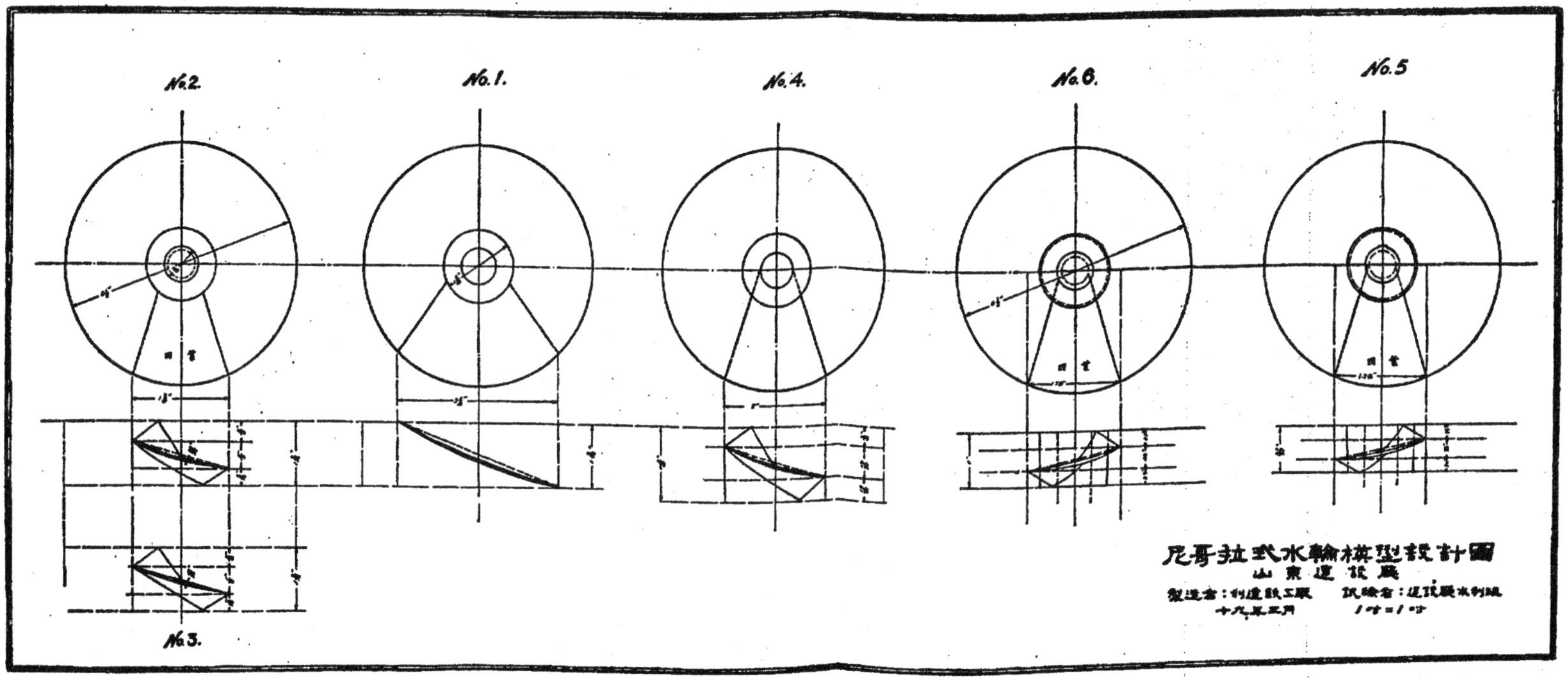
No.2.
No.1.
No.4.
No.6.
No.5
No.3.
尼哥拉式水輪模型設計圖
山東建設廳
製造者：利達鐵工廠
試驗者：建設廳水利組
十九年三月
1吋=1吋

第 二 圖

瓦特,以電線引至吸水站,用70啓羅瓦特電動機,每分鐘旋轉900次,50週波,電位220,如是有效馬力應爲94匹,起水高度爲3.5公尺(15呎)。按英國普通公式:

$$G=\frac{E.H.P.}{H\times .00076}$$

G＝出水量每分鐘加侖數; E.H,P.＝有效馬力; H＝起水高度(以呎計)。

則出水量當有每分鐘8250加侖,或0.624秒立方公尺。擬用吸水機兩部,每部出水量0.312立方公尺,卽每分鐘4125加侖。

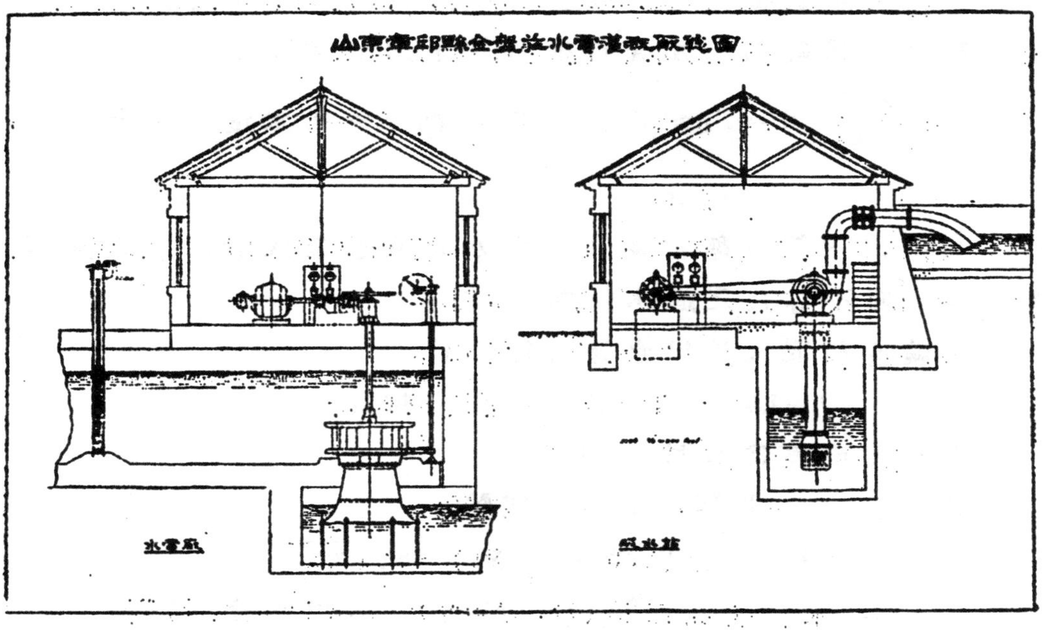

第 三 圖

再以水頭損失計算,茲將各項損失列下:

一.阻力損失(十六十九吋管各十五呎水頭損失 0.20呎,
　　灣頭兩個損失 0.94呎。　　1.14呎

二.流速損失(水之速度爲 7.98 秒呎)　　0.97呎

三.溫度損失(水之溫度華氏六十度) 0.60呎

四.進口損失 0.87呎

五.吸水機自身損失 6.00呎

六.海拔損失 1.53呎

共計 11.11 呎

起水高度一五呎,加水頭損失11.11 呎,共計總水頭24.69 呎,機械效率定爲百分之六十,

$$Q=\frac{120\times 8.8\times .60}{26.11}=24.2\text{秒立方呎}=.687\text{秒立方公尺}$$

上述出水量每秒鐘0.624 立方公尺,相差有限,且較穩妥,故用以設計焉。普通經驗,出水管直徑可按下列公式計算:

$d=\frac{\sqrt{G}}{4}$; d = 出水管直徑以吋計, G = 出水量以每分鐘加侖計

如是出水管直徑當爲16吋;進水管直徑恆大於出水管直徑1吋至6吋不等,玆定進水管爲19吋。

水輪直徑取大於出水管直徑1.5倍,

D =1.5d; D = 水輪直徑以吋計

得水輪直徑爲24吋,

又依薩鎮氏 (E. W. Sargeant) 經驗:

1. 水箱速度 (Volute velocity) $=.38\sqrt{2gh}$

2. 水箱喉孔面積 (Throat area)=.75× 出水管橫斷面

3. 輪葉角度 —— 進水口25°,尖端35° 至 40°

4. 輪緣速度 (periphery Speed)= $\sqrt{2gh}$

規定離心機尺度如下:

一. 出水管直徑 16吋

二. 吸水管直徑 19吋

三. 水箱喉孔 150平方吋

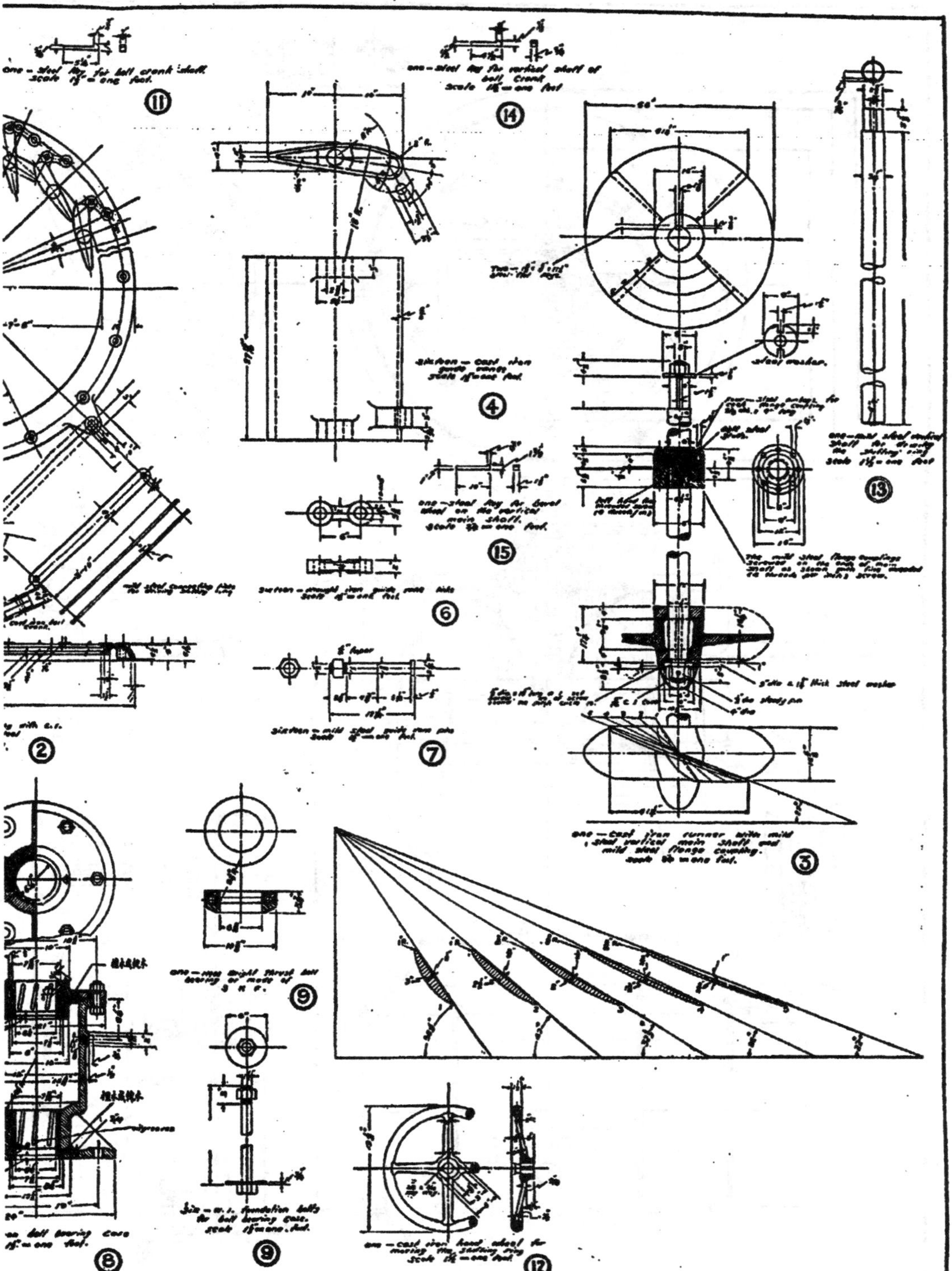

四　　　圖

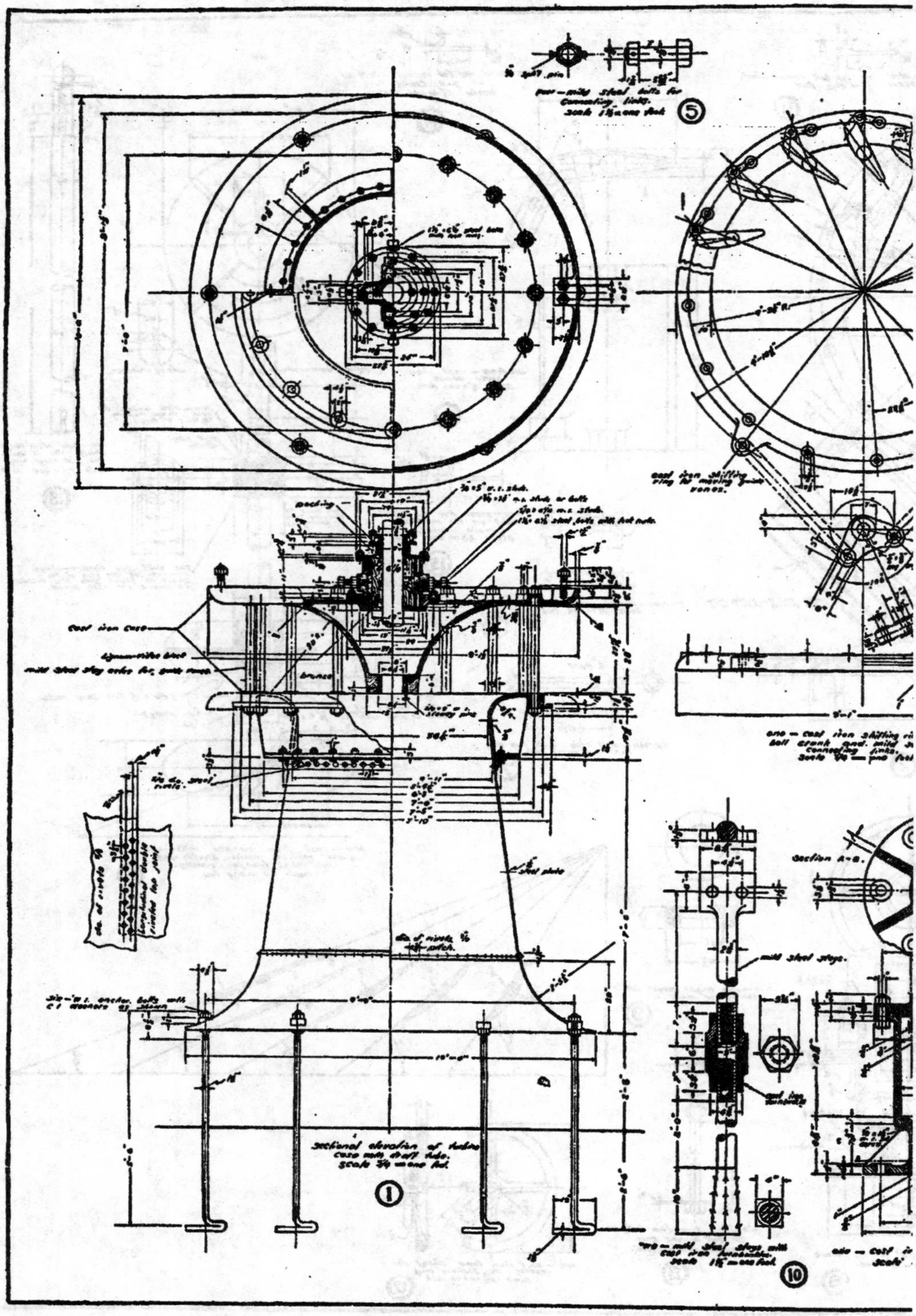

第

四. 吸水眼　15.5 吋

五. 水輪直徑　24.0 吋

六. 水輪緣寬　6.0 吋

按上述輪緣速度等於 $\sqrt{2gh}$，則Φ等于1，用公式

$$N=\frac{1840\Phi\sqrt{h}}{D}$$

N＝每分鐘旋轉數，Φ＝輪緣速度與 $\sqrt{2gh}$ 之比數，h＝水頭以呎計

算得吸水機每分鐘旋轉298次，取300次。以皮帶連于每分鐘旋轉900次之電動機上，亦甚適宜（參觀第三圖）。以理想言之，離心吸水機按每分鐘旋轉900次設計，直接連於電動機，則吸水機尺度可縮小，價值當可減少。但水頭低出水量大之離心吸水機據已往經驗，轉數過多，效率勢必低降，非所宜也。

四・水電灌溉廠之費用及利益

水電灌溉廠之費用，分建設費經常費兩項，（建設費內無開渠費）

甲.建設費（以銀洋元數計）

一.水力機（120馬力乃格拉式水力機）	9800.00
二.發電機（90啓羅瓦特交流發電機連合電表盤變壓器等）	11000.00
三.電動機（50馬力電動機二部連同電閘全份）	6600.00
四.離心吸水機（16吋離心吸水機二部）	5000.00
五.電桿（四里路應用電桿）	2000.00
六.電線（四里路吸水站至水電廠及應用電線）	2500.00
七.磁壺鐵担紮線等	1500.00
八.皮帶（7吋寬雙層皮帶二條每條長30尺）	600.00
九.水管子（出水管16吋進水管18吋各長15呎）	640.00
十.機器應用器具	1200.00

十一.基礎工程及建築廠房 9000.00

十二.攔水垻 6000.00

十三.三合土垻基 8000.00

十四.洩水閘 2500.00

十五.用地(購地四畝) 800.00

十六.測量費 300.00

十七.安裝費 2000.00

十八.運費 1500.00

十九.雜費 330.00

共計71270.00元

乙.經常費(以全年計)

一.薪俸(技師助理員事務員等各一人) 2544.00

二.工資(工目一名工匠四名小工三名) 2220.00

三.文具(紙張筆墨郵電等) 588.00

四.消耗(機油棉紗薪炭茶水) 966.00

五.設備(修理機器機房及添配工具等) 1080.00

六.雜費 120.00

共計7518.00元

上表所列金盤莊水電灌溉廠建設費,共需71270元,全年經費約需7518元。按灌田39123畝,每畝每年收水費六角,全年可收水費23473元。章邱縣城及金盤莊預計安設十六燭電燈一千盞,每月每盞收電費六角,全年收洋7200元,約抵該廠常年經費。又機器壽命以二十年計,每年須儲蓄機器損耗費洋3473元,則該廠每年可獲純利二萬元,約合建設費四分之一。更以受益地主言之,每畝每年增收五元,每年增加農產收入約二十萬元,其利甚溥也。

五. 結論

綜以上所述,齊河縣水電灌溉工程,曾為詳細設計,並已購得發電機。然該項建設，至今尚未完成，誠爲可惜。新東門外建設廳第一水電廠雖已安設，且用途甚廣，然所發電量，充其極不過14啓羅瓦特，亦云小矣。章邱縣金盤莊水電灌溉廠，可發電九十啓羅瓦特，規模較大，所需建設費僅七萬一千餘元，爲數無多，不難舉辦。且水輪設計，係根據試驗結果，效率較大，自無疑問。籌款既有端倪，建設當即實現。此事果成，所謂桓台索鎮烏河水電廠計劃，可發電85啓羅瓦特，小清河五柳閘張家林安莊閘金橋閘等處各水電廠計劃，共可發電891啓羅瓦特，行將逐漸設施，各項工業，藉以發展。而山東水電工程之效果，當必大有可觀矣。

國道工程標準

4. 路綫：　直視線不得短於125公尺。

平曲線半徑不得小於100公尺。

背向兩曲綫之間，不得短於160公尺。

平曲線距離橋梁或隧道兩端至少須30公尺

平曲線最大超高度：$\frac{810}{\text{平曲線半徑}}=$ 每公尺鋪砌寬度之超高（公分）。

平曲線超高轉高距離：直線上7.5公尺，曲線上7.5公尺。

5. 最大縱坡度　8%

隧道內縱坡度不得小於0.5%（由一端斜至另一端，或由中央向兩端斜）。

縱坡度改變在0.5%以上時，凸豎曲線半徑不得小於1000公尺，凹豎曲線半徑不得小於350公尺。

6. 路面：不透水之碎石(卽Macdam)。

7. 橋樑涵洞：載重以15,000公斤汽車爲計劃準則：

(1)靜重一泥土及沙　每立方公尺

泥土及沙	1900公斤
水泥混凝土及磚	2400公斤
木料	950公斤
鋼	7850公斤
石塊石礫瀝靑	2100公斤

(2)活重一縱橫樑以每立方公尺路面載重400公斤算。

桁梁鈑樑跨度＜30公尺，每平方公尺路面載重350公斤算。

桁梁鈑樑跨度＞60公斤，每平方公尺面載重250公斤算。

桁梁鈑樑跨度在上者之間。以比例算得之。

15,000公斤汽車輪底距離4.25公尺，

後輪佔重80%
前輪佔重20%
全長　6.75公尺
後輪上伸出長度1.75公尺，
前輪上伸出長度0.75公尺。

(3)衝擊力一木料不計。

水泥混凝土建築照活重25%

鋼質橋樑 $P\left(\frac{300}{0.30L+300}\right)$

8. 國道及鐵道交叉橋樑：

國道橋樑跨過鐵道，豎距離不得小於　6.7公尺。

鐵道橋樑跨過國道，豎距離不得小於　4.75公尺。

9. 明溝：平地上之路坎，及少於2公尺深之路堤，兩旁應置洩水明溝。

（資瑞芝）

京滬長途電話之改良與擴充

徐學禹　包可永

京滬長途電話爲吾國國辦最重要之通信路綫。近來擴充該綫，改良該綫之說，甚囂塵上。惟對於擴充及改良之辦法，則各方各有主張不一。有主張增加銅綫一對或二對者，有主張重新埋設十對或二十對地下電纜者，此中得失，影響於該綫經濟上之效果，以及將來發展之速度頗大。應集思廣益，以便周密攷慮。謹供芻蕘，以供研究此問題者之參考。

吾人於討論擴充問題之先，應先知該綫現在之狀况，以爲根據。最近之話務情形，因適值滬戰之後。地方商業尚未恢復，話務比較淸淡，未便取爲根據。但民國二十年全年通話之情形，尚稱發達。堪以依據。該年沿綫各處，通話之次數列表如下。

（表一）京滬沿綫各局間通話次數表

發話局＼受話局	上海	崑山	蘇州	無錫	常州	鎮江	南京	總發話次數
上海		880	12220	8160	1340	700	15380	38680
崑山	1330		1600	270	30	45	25	3300
蘇州	19340	890		8670	1370	560	850	31680
無錫	11250	115	6920		5740	690	1380	26095
常州	2000	20	1260	6050		690	990	11010
鎮江	800	30	510	890	770		9375	12375
南京	24600	10	920	1320	1110	9080		37040
總受話次數	59320	1945	23430	25360	10360	11765	28000	160180

附註:一　本表內各局通話次數,包括其支綫之通話次數在內。例如吳淞江灣等處與京滬沿綫各局之通話次數,包括在上海局之內,常熟與京滬沿綫各局之通話次數,包括在蘇州局內。

(表二) 京滬沿綫各局全年通話次數表

局　別	發話次數	受話次數	發受話次數
上　海	38680	59320	98000
南　京	37040	28000	65040
蘇　州	31680	23430	55110
無　錫	26095	25360	51455
鎭　江	12375	11765	24140
常　州	11010	10360	21370
崑　山	3300	1945	5245

按照表二通話次數,以上海南京蘇州無錫爲第一二三四位,按照表一,可見自南京至上海電話爲最多,計24600次,佔上海局受話總數百分之四十一。其次爲蘇州至上海計19340次,佔上海局受話總數百分之三十二以上。再次爲上海至南京計15380次佔南京受話總數百分之五十五弱。再次爲上海至蘇州計12220次,佔蘇州局受話總數百分之五十二以上。再次爲無錫至上海計11250次,佔上海受話總數百分之十九弱。是南京蘇州無錫三處至上海之通話,佔上海局受話總數百分之九十二以上。換言之,京滬沿綫各處通話至上海者,幾僅南京蘇州無錫三處而已。而京滬沿綫通話至南京者,僅上海鎭江二處,已佔南京局受話總數百分之八十八以上。換言之,南京所與通話者,殆僅上海鎭江二處而已。

夫京滬沿綫之工商區,爲上海無錫二處。京滬綫上交通乃以南京上海間爲最多,蘇州上海間次之,南京鎭江間又次之。無錫上海間乃列於第四位。是京滬長途電話之屬於工商性質者,尙未佔得重要位置，而其現有之使命，實以傳遞政治上之消息為最重要。

京滬長途電話，既以政治上通信為重要，但政治上通信，增加之程度，不若工商通訊之速。故京滬長途電話事業之發展，尙有待乎工商界之樂用也。

由通話次數，可計算現有設備之是否敷用。現以最繁忙之上海南京間而論，全年通話約為四萬次，用直達實綫回路一對，直達幻通回路一對司之，每回路每小時平均通話3.5次。換言之，每回路于每小時內，平均僅被佔用十八分鐘耳，（以每日工作時間十六小時計算）是話務並不繁忙。如以每日工作二十四小時計算，則每回路之平均效率，（卽被佔用時間與工作時間之比例）僅百分之十九而已。但京滬綫上在此項情形之下，已感覺話務之繁忙。蓋接通一長途電話之前，受發雙方局內之接綫生，須預先接洽，預先呼喚用戶，並通知其預備通長途電話。以致眞正之通話，僅五分鐘，而話綫則佔至十餘分鐘之多。他國長途電話之效率，有達到百分之七十五之記錄，（卽每小時每回路正式通話四十五分）其良好成績，由於種種器械方面，訓練方面之改良。京滬路如注重此點，則經濟上成績，尙可改善。而擴充綫路，可以略緩舉行。但效率方面之改良，需組織，工作，器材，訓練與時日，故為今之計，仍以將原有之設備，稍加擴充，以應眉急為宜也。

考工商界使用京滬長途電話設備之不發達，實有許多原因以致之。今列舉如下：

一．上海為全綫商業總樞紐，但其一切商業機關，什九設於租界。租界電話事業，由外商經營，對長途電話之轉接手續問題，自有許多挾持之條件，而不欲就交通部之範，致長途電話，對於租界內用戶之影響極微。

二．擬打長途電話之用戶，須先掛號，納掛號費。尋常用戶打長途電話，本屬不常見之事，故什九皆不掛號，迨要事發生，臨時掛號，又不可得，赴局報打，則須坐待其輪値，諸多不便。

三. 工商界用戶往往尙未明瞭使用長途電話之利益所在。現各種消息之傳遞,恆須有函柬,或電報以作憑證。除上海租界外,工商界之組織,尙未充分革新,電話亦未充分普遍。上海至內地之電話,常不能直達目的,有時須由話局遣人招被喚者來局接話,亦屬麻煩。

四. 上海之商業消息有私家廣播電台隨時播送。

上列數端,僅將阻礙長途電話發達之情形舉其一斑而已,未可言完全。長途電話之發展,視上項阻礙情形之能減輕否而定。

現在租界內,外人所辦之上海電話公司,對於京滬長途電話問題,頗有相當之注意。蓋該公司實挾有最多數並最活動之用戶也。但一念及我國近年來電信事業,對外商妥協云云,國權喪失云云之糾紛。如水綫合同,如馬凱合同,不得不向吾國當局鄭重警告,請勿再蹈以前之覆轍。

至於上海租界以外地方,交通部範圍所及之區域,與租界之用戶數,比較之下,爲數實屬微小。在較遠之將來市政府所作爲目的之大上海市中心建設計劃,其目的爲將上海市之重心,由租界而移至滬北區之新市中心。屆時大上海之電話事業,及京滬長途電話事業,當極端之發展。惟一二年內不至實現,今日僅可將此念留在腦中而已。

通長途電話之上述種種不便利處,應去除之,爲現在當務之急。最後之目的,應使任何用戶,在其家中,在最短時間內,可接通至京滬沿綫各處之任何一用戶。通話之清晰度,亦可儘量改善。同時對於一般用戶可使用一種有系統之宣傳,表明長途電話之利益。如此以後,長途電話之發展,當有相當效果。

在各方發展企圖未能實現以前,綫路上話務表面上之擁擠,應以小規模之擴充,以應付之,已如上述。

現在擴充之辦法有三:

(一)增多銅綫　增多之數量,應按照所有各該段話務統計推算,似宜於京滬間增加直達銅綫二百磅銅綫一對,與現有京滬直達二百磅鉛綫一對,合成一組。以便湊成京滬幻通回路一條,再將崑山站改接入蘇滬綫中,再將其餘二對銅綫之錫蘇滬改湊成一錫滬幻通囘路,屆時京滬長途電綫之分佈,當如下圖:

圖　一

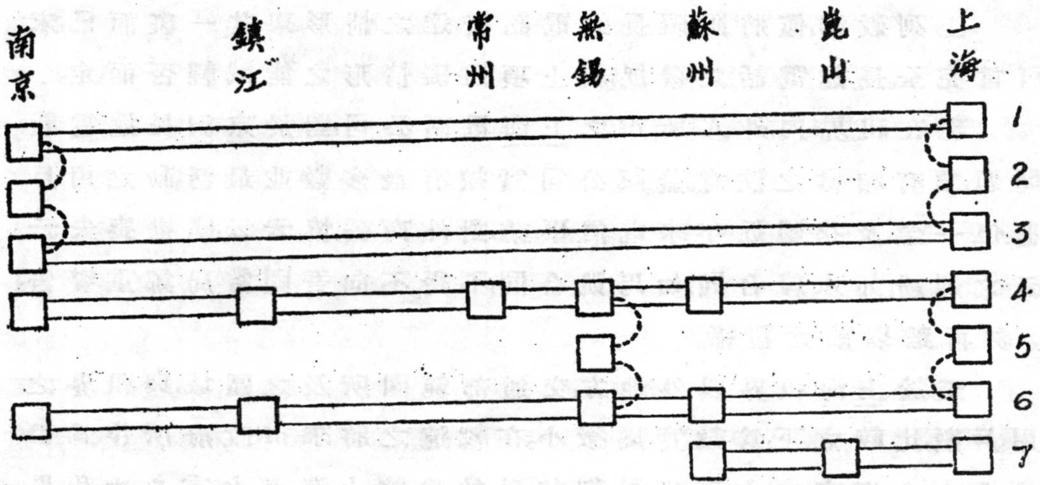

茲更就表一之通話次數與上圖之話綫分佈情形比較如下

表　三

局　　別	通話次數	話綫回路數	話綫號數
上海南京間	39980	直達囘路三通	1, 2, 3
上海蘇州間	31560	直達囘路二通 經崑山轉一通	4, 6 7
南京鎮江間	19455	直達囘路二通	4, 6
上海無錫間	19410	直達囘路一通 經蘇州轉二通	5 4, 6
蘇州無錫間	15590	直達囘路二通	4, 6
無錫常州間	11790	直達囘路一通	4
無錫鎮江間	1580	直道囘路一通	6

接照表一所顯示之事實,京滬沿綫各處通話至上海爲最多。而按上圖,南京無錫蘇州崑山等四處,均有直達回路通至上海。即鎮江常州二處,亦僅須由無錫轉接。轉接尙既僅一次,通話當然不致受有影響。至於通話至南京者,殆上海鎮江二處,亦均有直達綫。故增加京滬間直達銅綫一對之計劃,似尙能適合各處之通話情形。所需工料費,約六萬五千元。

(二)添設搬送波電話　搬送波電話之特點,乃在一對銅綫之上,同時可有四對用戶通話而不相擾夾。其所以能不相擾夾之故,乃在其搬送語音用之電流之週數範圍之不同。四對用戶中之一對,用尋常聲音週率之電流相通話。其餘三對用戶之相通,用六種不同之高週率電流。(自一萬三千週至三萬八千週)以每用戶之聲音週波調幅後,搬送之。故抵目的地後,用濾波器,可重行互相分出。

如在京滬綫上添設搬送波電話,則可不必添裝銅綫,僅在京滬二站裝設搬送波電話器械卽可。以便在原有之京滬直達綫上,添通搬送波電話。根據各段話務之繁簡情形,亦可設計如第一辦法者,卽在京滬直達綫上,加添搬送波電話二通。其餘一切綫路之

圖　二

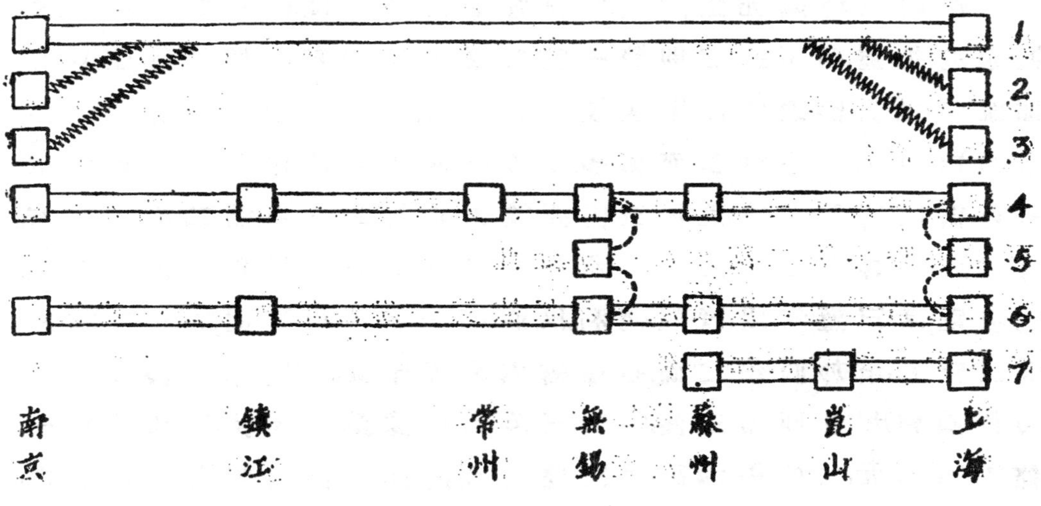

分配,一如第一辦法。添設後之通話能力,亦如第一辦法之圖一。實行此計劃,約需六萬元。

(三)埋置或掛置長途電纜 凡長途電話極盛之路綫,在歐美恆設置電纜,聚許多對數之話綫於一束,而以鉛包之。電纜通話,可避免外界之感應擾鬧,比較安全。但設備綦昂,並需要感應圈,中繼增音站等種種之附屬設備。埋置測較等工程,又屬浩大。如話務繁盛,而致需設數十對綫或數百對綫者,如歐美各大都市間,則爲經濟辦法。如用之于寥寥綫路五六對之京滬綫上則不適合。況已埋或已掛之電纜,如感覺囘路太少,不敷用時,不能若架空綫或搬送波電話之隨時可以加添一二囘路。故埋裝之時。至少須顧到若干年以後之發展,俾在此時間內,毋庸添置一新電纜。故近來主張以十對綫之長途電纜,連絡京滬者,頗不乏人。然卽以十對電纜而論,其設備費及裝置費,連感應圈,增音站等,約在三百六十萬元之譜。與以前二種辦法比較,則立能見其不若前二辦法之輕而易舉。況京滬話務,將來之發達,究屬至何程度,此問題因上述各種阻礙,及特殊情形之故,不易解答。以如此鉅大之資本,投于尙未有把握之事業,京滬長途電話每年收入僅十九萬元,現投以三百六十萬元,似尙非其時也。

綜觀三種擴充之辦法,第三種之長途電纜,旣以資工浩大,發展未有把握,而不適宜。則第一第二兩辦法中,究應採取何種爲宜。鄙意第二辦法之添設搬送波電話爲善。第二辦法爲添置搬送波電話兩通,但如不欲擴充太多,或經濟能力有問題。則儘可先添置一通,需四萬元左右。迨再至需要擴充時再添一通,需二萬元左右。再需要時再籌二萬元,添一通。如此隨時加添,至每對銅綫上,有搬送波電話三通爲限,實頗便利。根據第一辦法,增加囘路一條需六萬五千元,增加囘路二條,亦僅需六萬五千元。(因第二條囘路爲幻通囘路)增加囘路三條,需十三萬元。根據第二辦法。增加囘路一條需四萬元,二條需六萬元,三條需八萬元。其能適配話務之變遷,於此可見。京滬距離爲三百十公里,用搬送波電話,尙無須中繼增音站。故其管理,尙不複雜。在京滬兩站,各置末端增音器。故講話較尋常長途電話爲明響。以其較尋常明響之故,於是南京上海二端,再有延長綫路之可能。

搬送波電話設備之缺點,在其原理不如尋常之簡單。故京滬二局須有專門人員以管理之。再京滬直達銅綫,如發生障礙,則根據第二辦法,尋常電話一通,搬送波電話二通,將同時不通。如在第一辦法,則不通者僅二囘路。蓋尋常電話一通,及幻通電話一通是也。但在發生故障時,京滬間之分段銅綫一對或二對,應可暫時改爲直達綫以應付急需。

京滬長途電話之擴充問題,吾人應以詳實之考慮,以求其答案,此篇蓋欲提倡國內專家研究此問題而作者,幸與以指正。

人力代機器

美國造路有儘量運用人力,屏除機械之傾向。

機器之興,奪人之利。不獨吾國頑固者所素反對,今且爲新大陸人士之新覺悟。

蓋年來百業凋敝,失業遊民日增。爲救濟計,密西根州(Mchigan)將公款用於修造道路,單在1931年十月一日至1932年八月一日間,化去金元G$ 12,500,000。

其辦法規定一切路工,儘量採用人工,不得已處,始用機械。工人必須從救濟失業之機關招募。每小時工資三角五分。作輟相間,做一日停一日,或做一星期停一星期,以期多養人手。據計算,至少有三萬人,同時受益,加以若輩之親屬,則爲惠更溥。

至於費用,同一工程,用此辦法,較諸向例儘用機器者,約高出百分之二十五云。(黃炎)

本會第二屆年會詳記

中國工程師學會第二屆年會定於二十一年八月廿二日上午十時在南開大學舉行開幕典禮。廿一日下午在南大履行登記。北平，唐山及本市會員至廿一日下午五時止登記已近百人，其京滬杭濟各地會員尙有五十餘，是晚十時亦行抵津。籌備委員會爲表示歡迎起見，特派代表楊銓乘車赴良王莊迎候。楊先乾，陳廣沅，鈕澤全，李郭舟，赴總站歡迎，卽陪同各會員在東站下車。籌備委員長華南圭及張潤田，邱凌雲，李書田，王華棠，茅以昇均至車站歡迎，招待至南開大學宿舍及北辰飯店住宿。各會員登記後，均發給一長方形出席證章，上繪有萬里長城圖案，表示中國工程師在中國之重要與偉大。出席會員總數不能如去年之多者，據謂係因有一部份會員參加科學及各專家會議所致。舉行開幕典禮時，先鳴南開大鐘二十一響，繼鳴二響，表示中華民國二十一年，中國工程師學會第二屆年會。鐘音宏亮，可聞數里。際此國難，暮鼓晨鐘，意在發人猛醒，趨向建設之路。該鐘係清末德國最大工廠克虜伯廠舉以贈李鴻章者，重一萬三千餘斤。庚子後，英人移往英租界花園。至前年始由南開大學索回，置諸校內，非重大典禮不許鳴擊，該校去年今年舉行畢業典禮時曾鳴二次，此爲第三次。開幕典禮後，正午該會天津分會卽在南大舉行歡迎讌會，午後南開大學招待茶會，所備茶點均係南大所出產物品，尤爲特色。玆誌該會開幕後秩序如次：

第一日上午開幕典禮下午第一次會務會議

第二日論文討論會下午第二次會務會議

第三日宣續論文並公開演講下午參觀游園並舉行年宴閉會

廿一年八月二十二日： 中國工程師學會第二屆年會，於二十一年八月二十二日午前在南開大學舉行開幕典禮。正午天津分會假南開大學歡讌各地會員，午後三時至五時開第一次會務會議。五時南開大學在該校圖書館屋頂招待全體會員茶會。晚七時河北省政府假永安飯店歡讌。玆誌開會詳情如次。

開幕與禮式 會場在南開大學秀山堂，門前交插黨國旗。禮堂佈置如恆，會場右為會員登記室，左為來賓招待室，入門處設來賓簽到處。十時許會員到者計本埠八十二人，外埠四十五人。來賓計有省府代表建設廳長林成秀，市長周龍光代表張銳，北寧路局代表徐逐賓，南大校長張伯苓，全國民營電業聯合會代表鄧子安，銀行公會代表卞白眉，及其他各界代表男女約百人。十時鳴南開大學巨鐘二十一響又二響，至十五分始振鈴開會，全體入場。開會行禮如儀。華南圭主席，致開會詞。次河北省政府主席王樹常代表林成秀，市長周龍光代表張銳，張伯苓，范旭東(陳德元代)，王文典，張含英，相繼致詞畢，華南圭代表會員答詞致謝意。至十二時散會。復至秀山堂前合攝一影，以資紀念。

主席開會詞 主席華南圭致開會詞略謂，『此次開會為與工程學會合併改組後之第二次會，故為第二屆年會。以前曾有許多次會議，本會年會全體會員均應參加。但因時局及個人職務關係，故到會者甚少，會長亦因故未能到會，由總會派代表參加，並電本人代表為主席，此應請諸位來賓原諒者。此次開會人數雖不如吾人希望之多，但明後日尚有續來者。吾人看到大公報今日社論內有「工程家應參加政治，與各方合作」語，實與吾人以莫大之鼓勵。數十年工程家在中國，非為一般社會所輕視。實由於工程師本身為靜的，而非動的。等於一個勞動者，不動則不能吃飯。因在科學上性質偏於靜的方面，故趨向消極，不好活動，不好出風頭，以致不為人所注意。以往即使開會，亦東一個西一個，及至最近，始得統一聯合。且說以往工程家畏懼政治如虎，作事則如綿羊。希望以後不要畏懼，以虎一般的精神做去，如綿羊一般的服務。使二者相輔而行，並服從輿論，消除以往不問政治之積習』云云。

林成秀致詞 建設廳長林成秀代表王樹常致詞云，『中國工程師學會在津開會，王主席因事去平，本人得代表參加，實深榮幸。現在國難如此嚴重，全國民衆所大聲疾呼者，厥為團結禦侮。團結固應當，但似甚易。而今工程師學會開會，擴充光大而及於其他團體，如數理學會，體育會等等，確為知識團結之一最好方法。諸位會員雖不在官廳，而服務於私人團體。但現今全國之新建設事業幾全由中國工程師負擔。將來責任尤重，成就當不可限量。謹祝中國工程師學會萬歲！諸位會員健康！』云云。

張鋭演講詞　市長周大文代表張鋭致詞略謂，『中國工程師在此國難嚴重危若累卵之天津開會，周市長表示十二分之歡迎，特別為天津市最大之光榮。杜威博士曾謂，「中國的事情，說複雜則複雜到極點，說簡單則亦甚簡單。只要將一切事務交給一千個好人就能辦好。」吾人對此話應加以解釋，就是不但要是好人，且須有才能。因目今為技術環境與前不同，故需要專門人才。所以，此一千個好人當中至少應有五百個工程師。現在國難問題仍甚嚴重，工程師應担負一半責任。以往工程師對個人責任已盡，對整個問題，似稍忽略。希望今後，以中國現時環境，就其需要研究出整個的方案』云云。

張伯苓演說　張伯苓致詞略謂，『今日非講演，係代表南開師生表示歡迎。但亦有一點感想。現值國難期中，自九一八至今日差不多一年的時光。特別是有思想的人覺得難過。將來尚不知有多少難過的日子，亦是吾人猛醒覺悟的一個好機會。十餘年來，大家心理太複雜，太荒亂，說話不實在，忘却了自己，所以說在此時期應有覺悟。去想如何方能成一個國家，如何够始國民資格，怎樣才能生活，而生活才有意思。如並此思想而無之，則此次所用學費太多，代價太大，效力都算沒了。日本此次侵略我國，所憑藉者為武器，試問我們有武器沒有。袁世凱時代亦曾練兵興學，視為二大要政。到現在變成病症之症，二大要症了。說起來余亦為罪人之一。日本有武備，而我沒有，所以有思想的人受欺侮，應該不說話，而去努力準備抵禦。否則必死亡無疑。所以乘此機會，應當指出以往錯誤，將領導吾人之不忠實者摒除，而向眞實方面努力。中國病在窮弱。然歐美何以能富强。簡言之，即以科學方法而生產。彼能利用，我獨不能乎。諸位在外留學，其腦力精神並不次於西人，而日人且不如我。何以中國仍舊窮弱，其原因由於無機會作事，因政治之擾亂，不但國事不能辦，卽私人事業亦常受其阻力。留學時所有志願及抱負，回國後則到處碰壁，政治不上軌道，連年戰事，遂至英雄亦無用武之地。甚有在國外學工程，而回國教讀英文，並數學而不能教授者。所以說國基不穩固，教育實業均不能進行。個人以往曾抱定主旨，專辦教育，對一切均不過問，而今漸有覺悟。就是政治這種東西，你不去干涉他，他亦會來干涉你。我想工程師在國內不能作大事業，實由根基之不穩固。如地震一樣，方一排列好，他那裏一搖卽散，以致不能有大計畫。美國哈斯城所建大河大橋，中國工程師豈無此種思想。徒政治不良，環境迫人，故不敢作此想。要知胡佛亦爲工程師，吾人卽不說參加政治，但因了你不理他，他會干涉你的緣故，所以應當團結起來而聯合一種力量，雖不要發表宣言，拍發通電，亦應當說幾句話，不要使他們太負責任，吾們太不負責任了。阿斗有時亦要說話的，其實作政治的人，有時亦喜歡吾人說話。因爲大家說話，方有眞正輿論，他們亦好作。如均置而不說，反有許多困難。此外精神頹敗亦爲國弱的一大原因。國家的財政經濟破產，並不緊要。若是精神破產，實國家民族滅亡之先聲。故在此國難時期，應努力振奮精神。當余尚梳小辮時，先父曾有言，「人愈倒霉，愈應當勤剃頭勤打辮。」這就是說應當潔淨光滑，表示精神。希望諸位所領導從事建設而振奮，使國人因而振奮。開闢中國之新生命，前途不可限量』云云。

各代表演說　銀行公會代表卞白眉演說略謂『吾國國難，不但爲政治之失敗，建設實業亦無不失敗。故進口貨日增，致超出出口，希望共謀工業之發展此就全國而言者。此外天津市亦有二個問題，希望藉此開會期間加以研究。(一)海河工程，關係天津甚鉅。希望以公正科學之眼光，指出其錯誤所在，加以糾正。如不能成功，確爲缺少款項，金融界當樂爲協助。(二)津市工業，關於設立工廠組織等希望發表公正意見，俾金融界知其眞象，共圖發展』云云。次市商會代表王文典致詞略謂，『調查某地之盛衰，只須視其烟囱之多寡，及海關出入口貨之比較。中國口岸，烟囱增加殊緩，海關入口遠超出口，危險萬分。衰亡原因，固由於政治不良。但社會習慣風俗頹敗，亦係一主因。二者無辦法，工程師亦歸無用。故應大家起來，共謀救國』云云。繼中國水利工程學會代表張含英致祝詞云，『世界潮流，羣趨工業，適者生存，詎容獨逆。泱泱華夏，百廢待興。新基肇造，首在工程。外禦强鄰，內謀自給。學術發明，端資團結。猗歟兩會，合併進行。超歐軼美，指日功成』云云。次華北工業協會代表致詞畢，華南圭答詞，對來賓表示謝意。

會議與歡宴　開幕典禮後天津分會，假南大食堂歡迎外埠會員，並邀來賓多人參加。因地址狹小，人數超過預算，座位不敷。故臨時有一部分會員赴法租界明湖春聚餐。席間由籌備委員長華南圭代表致歡迎詞，對會員遠道前來參加，表示慰勞之意。賓主酬酢，至一時餘始散。稍事休息，即於二時仍假秀山堂開第一次會務會議。入場時華北水利委員會贈送該會新出刊物三種。（歷代水利史。蘇莊水閘之養護與管理，技術報告。）以資紀念。出席會員一百二十人。開會時由茅以昇主席。首由總會代表張孝基報告本會二十年度會務狀況，及該會二十年度經常收支狀況。次由濟南分會代表張含英報告濟南分會會務情形。又北平分會代表華南圭報告接收北平中華工程師協會房屋案卷經過詳情。再次通過關於會務提案甚多。其中最重要者，即通過加入廢止內戰大同盟一案。其餘尙有提案多件，定即日下午二時在新學書院繼續開會討論云。

午後五時南開大學在木齋圖書館屋頂招待全體會員茶會，並邀該校學生多人招待。所備茶點如藕及蓮子等，均爲該校產物，極鮮味可口。就屋頂瀏眺全校風景，盡入眼簾，極幽雅靜穆。至六時餘散會後，全體乘汽車赴永安飯店河北省政府招待宴。計到一百三十人，建設，教育，民政，財政各廳長均親自出席招待。席間由王一科代表王樹常致歡迎詞。除對各會員表示歡迎及欽佩外，並謂『現今中國需要建設，在社會上工程師地位已提高爲第一位。俄國之五年計劃，即是工程計劃。所以中國工程師極應乘時努力。二千會員已不爲少，惟若較諸中國人民，當不能謂爲多。希望將來以中國工程師學會爲基礎逐漸擴充，如此方有建設之希望。所以今天恭祝諸位會員之成功，中國工程師學會進步，並祝中華民國前途光明』。繼由華南圭代表答詞致謝，至八時餘始盡歡而散云。

二十三日　本日爲中國工程師學會第二屆年會之第二日。繼續註冊者又有十人。上午舉行論文討論會，下午赴中校聯合會歡宴，市府招待，暨華北工業協會，天津市商會，天津市銀行業同業公會聯合歡宴。並在新學書院召開第二次會務會議。通過要案多件，選舉職員。塘沽永利製鹼公司特派陳調甫來津歡迎赴塘參觀。工程師學會北平分會亦派代表郭世綰來津，接洽歡迎赴平參觀。茲分誌各情如次：

宣讀論文　上午九時半工程師學會在南開大學思源堂宣讀論文。共分兩組，一為土木水利工程組，由李書田主席。一為礦冶織化機電組，由王季緒主席。第一組論文已讀過者有（一）嵇銓之「德國最近鋼筋混凝土之成績。」介紹德國在構造工程上之重大貢獻。（二）周宗蓮之「洪潦後調查方法之商榷」。作者鑒於去年中國遭空前水災，事後缺乏調查及研究，極為遺憾。乃根據學理，作有系統之研究，而成此編。（三）曹瑞芝之「山東章邱縣金盤莊水電灌溉工程之設計」。曹君留美有年，實地經驗極富。此項設計，煞費苦心，絕非空談理論者可比。（四）張含英之「工程教育管見」。對於現時積弊痛下針砭。提擬改革方案，亦最精警透闢。（五）李文驥之「武漢跨江橋計劃」，（六）劉峻峯之「青島大港第五岸牆之切面」。（七）沈怡之「上海市推行土地政策之實例」。（八）邱鼎汾之「改良湘鄂鐵路轍尖標誌意見書」。此外尚有（一）孫寶墀之「結構物撓度與旋度基本原則之直接證明法」及（二）「土壓力兩派理論之一致」。（三）羅英之「鐵橋加固」。（四）周禮之「Economy of Continuous Steel Viaducts」四篇。則將於明日上午在新學書院繼續宣讀研究。第二組昨已讀過者有（一）陳德元之「淡氣救國論」。材料豐富，極有興趣。（二）姚文林之「在中國設立電石工廠應注意之點」。姚君化學專家，學識優著，此論極為肯要。（三）賈榮軒之「礦區之測勘及礦業法施行之商榷」。（四）王寵佑之「檢取煤樣之原理」。王君為礦界先進，所論最有價值。（五）沈泮元之「大牽伸」。（六）孫光堉之「綿紗撚度之研究」。均有精采。此外留待明晨宣讀者尚有（一）孫家謙之「增減汽車不受彈簧作用部份重量之影響」。（二）陸增祺之「電銲」。（三）陳廣沅之「日本鐵道機廠修理機車車輛快速之原因」，及（四）「津浦路機車載重研究報告」等篇。

教界歡宴　午刻天津中等以上學校聯合會在永安飯店公讌全體會員，賓主到一百廿餘人。席間由聯合會代表北洋大學教務長王季緒致歡迎詞。略謂『聯合會爲十六個學校所組成。今日之宴實不啻天津教育界全體對工程師學會諸君致十二分歡迎之意。從前社會有極大錯誤之認識，謂教育界專用腦筋，工程界專講物質。實則思想與物質兩者須互相調劑。此調劑工作須賴教育界與工程界之竭誠合作。故兩界應是一家，不當分開。以前兩界頗有隔膜。如庚款互爭，結果建設方面一無所增，而教育界亦僅由政府簽一空頭支票了事。譬如兩貓分一塊肉，久爭不決。有第三者代爲分開，而猶謂此半大於彼半，於是將此一半咬一口。又謂彼一半大於此一半，於是將彼一半咬一口。咬來咬去，咬完爲止。結果兩貓一無所得，單獨便宜了那第三者。故今後教育工程兩界應覺悟攜手合作，愈近愈好。要分肉我們自己來分不容許第三者代爲辦理。然後中國才有希望，前途才能光明』云云。旋由鄧子安致詞，略謂『工程界現應注意兩點。一爲新由學校畢業之工程學生到社會上，諸事苦無問難質疑的地方。二係社會上一般小工業手藝人技術雖好，苦無學問，希望能設法輔助。則貢獻國家豈不更大』云云。繼由李書田代表工程師學會答詞，『對於教育界之懃懇歡迎，極爲感激。其期望於工程界既如此之深，則工程界同人自不敢不努力』云云。至下午一時半方散。

會務會議 下午二時半起在法租界新學書院宮保堂開第二次會務會議，出席會員百餘人。公推嚴智怡主席，鈕澤全紀錄。先討論並通過提案甚夥，擇要錄後。(一)請由本會建議中央制定技師公會法規案。(二)組織工程規範編審委員會，制定各種工程標準，以利工程事業案。(三)呈請國民政府將結束勞働大學經費每年六十八萬五千餘元，籌設西北工程學院案。(四)組織工程師信守規條委員會案。(五)設立國防設計委員會案。(六)組織邊疆或內地考察團案。(七)擬定候選董事標準交司選委員會參考案。(八)規定每年十月一日爲總分會職員交接日期以昭劃一案。(九)規定每年在年會前後開董事會各一次案。以上各案通過後，即改選下屆司選委員。結果嵇銓，陳廣沅，羅美，楊先乾，張自立五人當選。再次上屆司選委員張延祥報告本屆當選各職員如後。

會長顏德慶，副會長支秉淵，基金監黃炎，董事韋以黻，胡庶華等五人。末由全體決定漢口爲明年本會第三屆年會舉行地點。如漢口有不便處，則改在上海舉行。

市府招待 下午五時該會會員全體赴市府茶會，由周龍光市長親出招待。並於就座後致詞略謂『貴會在津舉行年會，本應盃酒聯歡。嗣因種種關係，改用茶點，藉盡地主之誼。雖極簡慢，尙希盡歡』云云。旋由郭世綰代表致答詞，對市長之招待，先致謝意。並深佩市長發展津市之偉績。賓主暢談，頗極一時之盛。

團體公宴 天津商會銀行公會華北工業協會三團體今晚假國民飯店歡讌工程師學會各會員，並邀各界作陪，共到約二百人。餐後，首由商會主席張品題致歡迎詞，陳德元代表華北工業協會致詞。據謂『該會有二十六個生產機關。辦事業之人對於工程師，一若學生之對先生。各工廠本各有工程師，而如此次之全國工程家集會於津市，一若來許多教師。故華北工業協會各工廠，均願開放，請加指導。此外，尙有第二種心理，一若在前方作戰兵士，歡迎參謀本部所派人員。華北現幾在國防前線，近世人皆謂長期鬭爭，現對抗敵人方法，不但爲軍隊。在後方之生產事業，亦應總動員。故工程師學會即是生產事業之參謀本部，華北在此環境之下，所以歡迎各專門家』云云。繼銀行公會卞白眉致詞，由該會會員答謝，至十時始散。

二十四日 今日爲正式大會最末一日。上午繼續宣讀論文，舉行公開演講，分組參觀。午間赴北寧路局歡宴。晚間七時半在西湖飯店舉行年會聚餐。全議會員即於當晚十一時半乘北寧路局特備專車前往唐山參觀。茲分誌各詳情如次：

論文與討論 上午九時半，繼續在新學書院袁宮保堂宣讀論文。分兩組舉行。土木工程組仍由李書田主席。所讀論文有(一)羅英之「鐵橋加固」。中國鐵路之橋樑其修築多在數十年前。近年機車構造，進步極速。舊橋計劃不適合，均須加固。作者根據國內各鐵路搜得之材料，作最經濟而安全之加固方法，極切實用。(二)周禮之「連續鋼橋之經濟」。係在美國留學時之論文。(三)孫寶墀之「土壓力兩派理論之一致」與(四)「結構物撓度與旋度基本原則之直接證明法」。孫君於構造工程極有研究，所論均極精彩。機電工程組由陳廣沅主席。所讀論文有(一)孫家謙之「增減汽車不受彈簧作用部分重量之影響」。作者係汽車專家，所論極有見地。(二)陸增祺之「電焊」。述電焊在工業上之重要。(三)陳廣沅之「日本鐵道機廠修理機車車輛快速之原因」。略述本人去年在日本考察機廠之要點。會員對於件工制頗有興趣。有德國及法國歸國會員相繼述該兩國鐵路機廠之內容及其管理法。(四)陳廣沅之「津浦機車載重研究報告」。該文係介紹機車引力新算法，及調整噸數計算法。將津浦道上行駛時應掛若干車輛，一一算好。惟須一一試驗，方能實行。聞該路已在預備試驗云。(五)徐學禹包可永之「京滬長途電話之改良與擴充」。(六)孫光堉之「棉紗撚度之研究」。十時半散會。

公開演講會 公開演講原定有周宗蓮之「水利救國」。臨時以時間短促，未能講演，誠屬遺憾。本日講演者共三題(一)陳德元「油漆與人生」略謂『油漆之功用有三：一•保護物體，二•美觀，三•衞生。油漆爲殺菌之妙藥，故歐美有油漆公用之運動。近來外貨輸入頗多，而尤以油漆，純以中國原料製成，反使外人獲厚利。吾人若不及時努力改進，則此每年一二千萬元出口之桐油，將與茶絲同歸於盡。希望大家起而提倡國產油漆』云云。(二)鄧壽佶講「工程師政治活動及法律保障問題」。大意謂，『工程師應否參加政治及受法律保障(甲)工程師爲科學教育，有技術經驗。設無政治學問，及經濟常識，則不能盡量發揮無遺，亦不能有圓滿之成功。現今之政治應科學化，技術化。建設事業，尤與工程師有密切關係。外國工程師在政治上頗佔重要地位。中國以前工程師之以所畏政治如虎者，因政治始終未脫離軍治，故工程師之能力無由表現。而工程師本身多以技術自任，對政治處旁觀態度，更不欲參加。惟此種時期決不能久。以後工程師學會似應定立方針，使政治科學化技術化。希望各人就其環境而奮鬬努力。(乙)工程師之名稱，古稱「工師」，亦稱「技師」。但近來女理髮匠常沿用此種名稱，故改稱「工程師」。此三師實應受法律之保障。中央現有之技師登記法，其規定與工程師亦多不合。應由工程師學會想一辦法：(1)在會員入會時嚴格審查登記。(2)建議政府制定工程師登記法，以保障工程師之地位與人格』云。

(三)高鏡瑩講海河問題。大意謂『海河難治，實爲政治問題。海河爲北運，子牙，大清，南運，永定等河入海之道。前三河入海河時均甚清。南運雖略帶泥沙，不足爲害。所成害者惟一永定河。海河最好時期，爲民國十三，十四兩年。至民十六夏季忽淤七八尺，當時始引起市民注意。其原因則純爲永定河泥沙之流入。當時中外人士擬具治標意見甚多，均不外放淤永定河泥沙於他處。其負責機關爲海河工程局。該局不受任何機關之監督，大權均操之外人。此種組織係根據辛丑和約上。所謂治理海河，應允許外人參加意見。每年經費百萬。淤塞後，乃成立整理海河委員會。此會目的僅在辦理治標工程，卽放淤是也。海河之疏濬則仍由工程局負責。整委會成立後，因戰事發生，至十九年始行開工，至今春告竣，今夏乃見效。七月間永定河水發，但海河深度依然。而放淤區沉沙計一千六百萬方尺。至八月，因放淤面積有限，不能再放。惟同時因西河水漲，水流甚急，故亦未淤塞。近日無船來者乃流急所致。所以海河不能治理，乃由於機關不統一，互相推諉。近工程局挖泥工作較前約減一半，而世人不知原因，常歸罪於工程之無效。由上所述觀之，海河問題亦不複雜。如能各盡其責，則必日有進步』云云。

參觀與歡宴　公開講演後，全體會員赴基泰建築公司參觀中國建築模型。對於製做之精緻，無不同聲贊美。惟每種均附有泥人數個，其意蓋欲使觀者藉建築物與人體之比例，而得知實物之大小。午刻北寧鐵路局在寧園歡宴全體會員。席間由北寧路副局長勞勉致歡迎詞，略謂『無論任何鐵路，先有工程局，然後有管理局。是工程爲一切之母。工程師學會爲吾國最大工程團體。來津舉行年會，極爲難得。鐵路同人，自不能不表示十二分之歡迎。今日中國有三大問題：(一)政治不清明，一切建設難實現。工程師不應怕難，總要各抒所見，盡量陳述。當道採納與否，可視作另一問題。須有此種精神，此種勇氣，造成一種風氣，政治方可有望。若俟政治清明，再上條陳，恐永無清明之一日。(一)爲資本問題。中國現在天天鬧窮，辦理一切無資本。實則中國並不窮，惟用錢不得其當。宵小盡可貴顯，而才能之士反無出路，是亡國現象。希望大家將來力矯此弊，純以人才爲標準，不可攙雜絲毫私意於其間，則國家自可日趨光明。(三)爲勞動問題。現在勞工風潮方興未艾。實則此問題極爲簡單。勞工亦是同胞，應當與之表同情。當局若能開誠布公以極懇切之態度，作最公平之處置，則一切自易解決。徒以利令智昏，當局者迷，故此問題日趨嚴重。希望工程界同人能以恕道諒人，方能救吾將亡之中國』云云。旋由田浤基代表工程學會致答詞。對於此次北寧路局給予年會之種種方便，極爲感謝。下午一時半，方盡歡而散。北甯路局在甯園除設讌歡迎外並備小船多隻，供會員乘划。會員及男女來賓百四十餘人，爲稀有之盛會。下午會員分組參觀。其赴北倉參觀海河工程者，由整理海河委員會懇懃招待。由工務處長高鏡瑩陪同前往云。

年宴之盛況　中國工程師學會今晚假座西湖飯店舉行年會宴，並歡宴各界來賓。到者約一百五十人。七時半入席。主席華南圭氏席次起立報告。年會舉行，於此結束。並謂『本日之宴，就本會內部言係爲會員之歡聚，殆無殊於昔日之團拜。同時則請各界來賓指教。本會會長在京，此次未能與會，茲請茅以昇博士代表本會董事致詞』云云。旋由茅氏發言。大意謂『此次爲本會第二屆年會。而自本會歷史言，則實爲第十五次。本屆年會在津舉行之原因有二：第一，天津接近東北，在津開會，於國難後之東北情形考察較易。第二，天津爲北方工業上重要區域，各種生產機關，優有考察之價値。本會今於國難期間開會，而追溯本會之產生，則實與國難以俱來。蓋當清季對外作戰第一次失敗後，朝野上下咸感國難之嚴重，羣思振作。政府尤致力於製造局火藥廠等等之規劃設置。而本會發起人詹天佑先生亦於是時感覺責任之重大，其後乃有本會之組織也。惟第一次國難而後，吾國期求建設之結果，卽發生兩種病症。(一)因兵工廠製造局火藥廠等等之設置經營，背棄本意，而釀成民國以來歷年之內戰。因欲建設實業，發達生產，於是借外債，用外人，而開列强對吾經濟侵略之端。惟在第一次國難以後，政府對於實業之提倡獎勵，頗爲注意。清末特派大臣出洋考察及舉行勸業會等等之事實，可爲最適之證。其後則日漸淡漠，迄於今日。人民對於政治，遂不得不發言，且不得不參與焉。又今日社會每好空言，而不務實際。故建設大計，終於一無所成。吾人應打倒空話，實事求是。本會會員尤宜切實團結，加速努力，於學術之硏求，旣須深切注意，於個人之事業，更須忠其職責。同時則與各界聯絡，歡迎指導。庶幾以團結之精神，加速之努力，從事建設，度過國難。玆以至誠祝諸君之成功與健康。』茅氏詞畢，來賓省政府代表教育廳長陳實泉，商會主席張品題，楊仲子(魏明初代)，西人朋斯先後致詞。最後主席華南圭氏代表大會對各機關各團體及各界致謝而散，時已十時許矣。

中國古代工程的創造和近時工程師的表現

范　旭　東

人類天性是富於創造力的。在原始時代，就知道運用智慧去創造工具。所以獨能戰勝一切，綿延嗣族。石器時代的遺物，輪廓固然粗笨，原理並不矛盾。刀是一邊厚一邊薄的，鎗是一頭尖一頭鈍的，都很合實用。在當時確是偉大的創造。

石器時代的世界，民族所成就的大抵都不相上下。經過這個時代之後，顯然因天稟的厚薄，和所棲息的地區，氣候風土不同，就大有差別了。就中國而論，在從現在二千年前後，到五千年之間，創造力異常之强。人類生活所必需的，應有盡有。就是文化國防乃至藝術，也都有特別創造。精密的如天文曆數，四千年以前，就定了三百有六旬有六日，以閏月定四時合成一年，至今還做曆數的標準。

偉大工程，在一千年以前，就建築了萬里長城，絕世雄圖。現在全世界，沒有一個不驚異的。從藝術方面說，有人把四千年前後夏商時代的銅器，用近代化學去分析，發見許多有興趣的結果。當時藝術家，知道鑄鐘鼎的合金，質地要堅硬，發聲才洪亮。並要受得敲，不容易破。所以僅僅純銅，是不合式的。因此銅裏面，摻進百分之十四的錫。不僅當時他所要求的條件，全部滿足。設若今日有人要鑄鐘，這合金的成分，還是用得着的。還有妙的就是造銅鏡的合金。這要愈明亮愈好，所以錫的成分要得多，合金才能亮。但是錫太多了，做出來的銅鏡，很容易上銹。這是萬不可以的。所以當時書上的記錄，雖然說是銅錫各半，他實際上僅摻和了百分之三十的錫，恰到好處。這是用化學分析的結果，才知道的。這類事例，指不勝屈。我想凡是含有中國人種血輪的種族，聽見了這種創造精神，一定個個眉飛色舞，欽佩不置的。尤其我輩工程師，更當拍案叫絕，感覺到十分榮幸。最近這二千年左右，中國人的智慧，將近全部都用在人事上去了。人倫道德上雖有不少的發明，物質生產的方法，反爲窄狹起來。全民族都靠農產過活，其餘百業都聽他萎縮，不再肯去理會。務農本是最平和最優美的行業。在近代所謂「工業化的農業」凡是農作最犯忌諱的水旱蟲傷相當的程度，都可以用人力施行防禦。從事農業的人，自然再暢意沒有了。不過古代的農業，確不能和文人墨客歌詠所形容的那一樣幽閑寬裕確有把握。田地是搬不動的東西，天候又非人力所能調節。水旱偏災，無代蔑有。一擋着了凶年饑歲，那眞是走途無路。良懦的當然就着最近的溝壑去填。兇暴的壯丁，是決不肯坐以待斃的。還有那虎視眈眈的隣國，只要他本身沒有問題，又豈肯放鬆這千載一時的機會。所謂「因之以饑饉，加之以師旅」，就成爲最妙的戰術。這樣裏外夾攻，民生痛苦，眞是不堪言狀。確是當時的智識階級，已經退化，再沒有創造精神，打開這「生活苦」的局面。確是把一切責任，都委之於天災。反轉過來，遇着了豐年，民康物阜，應該再沒有問題。但是農業是季節的，飽暖思淫，閑居不善，就是聖人也不能免。游蕩奸邪的病菌，十九由豐足的年頭滋生。社會風氣，因此只見頹廢。空空的嘆息人心不古，想出些無形桎梏，去苟且收束，於實際並無補救。

總而言之，到二千年前後的中國，智識階級只剩了一張嘴和一枝筆。目光所注，不出人事範圍，心思才力，都耗費在人事上面。最可恥的，就是崇尙虛僞。他們鄙棄百業，對於農耕却儘量阿諛。但是我們歷史上，只有農夫做官的先例，却沒有做過官的，再囘轉頭去做農夫的。可以想見重農也是幌子，偷懶吃便宜，到是實在。古來如此，於今更甚。智識階級淪落到如此田地，還有甚麽創造精神可說。

開拓中國的新生命，這個重大任務，我們不能希望只賸了一張嘴一枝筆的朋友們去負擔。我們最希望具有專門智識，從事生產業的工程師去負擔。因爲工程師還有祖先傳來的創造精神，他不爲環境所囿。並且耐苦任重，不尙虛榮。更有最堪寶貴的，就是工程師的常識要比較一般文人政客充足些。不能實行的事，他不僅不肯動手，而且不肯輕易開口。如果一旦擔當下來，他就生死都不顧，儘力幹下去。這種精神實在是人類所以成其偉大的要素，智識階級都應該實踐躬行的。可惜今日中國只有一部分從事工程的人，還能夠表現出來。卽如長興煤礦技師朱世昀君，爲盡自已的職責，不惜以生命和土匪死拚，終至殉難。九一八以後，東北淪陷，橫遭日寇蹂躪，幾多技術人員，爲執行任務，受盡磨折。尤其交通方面如電報電話鐵路郵航的維持和進展，一片的爲國精忠，眞是令人可歌可泣。

近年學術研究機關漸多，就有許多篤學之士，日夕不遑的在研究室苦攻。他們淡泊自甘，於世無多求，所以孜孜不倦的幹，無非爲中國開闢新生命。還有一部分青年技術家，冒險踏入烟瘴蠻荒充滿了恐怖的內地去採集調查。除非中途殉職，個個都有滿意的結果帶囘來。我認爲這是中國民族創造精神復興的曙光。中國新生命，必然要由這輩人手裏才能夠開拓出來。有人說「遠水救不及近火，現在大敵當前，中國存亡，只是時間問題。任何創造還有甚麽益處。」我覺得這是自甘暴棄頹廢民族的見解。我敢說只要能創造，任何强敵都能斥退。我這樣主張，並不是隨便吹吹大氣，激動人心。可以舉兩個實例做證據：民國四年四月二十二日那一天，是法國兵隊永世不能忘的一個紀念日。那天德兵第一次用毒氣砲攻擊法軍。當時有一個英文通信員，從戰地發表他的報告，描寫那慘狀最爲明顯。他說：「法軍卒至慘敗了，我們不相信法兵眞會慘敗！當那黃色的烟雲捲地向法兵戰棧飛來，一瞬之間，天地變色，樹木枯焦。法兵的眼睛，頃刻都瞎了，他們呼吸閉塞，咳嗽爲難，口唇緊張，一個個臉上都起了紫班，彊直的跌倒下去。戰場成了鬼世界，法兵是這樣慘敗的。」看了這段報告，全世界和法國表同情的，想必無有不替他擔心的。覺得德國這樣逞勢的幹，法國早無預備，臨時萬難敵當得過。在法國本身却不是這樣看，他有堅强的自信，決不為暴力所屈服。轉瞬之間，Turpin氏竟能創造比德國更强的毒氣出來。使德國受同樣的慘敗，不得再逞。替法國吐萬丈氣燄，這是何等壯烈啊。德國以一國對抗世界，他惟一比人家强的特質，就是德人富有創造力。他能夠利用創造力應付層出不窮的致命傷。大戰以前，歐洲各國的軍火，都靠智利硝石去補充。所以每年由南美智利輸運歐洲的硝石，不下二百七十萬噸。德國用的最多，他一國就占了百分之二十七，總共有七十多萬噸。不意戰事勃發，各國把德國港口都封鎖住了，不僅這大量的硝石，輸不進來。因為戰線一天一天擴大，要的軍火多，不知比平常要加多少硝石。來源斷絕，眞是德國生死存亡所關的一個絕大危機。軍事當局，恐慌到了極點，只想拚命前攻，得到相當結果，把戰期縮短起來。不意事實上反為愈展愈寬，情形惡劣。據說這是德國軍在歐戰期中，絕無僅有的。民國四年九月，軍部召集技術專家討論此事，語氣悲壯，令人興感。那年耶穌聖誕節，Haber 氏的合成「安摩尼亞法」大告成功。不僅克勝國難，且為全人類闢無限的富源，這眞極人世的快舉。凡是血氣男兒，誰不應該替祖國爭這一口氣。

末尾，我希望中國工程師同人，在這外寇兇橫，同胞忍辱的當兒。大家澈底振作一番，發揮我中國祖先傳來的創造精神，替祖國開拓未來的新生命。

胡佛巨壩水泥問題

研究新方式，特製水泥，減少體熱而免拆裂。

胡佛壩工程之巨，曠古未聞。所用水泥三和土，數量極巨。

近來製造水泥，傾向於快乾快硬而早生力。惟經水調鑄之後，化硬之時，發生熱度。在尋常結構，發散甚易，而在大量三和土 Mass Concrete 中，則不易散去。以致日久體冷而收縮，往往有拆裂之弊。

而且此壩大如山邱，工程進行又甚速，其下段中部，勢必蘊藏熱度，歷久而不散，迨日後散盡，體縮又必甚，自不免破裂，水乘隙滲入，為患必甚可慮。

為減少上項危險計，該壩工程師，從根本上研究，水泥之成份，以期規定一種新方式，以製熱度較低之水泥。現正在進行中云。（黃炎）

編輯後記

本號在本刊改為二月刊後，為第一次之出版，同時又為二十一年年會論文專號，至堪紀念。本會同人，雖在此種嚴重的國難之下，仍能不忘學術之重要，提出如許至有價值之論文，不能不令人表示異常之欣慰。而本屆年會論文委員會華南圭委員長，及委員會諸君之努力徵集，亦彌足感謝。

*　*　*　*

二十一年年會共有論文十九篇。除本號登載者外，尚有劉峻峯君「青島大港第五岸牆之切面」，孫家謙君「增減汽車不受彈簧作用部份重量之影響」，及陳廣沅君「津浦機車載重研究報告」。因原稿均係英文，已分別請原作者譯成中文後，再行登載。又賈榮軒君之「鑛區之測勘及礦業法施行之商榷」。因原圖不能製版，已請其檢送底圖，以致本號亦不能刊登。此外尚有李文驥君「武漢跨江橋計劃」。因係英文稿，且與本刊七卷四號所載李君一文，內容大致相同。又沈泮元君之「大牽伸」，因已有單行本)二十一年六月上海華商紗廠聯合會發行）。故均不刊登，藉省篇幅。

*　*　*　*

本刊現經規定每期正文為九十頁至一百頁，以免發生過多過少之弊。因此之故，本屆年會論文，勢須分二次登完。除本號業已登載，及因其他原因未能付印，如前節所述者外，尚有張含英君「工程教育管見」，周宗蓮君「洪潦後調查方法之商榷」，孫寶墀君「結構物撓度與旋度基本公式之直接證明法」，陳德元君「淡氣救國論」，邱鼎汾君「改良湘鄂鐵路轍尖標誌意見書」，及陸增祺君「電銲」各文，均將於此後各號陸續登出，尚乞讀者諸君注意。

*　*　*　*

本刊稿件，現壅積頗多。編者曾思建議執行部，將年會論文，另刊專集，不附入本刊出版，以免影響其他稿件之發表。此意雖荷各方面之贊同，但因經費關係，一時未能實現，故本號仍不得不為年會論文所佔有。深望惠稿諸君，即曾有稿件送到編輯部者，對於各該稿之不能早日發表，加以充分之原諒。

*　*　*　*

本刊久思闢一欄曰「國內外工程新聞」。所以遲遲未能實現者，因尚未聘得負責編輯該欄之人。因既闢此欄，決不可忽斷忽續，且顧名思義，所有關於國內外工程上之新聞，不可不盡量披露，否則即失其意義。倘本會同人中，有願為本刊主編此項工程新聞欄者，編者謹誠懇求之。又本號承黃炎君惠賜國外新聞多則因該欄尚未正式成立，故均載入補白，幷乞讀者諸君注意。

中國工程師學會職員錄

董事部

執行部

基金監

本刊投稿簡章

一　本刊登載之稿，概以中文爲限。原稿如係西文，應請譯成中文投寄。

二　投寄之稿，或自撰，或翻譯，其文體，文言白話不拘。

三　投寄之稿，望繕寫清楚，並加新式標點符號，能依本刊行格繕寫者尤佳。如有附圖，必須用黑墨水繪在白紙上。

四　投寄譯稿，並請附寄原本。如原本不便附寄，請將原文題目，原著者姓名，出版日及地點，詳細敍明。

五　稿末請註明姓名，字，住址，以便通信。

六　投寄之稿，不論揭載與否，原稿概不檢還。惟長篇在五千字以上者，如未揭載，得因預先聲明，並附寄郵資，寄還原稿

七　投寄之稿，俟揭載後，酌酬本刊。其尤有價值之稿，從優議酬

八　投寄之稿，經揭載後，其著作權爲本刊所有。

九　投寄之稿，編輯部得酌量增删之。但投稿人不願他人增删者，可於投稿時豫先聲明。

十　投稿者請寄上海南京路大陸商場五樓五四二號中國工程師學會「工程」編輯部收

本刊啓事

本刊原擬自八卷一號起加大尺寸，藉以增廣文稿地位，而壯觀瞻。嗣經本編輯部召集會議，詳加討論，咸以本刊尺寸，係依紙張大小爲標準，若須加大，則紙張之拋棄過多，殊不經濟，且對於本會經費，亦受連帶影響，故議決暫從緩辦。用特公告倘希　讀者諸君諒鑒是幸！

中國工程師學會會刊

工程

二十二年四月一日　　第八卷第二號

本號要目

二十年八月颶風過上海，東塘頓告出險，此係翌年夏修復後在薑字段所攝。

工程

中國工程師學會會刊

第八卷第二號目錄

論著

二十一年年會論文（續）

附錄

中國工程師學會發行

總會地址：上海南京路大陸商場五樓542號
電　　話：92582
本刊價目：每册四角全年六册定價二元
郵　　費：本埠每册二分外埠五分國外四角

分售處：上海河南路商務印書館
上海河南路民智書局上海四門東新書局
上海徐家滙蘇新書社南京中央大學
廣州永漢北路圖書消費社上海生活週刊社

本刊啓事一

本刊現擬徵求國內外工程新聞，工程雜俎，以及其他一切與工程有關之小品文字。倘蒙本會同人，及讀者諸君，惠撰賜寄，本刊竭誠歡迎。此項材料，在外國工程雜誌，最爲豐富，讀者及會員諸君，苟能於平日披覽此種雜誌之時，隨手譯寄，俾得充實篇幅，尤爲感盼。

本刊啓事二

本刊備有印就稿紙，專爲繕寫本刊稿件之用。倘投稿諸君需用此項稿紙，卽祈逕向本編輯部函索，當卽寄奉不悞。

本刊啓事三

本刊七卷四號所載「十進制」一文內第十四表，發現錯誤多處，玆特更正如下。

角度 7° 0′ 外距 2.41 應改爲 2.14

8°10′ 切線81.71 應改爲81.81

58°10′ 外距195.3 應改爲165.3

60°40′ 切線670.6 應改爲670.5

76°50′ 外距317.6 應改爲316.6

87°10′ 外距536.0 應改爲436.0

二十年長江及淮河流域水災之善後*

編者　國民政府救濟水災委員會

民國二十年洪水橫流,被災之廣,達六七省,洵屬空前浩刧(參看第一圖)。政府軫念民瘼,組織救濟水災委員會,於散放急振農振外,更籌辦大規模之工振,劃分十八區,分別進行。計自二十年十二月以還,各區局次第成立,着手興工。迨二十一年八月間,全國十八區工程,除第十第十五兩區,中經變更計畫,及其他一二處,以特殊情形,不及完工者,移交全國經濟委員會繼續接辦外,餘皆先後竣事。工振至此,告一段落。數閱月中,得將江淮贛漢伊洛襄運諸河流之幹堤,全部恢復,不可謂非吾國工程方面空前之偉績也!茲將工振情形摘要如左:

一　工程設計概要

甲.施工標準　修築隄岸,豈易言哉!試一緬想災區,南自湘贛洞庭鄱陽,以迄中部江淮漢運,北抵淝澮沱潁伊洛諸河。統計幹支水道,兩岸潰決隄線,何止千萬里。倘欲一一修復,殊非財力所能及。不得不就經濟狀況與救濟需要,擇主要河流幹隄,從事修復,而將支堤與支河堤,仍留與地方政府與民衆團體圖之,以收分工合作之效。

乙.計設之依據

(一)雨量　水患之主要原因,在于雨量多而降勢猛,滲漏不及,

* 摘錄國民政府救濟水災委員會察勘各區工程備覽(二十一年十一月印行)

宣洩莫由，致成巨災。二十年七月份雨量之多，爲百餘年來所未有，尤以長江流域爲甚。自漢口以至鎮江，雨量大抵在四五百公厘之間。中心則在安慶南京鎮江一帶，均在六百公厘左右。距江兩岸稍遠之處，則遞減，蚌埠尚不足四百公厘。然較之歷年同月之雨量，均大至二三倍以上。

(二)水位 暴雨驟至，水勢激增。二十年長江最高水位，漢口爲五十三呎六吋(較之1870年之洪水又高三呎有奇)，南京爲二十四呎六吋半。淮河最高水位，蚌埠爲二十呎二吋，均爲自有記載以來所未見。(鎮江以下則否，故修築江隄，下游自鎮江始。)假使築一理想的高堤，俾勿漫溢，則其高度殊堪驚人。

(三)測量 測量爲施工之母。國內各機關資料，可供參考者固多，而適合需要者則甚尠，乃先從事測量，俾可洞悉災區內最大水位之高度，以爲修築堤岸之標準，並調查各堤防之實在情形，暨堤防附近之狀況。惟是區域廣大，河道綿長，其不及測勘者，亦惟有採用各機關已成之圖而已。

丙.計劃之規定 依據上述施工標準，及測勘結果，規定修復堤工之高度，以高出二十年洪水位一公尺爲度。並規定外坡1:3，內坡1:5。但所修之堤如高不及四公尺，則不必如是之平坦，其坡度應以1:3爲標準(參看第二圖)。

丁.濬河計劃 堤工可以防水，而瀦蓄未退之水，則須加以疏導。或洩入江，或排入海，或由低地轉注江海。惟水之深淺廣狹，河之曲折淤淺，地之高卑遠近，均須一一加以測量，然後選擇途徑，導之使出。如江蘇裏下河各地，形如釜底，每遇霪霖，江淮不能容，則泛濫四出。原有五港，蜿蜒曲折，並已淤塞，故禦滷潮則有餘，洩雨水則不足。施工標準，以修復幹堤爲主，浚河洩水爲輔。故于裏下河之王港，竹港鬭龍港何垛河民便河射陽河，豫東之穎河沙河，及淮泗間之北淝各河，淤淺者疏濬之，曲折者栽直之，阻塞者溝通之，俾積水得以宣洩，後患因而消弭焉。至于疏濬河岸之坡度，因土質地勢，隨地

(一)二十年大水時之鄉村(湖北樊口)

(二)二十年大水時之都市(江西饒州)

（三）災工修築堤坡

（四）河南沙河修築之石壩

第一圖

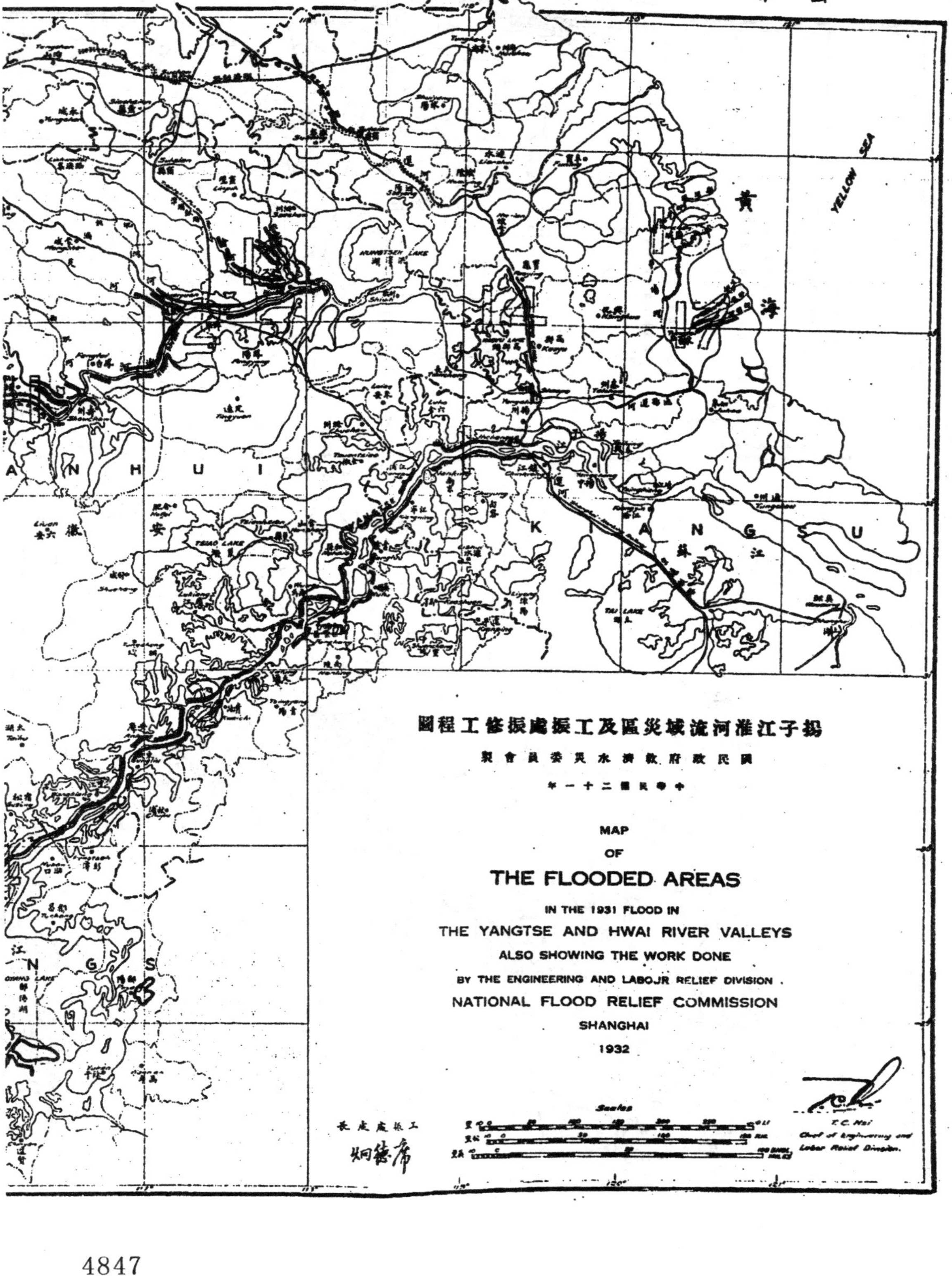

YELLOW SEA
黃海
ANHUI
安徽
KIANGSU
江蘇
HUNGTSEH LAKE
TAI LAKE
TSIAO LAKE
揚子江淮河流域災區及工振處振修工程圖
國民政府救濟水災委員會製
中華民國二十一年
MAP
OF
THE FLOODED AREAS
IN THE 1931 FLOOD IN
THE YANGTSE AND HWAI RIVER VALLEYS
ALSO SHOWING THE WORK DONE
BY THE ENGINEERING AND LABOJR RELIEF DIVISION
NATIONAL FLOOD RELIEF COMMISSION
SHANGHAI
1932
Scales
工振處處長
T. C. Hsi
Chief of Engineering and
Labor Relief Division.

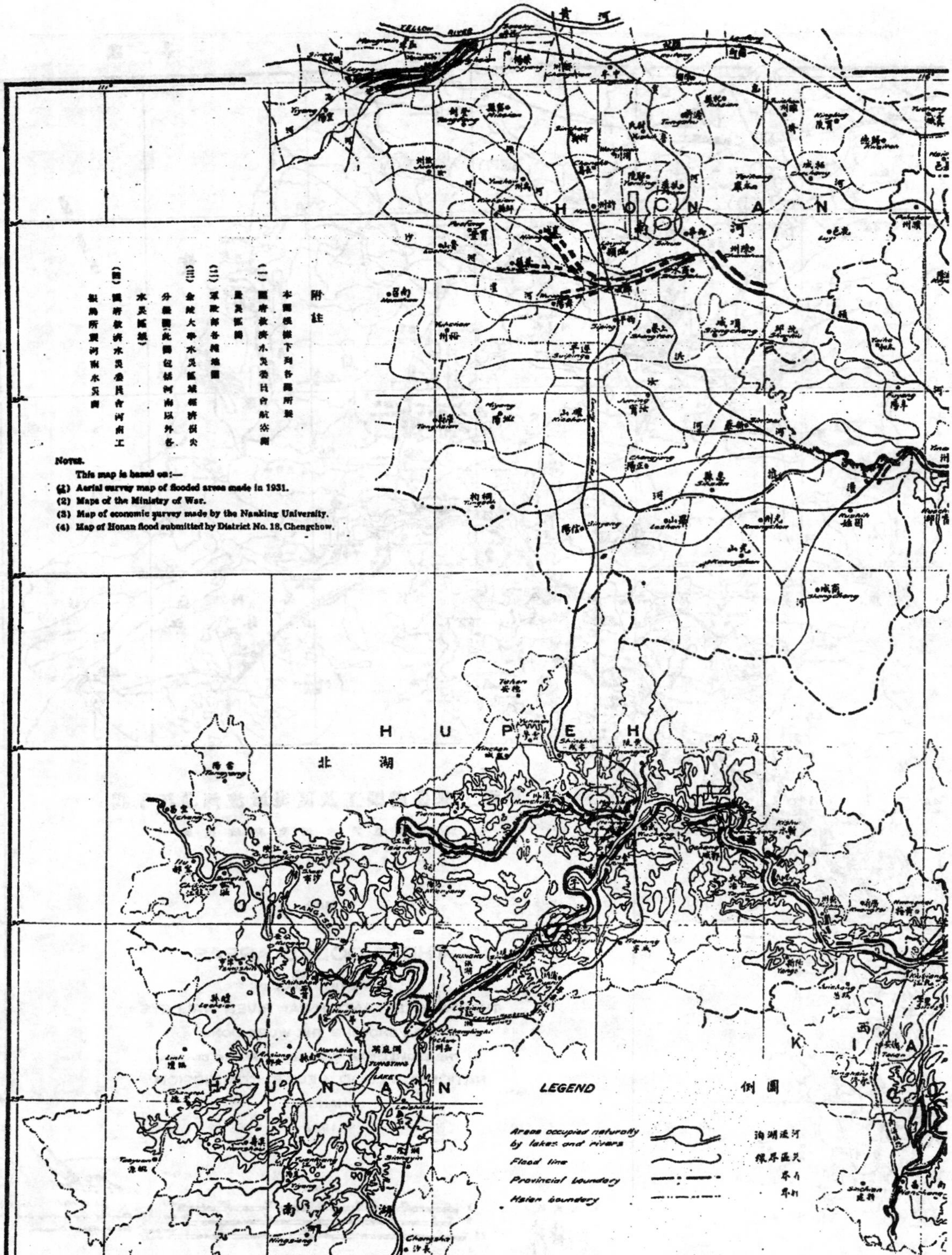

H O N A N
H U P E H
湖 北
H U N A N
LEGEND
例圖
Areas occupied naturally by lakes and rivers
Flood line
Provincial boundary
Hsien boundary
附註
Notes.
This map is based on:—
(1) Aerial survey map of flooded areas made in 1931.
(2) Maps of the Ministry of War.
(3) Map of economic survey made by the Nanking University.
(4) Map of Honan flood submitted by District No. 18, Chengchow.

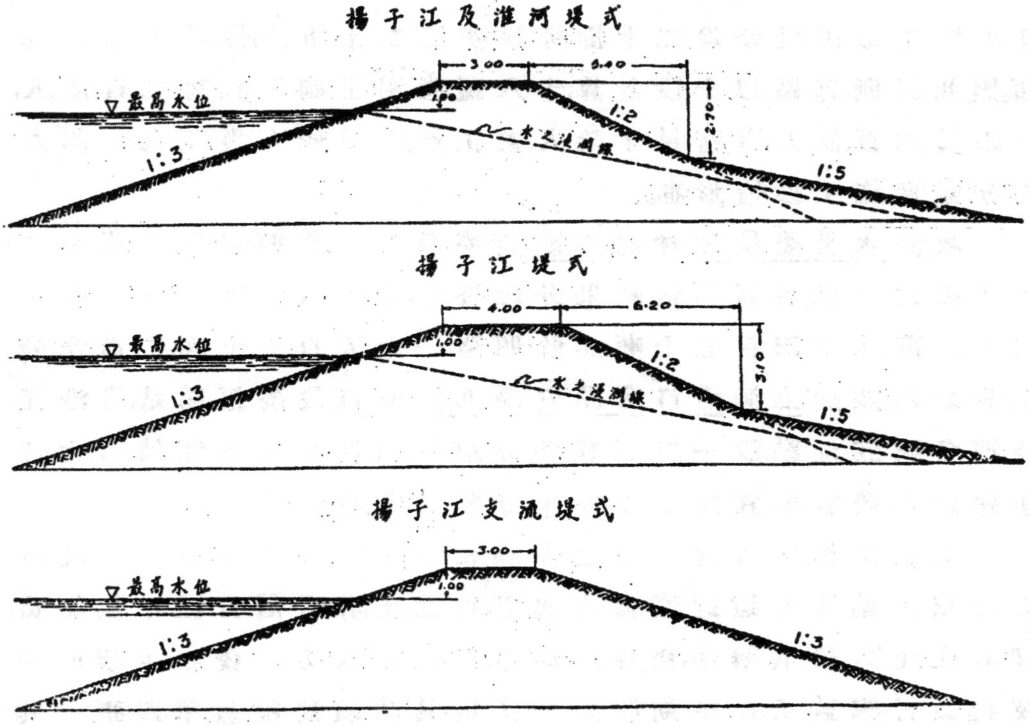

第　二　圖

而異。大率規定1:2.5,亦有1:3至1:2者。河寬及河深類皆依據各該河之流速流量傾斜度等而酌定之。

二　實施工振

甲.工振辦法　辦理工振,事至複雜,非有精密之規畫,不惟難以收效,甚至弊竇叢生,况此次災區遼闊,跨越數省者乎!玆爲便於實施及管理計,按照各河系範圍之大小,與災情之輕重,共分爲十八區。計長江七區,淮河三區,漢水二區,裏下河三區,湘沅伊洛蘇運各一區。除裏下河之第十五區,因計畫變更,僅辦三段,分隸於第十六區與第十七兩區,及湘沅之第十區,委托湖南水災善後委員會代辦外,其餘十六區,均設立工振局,各置工程師兼局長,及副工程師技術員事務員等職。區以下視工程之大小,分爲若干段,每段置副工程師兼段長,及技術員事務員。段以下分爲十團,每團設監工及副監工。每團復分爲二十排,每排災工二十五人,擇其能者爲排頭。照此編制,每區以十段計算,十八區應用正副工程師二百餘人,技術員六百餘人,事務員千餘人,監工員三千餘人,災工九十萬人。此分區實施工振情形也。

救濟水災委員會曾向美國貸麥四十五萬噸,以三十萬噸作爲工振之用。就各區測估結果,分配麥粮,計十八區預算共需麥粮二十五萬八千四百五十噸,其餘四萬一千五百五十噸,作爲預備工程之用。並於上海浦口蕪湖安慶九江漢口設麥粮總站,及沿江沿河各適宜地點,設一二三等各分粮站,由運輸組及運儲處,主持運送儲存發放事宜。此工振麥粮分配情形也。

災民工作,按所挑土方之多寡,給予工資。惟土質有鬆硬純雜之分,取土落土有遠近高低之異,新挑之土,非分層行硪不能堅實,經訂定土方給價辦法,交各區局遵照。至于收方與發粮手續,則由技術員督率監工,每星期收方一次,填具請領麥粮憑單四張,以其一張交由排頭,持向粮站請予發粮,其餘三張則分別存轉。此土方工價及收方發粮情形也。

乙.工振效果

(一)關於隄工者　按以隄束水,爲吾國治水成規。二十年大水以後,江淮漢贛伊洛諸流域,隄防破壞殆盡。各工振局除裏下河二區外,大率以修隄爲主要工程。其所修隄工之長,計長江沿岸1832公里,贛江沿岸575公里,淮河沿岸946公里,漢水沿岸340公里,江北運河西隄208公里,河南伊洛沙潁四河沿岸376公里,山東運河沿岸122公里,共修隄長4399公里,共築土方31,065,431市方。此外湖南水災善後委員會經修隄長三千餘公里,尚不在內。各隄頂,有高出廿年洪水位一公尺者,有與廿年洪水位相齊者。萬里長隄粗告修復,此後水災,或可稍戢歟?

(二)關於浚河者　浚河工程,原與修隄並重,惟因限於財力,故

各區工程麥糧經費及災工統計表

區別	段數	河系	工長(公里) 堤長	工長(公里) 浚河長	完成土方(市方)	平均單價(斤)	實發麥糧(噸)	事務經費(元數)	災工人數	備考
1	9	揚子江	200.0	—	1,612,297	8.11	8,719.7	84,279.01	42,850	
2	10	„	335.3	—	3,329,357	8.50	18,872.1	128,066.62	84,350	
3	10	„	281.4	—	2,843,292	7.47	14,165.9	123,005.59	40,125	
4	6	贛河 鄱陽湖	574.5	—	1,365,222	5.48	5,800.4	66,996.08	46,500	
4 & 5 per (C. I. F. R. C.)	3	揚子江	133.5	—	796,522	11.45	5,318.8	—	14,420	九江華洋義賑會代第四區一二兩段及第五區十一段所築之江堤
5	10	„	363.7	—	3,491,340	12.28	30,416.6	184,400.00	133,200	第五區災工大部由武漢災民收容所移來故爲數較多
6	10	„	345.5	—	2,917,583	11.70	23,170.4	162,710.15	71,931	
7	10	„	172.4	—	2,115,332	13.96	19,683.7	146,600.00	80,000	
8	8	襄河	283.3	—	1,706,676	9.61	10,933.0	90,065.21	53,205	
9	8	„	56.5	—	619,399	14.61	6,031.4	93,324.89	44,500	該區原估堤長爲165公里因匪亂未能全部興工
10	10縣	洞庭湖	—	—	9,426,050	3.58	22,500.0	—	213,177	湖南工賑由該省善後委員會代辦改工爲貸按款配糧據報告修堤約3,000公里
11	6	皖淮	469.3	—	1,910,627	8.45	10,763.0	97,000.00	36,597	
12	8	„	318.9	—	2,936,957	8.31	16,270.8	130,277.69	98,350	修堤工程

12	8	”	—	25.8	522,161	15.15	5,274.4	—	—	浚河工程
		”	—	—	—	—	419.1	—	—	築成涵洞 24 座費洋 31,009.99元合麥如左數
13	9	”	157.5	—	1,480,109	9.56	9,433.5	104,000.00	29,563	
14	4	運河	208.6	—	388,551	27.10	7,020.9	50.970.43	12,600	
15	—	裏下河	—	—	—	—	—	—	—	變更計劃一部分工程劃歸第十六及十七兩區辦理
16	5	”	—	47.9	392,170	16.65	4,248.6	42,650.00	9,750	
17	9	”	—	45.9	836,929	8.56	4,776.5	70,256.59	12,475	
18	16	豫省伊,洛,沙,汝,潁等河	370.0	167.8	1,786,381	4.95	9,469.2	69,000.00	23,700	沙河疏浚 8.3 公里去淤 12 公里伊洛疏浚 3 公里潁河疏浚 144.5 公里
18	—	—	5.5	—	14,526	—	所用麥糧包括在上數內	—	—	第十八區石工
補助運工會	—	—	—	—	—	—	2,000.0	—	—	
又	—	—	—	—	—	—	2,702.7	—	—	補助麥款二十萬元合麥子如左數
撥滬華洋義賑會運堤	—	—	—	—	—	—	2,000.0	—	—	修補高郵六大缺口
補助山東運河工程	—	—	121.7	—	—	—	3,000.0	—	21,000	尚有 226 噸未曾交清
總計	143	—	4,397.6	287.4	31,065,431	10.82	242,990.5	1,643,602.26	1,068,293	災工人數係指二十一年四五月間最多時之數

各區工振,以修隄爲主,以浚河爲輔。計裏下河之鬬龍港何垛河射陽河民便河竹港王港等處,共浚河長94公里,皖北之北淝河浚河長26公里,伊洛沙潁四河浚河長167公里,統共浚河計長287公里。

(三)關於涵洞及其他工程者 工振範圍,原以土工爲限,其他一切石工混凝土工,均歸地方政府辦理。惟各省以災祲之後,財力竭蹶,能集款協辦者甚尠,因就預算麥糧以內,建築皖淮涵洞二十四處,並在伊洛沙潁四河,添築石工長約十里,以便洩水而資捍衞。

(四)關於救濟災民者 各區工振局成立以後,派員分途招收災工,編成排團,實施以工代振。勤者日可獲麥七八斤,至少亦在四五斤以上,統計十六區直接收容災工,共有一百〇六萬餘名,而間接藉工振以生活者,當在千萬以上。裨益民生,於斯可見。

(五)關於工振之收益者 各區隄工進行,在廿一年五六月間,均已修至洪水位以上。後值伏汛激漲,隄內田畝,咸保無虞,雖廿一年水勢較遜於廿年,然使無工振爲之未雨綢繆,亦將重罹巨災,萬刼不復。試就各區報告約略言之:(1)第一第二兩區自鎭江至蕪湖二十一年保全田畝約三千餘萬畝。湖北金水大隄築成後,民田豐收者,在一百萬畝以上。其餘如江西湖南及湖北沿江沿岸濱湖各地,平時地勢卑窪,災祲頻仍者,自是悉變膏腴。收益之大,尙待統計。(2)皖淮三區,當二十一年大水時期,以新築一段隄防,足以抵禦水勢,因之麥收之佳,爲歷年所僅見。據報全部隄工完成後,皖北各縣,受益田畝約一千一百餘萬畝,平均每年獲利約四千萬元。至於地價之增高,及湖灘可以成墾者,尙未計及。(3)江蘇裏下河各海港,平時淤塞爲患,滷水倒灌,傷害田禾。第十六第十七兩區工振局積極疏浚,並籌建海口大閘以後,水流暢達,受益尤多。聞沿海一帶,荒蕪鹹田,可以開懇者,至少有五百萬畝。(4)河南建築潁水隄防,所費振麥不過十萬元,據報本年秋禾得以保全者,有三千餘頃。民間所獲利益,約在三百萬元以上。此皆關于農業者,其他關于工業商業文化治安之收益,則有匪夷所思者矣!

三 結論

綜上各節,二十年長江水災善後情形,己可略知梗概。其困難之多,旣如上述,然卒能以至短之時間,在至大之災區,修築堤岸約八千八百里,疏濬河道約六百里,災黎獲振濟之惠,堤工收實在之效。雖工程艱鉅,進行不易,未能照原定計畫一律告竣,而堤基巳立,安瀾可冀,農事有獲,流亡漸蘇。二十一年受益田畝,巳達五千四百萬畝。一俟未竣工程由經濟委員會工程處接辦完成,其獲益之多,當更有不可限量者。緣年歲之荒稔,雖繫乎天時與地利,然成災之主要原因,大半由于水利之失修,或堤防之不固。故古者稻人設官,溝洫有志,歷代治水重農之成績,斑斑可考。晚近以來,歐風東漸,朝野上下,競尙物質文明,而將舉國民命所繫之水利問題,反視若迂闊而寡効,馴至三年一旱,五年一潦,飢饉荐臻,民不聊生,始相與疾首蹙額,但圖消極之振濟,不求根本之解決。苟平日而從事水利,江巳治,河巳浚,淮巳導,運巳修,則去年之水災,或不致如是之甚,數千萬同胞亦無流離失所之苦。深願我國上下,鑒玆覆轍,共圖補救,國計民生,實利賴之!

最近無綫電收發音機之進步

自廣播無綫電問世以來,無綫電之事業,已開一新紀元。關於廣播用收發音機之製造,日漸精良,式樣新奇,使用簡便,收音則十分靈敏,發音則異常淸晰,至機件之小巧,價格之低廉,尤爲餘事。吾人對此,已認爲盡善盡美,乃在最近數年間,更有長足之進步,卽曩昔需耗大量之電力,費多數之金錢,以得到某種出電力者,(Power Output)今則可用新法,祇需較小之電力,少數之金錢,卽可得到同樣大小之出電力。此不獨對於經濟原則上,大有關係,卽對於無綫電學上,亦甚多貢獻。此項新發明爲何,卽吾人現所習聞之"乙種成音放大",與"乙種調幅"是也。自此種新接法發明以後,一般使用無綫電機之人士,實受惠不淺。而專就發音機言,更可得到百分率之調幅值。此在三數年前,均爲不可能之事也。關於乙種學說,可參閱 Proceedings of I. R. E. July 1931, July 1932, 及最近各期 QST。(源)

浙江海塘之整理工程

曾養甫

一　浙江海塘概況

浙江海塘工程,爲中國三大水利工程之一。關係之重要,工程之艱鉅,與黃運不相上下。海塘範圍,因杭州灣之深入腹地,錢塘江下游之驟形開展,異常廣大。北岸自杭縣上四鄉起,下迄平湖之獨山止,計長243公里,凡經杭縣海寧海鹽平湖四縣,爲浙西海塘;南岸自臨浦至曹娥鎭,計長90公里,經蕭山紹興兩縣,爲浙東海塘。築堤禦潮,由來久矣。管理方法,浙西分杭海鹽平兩段。杭海段設工程處於海甯,分爲五區,鹽平段設工程處於海鹽,分爲三區。浙東之紹蕭段,設工程處於紹興,亦分三段管理。其間尤以浙西塘工,最關重要。因浙西陸地平均高度,爲高出吳淞水準零點三公尺餘;而沿海朔望漲潮,每達吳淞水準零點六公尺以上。倘有疏弛,則怒潮所及,浙屬之杭嘉湖,蘇屬之松蘇常太,屏障頓失,泛濫堪虞。歷來雖設機關。分區管理,而民國十九二十兩年,浙西海塘,尙迭有出險之警告。

二　十九二十兩年杭海段海塘出險及搶修經過

浙西海寧一段海塘,上受山水之下注,外受潮汐之衝擊,時出險工,而十九二十兩年,出險之範圍尤大,經過之時期尤長。蓋海塘建築多年,未加根本修理,而四五兩區,卽海甯八堡至十一堡間,因錢江形勢變遷,南潮匯合東潮,直撲塘身,勢益洶猛,基石被撼,亦出險原因之一。十九年七月初汛期間,五區幷嶽兩字號,發現塘身前

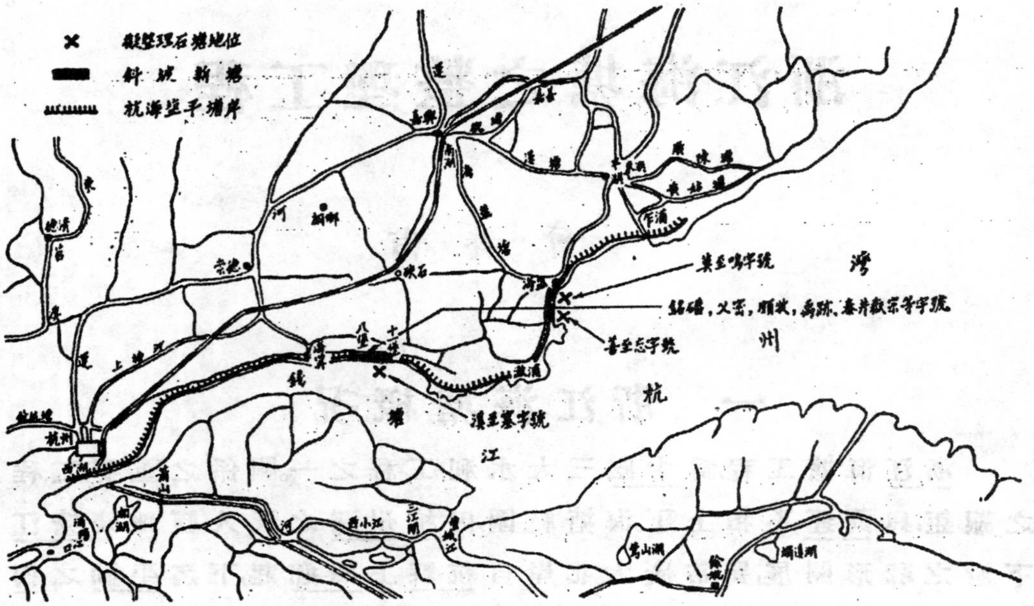

第一圖　浙江海塘形勢圖

仆,塘脚外游之象,即行搶修平復。嗣經七月二十七二十八兩日夜颶風怒潮,水位高出塘面,致修復工竣之處,潰決達十二丈外,海水內侵及土備塘。其時四區陳坟港及華嶽廟兩處涵洞,亦告潰決,洪濤巨浸,險象畢呈,經水利局歷半月之力,晝夜搶修,始將決口次第堵塞,並修築臨時建築物,障禦來潮。喘息甫定,而秋潮洶湧,勢倍上月,入冬未殺,致四區之阿衡乂密丁俊各字號,五區之馳譽丹青九禹跡各字號,及兩區全塘之附土,又復相繼出險,範圍之廣,東西幾歷十里。搶修六閱月,用款達八萬餘元,幸未成災。二十年秋潮之洶猛,不減往年,致四區之銘磻頗牧阜微等字號,繼續發生險象。雖經負責人員,晝夜搶修,得免潰決,而百孔千創,塘身愈形損毀。至搶險工程,祗求迅速應變,常用柴料木樁,建築仔塘,防塘身之前仆;用條石塊石及木樁,築護塘之工程,免塘脚之外游。此項工程,用費固較節省,補救亦屬暫時,非另行拆築,根本解決,難期永久之安全。因由水利局擬定計劃,根本拆修。

杭海段海塘出險及搶修情形

杭海段海塘工程修築情形

斜坡階式石塘

三　浙西險塘之拆築工程

一.工程計劃　浙江水利局對於上述出險各字號海塘之拆築計劃,以工固費省適合實用爲原則,採用1:2丁砌灌漿斜坡塘。(參閱第三圖)坡脚打六吋十二吋二十六吋三種洋松板椿,椿內灌1:3:6混凝土,計深二·五公尺,厚六十公分,1:2斜坡土之上,舖以四公分碎石混百分之三十粗河沙,計厚二十公分。更上豎砌條石,計長三十至四十公分,寬二十六至三十六公分,高七十公分。石縫灌1:4洋灰膠漿。條石頂成1:2之斜度,斜坡頂部成二公尺之半徑弧線,上澆1:3:6混凝土,計厚〇·五公尺,寬一公尺。此卽今日乂密秦并嶽宗禹跡頗收等字號新塘所據之工程計劃。二十一年春間,水利局根據本省顧問工程師蕭露士之設計,改易斜砌爲階段式。(參閱第二圖)卽今銘磻字號所建之工程是也。

斜坡式海塘之計劃,優點甚多。一.無附土堆壓力;二.可減殺迎面潮浪之衝擊力;三.減少反浪速率;四.砌石有相當之活動性,不妨礙全部之穩固;五,塘身全部,易於察勘修補;六.仍可利用舊塘基以

杭海段斜坡新塘標準斷面圖

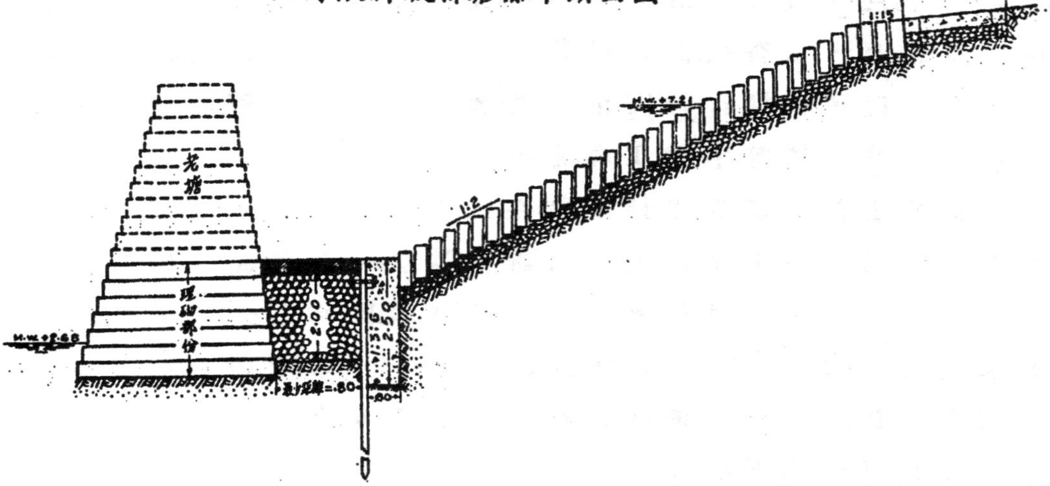

第二圖　銘磻字號

第三圖 頗牧禹跡秦井嶽宗乂密等字號

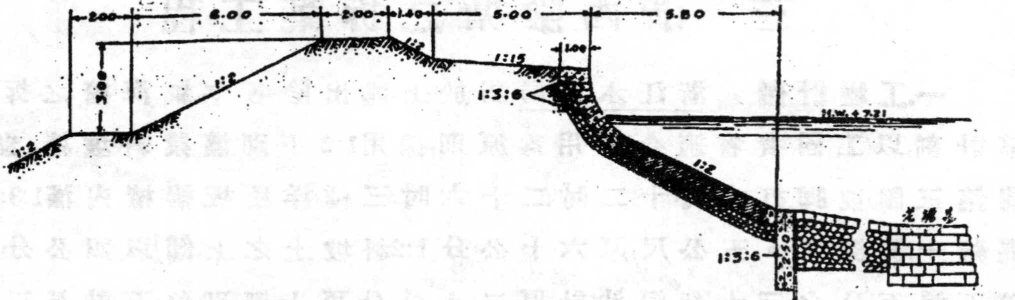

護塘脚;七.建築費較豎立重心式之石塘節省;八.丁砌條石,足以抵抗潮水上衝力,不致被潮浪捲吸而去;九.石縫灌洋灰漿,下部土質,不致被水刷出;十.條石底舖墊石子混沙,所受潮浪衝擊力,得以均勻傳佈;十一.坡脚打樁板,可免底土游動之弊。有此數種優點,故水利局此次拆築險塘工程,均採用上述斜坡式計劃。

二.工程實施 上項工程計劃,經水利局於十九年十二月擬定,二十年一月,決先擇時阿乂密禹跡百郡秦井嶽宗十二字號最險工程,實施拆築。計全部工長994.8公尺。全部工程經費銀$287,764.773。同年三月,乂密兩字號着手興工。七月,秦井嶽宗四字號興工。九月,禹跡字號興工。時舊有險工尚未修復,而秋潮復挾風雨,洶猛不亞往年,致銘盤頗牧阜微等字號,又相繼出險,非同時興修,仍無以捍水患。而省款奇絀,籌措維艱,因權其緩急,移用原定經費,將百郡兩字工程暫緩進行,時阿兩字號,改歸歲修項下辦理。以所餘之款移築頗牧銘磻等字號工程。先後於二十年十一月二十一年五月分別興工。龔甫來浙主持建設,在二十一年一月,上項工程,方始着手,又值國難嚴重時期。因一面籌措款項,一面督促該局積極修築。至二十一年十一月,始將全部工程辦竣。計爲期一年又八閱月,實辦工長929.4公尺,實支工程經費247,984.601元。中間兩經春秋大汎,雖多困難工程,仍能依次進行,如期竣工,亦幸事也。惟險工雖告修復,而浙西全部海塘,多以年久未能根本拆修,千創百孔,在在堪虞。非另籌鉅款,繼續修築,恐難遽抱樂觀也。

擬整理杭海段石塘標準斷面圖

第四圖　溪至塞字號

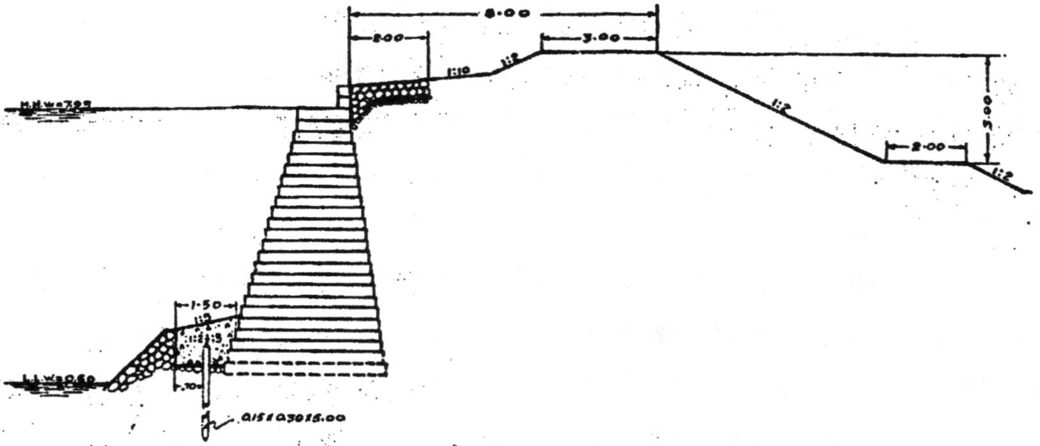

第五圖　善至忘字號

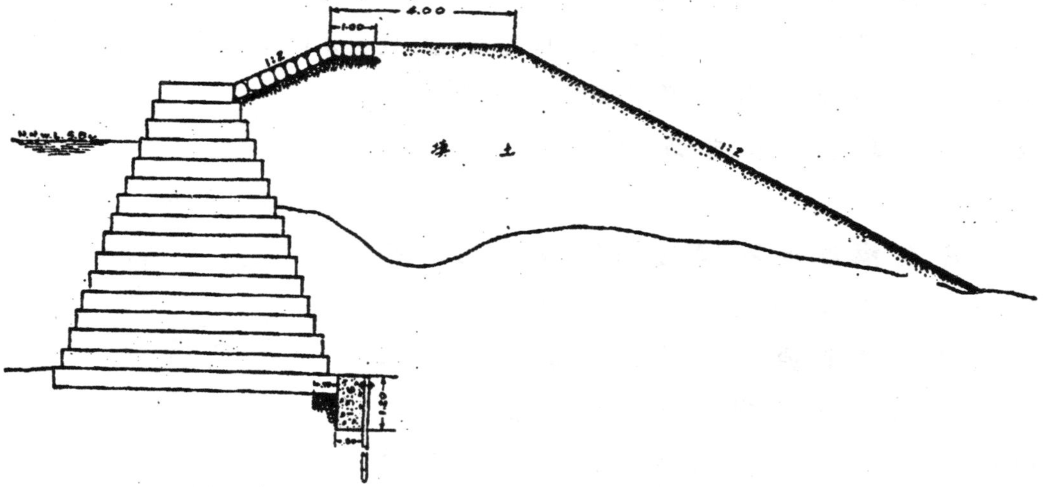

第六圖　莫至鳴字號

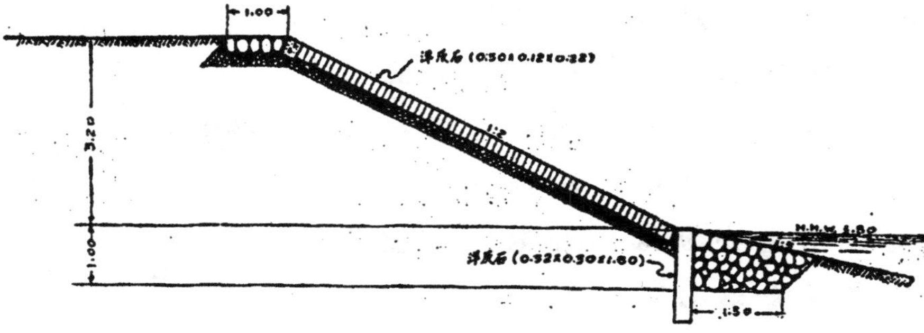

四 浙西全部海塘之整理計劃

關於浙西海塘之分段管理,及歲修搶險情形,已略述於前。然此二百餘公里之海塘,非全部整理,仍不能稱一勞永逸,竟禦潮之全功。此於險工告竣之後,不得不急急籌備全部海塘之根本修理,以彌隱患,同時又不能不着手於錢塘江水道之整理,以改善水流,減少海塘之衝擊也。

杭海鹽平兩處海塘之急應整理者,計有三段。第一段自杭海段之溪字號起至塞字號止。其間除乂密秦并嶽宗禹蹟頗牧等字號566公尺新塘甫告竣工外,計長5386公尺。第二段自鹽平段之善字號起至忘字號止。除前已整理之東增西增字號長128公尺尙屬完固外,計長3328公尺。第三段自鹽平段之莫字號起,至鳴字號止。除已整理之五四髮在鳳鳴等字號,長423公尺無須拆築外,計長2457公尺。三段所受海潮之侵襲,與損壞之程度,均各不同。整理之方法,亦因之而異。茲分述如左:

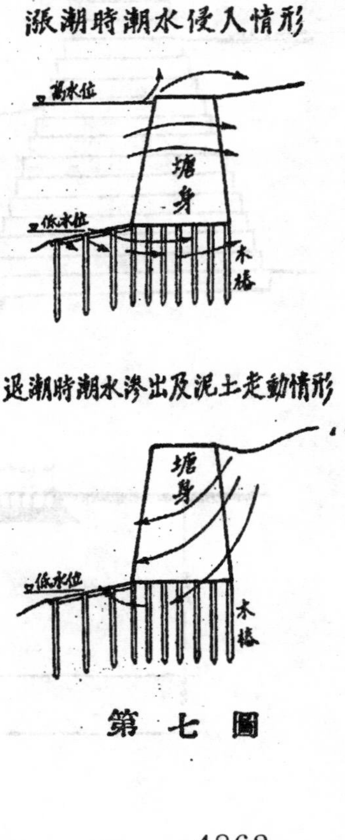

第七圖

甲.杭海段溪字號至塞字號 此段在海甯七堡至十一堡之間,爲海塘最吃緊處。其損壞之主要原因,一爲塘脚前部無板樁,當怒濤向塘脚猛烈衝擊之時,常由坦水隙縫間,侵及塘基之下。二爲塘身條石之間,隙縫甚多,潮水得由其間穿透背後。三爲潮高與塘頂相埒,浪花每越頂而過,潮退之時,復由背後侵入塘身。因以上三種關係,每使塘基塘後與坦水間之泥土,逐漸浮鬆。潮水漲落之頃,塘後浮土又往往隨流帶出,久之塘基空虛,塘後附土,亦漸低陷,而塘身遂發生前傾後仆之現象(第七圖)。整理之方法,須在塘脚前根打板樁一排。樁之頂部澆成水泥混凝土塊,與塘之條石相銜接,以免潮水侵入塘基。至塘身隙縫,用機器灌射灰漿,使完全塞實。塘頂後部,以較大之塊石與灰漿,舖砌成 1:10 之斜坡。潮水越過塘頂時,仍可由表面流至塘前,不再發生背後侵入塘身之虞。再於其後築土塘一道,高出塘面約一·五公尺,以防高潮越頂而過(參閱第四圖)。工料需款,每公尺長約需洋 200 元。全長 5386 公尺,計需洋1,077,200 元。

乙.鹽平段普字號至忘字號　此段在鹽平段秦駐山之東。所受潮水,不若杭海段之猛烈。惟因年久失修,塘身損裂,背後附土,大都陷落。高潮或天雨之時,常有積水。泥土因之鬆浮。潮退時,塘後積水與塘外水位,相差甚鉅,致常由背後滲入基土,拖泥帶水,向塘外傾流。基土既移,塘身遂形不固(第八圖)。整理之方法,除塘頂塘身兩部,與溪字號至塞字號相似外,底部板樁與混凝土塊,則改設在塘之後根(參閱第五圖),以防滲水迫入基土。工料需洋每公尺長約 110 元,較前項工程計省一倍,以板樁打在前部,施工較困難也。此段長 3328 公尺,計需洋366,080元。

漲潮時潮水侵入情形

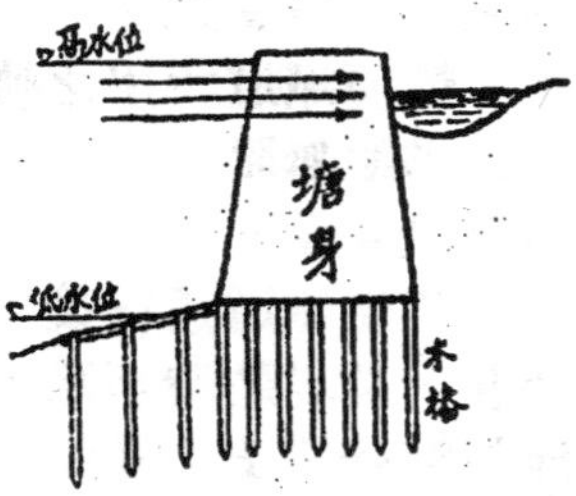

退潮時潮水滲出及泥土走動情形

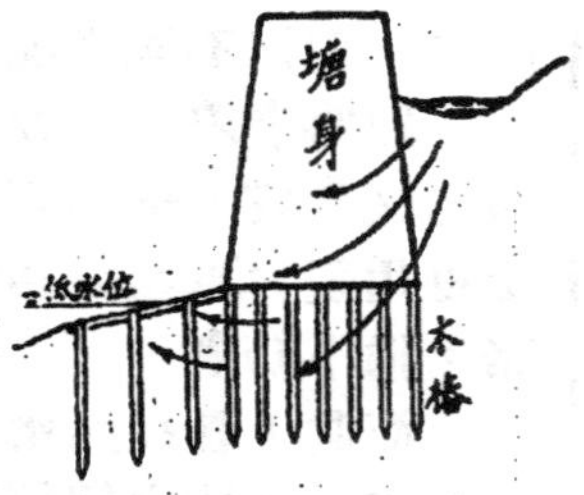

第八圖

丙.莫字號至鳴字號　此段舊塘,業已全毀。平時所資以禦潮浪者,僅土岸耳。故亦時有侵蝕之虞。整理之方法,以該處土岸前面,有舊塘石基之防護,所受潮浪不大,所施工程,亦較簡便。若就原來地勢,於土岸之頂部,以塊石拋砌,成1:5之坦坡,即形穩固(參閱第六圖)。工料需洋每公尺長約70元。全長 2450 公尺,計需洋 171,990 元。

總上三段工程,共需工料洋1,615,270元。如此鉅款,非浙省目前財力所能勝任。現正呈請中央，撥款興修，爲浙西各屬，謀百年安甯之大計焉。

外人口中之中國鐵路建設問題

廣展的鐵路道系，　輕便廉價的建設
準寬的路軌，　實爲發展中國之需急

建設委員會顧問工程師蕭應士 Arthur M. Shaw 之報告，摘登美國Engineering News-Record，節錄於下，以資借鏡。

當國內平靖外患不生之時，任何鐵路之在中國者，均可獲利，而其經過地域，同所受益。

輕便鐵道所用之軌，最輕不下於35磅者，尋常車輛，猶可通行。軌料則市上供應無限，價相競而益廉，惟祇宜用於清閑之路，若運輸稍繁者，採用45磅軌爲當。

輕便鐵道通行後，如商運增加，即可改爲正規鐵道。其所增費用，並不過甚，是以建造新路，貨運輕者，可用35—45磅軌，中等者用60—75磅軌，至於85磅以上之重軌，祇宜用於繁盛之路而已。

輕便鐵路之建設，路程若一，成本可輕。資本若一，路綫可長，區域可廣。及至改建之時，用過之軌料，復可以之敷設新綫。

至於軌寬，當採標準式。雖有倡用窄軌者，阻礙甚多，利不敵弊。大害所在，則以不能與現有各路接聯，運輸上有廢時耗財之損。

以將來須改建故，擇綫結構，均須注意。路綫務求優良，自屬最要。轉灣愈緩愈安，惟小至230尺半徑尙可。峻削之害，輕路較重路爲甚，以重軌上可用强力車頭以勝之也。斷續起落之短路，不宜於長而快之列車，而在輕路，猶不妨事，可俟改建時修正之。

涵洞，管長而兩端無牆者，與管短而有牆者同價。管長則可供將來放寬路身之需。樁木架須旁留餘地，改建時可加樁增力，而無礙車行。橋之長者，自成問題，其下部建基，須求能勝將來之重負，以免改建時，耗糜巨資。上面結構，可重可輕，一視商運發展之遲速何如而定。

經費問題，最難解決。欲求政府投資，幾不可能。等募商款，必須年有餘利方可，且經營管理，其權又須畀之商人。因之國營商辦，孰得孰失，權衡下列兩條而定之：

1. 私有鐵路，受政府最低限度之監督者，其效率實較國營鐵路爲高。
2. 鐵路影響於民衆利益極深，不宜僅視爲將本求利之營業爲私人所壟斷。（黃炎）

上海市東塘工程

張丹如　周書濤　徐以枋

一·引言

上海市東塘舊屬寶山縣高橋鄉,沿東海之濱,居長江口南水道之南岸,因位於黃浦江口之東,故名。全塘始自黃浦江口之草庵渡,由西北轉東南行,迄於川沙縣界之黃家灣,長凡十五公里餘。以愛,育,黎,首,臣,伏,戎,羌,遐,邇,壹,體,率,賓,歸,王十六字,編號分段(第一圖)。各段長度,參差不一。全部塘身均屬土塘,惟因泥土易爲潮浪所冲刷,故擇要建築護塘工程。

古時堤塘之建築,皆取不與水爭地之旨。聞諸父老言,曩昔塘外灘田遼遠,盧舍繁多。但以大江水流之變化,北水道逐漸淤塞,江水集注南口,又以江口三角洲之消漲起伏,以致南岸冲削特甚。刻下東塘邇字號以西,沙灘坍削,蝕及塘身,且向東蔓延之勢,方興未艾。列代護塘工程之建築,初則均在西段,近已漸及東部,乃其明證。全塘方向,自西北至東南,每遇風暴之來,多爲東北風,故一線長塘,處處均受高潮巨浪之直搏。因其所處形勢之險要,故向列江南各塘之首。原有護塘工程,因無一貫統盤之設計,故新舊交錯雜陳,每多不能啣接。其建築結構,大別有二:爲樁石工程,及混凝土工程。全塘總計:樁石工程約佔總長度百分之四十七,混凝土工程佔百分之十一,其餘百分四十二之土塘尚無護塘設備。

二十年秋全國各地大水成災,八月二十四日颶風過上海境,適當大潮起汛,風向東北,其風力之大,潮位之高,爲上海附近數十

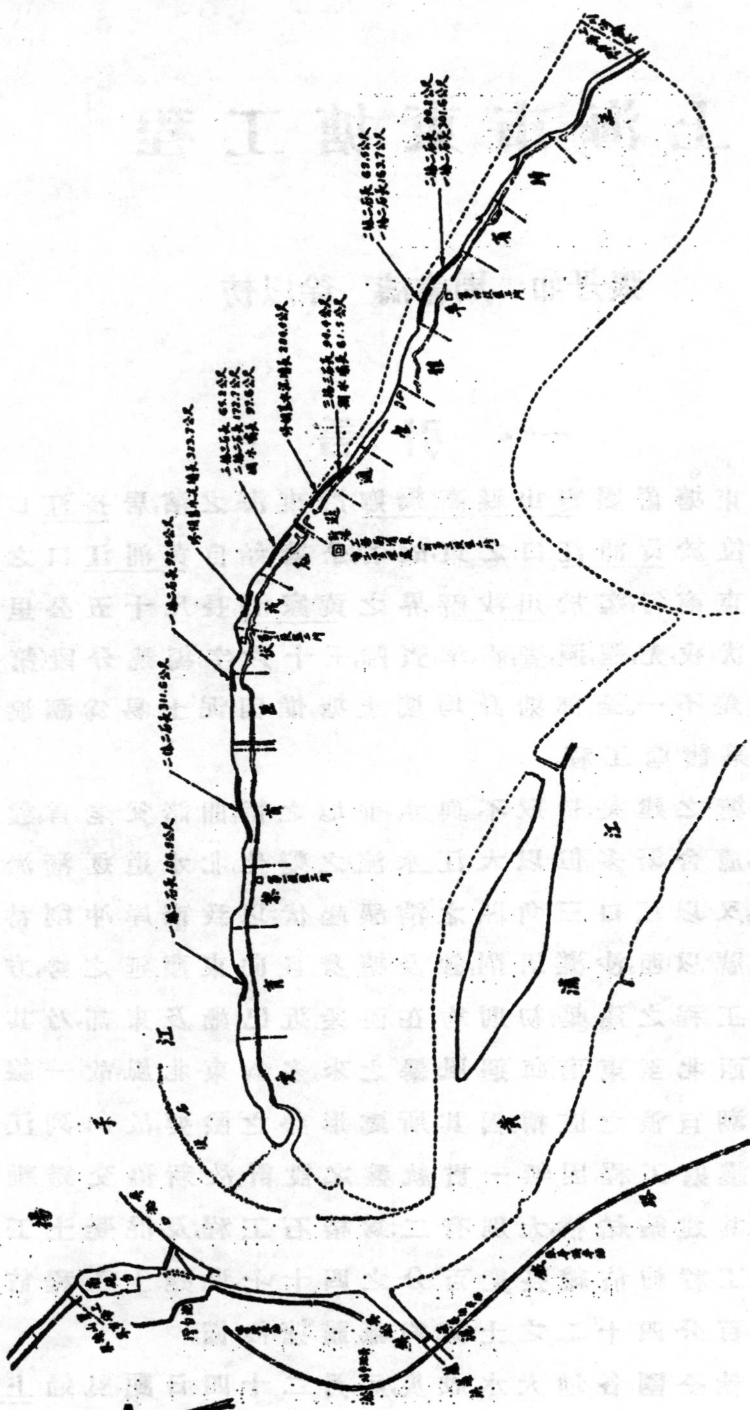

第一圖 東塘施工地盤圖

年來所罕見。當時塘身爲高潮巨浪之搏擊,猶如巨炮之環攻;更兼暴雨終宵,雨量之大且急,亦爲新紀錄。土塘均溶化冲瀉(照片1),殘破之舊樁石護塘,直如摧枯拉朽,不足爲土塘之障蔽。即完整之混凝土段,亦全部向外傾側,暹邏字段,倒毀者四十餘公尺(照片14),發生裂紋者六十餘公尺,全塘潰決共計七八處之多,險工林列,滿目瘡痍。全部修復,需款浩繁,丁此時艱,力所不逮。幾經履勘刪減,擇其必不可緩者施工,計新築樁石工程七段,修補混凝土工程二段,總計長2.3公里。於二十一年六月中相繼開工,九月中正式落成,共用工費二十八萬四千餘元。玆將設計施工經過,述其概略如后:

二. 計劃

甲. 規定標準尺度

護塘工程高度: 護塘建築爲保土塘身之障蔽,其高度自應高出於最高潮位。玆定東塘護塘建築頂之最低高度,在吳淞零點上5.5公尺(十八呎)。考吳淞口之最高潮位,除異常風潮外,似無逾此高度者。

土塘面高度: 若遇異常風潮逾越護塘,則仍有漫溢泛濫之患,故定土塘面最低高度,爲6.5公尺。蓋潮位之逾越5.5公尺者,爲時甚暫,土塘足以當之。

土塘面寬度: 海塘塘面,如均平整遼闊實亦交通之康衢,故塘面最小寬度,定爲六公尺,將來全塘完成,足供車輛之交通。

查東塘舊有護塘,均本經驗建築,其高度尙無不足五公尺者。全塘舊土塘面,高度自六公尺至七公尺餘不等,寬度自五公尺至七,八公尺,亦不一律。剋下所擬最小限度之高度爲6.5公尺,寬爲六公尺,則於土方工事,並不繁多,故事實理論,均能兼顧。

乙. 樁石工程標準斷面設計

東塘舊式護塘均爲樁石工程,其結構係排樁與層石相間,形成踏步,外有坦坡。當潮浪之來,藉坦坡殺其勢,踏步緩其衝,水力雖强,足資捍禦;且列年採用,成效卓著,誠佳良之設計也!然有下列數點,尙待改良,方稱完善:

一.層石壘砌,潮水灌入縫隙,塘土易被溶化,再以波浪之擊蕩,泥土更易洗刷,故層石底脚及後部,易致空虛,而行坍陷。

二.層石易被巨風浪冲所攜去。

三.潮浪衝至樁石時,常閙活動石塊被冲動之碰擊聲,以致樁木每被其撞擊而受損傷。舊樁木之發現無數小孔,蓋其明證。

四.樁木顯露,因潮汐關係忽乾忽濕,易於腐蝕。

此次設計之樁石工程(第二及第三圖),完全採用舊時式樣,

第二圖　二樁二石橫剖面

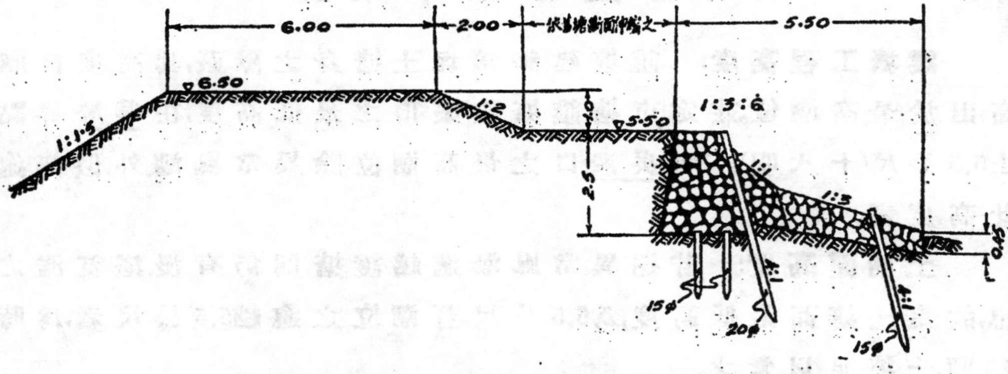

第三圖　三樁三石橫剖面(參看照片7)

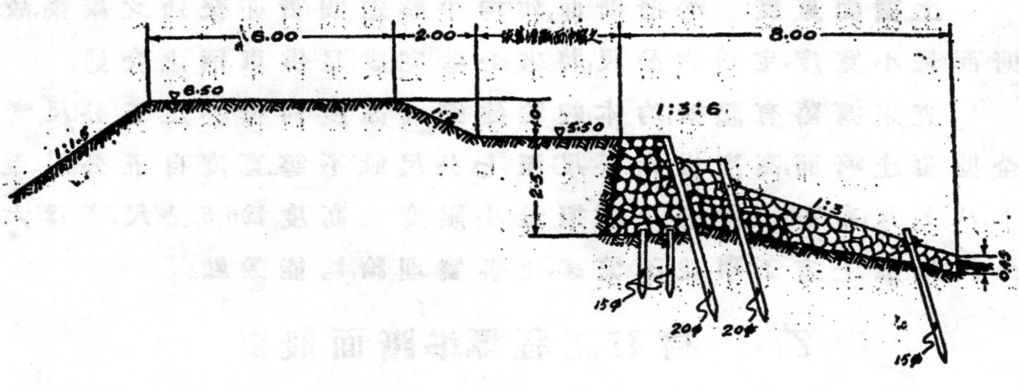

(1)土塘冲毀之狀

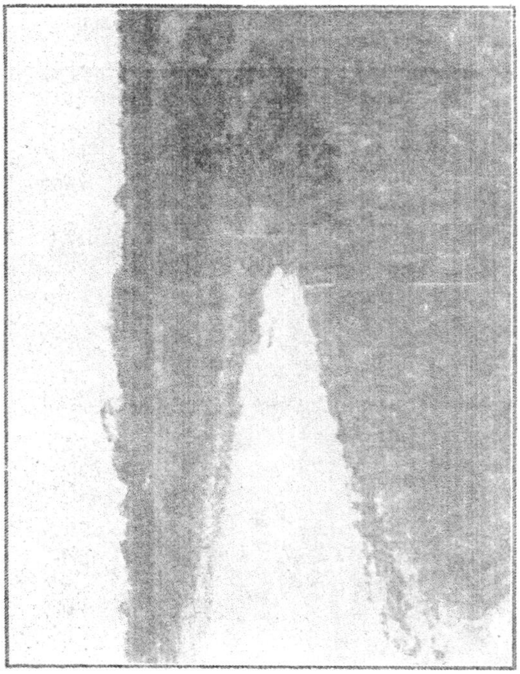

(3)荒字段完工後之狀

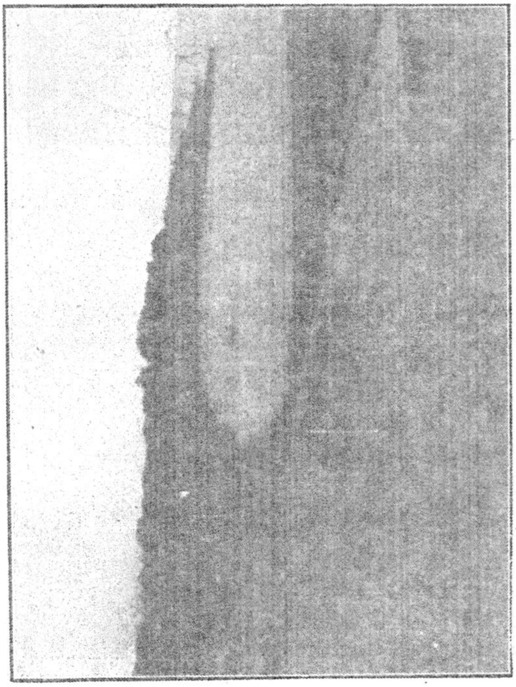

(2)歷年冲成之塘潭(荒字段)

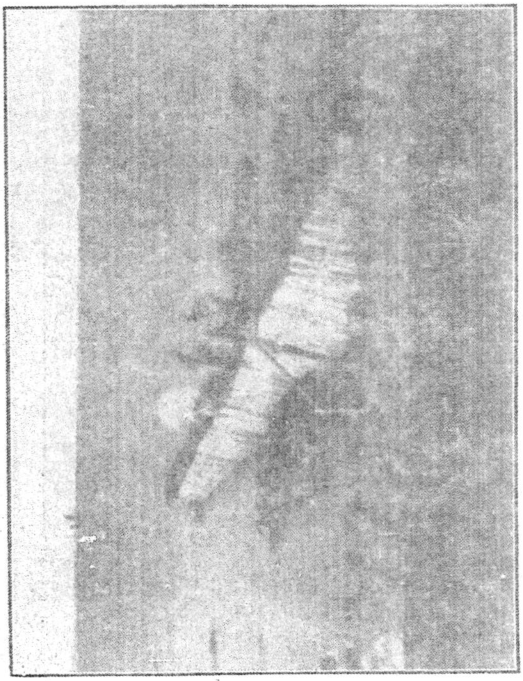

(4)攔水壩(荒字段)

(5)打頭層樁

(6)三脚打樁架(校正頭層樁高度)

(7)三樁三石樁(樁木完成)

(8)膠砌頭層石完成

(6) 打 破

惟根據以上原因,加以可能之改良,以冀能垂久遠。茲將改良各點,說明於下:

一.頭層石全部,二層石及坦坡石之一部分,改爲膠砌。係將石塊排列一層,用 1:3:6 混凝土嵌填膠砌一次。石塊膠接,不易透水。舊工全部石塊,均爲乾砌。

二。膠砌石層可視作整塊護牆,故頭層石底脚加用1.8公尺長(丈二仝對斷),中距六十公分之基樁二排,以免土基沉實之不勻,而致牆身發生裂縫;此爲舊式工所無者。

三.頭層樁及二層樁,舊式工均爲排樁,刻下改爲中距四十公分之稀樁。蓋石塊膠砌後,不致有走出之弊,且樁木可省二分之一。

四。二樁二石之外坦坡,做成二種坡度,較舊工之一種坡度,當可減少潮浪冲擊之力。

丙. 各段施工設計

各段工程,視其舊塘之地位,形勢,及水流潮浪情形,分別施以三樁三石,二樁二石,及攔水埧等建築。並各計劃其平面圖,及斷面圖,以作施工之依據。

各段施工斷面,參酌標準斷面,及舊塘斷面而定。若底脚高度,自以剷去淤土爲要。舊土塘面如高闊逾標準規定,自以保存老土面爲佳。塡土取之塘內田地,自以少取省工爲宜。舊樁石工殘留之頭二層樁木,其下部堪資應用者,利用爲平水樁,以省工費,故將標準斷面之石後土(頭層石後面與其相平之塡土)寬度,及土塘面外一比二之坦坡,作內外上下之伸縮,以求與舊塘斷面之適合。各段平面設計,工段長度,固應依照舊塘殘敗之現狀。起迄地點,須求與毗鄰舊工之啣接。建築線務求其灣曲減少。

各段護塘之建築線,大都隨舊塘而行。惟羌字號一段,因舊塘成一塘灣(照片 2), 故其平面設計,如第四圖。考此塘昔時本爲一直線,後因發生險工,故在塘後一再建築子塘。古時河工堤防,均有

第四圖　光字段塘灣之護塘設計(參看照片2至4)

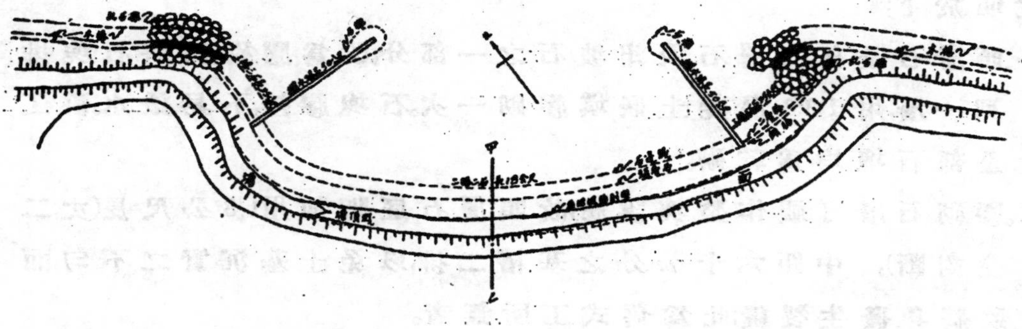

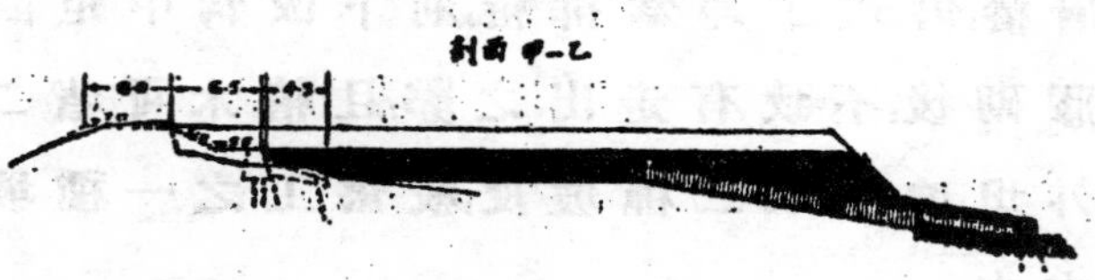

此例。惟因後人只見子塘之足以保障,而忽於正塘之保存,年代久遠,塘灣以成,時至今日,子塘亦告出險矣。蓋塘灣之中,潮流旋迴,冲刷更厲。視其現狀之險惡,須築三樁三石,方足為土塘之保障。但塘灣沙灘,易於刷深,將來仍可危及塘身,自非久遠之計,故將灣之兩端,各築攔水垻一條(參看第五圖及照片4),伸入海中。兩垻外端距離,約當垻長之兩倍,藉作挑水垻之用,則灣中自有淤漲之可能。(按挑水垻自築成後,灣內已發現淤漲。)並將二垻間之護塘,改為二樁二石。如是則於現時之保障,及將來之安全,均能兼顧。且建築費,相差無幾,似為一合於工程經濟之設計。爰特為詳述,以供研究也。

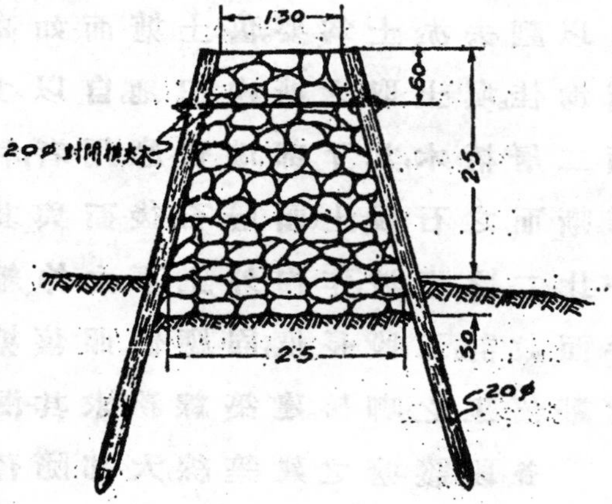

第五圖　攔水垻橫剖面(參看照片4)

丁• 混凝土工程

混凝土工程,計分「戎」字及「還邇」字二段。「戎字段」建於民國十八年,爲懸橫式鐵筋混凝土護岸墻,長323公尺餘,墻身總高5.5公尺。建築時埋入土中者,幾及二分之一,故底脚雖祗用一丈二尺之全木基樁三行,尙稱穩固。惟墻身直立,外灘冲刷甚易,致失其穩固之依靠,且浪退時常有巨大吸力,故二十年大風潮以後,護塘全部向外傾側。幸外有舊排樁及舊石之維護,未致傾倒。刻下補救之計,惟有設法保持現狀,使免於全部倒塌,故於墻身上部加做混凝土檔樑,土塘後打澆人字形混凝土拉樁,用38公厘圓之拉鐵連貫之,每隔7.6公尺一條,以防其外傾之加劇。全段外灘原有舊排樁二三層不一,尙可

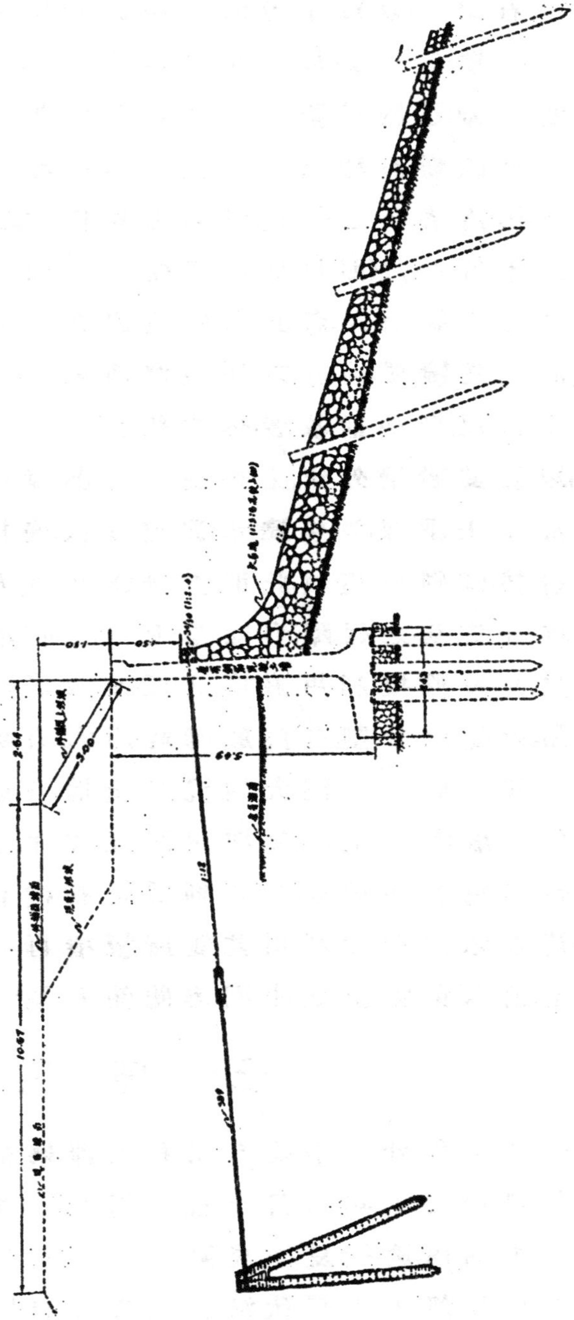

第六圖　修補戎字段混凝土塘之設計(參看照片10及12)

利用。加以補植，增拋石塊。並於第一層排樁之內，做 1:3:6 混凝土膠砌弧形石坦坡，以緩水力，而保沙灘(參閱第六圖)。全牆兩端，加建直角封頭牆各三公尺，以增全牆之完固。

「遐邇段」建於民國十七年，亦爲懸櫃式鐵筋混凝土護岸牆，長 284 公尺餘。斷面結構完全與戎字段相仝，惟其地位在戎字段以東，且外無舊樁石之維護，形勢更爲孤立。二十一年大風潮時，牆身倒塌四十餘公尺(照片14)，發生裂紋而外傾者六十餘公尺，向外傾側者三十餘公尺。考其出險原因，亦與戎字段相仿，因其地位之不同，故更爲險惡。補救方法，除將倒塌一段，及有裂紋而外傾最烈之二十公尺，無法補救者，拆去統行新築外，其餘亦用檔樑，拉樁拉條等，以防其繼續外傾。並在全段外灘，離牆身1.5公尺處，加植板樁，頂做混凝土壓樑，並接澆水泥坦坡板，嵌接牆身。其外新加丈二同平水排樁，舖砌石坦坡，此則直接爲沙灘及底脚泥土之蔽護，間接卽爲牆身安全之保障(參閱第七圖)。舊牆塌倒及拆去者，共長六十公尺，此段原擬利用舊牆底板，接做牆身，但經挖出檢驗，已屬無法利用。故變更計劃，自舊底脚起，用大石塊壘疊碼砌，上部用 1:3:6 混凝土膠砌嵌縫，上澆大塊混凝土牆身，分上下兩層。因大石塊沉實不勻，每層混凝土牆，分塊相間澆注，並用石灰砂分隔，使各塊並不膠接，以免發生裂紋。其外則因最初檢查舊牆底脚時，本建有臨時板樁擋水壩，因卽利用其雙層板樁，再行打下，並加打方樁，上做混凝土頂，以免泥土之冲刷(參閱第八圖)

三· 施工

全部工程分新築樁石工程七段，修補混凝土工程二段。各段工作材料於三十年六月十五日送到工次，六月二十日相繼正式開工。工作期內，適逢夏季，炎陽酷暑，監督與作工均苦。各段工程限九月十日全部竣工，蓋秋汎風潮以前，自應修築完竣，以防萬一。但工作繁多，運料不易，施工困難，如限完成，自非所易。幸監督者指導

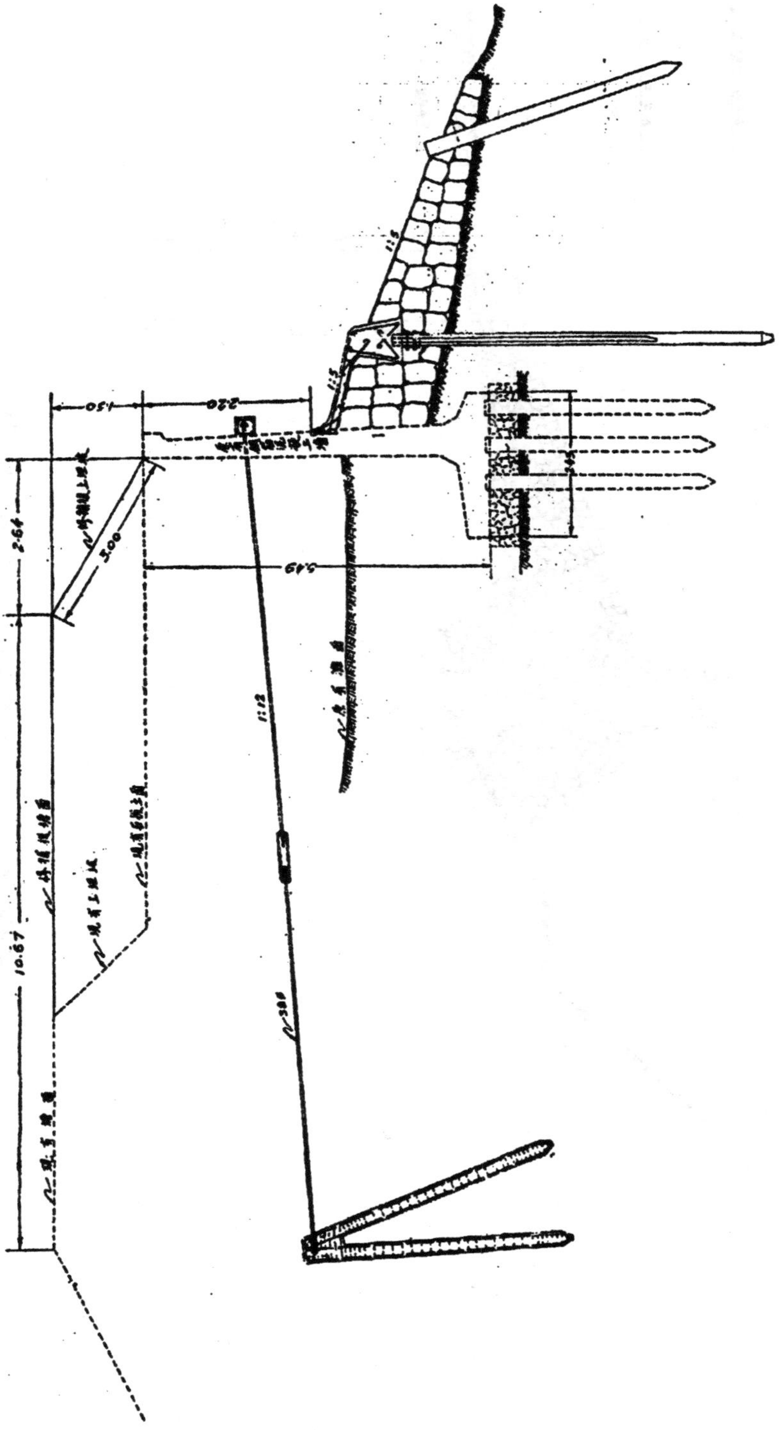

第七圖　修補遐邇段混凝土塘之設計（參看照片13）

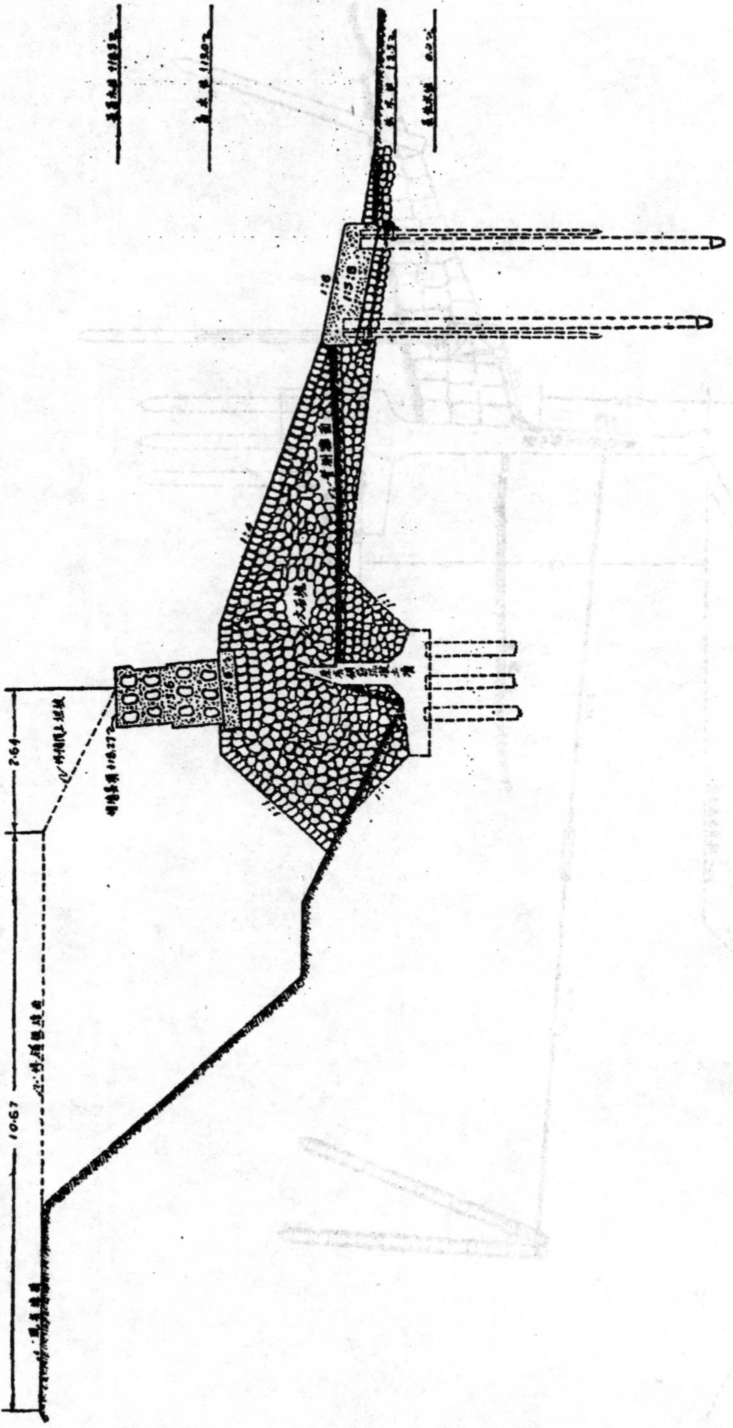

第八圖　修復退遁段坍塌混凝土塘之設計(參看照片15)

工作,督促進行;包工者設備尙周,工人亦衆,始終均能赴之以全力,而未少懈。故各段工程,除迴邇段中途變更計劃外,均於九月中相繼完成。實做工作期間,爲時尙不足三越月。考此三月中,適當日晷最長之季,包工工作效率較大,且以天氣亢旱,雨水甚少,全期因雨停工者祗四五日,此則得天時之助者,亦匪淺鮮。玆分述其各種工作於后:

甲. 樁石工程

樁石工程共七段,其結構分:三樁三石(照片7), 二樁二石,一樁二石及攔水壩四種。其工作法分四部:一.清底,二.樁工,三.石工,四.土工。

清底 各段工程,均於開工前,依照施工圖樣及實測灘面高度,訂立拉樁中心線,及塘面中心線,以資依據。舊塘外均有舊石拋置,且以久經冲擊,有深陷數尺者,無不先行出清,堆置一旁,再行清除淤積泥沙,挖掘底脚至規定高度。在排樁線下,以鐵棒簽試,如有深陷之石塊,卽將其挖除淨盡。底基土面上,亦訂立基樁中心線。攔水壩除訂立中心樁外,並實地訂立板條模架,以資正確。

樁工 全部樁木分頭層樁,二層樁,基樁,平水樁,及攔水壩樁五種。前三種爲稀樁,後二種爲排樁。頭層樁及攔水樁,均用丈八全木,入土二分之一。二層樁用丈五全木,入土亦二分之一。平水樁用丈二全木,入土十分之七。基樁用丈二全木對斷,全部入土,樁頂露出六七公分。除基樁直打外,其餘樁木均有四比一斜度,故工作殊爲不易。玆略述其工作方法如下:

打平水樁時,高櫈脚用丈二全木;打頭層樁(照片5)則用丈八全木,蓋高櫈須與樁高相仿。每班工人,用高櫈二只,上置長短木板,做成方形之架,拉夯者卽圍立其上,拉動石夯。樁木經監工員驗對尺寸後,在塘上削尖下端,插入樁線中。插樁之位置,內外左右,及樁身曲直情形,均須注意。傾斜坡度,亦須正確。故非富有經驗者,不能勝任。待椿木入土至相當深度後,監工員卽用預製之三角木板坡架,及水平尺,校對斜度,並在椿頂加套椿箍。斜度如有不符者,用繩索緊拉較正之。此法利用石夯重量自然下落,打椿入土,並無夾夯之术,以導其下落之方向,故用於打傾斜椿木,工作較為困難。

三脚打椿架(照片6.)係一凸字形鑄鐵錘,重一百公斤,夾於木板二條之間,上繫繩索,經板端之滑輪而下,以活絡椿脚二根,支於木板之上,可任意置成各種斜度。繩之下端。分為四繩,可供八人手握,拉動鐵錘,打椿入土。幾經試用,因搬動架子,較正斜度等,頗費時間,且人手拉重物,向下拉較向上拉手皮易痛,工人都不願為,故祗作校正椿頂高度之用。

打椿速度,固依工人多寡,强弱,熟練生疎而異,但土質之堅鬆,關係尤大。如首字段之平水椿,每打至一半以上,卽不易入土,椿頂發生裂紋,椿箍且有震斷者。每班每日最少祗打十四五根。椿木入土不易,排列亦難整齊。如有打斷,則須挖出斷椿重打,非但事倍功半,抑且毫無成績。除特別情形外,每班每日平均可打平水椿三十根,頭二層椿三十五根。攔水壩椿,如羌字段遠入海中,因潮水關係,每日工作時間更少,平均祗二十根。

石工 石工分「膠砌石」,「乾砌石」,「塡石」三種。所用石料除一小部份係舊石外,均須搬取石船抛卸在外灘之石塊。搬取之法,工人排列成行,以手互相傳遞。或用籮筐盛石,以槓棒抬進。搬取工作,均須俟落潮時行之。

膠砌石(照片8.)係將大石塊依其不規則之形狀,相錯密排於土基上。石塊大面向下。待一層排好,卽將1:3:6混凝土傾注於其上。尖角空隙間,以鐵條細插嵌塡務使充實。如因空隙太大,則可以相當之小石塊,嵌於混凝土中。在混凝土未硬化前,須隨將第二層石塊如法排置,逐層砌築,務使上下膠接。全墻完成後,各面外露石縫,均用1:2水泥沙,彌縫嵌塡。膠砌石用於椿石工,此次係屬創舉。初則固為理想之設計,但結果竟能如整塊之石墻,與房屋之磚墻相彷,

(10)戎字段完成後之景

(12)擋樑紮鐵及弧形膠砌石坡(戎字段)

(11)遐邇段工場俯視全景

(13)壓樑及坦坡版(遐邇段)

(14)鐵筋混凝土塘倒塌之狀(錢塘段)

(15)下層水泥塊墻身完成(錢塘段)

(16)倒塌舊塘修復完成(錢塘段)

似出乎意想中之完善。惟石塊砌築時,須澆以充分水量,如有泥土附着,亦須冲洗淨盡。又海潮上下,混凝土每易冲去,故底部墻身,須在潮落時趕築之。

乾砌石係一種拋石護灘性質。將大石塊依其形狀,碼砌排列,使其縫隙減至最小度。坦坡石面,亦須平整如式。此種石坡每易爲潮浪冲亂,但若排砌得法,將石面用大石立砌,其縫間用錘敲插小石,互相緊靠,則亦不易冲亂。

塡石係攔水壩中,塡以石塊之謂。石塊拋入壩中後,宜卽加以整理,務使空隙減少。

土工　海塘以泥土爲塘身,則土工之重要可知。其工作分三步:一.取土塡築,二.行硪夯打,三.修整塘面。玆分述如下:

塡土:各段取土地點,均以各段塘內之蕩田荒地爲主,且爲塘身安全計,均在距塘脚一二百公尺外挖取。挖出之土,揀除草根雜物後,由工人以土箕担土,分層運塡。先塡石後土。後塡塘面土。每層塡土高度,以半公尺爲限。須將土塊敲細勻平,然後潑水行硪。凡在老塘幫築新土,均先將舊土塘掘成踏步形,以便新舊膠黏。

打土:打土工具,用「木人」及「飛硪」(照片9)二種。「木人」三十公分方,一公尺半高。四周有執手及繩索,用八人提擕夯打。「飛硪」係石塊鑿成,爲扁圓形,直徑約四五十公分,厚十五公分。四周有耳孔八個或十個,各繫繩索一條,重量自三十至四十公斤。飛打時大者用十人,小者八人,各執繩索一條,同時拋高,愈高愈佳,再行用力拉下。起落均須平穩,硪花連環套打,至泥土堅實簽試不走水爲度。石邊及舊塘邊之塡土,因施硪不易,故用「木人」夯打。

做塘面:土塘塡築夯打結實後,塘面用飛硪低拍平整,再以鐵鋤鏟平削光。土坡亦以鐵鋤削平而校正之。

乙. 混凝土工程

戎字段　(照片10)該段工作,分封頭墻,拉樁及搖樑,護灘工程三部。

封頭墻：在舊墻二端，各建直角水泥墻，長三公尺。其剖面結構，完全與舊墻相同。工作時先在墻外建築擋水壩，以禦潮浪。壩底石塊淤沙，務須清除淨盡，以免滲漏。壩成後，內部挖掘底脚，因其入土甚深，故四周打石板樁，方能開掘。掘至規定高度後，打基樁，舖石塊，紮鐵筋，並將舊墻端鑿成凹凸之接筍，新舊鐵筋，互相固紮。然後釘做木殼，澆注混凝土。惟沙灘之下，泥砂夾入，壩底每致漏水。蓋日夜漲潮之高壓水力，初為細微之滲透，繼則涓涓成流，終致大流貫注，霎時間滿瀦積水，壩身亦隨之坍陷，工作無法進行。若東端封頭墻，工作時遭此者三次，鐵筋拆而復紮二次。西端封頭墻，係在小汎時一氣呵成，幸未遇此變故。各項工作均同時分班進行，日以繼夜，輪流更替，其工作之困難，實所罕見。

拉樁及擋樑：先將舊墻鑿出鐵筋（照片12），使與擋樑鐵條互相連結。拉條之一端，穿過墻身，安置於其中，然後澆注混凝土。拉樁係預先澆就，三星期後，始行打植。先打一比三者一根，打至正確高度，鑿去樁頂混凝土，灣屈鐵筋，以讓第二根之打下。將二樁樁頂鐵筋，相連固紮，並將拉條之其他一端，置入其中，澆注混凝土，以成人字拉樁。拉條中部，有花籃螺絲，待兩端水泥硬固後，將其旋轉收緊。拉條塗以紅丹，並以柏油蔴繩，繞裹塗抹，以防銹蝕。

護灘工程：利用舊有排樁，缺少者加以補植，並將第一層石塊，以1:3:6混凝土膠砌。法如樁石工之膠砌石。面做弧形（照片12），以減水勢。並在澆注擋樑之時，其下部伸出短鐵條甚多，以致膠砌石塊，易於附着。石面用水泥砂彌縫。此項工作，亦以潮汐關係，費工甚巨。

滬灃段　該段工作分封頭墻，拉樁及擋樑，護灘工程，修復坍塌塘身四部。

封頭墻：工作情形，與戎字段同。其進行之困難，亦無稍異。東端封頭墻，因地位孤立，加做擋樑拉樁及拉條等，以臻堅固。

擋樑及拉樁:工作情形同戎字段。

護灘工程:先行打植洋松板樁及方樁,舊墻上鑿去混凝土一條,露出舊鐵筋,將坦坡板之鐵筋,連紮其上(照片13), 待石塊排砌後,壓樑及坦坡板,仝時紮鐵筋,澆注混凝土。其外打丈二同排樁,舖砌石塊。其法仝樁石工。因該處沙灘下二三公尺,有堅硬沙層,故板樁打至此處,卽難入土。重一噸許之鐵錘,落距減至不足一公尺。樁頂套樁箍,仍時現裂紋,且以樁頂規定高度,時爲潮水湮沒,每日工作時間,甚爲短少,故每班爐機樁架,平均每日祇打十二三根。坦坡板及壓樑,亦在高水位下,故均分爲小段,於落潮時搶築,上用蔴袋壓蓋。惟混凝土面,仍時被冲刷。平水樁入土亦不易,未打至規定高度,樁頂卽生毛裂,不能再打,故呈高低不一之狀。此項工程因板樁工作之困難,進行甚爲遲緩。

修復坍塌墻身: (照片15)該段坍塌舊墻,原長四十公尺,加以拆去傾側最烈之一段,共長六十公尺。因外有擋水壩之障蔽,故挖掘泥土,碼砌石塊,進行頗爲迅速。惟適近秋汛,該段土塘異常單薄,臨時擋水壩,未便卽行拆除,故將外坦坡石塊,分爲二部,將內部先行砌築。石塊砌至頂部後,卽行澆注 1:4:8 混凝土底脚並建築底層墻身木壳。此項墻身,係分塊連成,故木壳中分爲1.2公尺長之小隔。第一批相間澆注混凝土,待其硬固後,拆去隔板,並在已澆之水泥塊兩端,粉以石灰砂,再行澆注第二批混凝土。同時內部隨行填土,待底層墻身告成,墻身已能穩固,始行拆除擋水壩中泥土,利用其雙層板樁,再行打下,並加方樁,夾板,上澆整塊之混凝土蓋頂。上層墻身,亦如前法澆注完成,外坦坡外部石塊,亦同蓋頂工作,相隨並進,以抵於成(照片16)。

四·結論

海塘爲田廬民命之保障,其工程之重要,自毋待贅言。且丁此時艱,經費籌措,亦屬非易,則「工歸實際,款不虛靡」, 自應爲在工人員之箴言。又風潮之發生,時不我待,故工程進行,自求盡量之迅速。綜計全工費款三十萬元許,工長二公里餘,工作三越月,其設計,管理,及施工經過,均本斯旨,盡人力之可能,赴之以最大之効率。始末情形,旣如上述,惟尙有堪供研究改善,及注意之點甚多,玆本此次經驗所及,爲綴數言於次:

樁石工之膠砌石,係初次試用。原擬用水泥灰砂膠砌,但以造價太貴,故改用1:3:6混凝土。刻下暫時之觀察,成績尙佳,但成功與否,尙待異日之證驗。

樁石工斷面,建築後之實地情形,三樁三石尙稱雄壯堅固;二樁二石因外坦坡太短,且1:1之膠砌坡亦陡,外觀似不十分穩固,故須將外坡加闊一二公尺,膠砌坡略加改平。頭層樁頂60公分,暴露在外,易於腐蝕,若將其打下60—70公分,則樁木全部,可封閉在膠砌石中。又頭層石上部,若澆以整塊混凝土之蓋頂,則可更爲堅固。若爲經濟所許,全部石塊,均以混凝土膠砌之,則全斷面益臻完善。

泥凝土工程二段,係依舊墻出險情形,在經濟可能範圍內,加以相當之補救而已,自無足多述者。惟修復坍塌墻身處之重建計劃,堪供研究。蓋海塘工程中之水泥護岸墻,施工最困難者,厥惟低水位下之底脚工作。刻下所做之拋石底脚,其工作之簡易迅速,莫與倫比。惟其易於沉陷,故將上部墻身,改爲大塊混凝土。每塊係一公尺方,1.2公尺長,重二噸餘;就地做売,分批相間澆注,塗以石灰砂使之隔絕,法亦簡易。如此大塊,足以當大江巨浪之衝擊。此項設計,亦屬創舉,修復完成後,成績殊佳,似可供辦理海塘工程者之參攷也。

塘工石料,用量巨大,其來源大都由船客向石山購買裝運到埠,由石商出售。所謂石商者,大都爲牙行性質。石塊質料之優劣,因山而異,至其大小尺寸,則各處相同。石商與石山並非直接,自難得如理想之合度,如能自行開山採取,雇船裝運,最爲適宜,且價格可廉,手續亦可簡易。

驗收石料最爲困難。若往石船量石，均由各石船之小舢舨，往來渡儎，海中潮浪較大，無海上生活經驗者，每多難之。且船客均甚强悍，量計從嚴，爭執不休；從寬則虧損更大，貨款虛靡，超出預算。此則在工人員，須加深切注意，故運石船舶，實有改良之必要也。

打椿工每有將不足長度之木椿，偷打入土。監工每因日久生玩，忽於逐一尺量，人眼視察，每致差誤，此則務須特別注意。又椿木未打至規定高度前，如有打斷者，工人每畏挖出斷椿重打之煩，用一短椿送入朦混，此則亦須嚴防。

此次工程之起緣，及經過之事實，均已述其概略如上，或以爲大工告成，東塘塘工可高枕無憂矣。不知東海之濱，類似二十年之風潮，時時有暴發之可能。蓋全塘長十五公里餘，內有六公里均爲土塘，日夜與海潮巨浪相搏擊。且二十年風潮潰決出險之處，此次修復者，亦祇十分之七。一樓長塘，設有弱點一處，卽失其保障之全功，此則願本市人士之三致意也！

治導黃河試驗近訊

世界著名水工專家德人恩格司（Prof. Dr. H. Engels）上年來函述，在德政府與巴燕邦合辦之最大之水工及水力試驗塲，引用奧貝納赫天然河流，試驗挾帶泥沙之河道，利用築堤束水，刷深河床，模型偉大，成效碻切，並謂中國政府如能籌備工料費一萬六千馬克，並派工程師參加試驗，對吾國黃河根本治導問題，頗盡研究試驗之勞，陝西省水利局局長李協，當經商同黃河水利委員會朱委員長，電請直魯豫三省，各擔任七千七百元，派李賦都於去歲赴德，參與試驗，結果甚佳。現恩氏已草成報告（見本號附錄導黃試驗報告），並函促再行一終結試驗，其預算如下：（一）現時設置之改造15000馬克，（二）購備儀器5000馬克（三）購備試驗用煤屑2000馬克（四）人員薪工9000馬克（五）恩格司教授名譽俸金5000馬克（六）預備費2000馬克，共計38000馬克，益以我國工程師旅費8000馬克，約合國幣五萬元。該局已備文呈請國府，轉令財部如數撥發，以促進行。又上年試驗聞共費去22000馬克云。

二十年來之銻業

賀闓

中國產銻之多是盡人皆知的事實，1908年已達到了世界產量50%，其後年有增加，均佔世界產量80%左右，其礦床分佈于湘鄂桂粵滇黔川贛諸省，其中尤以湘省出產爲獨多，約佔全國90%以上，湘省產銻區域以新化錫礦山之藏量爲最富，據戴氏(Teglngsen)估計，共可得金屬銻 1,500,000 米達噸，直至現在已採出者尙不到十分之一。

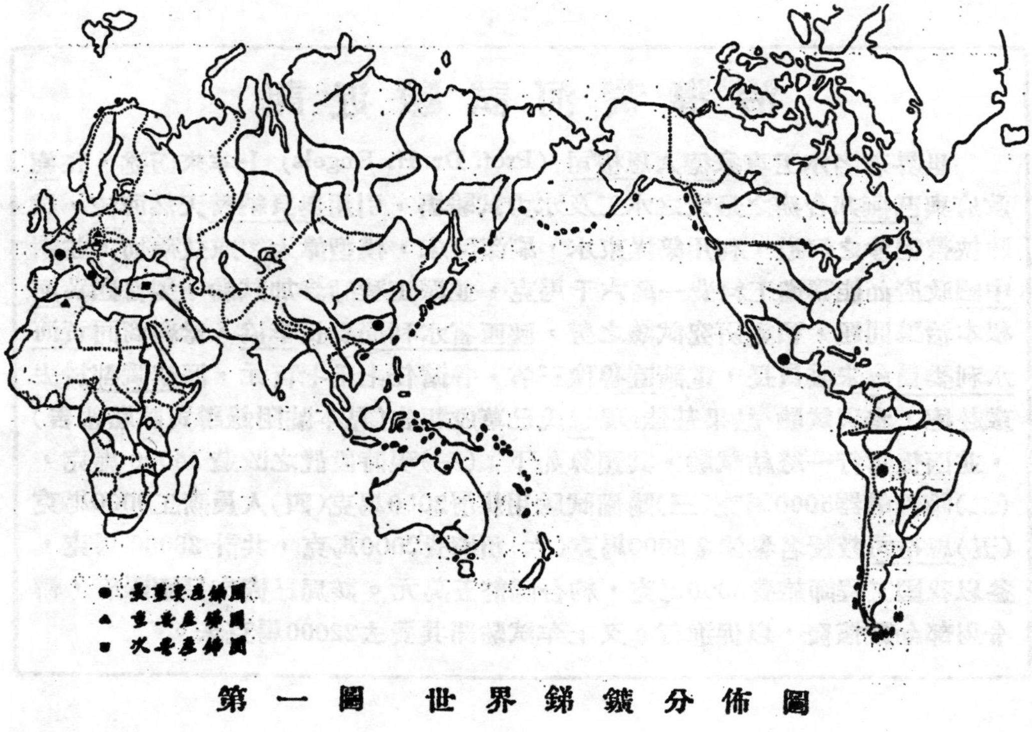

第一圖　世界銻鑛分佈圖

其他各縣除長沙湘潭等處外，皆有錦礦之痕跡，因限于篇幅，不克一一詳述，特製世界錦礦分佈圖(第一圖)及湖南錦礦分佈圖(第二圖)附載於此。

湖南開採錦礦，現尙沿用土法，絕少應用機器，大抵均開斜井，鑿石則用本地所製之火藥，採得礦石，先在坑內分選一次，然後運

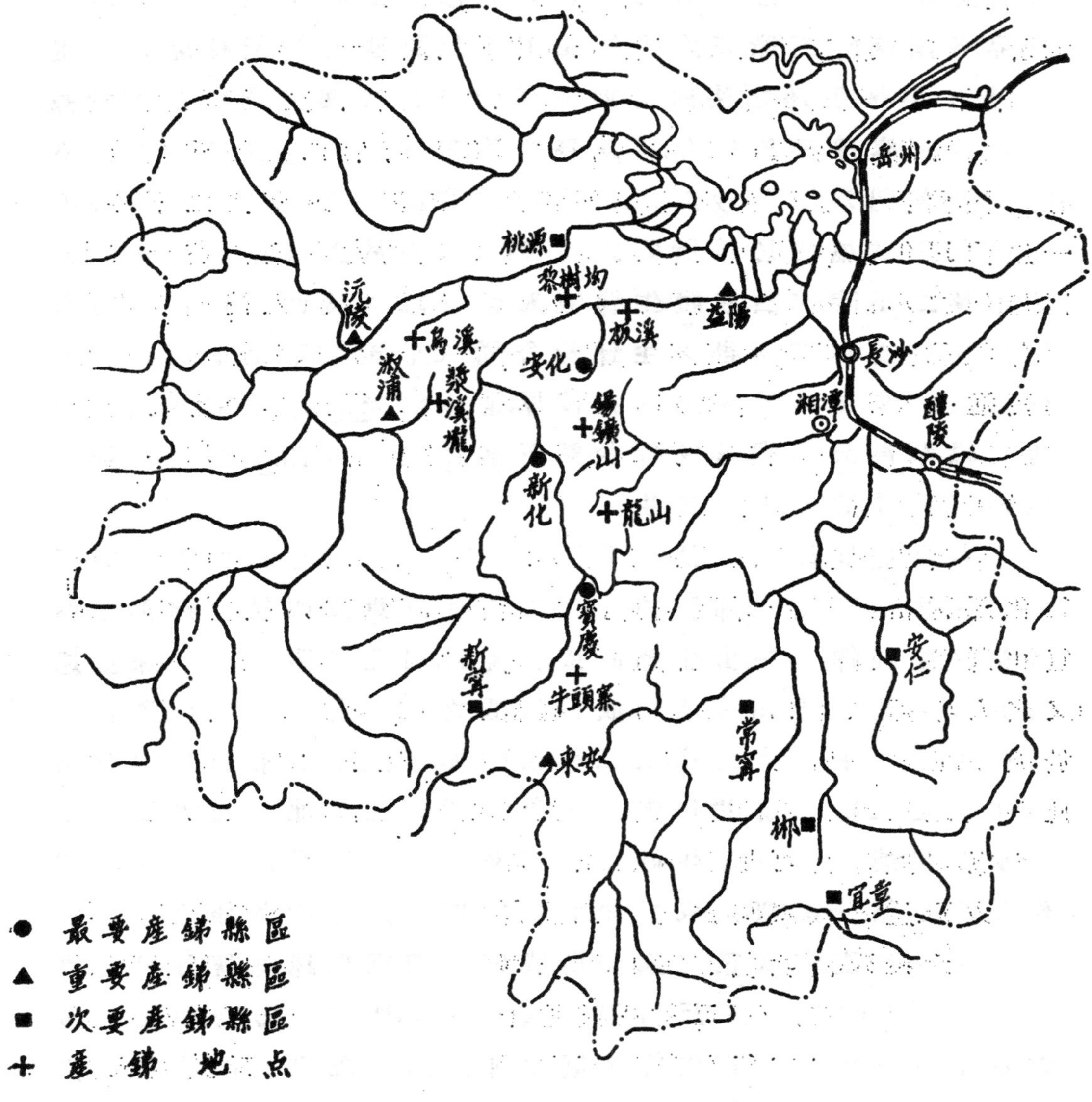

第二圖　湖南錦鑛分佈圖

至地面,更將礦砂錘碎,再行揀選,則可得含50%之銻礦砂,此后若再以所得之銻礦砂,碎爲小粒篩過,用水淘洗,則得含銻60%以上淨砂。向者各礦廠,均以淨砂製爲氧化銻,或生銻後,運往長沙漢口等處銷售,嗣後各礦商以製鍊純銻,較爲有利,羣起以土爐冶純銻,致純銻出品數量,亦漸超過生銻,歐戰時煉銻公司,幾達百家,後以大戰終結,銻價陡落,各公司中新式煉爐,均因成本過高,不能維持,世界各國煉銻工廠,亦大多停止工作,惟吾國土法製煉廠,則仍進行。土法製煉生銻之法,頗爲簡便,法以煮砂罐,與受銻罐,配置於爐內,每罐可容礦砂約60斤,爐爲長方形,每座可容四套,爐前爐後,各有四門,前門爲添礦砂之用,後門爲銻質流出之道,前門之下,各有一風門,以供爐內燃燒所需之空氣,碎砂盛於煮砂罐內,將罐口封閉,熔煉二小時左右,液體生銻流入受銻罐,滿後傾入模型,則得銻塊,每塊約重16磅,所得之生銻,約含銻70%至75%,如能將此種生銻更進一步,煉爲純銻,則利益較厚,是以清光緒末年,湘省人士,發起組織華昌公司,提煉純銻,敦請王寵佑先生計劃,中國第一提煉純銻工廠,遂於1908年產生。

華昌提煉純銻之法,則共三種;(一)由成分過低之礦砂,製三氧化銻,再由三氧化銻製純銻。(二)由生銻烘成四氧化銻,再由四氧化銻製純銻。(三)由生銻直接製純銻。因之該廠設有(一)煉氧爐(又名人字爐)二十四座,法以成分過低之礦砂,合以20%之燃料,烘於爐中,則砂中所含之銻,成三氧化銻揮發,爐下設有箱倉以收集此生成之三氧化銻,其仍未能收集者,則導之于他端之水池中,便成水氧,每爐每月可煉生砂二至三噸。(二)反射烘砂爐十五座,爐作長方形,爐分數級,研成粉末之生銻,則置於爐中各級之上,生銻中所含之硫磺,漸次氧化逸出,所成則爲四氧化銻,每爐每日可得四氧化銻2200磅。(三)反射提純爐十九座,爐作長方形,中築一鍋,爐外圍以鐵板,以三氧化銻,四氧化銻,或水氧,配以炭酸鈉及木炭末,置爐中約歷十二小時,則得純銻,每二十四小時,可得純銻30至

40噸,至炭酸鈉及木炭末之多寡,則視原料種類而定。

湖南銻之實際產量,因各礦商及公司向無紀錄,難以確定,然銻向以出口爲大宗,國內消費幾等於零,故視出口之數量,即可得產量之大概矣。玆將世界產量,中國產量,及湖南產量,分別列表於後。

第一表　二十年來世界產銻量

(以金屬銻一米達噸爲單位)

國別／年份	中國	玻利維亞	墨西哥	法國	亞利日爾阿	澳洲	奧國	捷克	意大利	土耳其	巨哥斯拉夫	印度	其他各國
1911	10,400	150	4,166	4,683		662	840		285				337
1912	13,530	40	3,500	1,910	1,417	632	2,032		310				865
1913	13,032	24	937	5,170	186	970							550
1914	19,647	82	1,047	540	320	910							332
1915	23,357	7,888	739	893	2,740	1,700						5	450
1916	42,800	12,060	829	2,430	8,940	1,730						400	830
1917	28,450	10,288	2,047	2,354	4,550	1,195	1,169		689			61	3,469
1918	18,120	3,010	3,279	1,329	2,218	652			404				725
1919	8,466	105	471	998	723	561	220		10			2	507
1920	13,432	484	623	1,130	1,000	487	423		187				498
1921	14,658	282	45	1,270	103	191	384		76			1	400
1922	13,858	185	464	834	579	605	139	100	146	400			404
1923	14,244	312	490	691	500	421	62	453	271	400	131		441
1924	12,826	621	775	1,027	905	130	1	1,066	372	400	414		430
1925	19,496	1,384	935	964	1,461	66		535	312	400	139	5	80
1926	20,926	3,503	1,783	586	334	37	87	938	360	400	182	53	218
1927	17,986	3,214	2,098	714	442	53	857	1,586	285	400	279	244	193
1928	19,324	2,834	2,297	925	21	50	914	967	230	400	258	181	199
1929	22,401	3,023	2,709	1,025	114	26	560	556	306	400	313	38	288
1930	17.467	927	3.032	1.106		42			330	400			
共計	364.420	50.416	32.866	30.579	26.553	11.120	7.688	6.201	4.573	3.600	1.716	990	11.216

第二表　世界中國及湖南產銻之比較

年份	世界總產量	中國總出口量	中國佔世界之百分數	湖南總出口量	湖南佔中國之百分數	湖南佔世界之百分數
1911	21,523	10,400	48.3%			
1912	24,236	13,530	55.8%			
1913	20,869	13,032	62.4%			
1914	22,878	19,647	85.7%			
1915	37,772	23,357	61.9%			
1916	70,019	42,800	61.2%			
1917	54,872	28,450	51.8%	27,576	96.8%	50.2%
1918	29 737	18,120	60.9%	16,459	90.8%	55.3%
1919	12,063	8,466	70.2%	8,392	99.0%	69.6%
1920	18,264	13,432	73.5%	13,073	97.1%	71.5%
1921	17,410	14,658	84.1%	13,627	93.0%	78.2%
1922	17,714	13,858	78.2%	13,096	94.5%	73.9%
1923	18,416	14,244	77.4%	14,064	98.6%	76.4%
1924	18,967	12,826	67.6%	12,761	99.4%	67.3%
1925	25,777	19,496	75.7%	18,427	94.5%	71.6%
1926	29,407	20,926	71.1%	18,853	90.1%	64.1%
1927	28,351	17,986	63.5%	17,290	96.1%	61.0%
1928	28,600	19,324	67.6%	19,066	98.3%	66.6%
1929	31,759	23,401	70.6%	21,370	95.4%	67.3%
1930		17,467		17,458	99.7%	

由上表可知二十年來世界之錦業,中國約佔70%强,中國之產量,湖南約佔90%强,是以湖南之錦,即可代表世界之錦業,照理應能左右世界之貿易,惜向無團結,對外貿易,多經洋商之手,且國內毫無消費,只有運銷外洋之一途,其中約50%以上,運往美國,(詳見第四表)湖南歷年錦價之漲落,反隨外國市場之需要爲轉移,殊爲可歎,1906年以前之數年,錦之每磅市價,約在美金六分至一角之間,及日俄戰爭發生,錦價曾一度高漲,最高時達每磅美金二角三分,戰事終結,錦價遂回復1906年以前之原狀,1914年歐戰開始,錦價二次騰漲,至1916年二三月間,已達最高峯,每磅美金四角以上,1918年和約告成,錦價慘落,最低時爲1922年,每磅僅值美金四分二厘五,近年又稍高漲,茲將二十年來錦價列表於下。

第三表　二十年來之錦價

(以每磅美金分爲單位)

年份＼錦價	最高	最低	平均
1911	9.00	6.82	7.54
1912	9,30	6.83	7.76
1913	8.77	6.05	7.42
1914	14.14	6.03	8.53
1915	39.36	15.24	29.52
1916	43.87	11.57	25.33
1917	34.66	13.90	20.73
1918	14.23	8.19	12.55
1919	9.56	6.83	8.16
1920	11.37	5.75	8.48
1921	5.50	4.50	4.93
1922	7.00	4.25	5.47
1923	9.25	6.35	7.89
1924	14.12	8.37	10.83
1925	20.25	11.25	17.49
1926	23.75	9.50	15.99
1927	15.00	10.75	12.39
1928	11.37	9.50	10.30
1929	9.75	8.25	8.96
1930	8.87	6.75	7.67
二十年來	43.87	4.50	11.89

銻之大宗用以製造合金,現下總計約四百數十種,其最重要者爲鉛字及鉛版(Type Metal),反磨擦合金(Babbitt and Bearing Metal),硬鉛(Antimonial Lead),和平期間,約佔總消費量60%以上,其餘則用之于製造搪瓷,玻璃,橡皮,火柴,顏料及電池版片等,製造子彈(Shrapnel Bullets)亦需純銻,歐戰期間,因銻價過高,各國競相採用代替品,據各國研究之結果,得知以少量之鋇,鈣,鍋,鎂,及銅加入鉛內,亦能製造硬鉛,至磨擦合金中之銻質,亦可完全替以少量之鋇及鈣,銻之所以如此暢行之故,並非具有他種原質所無之特別性質,特以其價廉耳,設使銻價過高,則各國將採用代替品。

美國每年約需銻10,000噸,茲將最近十年美國輸入銻及銻化合物之數量,列表於下,

第四表　十年來美國輸入銻及銻化合物之數量

(以米達噸爲單位)

年份	銻礦(含淨銻量)	生銻(含淨銻量)	純銻(含淨銻量)	氧化銻及他種銻化合物(含淨銻量)	美國輸入之總量	中國輸往美國之數量(含淨銻量)	中國銻佔美國輸入之百分數
1921	89	321	9,210	140	9,760 ?	10,284 ?	
1922		626	8,450	344	9,420	6,314	67.10%
1923	952	758	6,150	2,070	9,920	7,523	75.80%
1924	817	508	6,170	1,098	8,603	4,445	51.70%
1925	703	691	8,965	1,630	11,989	8.691	72.50%
1926	1,417	1,853	10,460	2,054	15,774	9,586	60.80%
1927	1,832	980	9,000	1,640	13,452	7,971	59.30%
1928	1.988	1,099	8,800	2,402	14,289	7,451	51.80%
1929	1,696	1,640	10,070	1,929	15,335	9,199	60.00%
1930	785	648	7,000	712	9,145	6,182	67.50%

中國銻近十年來已佔美國輸入60%以上,於上表已明白指示,中國銻之輸出,多經洋行之手,因是洋行借口中國純銻,在歐美市場會因質地不純,致使彼等深受損失,故議定純銻買賣規例,特照錄于下。

(一)合同訂明之貨價係專指99%純,及砒素不過2‰之貨而言。

(二)凡貨不到98.75%純,或砒素過2.5‰者,賣客不得强買主收受。

(三)凡貨不到99%純,買主得將合同之價,依下列減低。

99%純……………………照合同價不減

98.9%純……………………照合同價減低2%

98.8%純……………………照合同價減低4%

98.75%純……………………照合同價減低5%

成色低於98.75%……………………不收

(四)買主爲欲確定全批貨物之純否起見,對於賣客交來之貨,有逐箱開驗之權。

(五)若一批貨中優劣不一,賣客應聽買主收其優而退其劣。

(六)貨價須待買主將貨化驗明白交付。

閱者讀此後當知輸出假手他人之痛苦,該規例只規定成色低者減少貨價,而高於99%者,未見有何補償,殊欠平允,而湖南所產純銻之成分,多高於百分之九十九,茲將二年來漢口商品檢驗局,化學工業品檢驗處,所分析純銻之成分,列表於下。

第五表(一)　湖南純銻之成分

實業部漢口商品檢驗局化學工業品檢驗處化驗

化驗類別＼成分	最高	最低	平均
銻	99.64%	99.18%	99.42%
砒	0.29%	0.10%	0.19%
鉛	0.06%	0.01%	0.02%
硫磺	0.41%	0.04%	0.21%

第五表(二) 湖南純銻之成分

實業部漢口商品檢驗局化學工業品檢驗處化驗

商號	證書號	銻 %	砒 %	鉛 %	硫磺 %
三井	13	99.36	0.17		
三井	14	99.54	0.13		
三井	15	99.60	0.12		
三井	16	99.35	0.12		
三井	18	99.24	0.15		
嘉利	19	99.47	0.13	0.01	0.23
嘉利	20	99.40	0.28	0.03	0.14
嘉利	21	99.36	0.14	0.01	0.23
三井	22	99.49	0.18		
嘉利	23	99.54	0.19	0.01	0.23
嘉利	24	99.42	0.16	0.02	0.19
嘉利	25	99.30	0.20	0.02	0.35
嘉利	26	99.47	0.10	0.01	0.21
嘉利	27	99.47	0.17	0.02	0.31
嘉利	30	99.60	0.11	0.02	0.18
嘉柏	37	99.61	0.10		
嘉利	41	99.52	0.15	0.01	0.27
嘉利	42	99.47	0.20	0.01	0.23
嘉利	45	99.57	0.18	0.02	0.10
嘉利	51	99.36	0.20	0.02	0.40
嘉利	104	99.57	0.23	0.02	0.14
嘉利	118	99.64	0.13	0.02	0.12
嘉柏	131	99.57	0.16	0.02	0.12
嘉利	148	99.44	0.22	0.02	0.20
嘉利	166	99.50	0.19	0.04	0.11
嘉利	172	99.32	0.27	0.02	0.27
嘉利	174	99.38	0.25	0.02	0.14
嘉利	175	99.41	0.26	0.01	0.13
嘉利	176	99.48	0.13	0.02	0.15
嘉利	180	99.30	0.18	0.01	0.33
嘉利	183	99.36	0.20	0.01	0.28
嘉柏	205	99.39	0.20		
嘉利	209	99.32	0.25	0.02	0.24
嘉利	213	99.47	0.14	0.02	0.16
嘉利	217	99.18	0.29	0.02	0.41
嘉利	218	99.36	0.29	0.02	0.22
嘉利	223	99.39	0.20	0.06	0.21
嘉利	227	99.36	0.23	0.02	0.23
禪臣	231	99.33	0.26		
嘉利	235	99.38	0.23	0.02	0.18
嘉利	240	99.50	0.16	0.04	0.04
嘉利	272	99.46	0.14	0.04	0.06
嘉利	277	99.29	0.29	0.02	0.22
嘉利	278	99.26	0.15	0.02	0.36
嘉利	294	99.38	0.24	0.06	0.16

近數年來輸出之銻產,多係純銻,至生銻則僅佔10%以上,玆更將生銻成分表列下,使讀者略知大概而已。生銻在中國輸出貿易方面,似無若何地位。

第六表　湖南生銻成分表

實業部漢口商品檢驗司化學工業品檢驗處化驗

商號	證書號	銻
嘉栢	140	70.64%
嘉利	212	69.39%
嘉栢	215	71.11%
嘉利	226	71.08%
嘉利	295	66.82%

化驗類別＼成分	最高	最低	平均
銻	71.11%	66.82%	69.81%

銻價二十年來之漲跌相差,幾及十倍,1916年因歐戰需求驟增,曾達到最高峯,每磅美金四角三分八厘七,歐戰終結,銻價日跌,到1922年,則降至四分二厘五,(參看第三表)不但世界各國銻礦,無法開採,卽素以成本甚輕之中國各銻礦公司,亦多停閉,世界除中國外,產銻較多國家,當推巴利維亞(Bolivia),墨西哥(Mexico),亞利日爾阿(Algeria),及法國,法國每年所產僅足國內應用,是以對世界貿易,並無若何影響,能與中國競爭者,僅玻璃維亞,墨西哥,亞利日爾阿三國而已,但該三國成本較中國略重,如銻價降至某限度以下,則無法開採,玆特製銻價對各主要國產量之影響圖,(第三圖)閱之卽知二十年來,巴利維亞,墨西哥,及亞利日爾阿三國之產量,幾全隨銻價之漲落而增減,該三國之銻價,須在美金一角三

第　三　圖

二十年來銻價對各主要國產量之影響圖

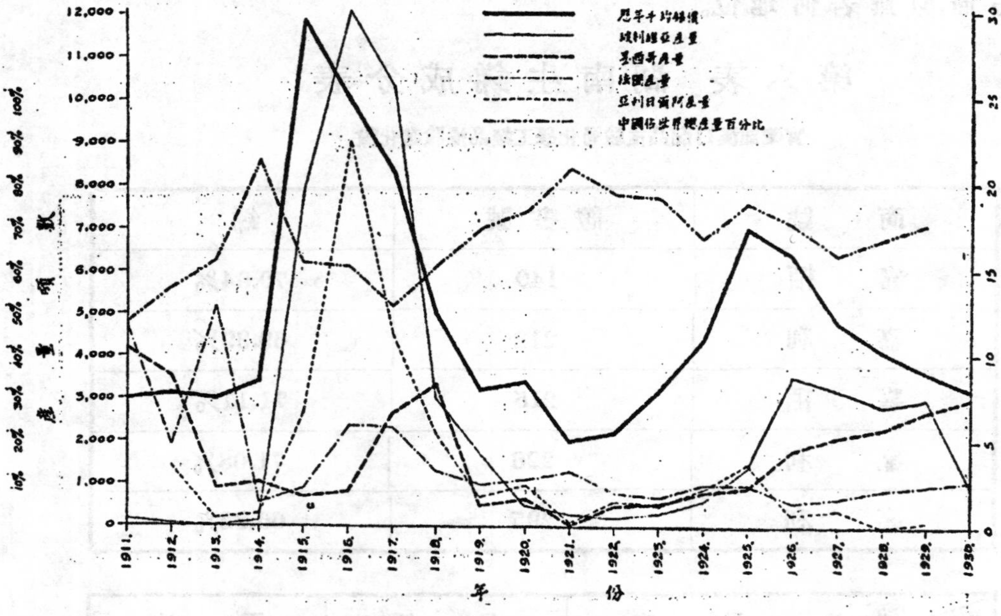

分左右,始能有利可圖,但二十年來平均之銻價,僅一角二分,(參閱第三表)故產量終屬有限,中國因成本甚低,於歐戰銻價慘跌後,尚能勉强維持,卽 1921 年銻價最低時,產量反佔全世界之84%(參閱第三圖)。如我國銻業界,能聯合一致,自行直接運銷外洋,則未始不能左右世界之市場。倘再進一步而自行研究銻之新用途,則前途更屬有望矣。

參考書籍雜誌

1. C. Y. Wang: Antimony, its history, chemistry, mineralogy, geology, metallurgy, uses, preparations, analysis, production, and valuation; with complete bibliographies. London, 1919.
2. F. R. Tegengren: The Hsi-K'wang-shan Antimony Mining Fields, Hsin-Hua district, Hunan. The China Geol. Survey Bulletin 3-4, pp. 1-21.

3. 劉基磐:湖南之銻業。湖南建設廳地質調查所民國十七年七月。
4. Mining and Metallurgical Society of America: Bulletin Number 177. August, 1925.
5. C. Y. Wang: The practice of Antimony Smelting in China. Transactions of the American Institute of Mining Engineers. 1918.
6. C. Y. Wang: Present Status of the Metallurgy of Antimony. Engineering and Mining World. August, 1930.
7. P. M. Tyler: Antimony in 1930. U. S. Government Printing Office, 1931.
8. C. Y. Wang: The Mineral Resources of China: Tietsin Press. 1922.
9. Metals and Alloys. Louis Cassier Company, London. 1931.
10. W. Campbell: A List of Alloys. American Society for Testing Materials. 1930.

無綫電超短波通信之成績

約三數年前，無綫電波波長之在11公尺以內者，人每視爲過短，不足以作通信之用。猶之八九年前，200 公尺以內之無綫電波，咸以效用極微，不加注意而棄置之。殊不知短波無綫電，有特殊之功用，爲吾人初料所不到也。今日之超短波無綫電，實具同一之情形。在最近一二年間，一般無綫電界(尤其爲業餘家)，均潛心研究，以冀有所新發現。積二年餘之追求，竟得有極良好之結果，證實該項電波，在特種情形之下，實具有優越之功用。查超短波無綫電波，(卽 10 公尺以內之電波)，因其波長絕短，與光綫之波長，已相隣近，頗具集合傳射之特性，或稱光帶傳射 (Beam tranmission) ，以其傳射可以集合，有如探照燈之電光，光綫直射，宛若一帶也。此項電波，用作定向之傳射，極爲適宜。英美各國巳多建造超短波之電台，於沿海各處，專發定向信號，指示各移動電台，以減其航行時之困難，頗著成效。至一般業餘無綫電家，使用此種電波者，頗不乏人。據調查所得，在美國紐約城附近一帶，爲數已逾三百，電力大都二三華特，每夜與各州試驗通信，甚爲可靠。通信最遠之記錄，目前爲 300 英里云。在該三百英里範圍以內，無論何地，均可通信，不若短波長之無綫電波，有越程之現象，聯絡嘗感困難也。(K.T.)

洪潦後調查方法之商榷*

周宗蓮

一 引言

水利工程之目的,為興利除害,夫人而知。但一河之害,何由而生,其害之程度若何;如任何河流有每年一次之小洪,三五年一次之大洪,幾十年以至百年一次之最大洪,洪災損失,當隨洪潦大小而不同,以所耗工程費與所保護之利益較,究以防止何種為有利?若得不償失,姑無論建築物如何堅固偉大,亦為失敗。又如為免去所規定之洪潦計,宜用何種方法及建築物,方適合預期之功效?若藥不對症,不獨無益而且害之,更違工程原則也。為解決以上二種問題,紀載與研究尚焉。近世治河,對于雨量水文皆設站作長期之研究。蓋各河性質不同,有如人面,其變化莫測,無一定規例可尋。近世人類繁殖,與河爭地,水利工程之數量日增,而工程家所遇之難題,更多而雜,故所需于過去之紀載者更鉅。但河流所表現之特性,不僅在流量,且在地形與地質;在小水時固有變遷,在洪潦時尤烈。過去中外水利機關,平時僅設水文水標及氣象站,非至某種工程舉辦時,不作全河實地調查與研究。至此時感資料不足,乃不得不借鑑他河,或藉助于試驗。然天然河流,乃一大試驗場也,苟每年洪潦後,將全河實地調查一次,按年施行,編成河流全史,則有裨于將來之治理,豈淺鮮哉?我國水利建設伊始,以我國地域遼闊,河流衆多,則異日工程繁巨,可以想見;以此時而商榷洪潦後調查方法,或非詞費歟!

---

*二十一年年會論文

洪無大小每次均作實地調查之舉,尚未前聞;著者謹就管見所及,提綱言之。玆篇首述調查組織,次言各種應調查事項及其方法。惟學識簡陋,幸大雅教之。

二　調查隊之組織

除巨流如黄河及長江外,每河一隊之組織如次:

人　員　工程師　二人

　　　　測夫　八人至十二人

器　具　帶視距線當皮水平儀 Dumpy Level 一架

　　　　羅盤　一架

　　　　平板儀　一架

　　　　氣壓表　一個

　　　　水平尺　三根

　　　　步尺 Stride Rule 數根(自製按每測夫步距之長度及平面圖比例尺而分刻步數于其上)

　　　　測水蔴繩及錘　全套

參考資料　地圖　各水利機關實測縮小平面圖或德日參謀部本國陸軍測量局所製軍用圖

　　　　水準標點紀載　各水利機關及各鐵路

此簡單調查隊,應於洪水甫過三數日出發,沿河上溯。以所攜地圖爲根據,而搜集各種資料。如某河流域,無已成地圖供參考,或某段地形有大變動而須測平面圖時,即用美人蒙古考古隊所採之步尺法 Stride Rule Method, 以製草圖。此法以步定距離,以氣壓表定高度,以羅盤定角度。若測定沿河各洪水位及橫斷面或某段重要地形圖時,則以水平儀定高度,視距線定距離也。若某河不久將舉行工程時,可加一經偉儀以測定兩岸基線,以爲全圖骨幹。以下分言各種調查及方法。

三　損失

過去每遇洪潦,其損失常多誇大,此或因新聞記者非專家而考查不準,或因慈善家欲藉此以鼓動社會人士之捐助。然工程上所需要之損失紀載,須詳而實。損失調查方法,可分爲直接及比較二種。如損失爲有形事物,其原來價值與被災後價值,吾人可直接估定,則此二數之差,卽爲損失。此之謂直接調查法。反之有若干無形事物,其被災後之價值,吾人或可由現狀推求,但原來價値無從估定,則須搜查過去同時紀錄,或其他未被災之相同事物,兩相比較,方可定其損失。此之謂比較法。以上二法,有時須互相爲用。應調查之損失,約計如下:(1)農產物,農產損失,常隨地域洪潦時間季節與農作物種類而異,不能以被洪面積而推定。我國農產主要物,南稻北麥。麥分冬春二種,冬麥於上年冬季播種,春麥則于本年春季播種。北地因氣候關係,大半每年收穫一季。江南產米,豐嗇亦隨地而異。蘇皖鄂北部,大半爲一季之遲種,浙贛湘黔滇,爲二季一季並存之區,閩粵則爲二季。此外尙有若干副產物。此種損失,須分二期調查,第一次洪潦甫過後,可得槪路。于三閱月後,再調查其新收穫,由此可得眞確損失。(2)普通產業,包括房屋工廠鐵道公路牲畜等,皆可於第一調查時,搜求其損失。(3)工商業運輸交通,此種營業損失,不能直接估定其應有價值,須用比較法。

四 洪水位及洪水量

如沿河未設水文站或站數不足時,洪潦發生後,必須搜求各洪水位。但須注意者,洪水位以多而可靠爲佳,在普通情形下,各點間距離,應在一至五公里左右。若某段河床有大變動者,則洪水位宜加多,以研究其在洪潦時是否有倒漾迴流等狀。大槪在不沖積段內,沿河石壁林立,搜求洪位,甚爲容易,但在山峽內,每因坡峻流急,常激盪成浪,故實在水面,常較浪痕低一公分左右,惟浪痕淡而洪痕濃,可資區別。至于沖積河內,須在林木及房屋上尋求,有時須訪諸野老。若某次洪潦爲數十年或百年所稀有者,則此種洪位,除詳細調查紀載外,并須分別重要者用鉛油塗抹,以便將來任何時之參考。各洪水位尋得後,須測定其位置,其高度用水平儀,距離用視距線,由此可定洪水面 Flood Plane。在進行工作時,須隨時檢查,若漫不經心,則在規則河流內,其洪水縱剖面,發生倒坡或起伏等錯誤。普通人士,常以水位表示洪水狀況,是為錯誤。洪之大小,宜以洪水量別之;故調查時宜間三五十里重要而適宜之地點,估計最大洪水流量。估計之法有二,可因地而擇用之。(1)坡度面積法 Slope-Area Method。此法採用,宜在河床極平勻段內,首先于兩岸尋求洪水位,用水平儀測定其距離與高度差,由此可求得其平均洪水坡度 S,再測定橫剖面,而求得面積 A。此外為選擇粗糙率 n,此步工作最難,常須長時間之觀測與研究,我國此項紀載,尚不充分,茲將華北水利委員會及揚子江水道整理委員會已有紀載,附後以為參考。惟粗糙率常隨若干情形而異,故選擇時需最豐富之經驗,否則錯誤特大。平均言之,若河流整齊,兩岸無阻礙物,其價值為 0.0250,若河流橫斷面不規則而有草木,可增百分之二十,若河流曲折,可增百分之十,若河床曾被冲刷,則增百分之二十。至于計算時,有二種常用之公式,皆以查濟之公式 Chezy's Formula $V=C\sqrt{RS}$ 為本,其不同者在求常數 C 耳。

華北各河粗糙率 n 表

河名	站名	最大	最小
薊運河	九王莊	0.0400	0.0400
遼河	巨流河鎮	0.0260	0.0230
潮白河	蘇莊	0.0210	0.0210
北運河	通縣	0.0205	0.0205
	河西務	0.0458	0.0270
大清河	新鎮縣	0.0300	0.0300
子牙河	獻縣	0.0340	0.0180
永定河	三家店	0.0270	0.0210
	官廳	0.0250	0.0150
	蘆溝橋	0.0270	0.0110
	雙營	0.0390	0.0140

滿甯公式　Manning's Formula　$C=\frac{1.458}{n}\sqrt[6]{R}$

加特公式　Kutter's Formula　$C=\dfrac{23+\frac{1}{n}+\frac{0.00155}{S}}{1+\left(23+\frac{0.00155}{S}\right)\frac{n}{\sqrt{R}}}$

揚子江粗糙率 n 表

站名	最大	最小	備考
鎮江	0.0427	0.0200	十四年
	0.0503	0.0290	十五年
城陵磯	0.0299	0.0094	十四年
	0.0292	0.0183	十五年
漢口	0.0560	0.0555	十四年
武昌	0.0502	0.0347	十四年
九江	0.0599	0.0316	十四年

上表見揚子江水利月刊一卷六期 G.G. Stroebe「揚子江水功學」一文

二者無甚顯著之優劣，而滿甯公式甚簡便，故華北水利委員會採用甚久，而揚子江水道整理委員會則常用加特公式。由此得平均流速 V 後，與面積相乘，即得流量。此種估計法，最困難者爲粗糙率 n 之選擇，此其劣點也。其次爲(2)緊口法 Contracted Opening Method 此法只限于河口陡狹如決口或本河有橋墩等處，水面陡落三公寸以上，同時緊縮段甚短，而損失水頭不大。上下游坡度及緊口內水面曲線，均由洪水位測定之。同時測定緊口橫斷面積，並估定上流平均流速。然後用公式：$V=\sqrt{2gh}$ 以求平均流速，但總水頭 h 乃上下游水面高度差，加上游平均流速水頭，減去損失水頭。上游平均流速等于流量，除以上游平均橫斷面面積，其水頭即等于 $\frac{V^2}{2}$。若上游流量未知，可假定一數，屢試屢改。損失水頭，亦須先假定以便試算，至重算時，則此數應爲緊口長度乘上游坡度再乘以口內平均流速(等於上公式所得流速與上游流速之平均數)平方與上游流速平方之比率。若試算二次，結果即可符合。此法無估定粗糙率 n 之煩，雖計算多一二試改，然結果常佳。沿河若有相當地點，宜多用此法。

地點	記載年數	雨量	
		平均每年以公釐計	二十四小時最大量以公釐計
廈門	29	1182.5	233.4
廣州	10	1699.2	167.1
長沙	13	1412.4	119.4
彰德	6	508.4	449.7
成都	6	880.0	168.0
芝罘	38	619.8	259 1
鎮江	38	1039.6	254.8
重慶	23	1102.6	207.5
大連	19	628.1	189.6
福州	38	1434.7	288.3
杭州	19	1225.7	129.1
漢口	45	1258.5	220.0
哈爾濱	22	536.6	162.6
西安	2	739.7	77.8
香港	41	2182.3	520.6
宜昌	42	1094.8	181.6
開封	5	631 2	?
張家口	6	385.7	102.8
九江	39	1465.7	177.0
瓊州	14	1150.3	241.3
歸化	6	384.7	55.8
貴陽	3	1169.0	68.8
潞安	6	497.0	65.9
蘭州	28	1269.3	198.4
澳門	15	1761.2	316.6
奉天	18	672.2	148.7
南京	20	1069.0	154.0
寧波	49	1386.4	241.8
北平	8	593.9	177.4
徐家匯	52	1147.9	199.9
汕頭	45	1516.3	278.4
太原	6	351.0	54.0
天津	18	523.7	124.3
青島	26	660 5	167.4
西安	4	460.9	92.0
吳淞	20	1006.3	134.6
梧州	23	1298.5	134.1
蕪湖	44	1218 6	317.5
永州	2	1455.8	211.0
溫州	40	1689.4	269.2
雲南	24	1040.3	108.5

五　致災原因

洪潦直接原因,爲氣候變更,雨量大而驟。我國氣象紀載,年代短淺,惟上海徐家匯天文台之紀錄,可供參考。

雨水變動,吾人殊無制服之力,只能於河流加以研究而求解决洪潦問題。一河某段內發生洪災,或因河槽宣洩不暢,或因上游各支流洪峯 Flood Peak 同時達到,使本河擁擠,或下游幹河發洪,而使本河受頂托之患,此皆須由洪水位等調查而確定之。若河流無任何巨大變遷及障礙物時,其水面坡度,有極規則之程序向下游減小,此現象在洪水時尤爲顯明,下表可資佐證。反之如有變遷,則坡面有特殊變化。如十八年洪水時,永定河金門閘上游坡度爲一千二三百分之一,因該地河床陡狹,其坡度劇減爲二千六百分之一,本河遂成擁擠之狀,而發生決口。其餘如沉澱泥沙之粗細,兩岸崩塌裂痕,在在爲研

永定河十三年洪水面坡度

地 點	距 離	洪水坡度
官廳至三家店	九十公里	1/300
蘆溝橋至閆仙岱	十五公里	1/900
閆仙岱至金門閘	十四公里	1/1700
金門閘至南四工	十八公里	1/2200
南四工至許辛莊	廿六公里	1/3500
許辛莊至雙營	十五・五公里	1/3600

究洪患原因之資料也。

六 河流變遷

河流變遷,常無定理可尋,但關係重要,故近來歐美多設水工試驗所,以事研究。美人費禮門有言「吾人不能將全河或某大段作成模型,而試驗一切複雜現象;不過將此種複雜現象,分爲若干細因,而研究其各個影響耳。」此複雜現象之探討,惟在實地調查。河流變遷,惟在洪潦期間,且每洪必變,最要者爲河口三角洲,中途沙灘及兩岸決口,其劇烈者爲全河改道,黃河六大變遷,其實例也。查河流自山峽挾泥沙而下,一至平原,因坡度減而流速小,故荷重沿途沉澱。若中途流速劇變,泥沙量亦呈顯著變化,如十八年永定河金門閘決口後三十小時,本河下游被淤塞者十餘里,此固半因該河含砂量特大,然因決口而呈此特別狀況無疑也,此種變動,年年不同,若逐年調查紀載,其有助于將來治理,豈淺鮮哉!又如因兩岸築堤而使河床日漸淤高之說,中外皆傳。但據費禮門考察黃河及義大利波河之結論,此說全非。若于調查時,于劇變處,測量其地形,逐年紀載,可解決工程上若干糾紛。在測量時,可假定水準標點;若附近數十里內有已設標點,卽可與之連接。否則,假定其高度,以備將來考證。

七 結論

過去洪潦紀載,常爲普通人士及行政官吏之報告,損失常多誇大,洪災原因復多臆測,皆于工程上無多幫助。故今日世界各大河,皆無一長期完密之歷史。去年長江大水,其中不少極有價值之資料,惜無大規模有系統之調查,良爲可惜。我國河流衆多,每年均有災象,若今後按年調查一次,近則可裨益于目前工程,遠則有助于將來之治理。著者有感于中,忘其謭陋,掬淺見以就正于明達,幸大雅教之!

德國偉大壩工完成

此爲近代最大壩工之一，經六年之工作，二十一年十二月二日落成。此壩在德國薩爾河（Saar）之上，用以發展水力，節制河流。壩高 200 尺，其上游成巨浸，能積水 2.265 acre-ft. 英畝尺，壩下建發電廠如圖。(見 Engineering News-Record)黃炎。

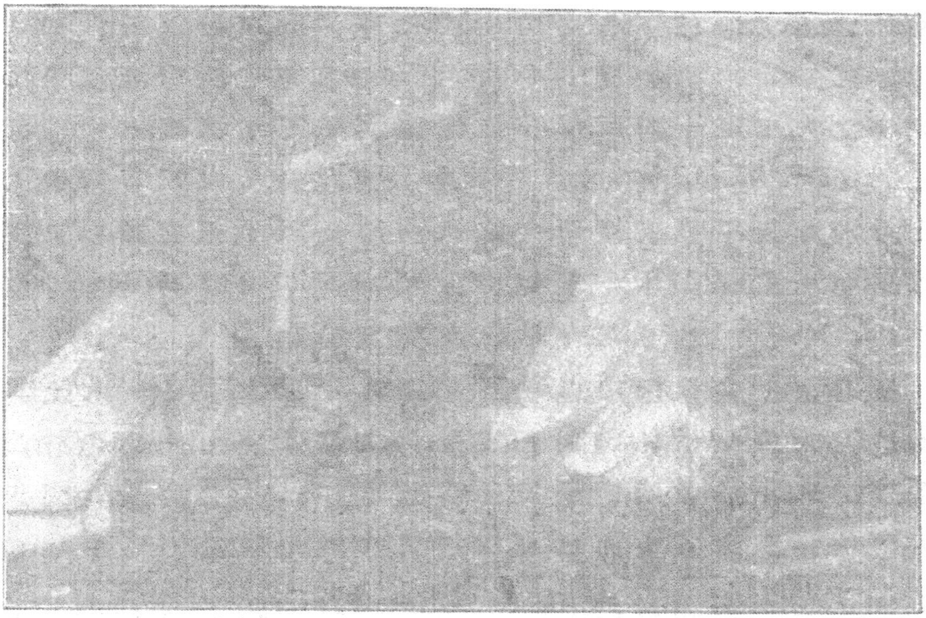

淡氣救國論*

陳德元

淡氣者,戰爭之利器也。1914年歐戰方酣,德國海口封鎖,智利之硝,不能輸入。拉推諾氏 (Walther Rathenau) 適司軍火原料之職,心焉憂之。遂大聲疾呼於國人之前曰,「倘東線戰事亦與西線同等劇烈,吾人將如何抵抗耶?倘戰事比吾人現時所能想像者更激烈,範圍更擴大,將從何處得淡氣之供給耶?」拉氏之呼號,卒邀長軍政者之注意,毅然下令竭力建設化學工廠,以圖淡氣供給之獨立。科學專家如哈盤教授 (Prof Fritz Haber) 等翕然響應,盡全力以從事。設立大工廠十四所,每年能固定淡氣五十萬噸,空中淡氣固定工業,(Fixation of Atmosperic Nitrogen) 遂大告功成。識者謂德人苟不致力於此,斷不能支持四年之久,將早一蹶不振矣。誠以重要爆裂藥品,如梯恩梯(T. N. T.)畢克力酸(Picric Acid)硝酸棉(Gun-cotton)硝酸甘油 (Nitro-Glycerine) 等,非淡氣莫能製造也。

最近滬上之役,敵機摧殘閘北,盡人世之慘事,各界人士,奔走呼號,昌言飛機救國,此說固是,豈知飛機摧毀能力,全賴含有淡氣之爆烈彈耶?熱心救國者,觀於此當知所從事矣。然淡氣救國之功用,不僅供給戰事軍火而已。農田加肥,亦需用淡氣,肥料中如硝酸鈉 (Sodium Nitrate) 硝酸鈣 (Calcium Nitrate) 硫酸錏 (Ammonium Sulphate) 磷酸錏 (Ammonium Phosphate) 等,無一非淡氣化合物。一八九八年大化學家克羅克爵士 (Sir William Crookes) 深感於智利所產之硝,將告匱乏,肥料之來源苟竭,世界人類,將有餓死之虞。大聲疾呼,世人如

*二十一年年會論文

夢方醒,促成淡氣事業,此實爲其主因。今則人造肥料風行歐美,成效昭著。吾國近年輸入,繼長增高,僅硫酸錏一種,民國十九年輸入已達三百餘萬担價值二千餘萬元之巨。(見表一)然行銷區域,猶未普及也。假定全國農田有十萬萬畝,(民七報告,全國農田園圃合計 1,314,472,190 畝)每畝每年用硫酸錏十斤。則全國每年可銷壹萬萬担,合六百萬噸,數量之大,實可驚人。

化學肥料輸入總量數總價值(表一)

種類＼年份	民國十七年		民國十八年		民國十九年	
	數量(担)	價值(兩)	數量(担)	價值(兩)	數量(担)	價值(兩)
硫酸錏	1,760,373	9,271,665	1,861,794	9,888,906	3,196,269	18,510,477
智利硝	81,560	386,798	66,255	328,049	82,596	462,864
未列各肥料	777,389	2,217,773	783.275	2,197,236	664,929	691,334
總計		11,876,236		12,414,191		19,664,675

數千年來,吾國以農立國,社會基礎,全賴農村,今則洋米洋麵,大量輸入,農產事業,已根本搖動,若肥料亦仰給於舶來,漏巵將伊於胡底!所以欲救危急之國防,濟農村之破產,均非努力從事於淡氣事業不可,請再繪圖以明之如後:

除戰時供軍火平時肥農田之外,淡氣化合物之工業用途,正不勝枚舉,製成硝酸,可供造顏料,假象牙,人造絲,照相軟片之用。且炸藥用途,不僅限於戰時,如開礦,築路,墾荒,皆可用之。美國用炸藥於平和事業,年達五萬萬磅之巨,淡氣與國計民生關係之重大,吾人宜有深刻的認識矣。

淡氣爲世間最豐富之物質,散布空中,彌漫大地,地球面積每平方英里有淡氣二千萬噸,既有無盡之藏,從事斯業者,宜易於着手矣。然淡氣又爲世間最懶惰之物質,不易與他元素化合,宇宙間

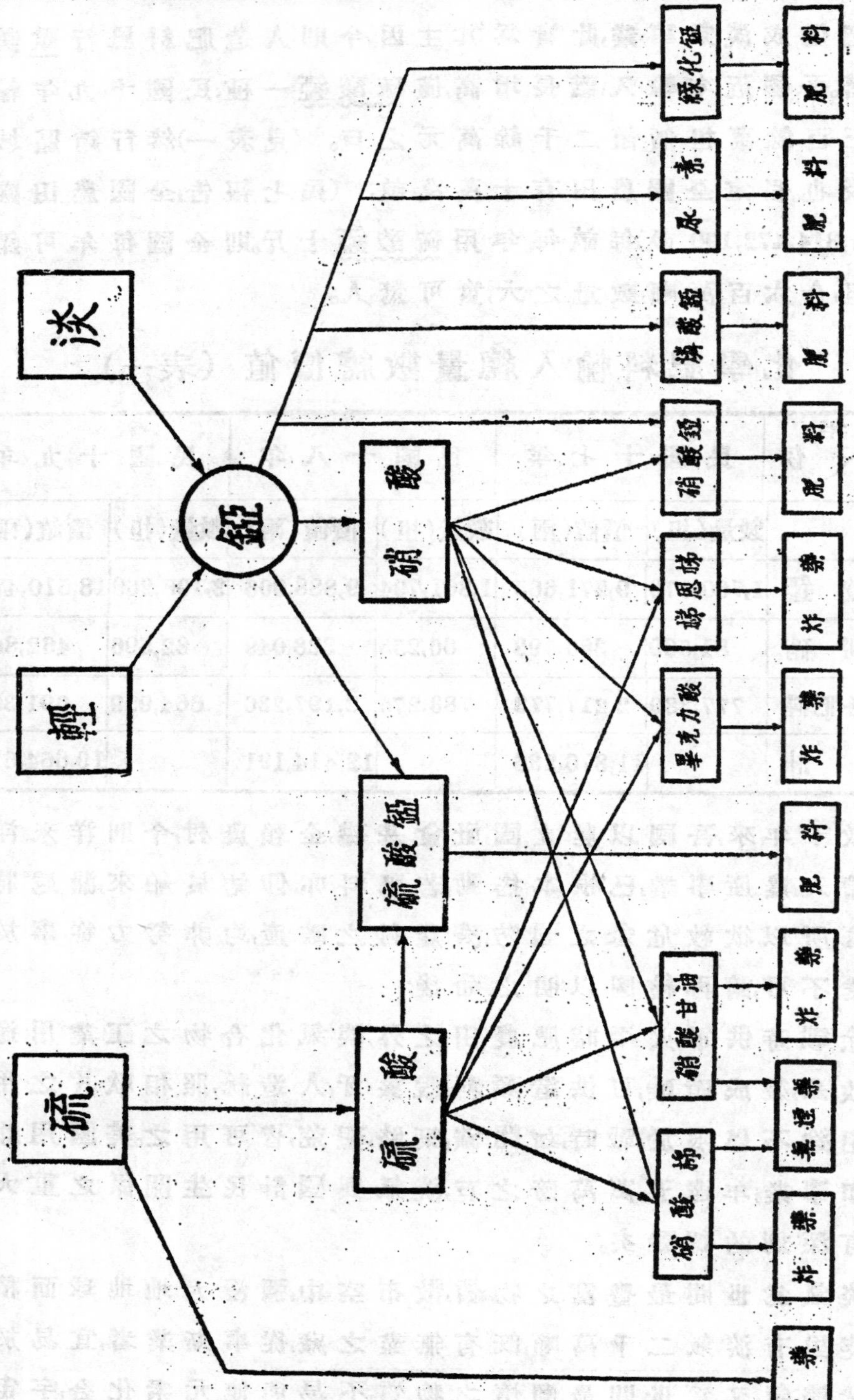
氮
鉀
硫
铔
硝酸
硫酸铔
硫酸
硫化铔
尿素
磷酸铔
硝酸铔
畢克力酸
硝酸甘油
硝酸棉
肥料
炸藥
火柴

淡氣雖多,欲吸收之使成固體化合物,成爲技術上之難題,經二十餘年之長期努力,再加以歐洲大戰之迫促,驚天動地之偉大事業,始告成功,化學家洵萬能哉。

固定淡氣方法,近時通行者有三種:(一)電弧法(Arc Process)(二)鈣淡化合法(Cyanamide Process)(三)合成安摩尼亞法 (Synthetic Ammonia Process)

電弧法與鈣淡化合法因有種種不經濟之點,產額逐年減少,已在淘汰之列,可不具論,惟合成安摩尼亞法,最爲通行,玆略述如後:

合成安摩尼亞法

安摩尼亞,可以用輕淡兩種元素直接合成,如以下之方程式:

$$^1/_2N_2+^3/_2H_2 \rightleftharpoons NH_3+12,000 \text{ Gram Calories}$$

由此可見製成安摩尼亞一分子公分(Gram mole)(卽17公分)發生12,000公分熱量,所發之熱,可利用以維持製造上所需要之熱度。

製造上所需條件

此法製安摩尼亞,固極直捷,然實際製造時,不能如方程式所示之簡單,所需之必要條件甚多,先擧最重要數點如後:

(一)壓力——輕淡兩氣,在普通氣壓之下,雖能合成安摩尼亞,然其量極爲微細,故製造家必利用高壓以增加其合成之量,使製造速率加高。最低者用100氣壓,最高者1,100氣壓。大抵在同一狀况之下,氣壓愈高,則所合成之安摩尼亞愈多。(見第一圖)

(二)熱度——依理論言,熱度愈低,則所成之安摩尼亞愈多,(見第一圖)然安摩尼亞合成愈多,則發生熱量愈多,必設法除去所發之熱,始能保持此低温,結果或致減低壓力,或致氣流加速。然此兩種事實皆能使產量減少,因此之故,熱度不能使之過低,最切

4909

第一圖

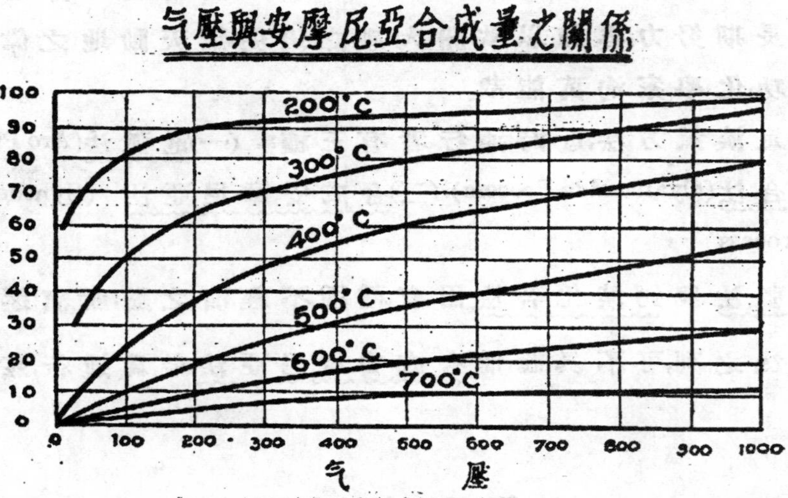

第二圖

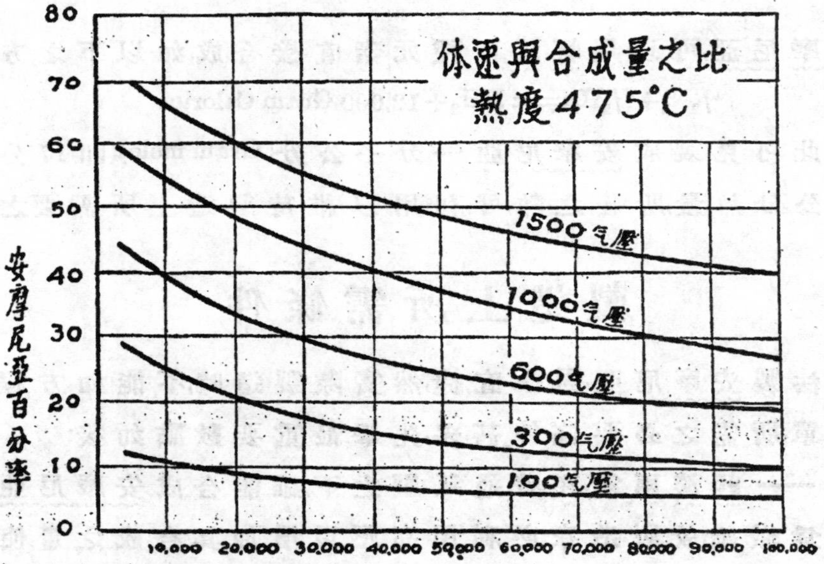

用者,為攝氏450°度至475°度。

(三)體速——(Space Velocity)體速者,氣體通過媒介劑之速度也。在一小時中,有多少輕淡混合氣之體積經過一個體積之媒介劑,即得多少體速。譬如有20,000立方呎輕淡混合氣,在一小時內通過一立方呎媒介劑,則體積速度為20,000。在同一溫度同一壓力之下體速愈高,合成安摩尼亞之分數愈低,第二圖表示體速與出氣中安摩尼亞多少之關係。熱度假定爲475°壓力在100, 300, 600, 1000, 1500,各個不同之氣壓。就此圖又可見壓力增高,可以增加產量。

欲決定一適當之體速,非簡單之事,茲舉例明之。在300氣壓之下,如體速爲10,000,則出氣中含安摩尼亞25 %;如體速爲1000,000則出氣中含安摩尼亞10 %。就表面觀之,似前者比後者效率高。但細考其產量則不然。按上例以一立方呎媒介劑而論,倘在一小時內,排出之氣體爲10,000立方呎,則得安摩尼亞25 %,卽2,500立方呎。如體速增加,每小時排出氣體100,000立方呎,則得安摩尼亞10 %,卽10,000立方呎。由此可見體速加十倍時,出氣中之分數雖減低,然實際上安摩尼亞之總產量反增加,故不宜專看出氣中安摩尼亞分數之多少而決定工作之狀態,吾人必須兼顧熱度適宜之平衡,以

第三圖

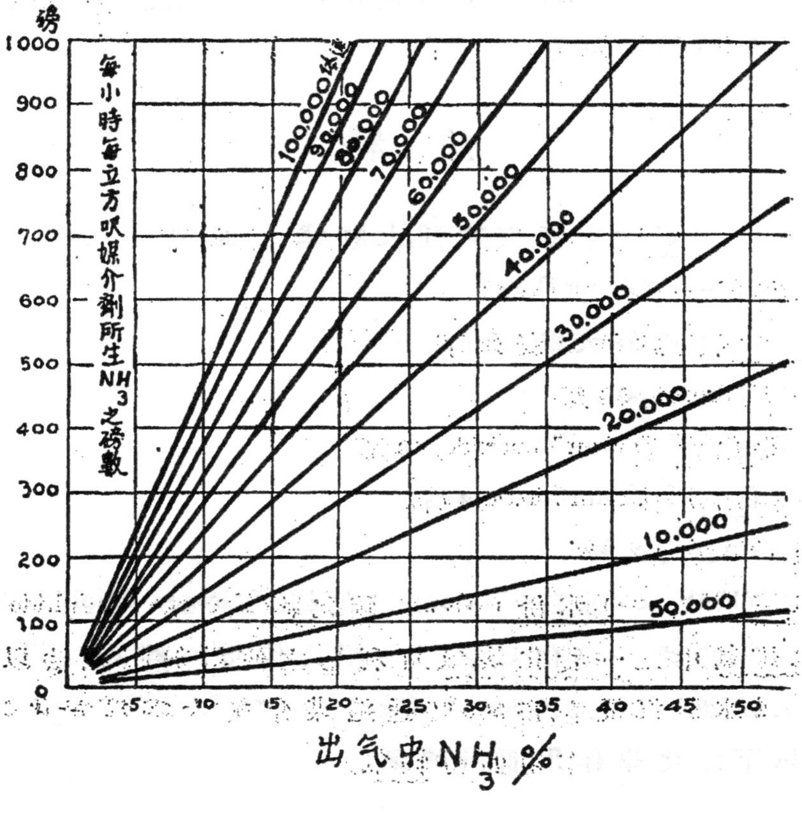

決定體速之大小。在上例中,體速低時,出氣中安摩尼亞分數高,故所發之熱量多。速率高時,出氣中安摩尼亞分數低,故所發之熱量少。工作者不可不注意及之。最通用之體速爲 20,000 最高者爲 150,000第三圖表示在規定體速之下,出氣中所含安摩尼亞之分數與每小時每立方呎媒介劑所生安摩尼亞成正比例。

(四)媒介劑 —— 用合成法製安摩尼亞時,所用輕淡二氣,最適當之比例爲一個體積淡氣,三個體積輕氣,恰與理想上所需量相等。然僅有輕淡二氣,雖壓力熱度等條件相宜,所能產生之安摩尼亞成份極低,大部份之輕與淡,猶未化合,殊不合工廠製造之用。經多數化學家精密研究之結果,知必用媒介劑以促進其化學作用,產生之安摩尼亞方可較多,所以媒介劑成爲製造安摩尼亞之重心。昔時研究者都用鋨(Osmium)鈾(Uraniun)等爲媒介劑,惟價值太昂,不合經濟,近人都用養化鐵外加養化鉀,養化鋁,以促進其功用,稱爲助成劑(Promotors)。

原料

(一)輕氣 —— 輕氣之來源有數種,大略述之如下:

(甲)水煤氣 —— (Water Gas)

水煤氣之成份大概如下

輕 (Hydrogen) 50 %

一養化炭(Carbon Monoxide) 43 %

二養化炭(Carbon Dioxide) 4 %

淡 (Nitrogen) 2 %

甲烷 (Methane) 水份 (Watar) 硫化輕(Hydrogen Sulphide)等 1 %

水煤氣中之一養化炭氣。可利用之使增加輕氣。法以爐中之與氣水蒸汽混合,在500°時通過媒介劑(大半爲養化鐵),即發生以下之化學作用而得輕氣。

$$CO+H_2O=H_2+CO_2$$

經過此次變化之後,用水洗之,使水煤氣之二養化炭吸入水中,更以輕養化鈉液洗之,使剩留之少量二養化炭得以除淨,再以銅錏液洗去剩留之一養化炭。

(二)水之電解 Electrolysis of Water —— 苟以直流電通入電池,內盛含輕養化鉀之水,則水分裂成輕養二氣,輕歸陰極,養歸陽極。以此法製輕,最爲純粹,惜用電太多,故必在水力電價賤之處,如挪威等,始可利用此法製輕,同時得養爲副產。

依理論言,四個基羅瓦特時(Kilowatt Hour)可產生輕氣一立方公尺,然實際必超過此數。近人試驗某種電池,得結果如下表:

一個電池所生輕氣之立方公尺數	電流(恩培) Ampere	電壓(伏脫) Volt	發生一個立方公尺輕氣時所需之基羅華特時 Kilowatt Hours
2.5	6,000	1.84	4.39
3.4	8,000	1.91	4.56
4.3	10,000	1.97	4.70
5.0	12,000	2.03	4.85

(三)煉焦爐氣 (Coke Oven Gas) —— 煉焦爐氣含有輕氣甚多,其成分大概如下

輕 (Hydrogen) 55 %

甲烷(Methane) 30 %

一養化炭 (Carbon Monoxide) 6 %

二養化炭 (Carbon Dioxide) 2 %

可燃物 (Combustibles) 3 %

其中所含輕氣,可用林特 Linde 液化并蒸溜法分出之。此外尙有其他製輕方法,如用電解法製苛性鈉,玉蜀黍發酵製丁醇(Butyl Alcohol),自然氣井發出之氣,及製造燐酸等,均可得輕氣,但不甚重要,故不贅述。

(二)淡氣 —— 吾人平日所呼吸之空氣,大部份爲淡氣,其成份如下

淡 78.14 %

養(Oxygen) 20.92 %

氬(Argon) 0.90 %

其他(Others) 0.14 %

欲利用空氣中之淡,必使之與其他物質分離,茲述種種分離方法如後:

(甲)發生爐氣(Producer Gas) —— 發生爐中有熾紅之焦炭,通過空氣後所發之氣體含有淡氣頗多,其成份大概如下:

輕(Hydrogen) 10 %

淡(Nitrogen) 60 %

一養化炭(Carbon Monoxide) 25 %

二養化炭(Carbon Dioxide) 甲烷 (Methane) 等 5 %

(乙)空氣之液化同蒸溜 —— 空氣成分,大部爲淡養二氣,已見上文,但二物之沸點不同,故可利用此點以分離之。分離之法,必設法降低溫度,使氣體液化。空氣受高壓則生熱,受壓後使經過冷却器回復尋常溫度,再將壓力除去,使氣膨脹,則生劇冷,利用此冷能使淡養兩氣分離而得極純之淡氣。

(丙)輕氣之燃燒 —— 欲得空氣中之淡,僅須除空氣中之養。如輕氣價值低廉,則可將輕在空氣中燃之,與養混合成水而遺留淡氣,以供應用。

製錏一噸,約需輕氣75,000立方英尺,淡氣25,000立方英尺(在溫度200°壓力一個氣壓時),空氣中既含淡78,14%,故製錏一噸需空氣$\frac{25,000}{0.7814}$=32,000立方英尺,此中含有養氣32,000×0.209=6,690立方英尺,需要輕氣13,380立方英尺,方可化合成水。故用此法時,每製錏一噸,除原有之75,000立方英尺輕氣外,需加13,380立方英尺,兩共需輕氣88,380立方英尺。

合成之方法

輕淡二氣之來源與其合成之原理,上文既詳言之矣,今請再言其合成之方法如後:

合成安摩尼亞之製法,各家大同而小異,今姑述最盛行之哈盤步許法 (Haber Bosch Process):

(第一步)輕氣之來源,為水氣爐(Water Gas),淡氣之來源,為煤氣爐(Lean or Producer Gas)。將適當量之兩種氣體混合,通過一去硫爐(Desulphurizer),爐中置活性炭,以除去氣中之二硫化輕(Hydrogen Sulphide)。在未去硫之前,每一立方公尺混合氣含二硫化輕 2 至 3 公分 (Gram),去硫以後,則減至一公絲 (Milligram)。除硫以後,混合氣之成分,大概如下:

輕 (Hydrogen)　38 %

一養化炭 (Carbon Monoxide)　37 %

淡 (Nitrogen) 20 %

二養化炭(Carbon Dioxide) 5 %

(第二步)將已去硫之混合氣同水蒸汽一起通入養化爐,經過爐中媒介劑,則一養化炭變成二養化炭,同時復增加輕氣之量,所以養化後變成以下之成分

輕 (Hydrogen)　54 %

二養化炭 (Carbon Dioxide) 28 %

一養化炭 (Carbon Monoxide)　4 %

淡 (Nitrogen) 14 %

(第三步)將已養化之混合氣,通入壓縮機(Compressor),經過機之第一,第二,第三級,壓力遂增高至二十七氣壓 (27 Atmosphers) 在高壓之下,將氣通入一去炭器,用水將二養化炭洗去,然後回至壓縮機之第四級,經第五級而出。壓縮機各級壓力,大概如下:

第一級 3 氣壓

第二級 9氣壓

第三級 27氣壓

第四級 81氣壓

第五級 240氣壓

由壓縮機第五級排出之氣,變成以下成份

輕 (Hydrogen) 27%

淡 (Nitrogen) 21%

二養化炭 (Carbon Dioxide) 1.5%

一養化炭 (Carbon Monoxide) 5.5%

最後之一養化炭,須通用銅錏液 (Ammoniacal Copper Solution) 除去之,二養化炭則用苛性鈉 (Sodium Hydroxide) 液洗淨之。

施行最後清潔之後,氣之成分,大概如下:

輕 75%

淡 25%

一養化炭 0.01%

二養化炭 0.05%

在一個氣壓,溫度20° C 時,一容積淡氣三容積輕氣之混合氣,每一個立方英尺,重 0.02223 磅。由此推算,製錏一短噸二千磅,需要混合氣89,970立方英尺。

$$2{,}000\div 0.02223=89{,}970$$

然實際製造時,必有損耗,約計百分之十,故製錏一短噸,需要輕淡混合氣 100,000 立方英尺(在上述溫度氣壓)

$$89{,}970\div 0.90=100{,}000$$

(第四步)將已洗淨且比例配合適宜之輕淡混合氣,通過合成器 (Convertor),在適宜的溫度,壓力,體速之下,經過適宜之媒介劑。此不易結合之輕與淡,始配合而成安摩尼亞。

雖有媒介劑促進輕與淡之化合,然未化合之氣,仍佔極大部份,成績佳者,僅合安摩尼亞 14%,故合成器中排出之氣,爲輕,淡,安摩尼亞三氣之混合品。宜分出安摩尼亞,將未化成之輕與淡,重新入器,使再生合成之變化。分離安摩尼亞方法有兩種,(一)吸收法,(二)冷却法;

用吸收法時,以合成器排出之氣通入吸收塔,由下上升,以水或安摩尼亞水洗之,由上下降,使氣體安摩尼亞被液體吸收,餘剩之輕氣和淡氣,從塔中排出,重復再用。吸收塔中之水量,可隨意增減之,使成弱液,或強液,或飽和液。在吸收塔中高壓下之飽和液,如遇壓力,減至與尋常氣壓相等時,則安摩尼亞氣自然揮發,剩普通飽和安摩尼亞液。如所用之水,恰能吸淨安摩尼亞氣,成當時氣壓下之飽和液,斯爲最合理想的狀况。溶液出塔之後,安摩尼亞氣揮發,供他種用途,剩餘之飽和液,重復進塔,再行吸收工作。

(二)冷却法 —— 用此法者,較用吸收法者多。將合成器中排出之輕,淡,安摩尼亞三種混合氣體,在低溫冷却之,使安摩尼亞凝成液體,與氣體分離。熱度愈低,則凝成液體之安摩尼亞愈多,剩留在氣體之安摩尼亞愈少,觀第四圖可知。同在 300 氣壓之下,如冷至

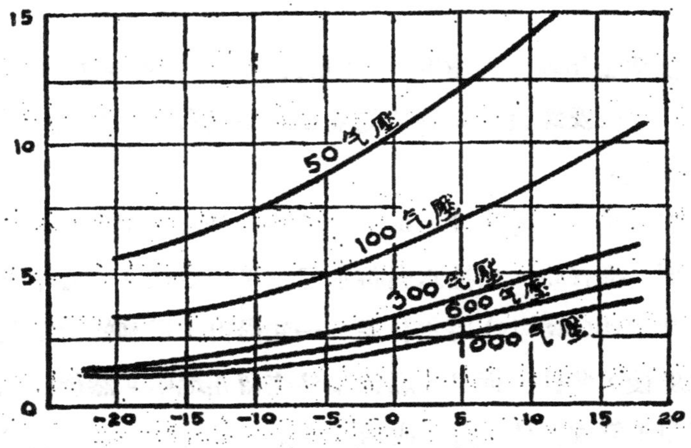

第　四　圖

15°C,則氣體中剩留之安摩尼亞爲5.5% 知更冷至零下 20°C,則爲1.5%,又壓力大小與安摩尼亞之分離亦有關係,譬如冷却溫度在零度,壓力爲 50 氣壓,則餘氣中剩留之安摩尼亞爲10%,倘在壓

力加至 100 氣壓,則爲 6 %。

輕與淡結合而成安摩尼亞,固定空中淡氣之使命已告成功,所產生之安摩尼亞,可任意變化,或直接應用,吾人能操縱自如矣。最普通之變化方法,爲將安摩尼亞養化成硝酸 (Nitric Acid), 或與他酸化合成鹽類,如硫酸錏 (Ammonium Sulphate) 磷酸錏(Ammonium Phosphate) 等,不遑枚舉矣。

參觀螺旋水泥樁基試驗

吾人早知"螺旋樁" (Screv pile) 之用，黄河平漢鐵路橋卽以此建之。

今有人依此改進而成所謂'螺旋樁基"(Screwcrete Foundation) 者，思欲引用之於上海，因在福州路江西路角之空地上，實行試驗，邀人參觀焉。

樁基分螺旋與軀幹兩部。螺旋武鑄，直徑 5'8"，形扁，中心空。螺紋一轉，Pitch 進程9"樁幹水泥製，大小隨意，入土淺深亦隨意。

工作時，螺旋上接一空心鐵柱，外徑 3'0"柱外有薄鐵皮壳，徑稍大。柱上端套一帽，其上有一特製電轉絞盤(Electric Capstan)，用鋼絲纜繫於兩面地上之樁。

開關拍上，絞盤上15馬力馬達兩具，卽將齒輪(Worm gear)轉動。齒輪復轉齒輪，達於樁柱而及螺旋。絞盤被纜緊住而不能動，螺旋遂緩緩向地轉入，如平常鑽洞一般。

樁長自30尺至50尺。旋轉速度，每一分鐘四十秒轉一週，入土九寸。絞盤轉動，可順可倒。進行時，用抽水機將水經由管子從柱子空心冲下，復由另一管子用空气升水法(air lift)將水和泥，一起提出，以利螺旋之鑽入。

至預定之深度後，將柱子拆出，螺旋和外壳留在地中。然後聽工程師之處置，灌入瘦三和土鑄成圓柱卽可，或用鐵骨木壳另製一柱，然後拔起鐵皮外壳亦可。

據當事人言，試驗之樁，入土30尺，螺徑 5'6"，載以工部局之馬路階石，至105噸，歷時10日，僅沉3寸云云。(黄炎)

結構物撓度與旋度基本公式之直接證明法*

孫寶墀

引言

高等結構學裏計算撓度(deflection)與旋度(rotation),有一個非常簡便的原則。下舉四個面熟的公式就是這原則的應用。

(一)花梁(truss)的撓度

$$\delta = \Sigma \frac{Sul}{EA} \qquad (13)$$

(二)花梁的旋度

$$\alpha = \Sigma \frac{Srl}{EA} \qquad (28)$$

(三)杆梁(Beam)的撓度

$$\delta = \int_0^l \frac{Mm}{EI} dx \qquad (41)$$

(四)杆梁的旋度

$$\alpha = \int_0^l \frac{Mn}{EI} dx \qquad (47)$$

13和41兩公式任何高等結構學書裏都有。至於28和47兩公式,據筆者所知,還是美國哈佛大學已故Swain老教授於1920年在美國土木工程師學會的會刊裏第一次發表的。

這些公式傳統的證明法不外乎引用內外工能相等(Equality of Internal and External Work)的原理。

本篇以一最簡單的花梁和一最簡單的杆梁為例。絕不假借工能觀念。用一個最直接的方法來證到這些公式。它的特點在乎顯示這求撓度與旋度的原則純純粹粹是一種幾何的關係。

第一節 花梁的撓度

花梁是至少用三根直杆以圓栓聯繫而成的架子。各杆以結

*二十一年年會論文

點為樞紐可以旋轉自如。每根支杆合鄰近的兩根構成一個三角形。花梁上各結點的相互關係當然受各支杆長度的支配。倘使一根或數根支杆的長度稍有變更，各結點必被牽動。某結點因此移動的最短過程名曰撓度。所以單說某花梁的撓度是不夠確切的。我們必須言明何結點何方向的撓度。

第一圖表示一座最簡單的花梁。它是用AB,BC,CA三根直杆搭成的。這花梁內部的應力是靜力學可解的。假如A點以圓栓繫在一個固定的物體上，能旋轉而不能移動。B點擱在滾軸上，祇能左右移動。那麼A點可以供給一個垂直的和一個水平的抵抗力，B點僅可供給一個垂直的抵抗力。所以就外來勢力而論，這花梁也是靜力學可解的。

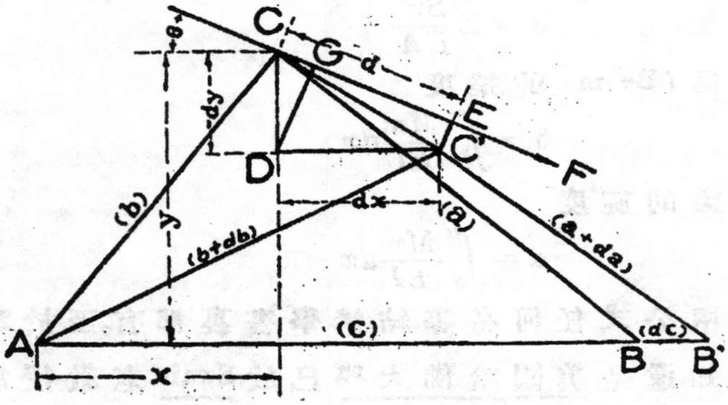

第　一　圖

假令這三根支杆的原來長度是$AB=C$,$AC=b$, $BC=a$。再以A點為座心，令C點的橫直距為x和y。現在倘因製造不準確，或因彈性伸縮，或因溫度升降，或有他種原因，以致各杆長度受下列的變更。AB增加dc, AC增加db, CA增加da。（既云增加則實地加長的尺寸自然是正數，實地減短的尺寸自然是負數）這加長的結果使這座花梁的形狀變作$AB'C'$。（圖中所示變更的程度特別放大。）CC'就是C點的撓度。這撓度顯然可以化作$DC'=dx$和$CD=-dy$兩個互相正交的分撓度，一個水平，一個垂直。

但如要求的是C點在CF方向的撓度，CF跟水平作θ角。我們把CC'化作兩個分撓度，$C'E$跟CF作正角，$\delta=CE$跟CF並行。δ就是所求的撓度。

作DG線跟CF作正角。可見

$$CE=CG+GE$$
$$=CD\sin\theta+DC'\cos\theta$$

即是 $$\delta=dx\cos\theta-dy\sin\theta \tag{1}$$

又見 $$x^2+y^2=b^2 \tag{2}$$

$$(c-x)^2+y^2=a^2 \tag{3}$$

故 $$x=\frac{-a^2+b^2+c^2}{2c} \tag{4}$$

求微分，得 $$dx=-\frac{a}{c}da+\frac{b}{c}db+\frac{c-x}{c}dc \tag{5}$$

從公式2得 $$dy=\frac{b}{y}db-\frac{x}{y}dx \tag{6}$$

以5代入6，得 $$dy=\frac{ax}{cy}da+\frac{b(c-x)}{cy}db-\frac{(c-x)x}{cy}dc \tag{7}$$

以5和7代入1得 $$\delta=\left[-\frac{a}{c}\cos\theta-\frac{ax}{cy}\sin\theta\right]da$$

$$+\left[\frac{b}{c}\cos\theta-\frac{b(c-x)}{cy}\sin\theta\right]db+\left[\frac{c-x}{c}\cos\theta+\frac{(c-x)x}{cy}\sin\theta\right]dc \tag{8}$$

公式8裏$da, db, dc.$的係數可以證明等於各該支杆的指數應力(Index Stress)，該項指數應力是完全由於C點上在CF方向受着一個外力$F=I$而發生的。證法如下。

這外力$F=I$可以化作兩個分力。一個等於$\cos\theta$，是水平的。一個等於$\sin\theta$

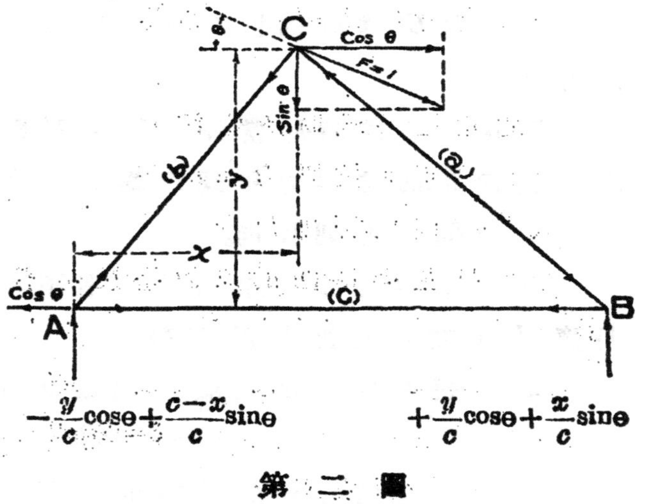

第二圖

是垂直的，如第二圖。它在支杆 a, b, c 裏所生的應力，即指數應力，可以命作 Ua, Ub, Uc。以抗拉力為正，抗壓力為負，分析的結果得

$$\left.\begin{aligned} Ua&=-\frac{a}{c}\cos\theta-\frac{ax}{cy}\sin\theta \\ Ub&=+\frac{b}{c}\cos\theta-\frac{b(c-x)}{cy}\sin\theta \\ Uc&=+\frac{c-x}{c}\cos\theta+\frac{(c-x)x}{cy}\sin\theta \end{aligned}\right\} \quad (9)$$

比照8,9兩公式，足見 8 式可以寫作

$$\delta=Uada+Ubdb+Ucdc \quad (10)$$

更簡單些令 l 等於任何支杆的長度，dl 等於該支杆的加長，10便變作

$$\delta=\Sigma udl \quad (11)$$

上述證法為簡單起見，以三角花梁為例。然而這原則是狠普遍的，任何多邊花梁都適用。公式11裏的總號 Σ 須將花梁內所有的支杆包括無遺。

用文字來翻譯公式11的意思。假使我們要算某花梁某結點在某一方向的撓度。解法第一步是就在該點該方向加上一道外力 $F=1$，計算它在各支杆內發生的指數應力 U。第二步求得各支杆的加長 dl，此項加長必須是發生所求撓度的惟一原因。第三步求得各支杆 U 乘 dl 的積數。這些積數的代數總和就是我們所求的答案。

應用這公式時應當注意下列數點。我們如果假定以抗拉力和加長為正，則抗壓力和減短為負。如 δ 的答數為正則所求的撓度跟 $F=1$ 同向，否則反向。

如果花梁撓曲的原因是製造不準確，則 dl 等於支杆的計劃長度 l 與實在長度 l′ 的差數。

如果撓曲的原因是溫度變遷則 $dl=ctl$。故公式11變為

$$\delta=\Sigma uctl \quad (12)$$

其中 c=製成支杆的材料的漲縮係數。

t= 增加的溫度。

如果花梁撓曲的原因是由於載受力重,則

$$dl=\frac{Sl}{EA}$$

故公式11變爲

$$\delta=\Sigma\frac{Sul}{EA} \tag{13}$$

其中l=支杆的原來長度。

S=支杆內因花梁載重而發生的應力。

A=支杆跟長度正交的截面面積。

E=製成支杆的材料的彈性係數。

如果花梁的撓曲是由於一部份支杆的加長,則長短不變的支杆的$dl=0$。故$udl=0$。計算撓度的時候無庸包括它們。

第二節 花梁的旋度

假令第三圖內ABC三邊花梁的形狀因支杆長度的變更

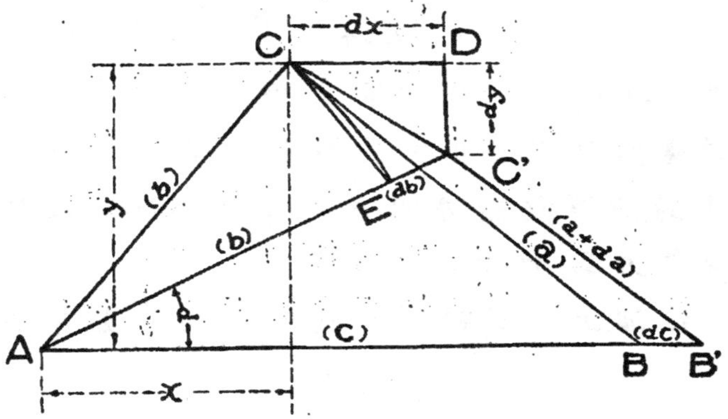

第三圖

而變作$AB'C'$。支杆AC的中心軸因此旋轉到AC'的把地位。CAC'角名曰AC的旋度.我們令它等於α。α和花梁各支杆加長的關係,很容易用幾何去推求的。

以A爲中心,AC爲半徑,作一圓弧,割AC'於E點。

$$\alpha=\frac{\text{弧長 }CE}{AC} \tag{14}$$

因為CAC'角狠小,

弧長 $CE=$ 弦長CE,相差幾微。 (15)

故公式14可以寫作

$$\alpha=\frac{CE}{b} \qquad (16)$$

并且弦長CE差不離跟AC'正交,故

$$CE=\sqrt{CC'^2-EC'^2} \qquad (17)$$

但 $$CC'=\sqrt{dx^2+dy^2} \qquad (18)$$

而 $$EC'=db \qquad (19)$$

故 $$CE=\sqrt{dx^2+dy^2-db^2} \qquad (20)$$

以第一節公式6代入20,得

$$CE=\frac{b}{y}dx-\frac{x}{y}db \qquad (21)$$

故公式16變作

$$\alpha=\frac{1}{y}dx-\frac{x}{by}db \qquad (22)$$

以第一節公式5代入22,得

$$\alpha=-\frac{a}{cy}da+\frac{b^2-cx}{bcy}db+\frac{c-x}{c}dc \qquad (23)$$

公式23裏da, db, dc,的係數可以證明等於各該支杆的指數應力,該項指數應力是完全由於支杆AC受着一個單位旋勢(Unit moment)而發生的。該單位旋勢的方向并且跟AC旋轉的方向相同的。令這些指數應力爲 ra, rb, rc. 證法如下

在AC的兩端加上一對跟AC正交的偶力$\frac{1}{b}$,如第四圖。因爲這

第四圖

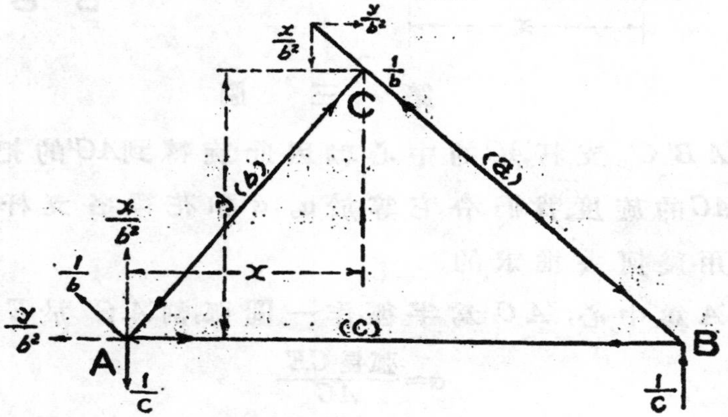

對偶力的臂距是b，故它的旋勢等於一。它的方向是跟AC旋轉的方向相同的。把A, B, C，三結點上的勢力逐一分析，可得

$$\left.\begin{aligned} ra &= -\frac{a}{cy} \\ rb &= +\frac{b^2-cx}{bcy} \\ rc &= +\frac{c-x}{c} \end{aligned}\right\} \tag{24}$$

故公式23可以寫作

$$\alpha = ra\, da + rb\, db + rc\, dc \tag{25}$$

更簡單些，令 l 等於任何支杆的原來長度，dl 等於該支杆的加長，公式25變作

$$\alpha = \Sigma r dl \tag{26}$$

這公式也是狠普遍的，任何多邊花梁都適用。

用文字來翻譯公式26的意思。假使我們要算某花梁某支杆(或者連接任何兩結點的一條直線)在某方向的旋度。解法第一步是就在該支杆的兩端加上一對跟它正交的偶力，它的旋勢等於一，它的方向跟所求旋度的方向相同。於是計算這單位旋勢在各支杆內發生的指數應力r。第二步求得各支杆的加長dl，此項加長必須是發生所求旋度的惟一原因。第三步求得各支杆r乘dl的積數。這些積數的代數總和就是我們所求的答案。

如果旋轉的原因是溫度升降，則 $dl=ctl$ 故

$$\alpha = \Sigma rctl \tag{27}$$

如果旋轉的原因是由於花梁載受力重，則

$$dl = \frac{Sl}{EA}$$

故

$$\alpha = \Sigma \frac{Srl}{EA} \tag{28}$$

至關於正負號應行注意各點可參考第一節。

第三節　杆梁的撓度

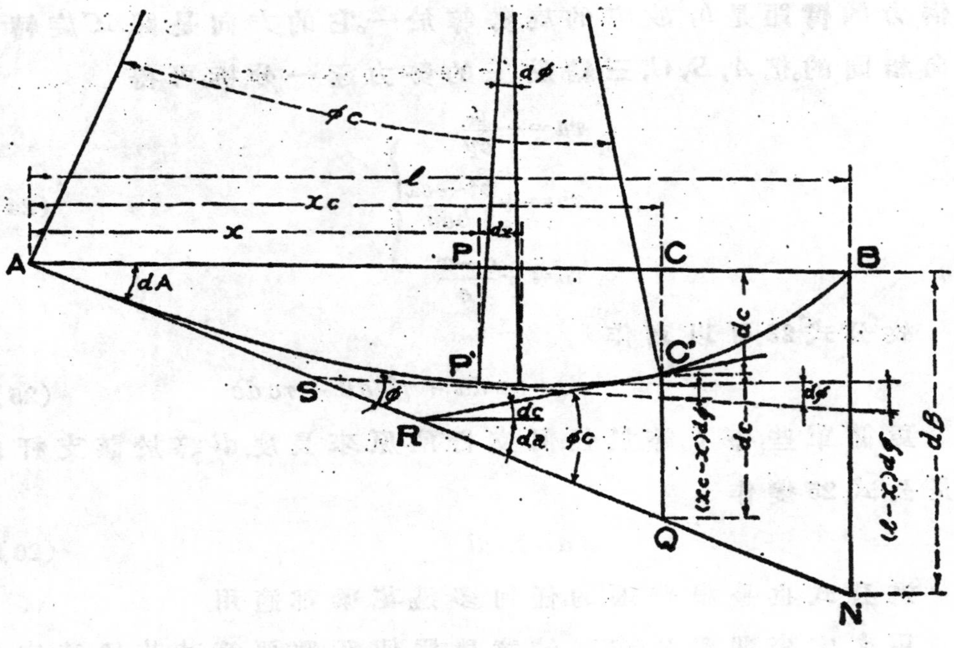

第 五 圖

第五圖 $APCB$ 代表一個簡單杆梁的中和軸(Neutral Axis)。假定該杆梁因受外加彎勢(Bending Moment)以致中和軸撓成 $AP'C'B$ 的曲線。經過 A 點的切線旋轉至 AN 的地位。P 點撓垂至 P',而經過該點的切線旋轉至 SP' 的地位。C 點撓垂至 C',而經過該點的切線旋轉至 RC' 的地位。我們可以用幾何方法求出 C 點的撓度 CC'。

命 E=製成杆梁的材料的彈性係數。

I=該杆梁與中和軸正交的截面的撓曲率(Moment of Inertia)。假定它是全梁一律的。

l=杆梁的長度。

x=自 A 至任何 P 點的水平距。

M=P 點上的彎勢。

ϱ=P' 點的曲度半徑。

Φ=AN 與 SP' 間的角度。

Xc=自 A 點至 C 點的水平距。

$\alpha c=C$ 點的旋度，即AC與RC'間的角度。

$\alpha A=A$ 點的旋度，即AC與AN間的角度。

$\delta c=C$ 點的撓度即CC'。

$\delta c'=C'$ 點至AN的垂直距離，即CQ。

$\delta B=B$ 點至AN的垂直距離，即BN。

我們知道　$\frac{1}{\rho}=\frac{M}{EI}$

從第五圖得

$$d\Phi=\frac{dx}{\rho}=\frac{M}{EI}dx \tag{29}$$

又

$$d\delta B=(l-x)d\Phi \tag{30}$$

故

$$\delta B=\int_0^l\frac{M}{EI}(l-x)dx \tag{31}$$

又

$$\alpha A=\frac{\delta B}{l} \tag{32}$$

故

$$\alpha A=\int_0^l\frac{M}{EI}\cdot\frac{l-x}{l}dx \tag{33}$$

又

$$d\delta c'=(xc-x)d\Phi \tag{34}$$

故

$$\delta c'=\int_0^{xc}\frac{M}{EI}(xc-x)dx \tag{35}$$

又

$$CQ=xc\alpha A \tag{36}$$

故

$$\delta c+\delta c'=\int_0^l\frac{M}{EI}\cdot\frac{(l-x)xc}{l}dx \tag{37}$$

以公式37減去35得

$$\delta c=\int_0^l\frac{M}{EI}\cdot\frac{(l-x)xc}{l}dx-\int_0^{xc}\frac{M}{EI}\cdot(xc-x)dx \tag{38}$$

這公式可以化作

$$\delta c=\int_0^{xc}\frac{M}{EI}\cdot\frac{(l-xc)x}{l}dx+\int_{xc}^l\frac{M}{EI}\cdot\frac{(l-x)xc}{l}dx \tag{39}$$

現在假設在這杆梁的C點加上一個外力$F=1$，如第六圖。令它在杆梁的各點上發生的彎勢爲m。我們求得

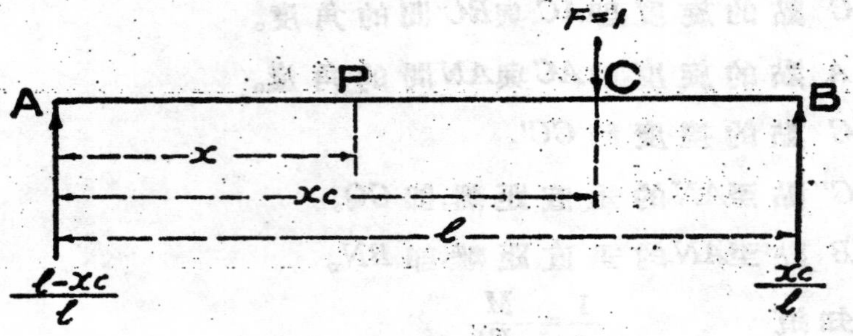

第 六 圖

$$\left.\begin{array}{ll}\text{自}A\text{至}C, & m=\dfrac{(l-xc)x}{l}\\ \text{自}C\text{至}B, & m=\dfrac{(l-x)xc}{l}\end{array}\right\}\qquad(40)$$

把公式39和40相比照,顯見得可39以寫作

$$\delta=\int_0^l\frac{Mm}{EI}dx\qquad(41)$$

這公式也狠普遍,任何種杆梁都能適用。這裏的M是發生所求撓度的彎勢。m是指數彎勢(Index Bending Moment),此項指數彎勢是由於撓點上受着外力$F=1$而發生的。

倘使以在頂部發生抗壓力的彎勢為正數,這公式裏各項的為正為負不難判定。如算出的答數為正,則δ和$F=1$同向,否則反向。

第四節 杆梁的旋度

以中和軸原來的地位$APCB$為基線(看第五圖)求C點的旋度α_c。由圖可見

$$\alpha_c=\Phi c-\alpha_A\qquad(42)$$

用第三節的公式29,

$$\Phi c=\int_0^{xc}\frac{M}{EI}dx\qquad(43)$$

α_A見第三節的公式33,

故

$$\alpha_c=\int_0^{xc}\frac{M}{EI}dx-\int_0^l\frac{M}{EI}\cdot\frac{l-x}{l}dx\qquad(44)$$

這公式可以化作

$$\alpha_c=\int_0^{x_c}\frac{M}{EI}\cdot\frac{x}{l}\cdot dx-\int_{x_c}^{l}\frac{M}{EI}\cdot\frac{l-x}{l}\cdot dx \qquad (45)$$

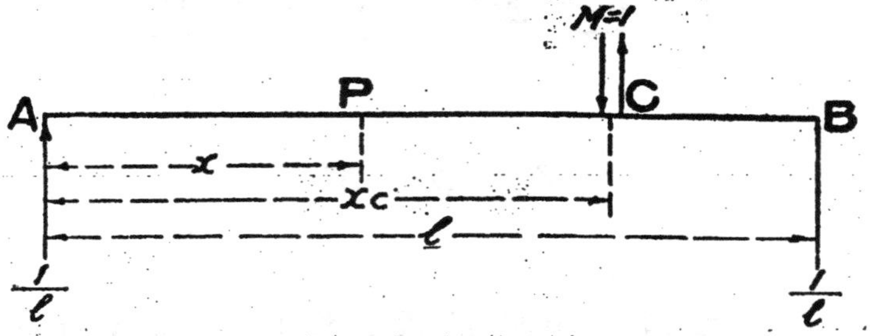

第　七　圖

現在假設在這杆梁的 C 點加上一對偶力它的旋勢等於一如第七圖。令它在杆梁各點上發生的彎勢爲 n。由圖可得

$$\left.\begin{aligned}&\text{自 } A \text{ 至 } C, && n=\frac{x}{l}\\ &\text{自 } C \text{ 至 } B, && n=-\frac{l-x}{l}\end{aligned}\right\} \qquad (46)$$

把公式45和46相比照,顯見得45可以寫作

$$\alpha=\int_0^{l}\frac{Mn}{EI}dx \qquad (47)$$

這公式也適用於各種杆梁。這裏 M 是發生所求旋度的彎勢。n 是指數彎勢,該指數彎勢是由於旋點上受着單位旋勢而發生的。

應用這公式時可以假定在頂部發生抗壓力的彎勢爲正數。如果答案是正數,則 α 跟假設的單位旋勢同向,否則反向。

工程教育管見*

張含英

我國教育現實陷於辦理困難之境界,以致當局旣有改革之建議,復有整頓之命令,社會人士建議督促,省市政府開會討論;而中央大學,北平大學,師範大學,青島大學,勞動大學等又正在施行整理計劃進行中,報張雜誌幾以整頓教育爲討論之中心。惟工程教育與整個之教育問題,似稍有不同。試觀獨立之各工程學校或學院,多能安心讀書,努力前進。是故對於工程教育之改進,必就現有之弊端研究而討論之,始能有解决之方案也。

大學工科之所以異於職業學校者,以後者偏重技能,而前者兼授以科學原理,俾得實現其所學技能,兼能加以研究改良指導而有所發明,有所進展。換言之卽使知其當然,兼知其所以然也。然職業教育雖提倡有年,以辦理不善,學生則視職業學校爲升學之預備班,或失學者之收容所。而其所授科目多不適用,且學生亦乏力行之練習。故其畢業後一則不能應用其技能,再則與社會環境不相合,難以插足。如是則職業學校畢業後,反多爲失業遊民。大學工科之流弊亦如是。以生產之畢業生,反作消費之附庸品,寗非教育之怪現象乎?

我國現下雖極力提倡建設,在在需要工程人員,而以景象不佳,迄無何項建設實現。故工程人員之出路,因之斷絕,此社會環境之不利於工程人員也。然處玆危急之秋,儘人而有改善環境,努力犧牲之義務。況我工程人員,乃負爲社會謀幸福,爲人民開財源之

---

*二十一年年會論文

偉大使命者乎?社會狀況之不良,工程家應自負一部分咎謫,亦卽為工程教育未達良善境地之實證也。試申論之:

例如東北之開展,雖受外人之影響,然內地殖民關外,與夫當地人民自行開拓,其功至巨。惟其效率低微,進行遲緩耳。然以毫無知識之老農,尚能負開拓之使命,倘受工程訓練者,而具此冒險忍苦之精神,並能從小處做起,不務虛榮,則吾人試閉目以思,其殷富又何如耶?是則非宇宙不予工程家以機會,特其不知應走之道路,與所應有之態度耳!又如北部各大學暑期測量實習,多赴北平西山,雖東北大學亦不遠千里就之。余曾提議各校應赴包頭潼關或葫蘆島實習。交通並不困難,地勢亦甚相宜,且可令其認識工程家應努力之區域。然鮮有應之者。再如畢業時舉行參觀,必遊平津京滬蘇杭而罷。是祇能啓發其安逸慾及虛榮心而已,不祇對工程師生活不能認識,且破壞之矣。就此一點觀之,亦足為工程學生之致命傷,而知指導之錯誤矣。故畢業後決不思另謀發展,或努力下級工作,而樂就都市,或附翼他人已成之事業,謀啜飯地而已。

今之辦教育者,多抄襲歐美成方而對於學者之應用,常與環境不相合。歐美物質文明,有長足之進步。工場林立,鐵道縱橫,各項事業具有大規模之設計。是故學生畢業後,一則職業不生問題,再則可實習所學,一旦經驗豐富,則可自謀發展。吾國則不然,在此物質文明落後之國家,民窮財盡,社會不安,畢業學生滿腹大工廠大鐵道之模型,而絕無實習經驗之機會。是其所學,決不能卽時應用,徬徨歧途,志氣沮喪,教育之不得法,難辭其咎也。

學生知識之淺浮,已成我國普遍之病態,工程教育本屬實科,似不應有,而竟亦同病,殊為可惜!其最大之原因,厥為缺乏實行之能力。常見大學工廠中之學陶器者,畢業時所製之出品,必數倍於市價。化學工廠出品,亦莫不然。且須有導師之監督,工頭之幫助。固然,大學工廠原為學生實習而設,自不能責其消費之多寡,要在訓練其技能,然亦必有限制,更須明瞭我國之環境,學生當初實習時期,自爲消費者,然至畢業之日,卽其爲社會服務之時。畢業後又無適當經驗之機關(因事業尚不發達),亦卽爲其獨身創立事業之時。若不能自己製造價廉物美之出品,必歸淘汰而失敗。此我國雖有千百畢業生,而小工業並無新創設,實以其出品決不能與市售品(多係舶來品)爭衡也。是故大學工廠在我國固當視爲學生實習之場所,兼必爲學生出品檢定之機關,不及格者,則緩發其畢業證書。

再則吾國民衆「士貴」之思想未除,父兄送子弟入學之希望,多與工程教育原則相背謬。科舉時代,一旦登第,則名利兼收,誇耀鄉里。而今日社會人士之心理,亦正復如是。學生受此環境之壓迫,亦必趨於士大夫階階之一途。拋其生產之本能,甘作社會之附庸矣。我國工業尚不發達,如有有志之士聯合同志,謀一種實業之創設,決非短時期所可奏效者。事前必有詳確之計劃,款項之募集,同志之糾合,及其開始,又須經營相當時間,始有成效。故必有十年之久,始克稍有所得。豈今日之父兄所期望於子弟者乎?潮流所趨,遂造成此奇異之現象。

根據過去之種種事實,就鄙見所及,今日辦理工程教育者,應注意之事項如下:

一.確定工程教育之目標及其使命: 工程師乃爲人民謀幸福者,數千百尺之深坑,荒涼無人之野原,煙塵鬧雜之機廠,乃其努力之場所,以冀有所成就,謀利社會。凡樂安逸,畏艱難,身體不健全,不能犧牲者,皆不得爲工科學生。自入學至畢業,必有一貫之訓練。

二.附設工廠要商業化: 工廠會計必獨立,其管理之法,照普通獨立工廠辦法。必將人工,原料,時間及出品詳爲統計,作成記錄。一則考查學生出品之能力,再則增進其管理之效率。

三.大學應附設專科: 大學教育多爲期四年,專科則偏重職業技能,二年或可畢業。少授理論,多作時習。授以適宜環境之專長,不慕空洞偉大之設計。例如測繪畢業後,則能獨立工作,機械畢業後,則可謀小規模廠所之設立。專科之需要,由各處設立訓練班可知，大學畢業其薪俸較高，且或有不適於各地情形之需要，故訓練班之風大盛。此固爲教育界特異之現象，亦卽現在教育不足之確證也。

四.大學宜附設研究所：研究所之使命有三：一以研究工程學理或問題，謀求解決之方法；二以研究本校應興應革，應增應減之科目，及設備；三以研究社會情形，以及發展某種事業之方法。必設專人負責，外聘輔助之人員幫同辦理。常見有單獨成立之研究所，多無工料研究。今與學校併立，卽可省設備費用，兼以其研究輸入學校，事半功倍。近來學校亦有添研究所者，而無專人負責，形同虛設。又常見大學中有附設某種化驗所者，只候外人之送驗，而不克搜集社會之材料，作研究之張本，至於作學校與社會關係之研究者，更爲少數，使學生與社會顯爲兩截，形成不能應用之現象，故必有以改革之。

五.充實大學本部：大學工科本部，一方面研究科學原理，一方面學習應用技能。此項人才俟時局平穩，建設進展之時，機遇至廣，當有供不應求之感。惟在現狀之下，似不如專科人才需要之廣。故工科本部宜講求質，而不論量。凡其聰明能力稍差者，可令其轉入專科，俾學一技之長，免致終身之誤。本部學生應提高其程度，加緊訓練，俾得深造。

六.教授宜兼重實習之經驗：學校易偏於理論，各國皆然，而工程爲實作者，決非空談可致。故教授宜有作事經驗，然後方能將在學校所學習者，與實地工作相比較，而引學生於正軌。不然者，勢必愈傳愈遠，難期應用矣。惟此事極感困難，我國專家較少，欲羅致之頗屬非易。如是則教授之保障，與優待爲必須矣。

七.工程機關應與工校合作：學校爲造育人才之地，而工程機關或工廠則爲其施展能力之所，關係至爲密切。無論精神上，物質上，皆有聯絡合作之必要。例如學校之所求助於機關或工廠者，一則爲設備之合作。舉凡機關有特種研究場所之設立，應與學校合辦之。西洋各國,此事至為習見,我國則殊鮮。華北水利委員會與河北工學院合作而籌辦之水力試驗場,其一例也,他則罕聞。查此事不僅有利於學校,而機關亦能得適當之效果,凡有關係之機關與學校,其設備似應共同享有之。二則實習之指導。在校學生於假期之時,或實習期間,機關宜設法協助之。而機關之需要於學校者,一則人才之造就能適應社會之環境。機關希望某項人才時,學校則可特為訓練之。二則凡欲求有特殊研究者,可由學校代辦之,如此則學校與社會融為一體,兩受其利。

以上所云,乃工程師及辦理工程教育者所應努力改進者,吾人自當竭力研求之。他非敢希冀也。本篇頗為拉雜,惟就感想所及,作討論之發凡;拋磚引玉,固所願也。

全世界鐵路長度

1930年全世界鐵路包括幹路及支路在內共長1,279.735公里。每100平方公里平均有鐵路1公里,每10,000人有6.5公里。(亞洲每一百平方公里有鐵路0.5,每一萬人有1.2公里;歐洲1.6及8.2公里,美洲1.5及24.6公里,非洲0.3及5.8公里,澳洲0 6及60.4公里)

下列各國之鐵路綫最長:美國(402,246公里),俄國(77,035公里),加拿大(68,000公里),英屬東印度(66,758公里),法國(63,650公里),德國(58,584公里),阿根廷(38,232公里),英國(34,416公里),巴西(31,736公里)。其餘各國鐵路綫均在(30,000公里以下。

各國鐵路網之密度如下:比利時(每100平方公里佔36.5公里),瑞士(14.6公里),英國(14.2公里),德國(12.4公里),丹麥(12.3公里),法國(11.6公里),荷蘭(10.8公里),匈牙利(10.2公里),奧國及捷克(9.8公里),美國(4.3公里,阿拉斯加併計在內),俄國(0.4公里)。

我國現有鐵路13,500公里,每一百平方公里有0.12公里及每一萬人有0.28公里之鐵路。(摘錄 Arch. Eisenbahnw. 1933年正月號)

導黃試驗報告*

恩格司

德國前德勒詩頓工業大學水功學教授
與貝那瓦痕湖水工及水力試驗場主任

試驗要點：

關於含泥之直形河流，在各種隄防形式及各種水位下所受影響之大規模模型試驗，以作解決治導黃河問題之助。

予於1932年所作試驗，得有結果如下。

(一)洪水對於河底之影響，在最大隄距11公尺爲最小，在最小隄距4.5公尺爲最大。換言之，卽河底中最高沙檻與最深水潭之高低差異，在最寬隄距爲最小，在最狹隄距爲最大也。

(二)隄距最大而在河灘地附以引隄者，其過渡段最開展，卽最適宜。

(三)隄防式樣對於改造航槽，其影響不如隄防位置之大。

(四)隄防位置逼狹洪水河床太甚，不能使洪水面因以降落，而反以增高。

予曾於此加註，謂此數項結果，對於河工上凡欲降落洪水位所用之方法，最關緊要。故深欲以最大規模，將此問題再加切實硏究，以資治導諸大川如米西西比黃河等之助。上所述之報告，寄交李儀祉君閱後，李君卽來函謂瓦痕湖(Walchensee)之大規模試驗(參看第一及第二圖)，可以適於試驗治導黃河問題之用，且將作一切準備，使見諸實行。予於是致函李君謂此等試驗，可使縮狹隄距究否可以刷深河槽，而因以降落洪水面之問題，澈底明瞭。欲作此試驗，宜先作100公尺長直形之模型槽。河床形式先取梯形，以炭泥作河底，以混凝土作岸。試驗費需16,000馬克。此項試驗經費，於1932年素受河患最烈之河

*本文曾載二十二年二月九日天津大公報。著者恩格司教授(Prof. Dr. H. Engels, Dresden)爲現代著名之水利專家。

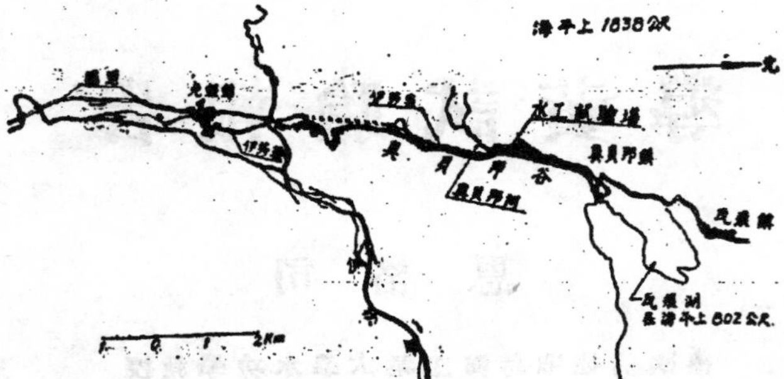

第一圖　瓦痕湖水工及水力試驗場之地勢

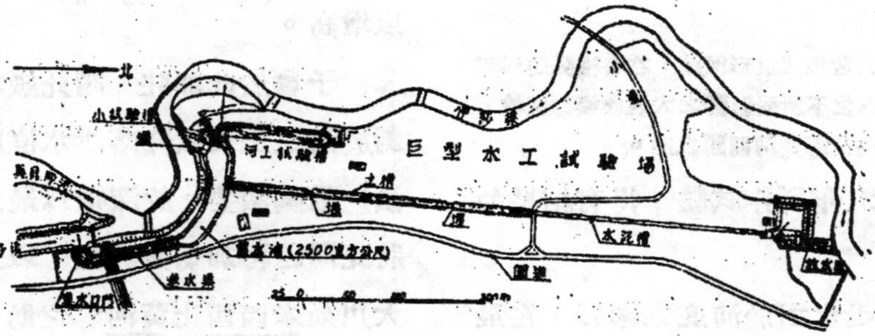

第二圖　試驗場之布置

南河北及山東三省政府捐助，於是一切關於黃河之試驗準備，即在奧貝那赫(Obernach)起始佈置。試驗之初，擬以流動料(泥沙)注於槽之首端，而收聚於槽之末端一澱池內，如1931年試驗所用者。繼以所用流動料極其細微，所需要之澱池費將甚多，乃以週流運轉法代之。其詳細說明，載於續行寄上之報告，玆但舉其大要。

低水週流所需之水量，在試驗開始之前，先由清水進路注入一唧水潭。槽之末端，備有唧泥器，水以之陞入一鐵製之靜水櫃，其上具有調節牐，水由此導入木製之週流槽。靜水櫃備有45公尺長之滾水沿，藉以保持恆壹之壓力。如欲增加週流每秒流量，以達洪水需要之水量，則加水於靜水進口而已。水行河槽中帶下之沈澱質，以唧泥器唧之，經過急斜之週流槽，而輸回於槽之入口，以免於河槽內有死水之處，沈澱質因之停積。減少時賸餘之水量，由靜水池中二管流出，而歸於澱泥池。試驗時所用之細質，經過極詳愼之預備試驗，以規定之。因無巨量之中國黃土，乃以油炭粉屑替代，粒經由0.5至3公厘，比重每

第三圖　試驗前之備標工作

立方公寸1.33公斤。其他研究諸細料過篩之情形，備見以後寄呈詳細報告中。用選擇適當之細料，作預備試驗於特製之小木槽，以定相當之降度爲0.0011。按合乎場所情形而規定之河槽大小，得模型在平面之尺寸比例爲1365。設天然隄距爲1470公尺，得模型尺寸爲 8915 公釐。天然中水位河床之寬爲325公尺，得模型尺寸1970公釐。爲免去河灘地上於洪水深度時發生薄層之溜，故將模型比例尺之高，倍於其長，卽高比例爲1282.5。據予所知，最大洪水位每秒爲9000立方公尺時，模型水深應爲109公釐，合天然水深8.8公尺。經過試驗之最小水深爲54.6公釐，在天然爲4.5公尺。由以上所定各數，規定模型水量爲：

最高洪水位	每秒193.0	公升
中水位	每秒 69.0	公升
低水位	每秒 23.7	公升

水位過程曲綫，亦據余所有關於黃河之參考書繪之。含泥之量，則並非按所知之發表資料强定之以求符合，乃聽之於各種通過流量之自然演致。欲求達到洪水量，卽由清水入口不斷加入清水，以求適合於水位過程曲線。若由洪水減至低水，則含泥之水，由靜水池經過二管，放於墊泥池中，亦求適合於水位過程曲線。用迴流運轉方法，則水中含泥之量，能自動調節。或疑此法不能恰合於天然現象，此疑點將於下列「試驗結果」中解釋之。時間比例尺規定每24小時爲一模型年。試驗時期每次以三個模型年最爲適當。第二模型年可得一自然演成之寬河床，而第三模型年則不過就先一年所得結果，再加以證實耳。玆再須聲明者，模型年若選擇適當，則凡於河床之變演，流速之增減，兩岸沙檻之推移，皆能與天然相吻合，此在萊因河上流之直段，已經證明者也。試驗凡分兩組爲之，組II隄距3825公

厘，及組III隄距8915公厘。每組通流全部時間各爲72小時，每秒流量相同。所得結果，俱列下表中。

黃河試驗 (1932年一月二十四日報告)		試驗組II 隄距在模型中爲3825公厘	試驗組III 隄距在模型中爲8915公厘
時期		第三模型年1932年十月十三至十六日	第三模型年1932年十月二十八至三十一日
洪水通流量		每秒193公升	每秒193公升
洪水通流全橫斷面(河灘及河槽)		0.3116 平方公尺	0.4429 平方公尺
平均洪水斷面流速(河灘上與河槽中之流速差不計)		每秒 0.619 公尺	每秒 0.436 公尺
洪水時表面流速	河槽中	每秒 0.777 公尺	每秒 0.710 公尺
	河灘上	每秒 0.450 公尺	每秒 0.284 公尺
洪水時水面降度		千分之1.21	千分之1.19
洪水時量點65處水面之絕對高		+97.886公尺	+97.873公尺
洪水時量點65河槽中之水深(以預備試驗前修平之河底爲零)		110公厘	96.7公厘
洪水時量點65河槽中之實際平均水深(由橫斷面測量算出)		114.5公厘	117.6公厘
洪水通流時之比較平均含泥量(非絕對值)	量於閘門	每公升0.963格	每公升0.485格
	量於板堰	每公升0.880格	每公升0.650格
	平均	每公升0.922格	每公升0.568格
由洪水減至低水之比較平均含泥量(非絕對值)	量於閘門	每公升0.740格	每公升0.396格
	量於板堰	每公升0.515格	每公升0.405格
	平均	每公升0.627格	每公升0.401格
由洪水減至低水之時及放空水槽時澱水池沈澱下之泥量		670公升	320公升
試驗時河灘上沈澱下之泥量	左岸河灘	290.0公升	2625.2公升
	右岸河灘	40.9公升	971.3公升
	共計	330.9公升	3596.5公升
河灘上積淤之平均高(積淤之泥量平均分配)	左邊	3.21公厘	7.75公厘
	右邊	0.45公厘	2.87公厘
	平均	1.84公厘	5.33公厘
死水處沈澱下之泥量		465.9公升	777公升
由河槽中輸出之總泥量		1466.8公升	4693.5公升
由以上所得之輸泥總量算出河槽全段之平均刷深		8.8公厘	29.3公厘
河槽平均刷深(由水槽中線測量出之縱斷面算出)		7.9公厘	27.4公厘

試驗結果　上表中所列之數字，俱爲第三模型年洪水試驗所得，至低水試驗所得之相當數字，對於本問題關係較輕。在達到低水位以前，因河床發生縐紋，以致粗糙異常，不能與洪水時情況，直接作一比較。此種縐紋之發生，當可以徐緩之特別試驗免除之。但試驗時並未用此法，因水位增高後，縐紋卽復消滅也。本來河床之演成，並不因此縐紋而生變異，此節曾經特別試驗證明。又流速算式 $V = c\sqrt{RJ}$ 中之糙率系數c，在試驗II較大於在試驗III，雖每秒之排泥量，在試驗II較在試驗III大過數倍。至水面降度之比較，在試驗II僅大於在試驗III百分之二，以排泥量及糙率之相差數衡之，幾無足重輕。由洪水減至低水時，及徐徐放空水槽時，澱泥池中所沈澱之泥量，在試驗II所得結果，倍多於在試驗III。至洪水時每秒泥量與澱泥池中所沈澱之泥量，似略有差異。其原因由於前者在試驗III，於死水之處（迴流槽，靜水櫃，水槽之進口出口）所沈澱之物質，較在試驗II爲多，且在澱泥池中所沈澱之泥量，爲三模型年所共有，而在上表中所載洪水時平均含泥量，則僅限於第三模型年。洪水位之平均高，在試驗II爲＋97.8867，在試驗III爲＋97.8734公尺。洪水時之水深，對於最初修平之河底，在試驗II爲110公厘，在試驗III爲96.7公厘。由橫斷面實際測量所得，洪水時之平均水深，在試驗II爲114.5公厘，在試驗III爲117.6公厘。河槽之刷深，在試驗II爲8.8公厘，在試驗III爲29.3公厘。此値由河槽中所輸下之泥質總量，平均分配之於河槽總長而得。以上所得之數，又細加測量一縱斷

第四圖　洪水後試驗槽所起之變化

面，以資校正，乃得河床刷深之平均數。在數此試驗II爲 7.9 公厘，在試驗III 爲27.4 公厘。試驗III所得河床之刷深量，較之試驗II，遠過於所期望者，其原因如下。蓋堤距狹小，則河槽中及河灘上之流速，以及水深種種，皆較大於堤距之寬大者。惟其如此，故其刷泥之力亦大，且使所帶之泥質，毫無停積之機會。此時仍用迴流運轉方法循環爲之，而不復再加以泥量，則發見河床之刷深，已呈停止之狀。又當由洪水減至低水時，澱泥池中所沈澱之泥量，亦不再增加。以上所言，可由每歲含泥量之減少，就其百分率而證明之。在試驗II模型年後所達到之程度，在試驗III則四模型年後，其功已見。堤距之寬大者，於模型年增加，則河槽之刷深漸見逐年減少，以至停頓，而堤距之狹小者，則刷深增遲。此由下列事實，可以見之。蓋在狹隄距之試驗，由洪水位減至低水位時，泥質大部均經過澱泥池而去，而在堤距之大者，泥質反多得機會，以沈澱於寬衍而爲紆緩漫流所蓋之河灘也。水之含泥量，在同樣之每秒流量下，在狹小堤距因有較大之水深，及適宜之橫斷面，遠高於在寬衍之河灘。由此次首創用迴流運轉方法所作之模型試驗，得一新法，使所加入之泥量，按照一定之逐年含泥量曲線爲之。此次所作試驗，因缺一儀器，故未用此法。此項儀器可使每次應含泥量，迅速表現，現已於奧貝那赫製成。1933年計劃續作之試驗節目，爲1931年試驗之複演，惟改用一彎曲之水槽。又推廣試驗及於彎曲之隄，仍用兩種不同之隄距，故總計之當爲試驗四組也。

參觀湘省煤氣車記

劉 先 林

湘省近年肆力建設，頗有可觀，即就長途公路而論，其規模亦甚宏遠，計劃分全省爲七大幹線：即湘粵線，湘桂線，湘黔線，湘川線，湘贛線，湘鄂東線，湘鄂西線等是，共長4,825 里；十三支線：即沅衡線，常洪線，常芷線，洪武線，武零線，零汝線，茶祁線，桂零線，瀏汝線，陰壽線，常臨線，寧湘線，澧石線等是，共長8,669 里。先從幹線着手，現已築成者 2,315 里，並經開始營業，置有汽車 209 部。惟汽車及汽油，概係舶來品，而汽油一年消費，據該省公路局報告，(20年7月一21年6月)已達五十餘萬元之鉅，將來各路逐漸完成，則汽油之消耗，亦當逐漸增加，其數量詎不驚人，利權外溢，曷勝浩歎。該省建設廳有見及此，思有以替代汽油者，於是從事煤氣車之研究，由本年起積極進行，幾經製造，始於七月間作成煤氣車一部，全用國產木炭爲燃料，試驗成績尚佳。因在吾國係屬創舉，該省府特定於雙十節公開駛車，請中央暨各省市政府各團體派代表參觀，鄙人奉軍政部命前往。茲以國人視聽咸集，爰將觀察所得及與各代表躬自試驗結果，縷述於下，以餉閱者。

一　煤氣車之構造

此種煤氣車，係就福特(Ford)牌載重一噸半之公共汽車，加以改造者，卽於車箱後面，附設豎式煤氣發生爐一具，豎式第一清潔器一具，又臥式第二清潔器一具，橫裝於車箱之下面，貼近前二者，而爐旁附設一手搖

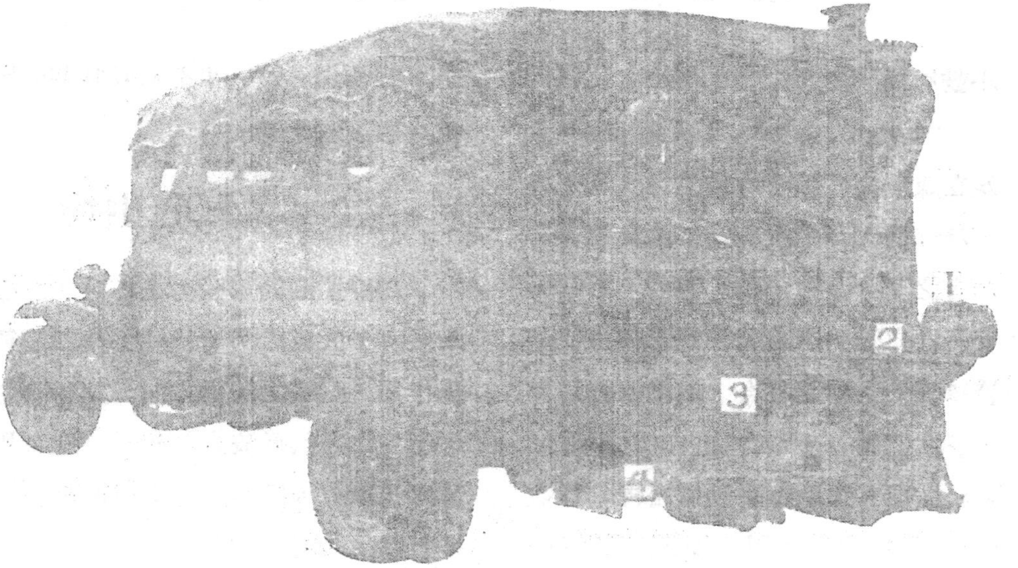

第一圖　煤氣車全形

1.鼓風機　2.煤氣發生器　3.第一級濾氣器　4.第二級濾氣器

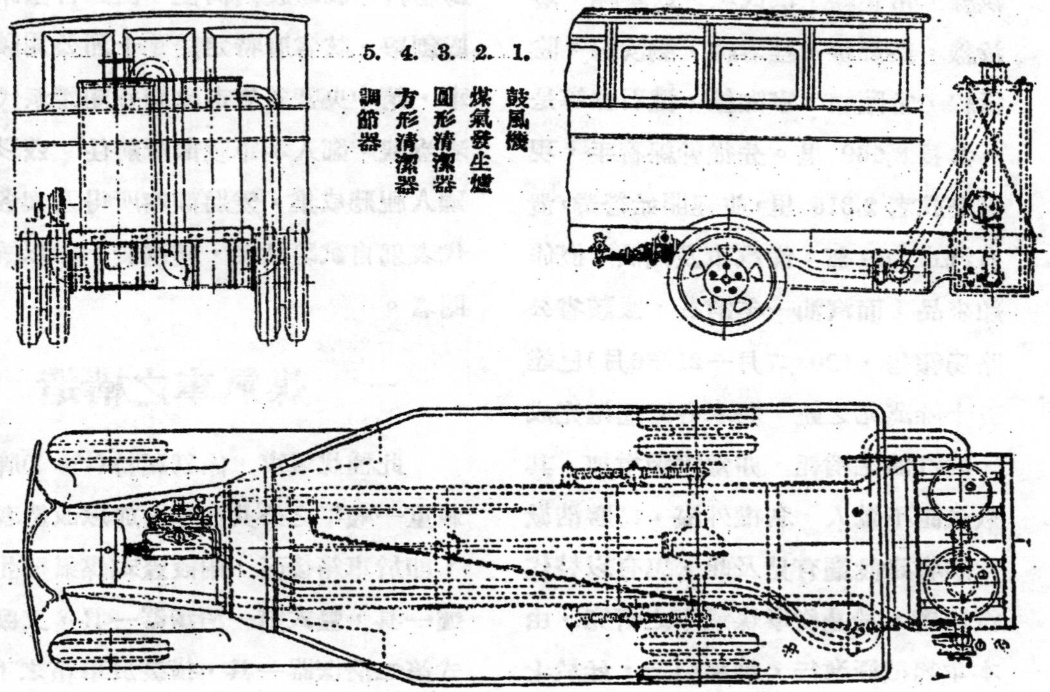

第二圖 新二一七型裝置圖

小鼓風機，再將原發動機上之化汽器(Carbureter) 卸去，代以調節器。木炭在煤氣爐燃燒時所發生之煤氣，首經第一清潔器，次經第二清潔器，將含有之灰分及揮發物等濾清，由紫銅管及橡皮管引導至調節器，與由他一管口吸入之空氣混合，然後依發動機喞子之運動，吸入汽缸內，用電氣著火爆發。又原有手動催速桿改爲空氣調節桿，脚踏催速器與調節器混合氣管內舌門相聯絡，車行之緩急，由此司之。至手搖鼓風機，僅於升火及開車時暫用。煤氣車全形及其裝置如第一圖及第二圖。

二 煤氣發生爐

爲豎立圓筒形吸力上行式，藉發動機喞子吸氣之力，使發生爐內起氣流作用，煤氣之輪動方向，與物體燃燒所生之自然氣流方向相同。爐身用薄鋼板製成，設有固定式爐格橋。爐裏敷設耐火泥，約及全高二分之一。燃料由爐頂小圓筒口添入，於停車時行之，僅用一蓋密閉圓筒口。而爲預

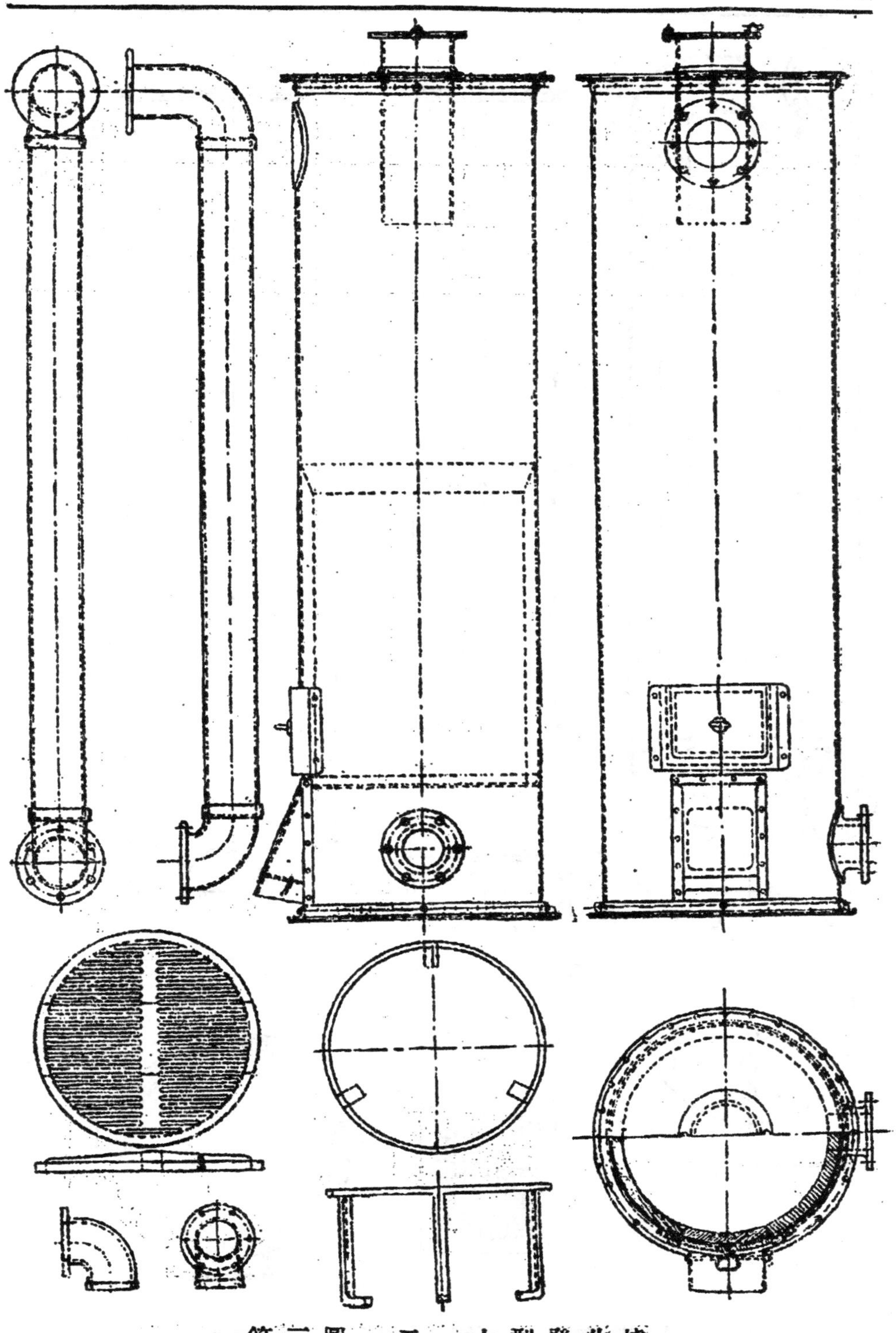

第三圖 二一七型發生爐

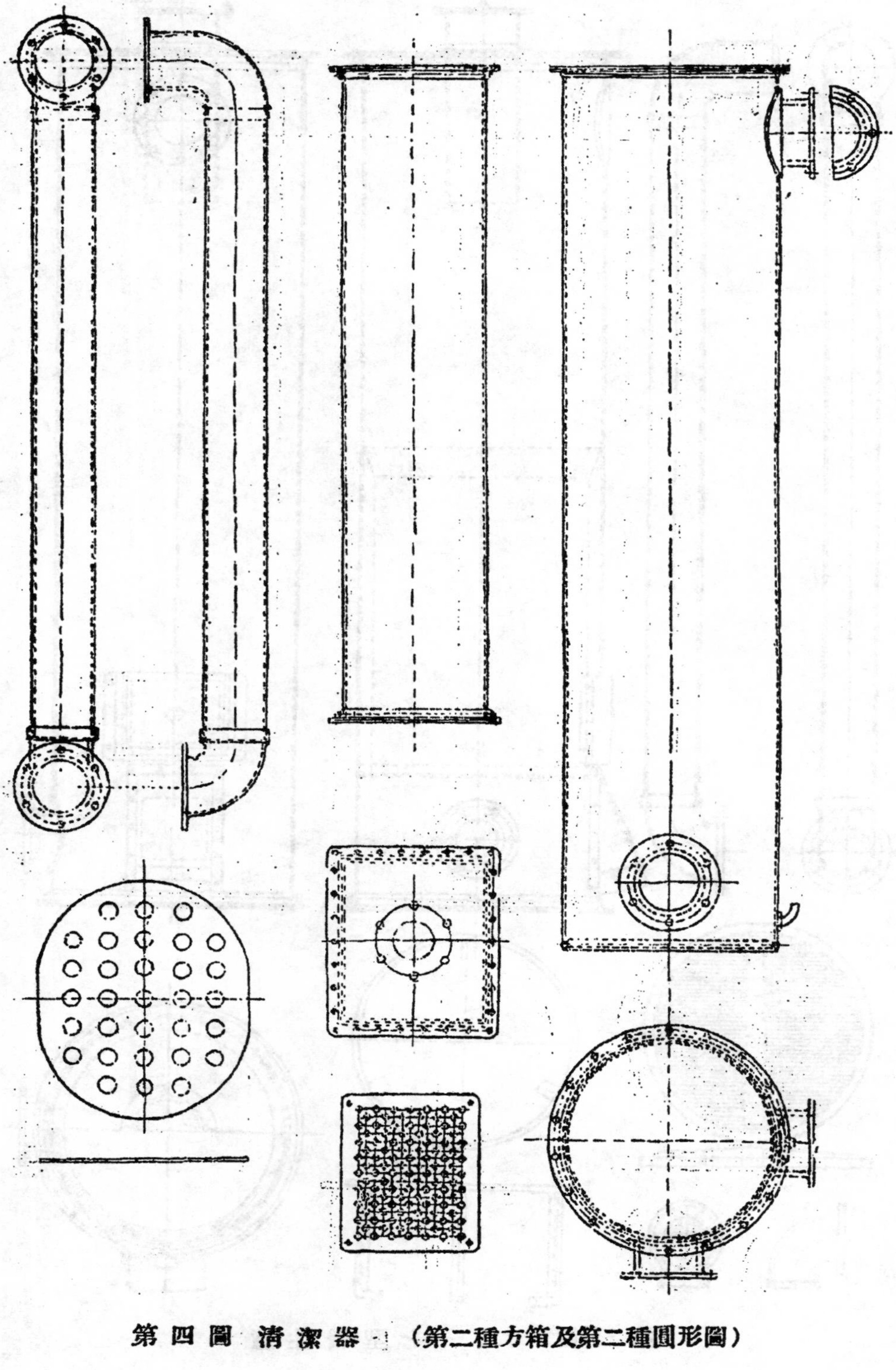

第四圖 清潔器 (第二種方箱及第二種圓形圖)

熱空氣起見，於爐身外面加一套筒，凡供給爐內燃燒之空氣，先由此套筒經過，吸收爐之輻射熱，以增高爐之熱效率。又將汽缸內之廢氣用管引至爐底，與進入爐內之空氣混合，一方利用餘熱預熱空氣，一方減低養氣成分，防止過度高溫之弊，且可變 CO_2 爲CO，增加 CO 之濃度。爐身高74吋，直徑16吋，容炭量約 140 磅。套筒高比爐身略短，直徑18吋。全部重462磅。爐形如第三圖。

三　清潔器

分第一清潔器，第二清潔器兩部。第一清潔器爲鋼皮製圓筒形，與煤氣爐並立於車後，高60吋，直徑15呎，重 198 磅，內儲木炭或焦炭，於其上層裝以鋸屑，再用木絲或棕皮蓋之。第二清潔器爲鋼皮製方箱形，橫裝於車下，長48吋，寬12吋，高10吋半，重55磅，箱內每隔相當距離，裝有極多小孔之薄鋼板，各板小孔之位置，彼此交錯，出氣端之隔板間，裝有浸油之木絲及鋸屑。煤氣由爐發生後，用四吋徑管引至第一清潔器內，經過焦炭及木絲等，將含有灰分雜物濾去一部，再至第二清潔器，經過各隔板之小孔，分爲多數之小氣流，屈折循環，衝擊隔板，氣流所挾之雜物，多被阻留，最後經過木絲等，卽已濾淸。此種清潔器，恆與大氣相接，車行愈速，大氣愈冷，因之煤氣溫度得以降低，此亦其一任務也。清潔器之全形及管類如第四圖。

四　調節器

此種氣車，以煤氣爲發動機之燃料，故汽車上原有之化汽器無用，因卽卸去，代以調節器，原有總進氣管所遺留之進氣孔，卽使與此調節器之混合氣管相聯，混合氣體由此經過，入汽缸內。而調節器上裝有二舌門：一爲節制混合氣之舌門，裝在上述混合氣管內，使與汽車原有足踏催速器聯絡，足踏則舌門啓，足起則略閉，其功用與用諸汽車上者無異。一爲節制空氣之舌門，裝在空氣進入管內，將汽車原有手動催速桿改爲空氣調節桿，使與此舌門聯絡。但手動催速桿在汽車上原與足踏催速器之功用相同，惟其調節之程度較低，現旣改爲空氣調節桿，與空氣舌門聯絡，移動此桿，則空氣舌門隨之啓閉，卽空氣與煤氣之混合比例隨之變更，故一俟二氣體成爲適當之混合比例後，空氣調節桿卽不可動，否則因空氣之增減，影響混合比例，足以減少發動機之動力，而使車之速度降低。至欲使其速度增高，則非使用足踏器不可，故此桿雖有時亦可利用以調節速率，惟祗能將一定之速率減低，而不能增高，此則爲與汽車上所使用此桿之功效微有不同者也。調節器形及其裝置如第五圖及第六圖。

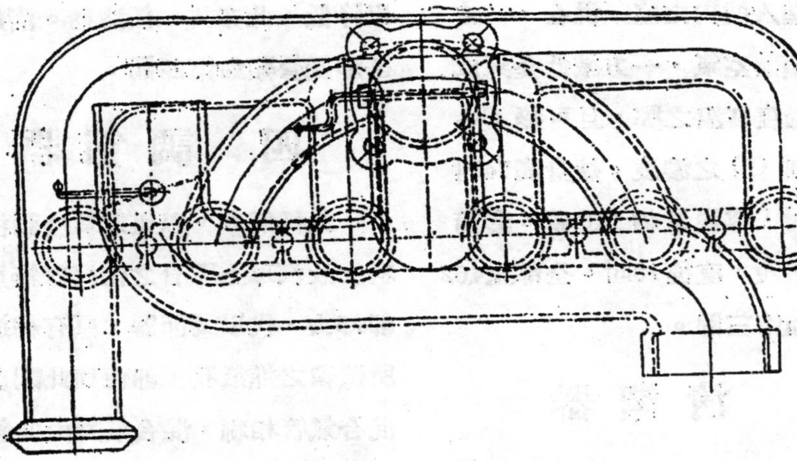

第五圖 調節器

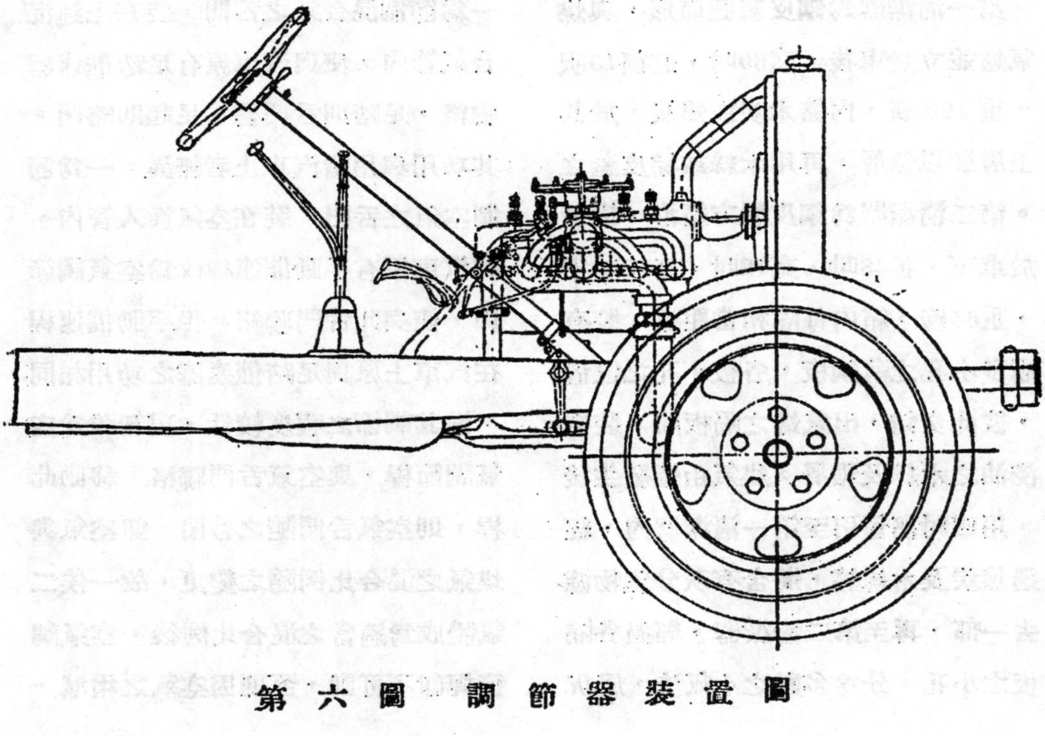

第六圖 調節器裝置圖

五 燃料,升火,開車,停車及添炭

煤氣爐之燃料，完全爲普通木炭，顆粒之大小，約一吋左右，以清潔及含水分少者爲適宜。

升火時，於爐橋上先布炭灰一薄層，然後將已燃之木炭放入，厚約二吋，再繼續將木炭裝進，原約十四吋，搖動鼓風機三分鐘後，始將木炭裝滿，並將裝炭之圓筒口密閉，卽行鼓風，如炭質含水甚少，則約三四分鐘後，卽可開車。若車停後，爐內尙有餘火未熄，欲再開車時，則於添裝燃料畢，鼓風約二三分鐘，亦可開車。

開車時，須將電火桿推至極早點，節制空氣桿推至極小點，用右足踏催速器，頻踏頻鬆，同時將電動機踏動，並將節制空氣桿徐徐移至開點，俟發動機起動後，卽停踏電動機及催速器，仍繼續移動節制空氣桿之位置，使空氣與煤氣混合，成爲適當之比例，再試踏催速器，以驗發動機能否增速，如能增速，卽可開行，否則須將空氣門略閉，其由排氣管至發生爐氣管之氣門，亦宜略閉或全閉之，繼續開行空車，以引起發生爐之煤氣迅速發生，俟發動機開行合度後，再將通排氣管之氣門啓開。

停車之手續，亦與用汽油者無異。惟當停車後，其空氣門須移至極小度，如有蓋門，可卽蓋之。其發生爐上進空氣之門亦宜密閉，如停車較久，或欲經宿使爐火不熄，須將添裝燃料之蓋門酌量啓開，使有自然通風之作用。

添裝燃料則於每抵一站時行之，各站相距約四十里，每次加炭量約二三十磅。惟此時尙有注意之點二：(一)須待發動機完全停動後方可將添裝燃料之小圓筒口蓋門啓開，否則空氣混入發生爐或淸潔器中，有發生爆炸之危險。(二)爐橋下灰室之進氣門宜關閉，以減少通風之力，使煤氣不至衝出。又凡添裝燃料畢，筒口蓋門座宜拭淨，以便蓋門能密閉。

六 試車實錄

此次試車爲各處代表專家暨湘建設廳代表共四十餘人所會同舉行者。係用二一七型煤氣發生爐駛車。二一七型者，該爐於二十一年七月造成，乃命以斯名也。玆將煤氣爐，車輛，載重，路程，速度及開車情形等，分別照錄於次，藉供參考。

(1) 二一七型煤氣發生爐說明

甲・種類　順吸式(Up-draft)分發生爐，第一清潔器，第二清潔器，調節器四部。

乙・重量　不裝木炭及清濾材料，計715磅。裝清濾材料，計782磅。(以木炭及木絲為清濾材料)

丙・燃料　木炭，每塊大小約一吋左右。

丁・清濾材料　第一清潔器用焦炭及木絲為清濾材料。第二清潔器用浸油之木絲及鋸屑為清濾材料。

戊・主要尺寸　發生爐直徑18吋，總高74吋。第一清潔器直徑15吋，總高60吋。第二清潔器長48吋，寬12吋，高 $10\frac{1}{2}$ 吋。調節器之空氣管，煤氣管，混合氣管內徑均為2吋。煤氣引導管(紫銅管及橡皮管)之直徑為4吋。進風管之直徑為3吋。

己・盛炭量　一百三四十磅。

(2) 試驗用汽車說明

甲・車式　Ford AA，前後輪距157吋，左右輪距64吋，S-A-E. 馬力24.03匹，汽缸數4個，汽缸內徑 $3\frac{7}{8}$ 吋，衝程 $4\frac{1}{4}$ 吋，載重量1.5噸，發動機號碼AA4062458，輪胎前二後四，已行約3300里。

乙・車身　鐵架布篷，計重1000磅。

丙・裝置異點　無化汽器，代以調節器，原有手動催速桿改為空氣調節桿，脚踏催速器與調節器之舌門聯絡，發生爐及第一清潔器並立於車身後部，第二清潔器繫於車架後之下。

(3) 開車前之記錄

甲・升火　預備總時間13.5分鐘。鼓風4.5分鐘後，即有煤氣發生。但所用木炭較濕，不能開車，繼續鼓風38.5分鐘，始將發動機開行。

乙・裝炭量　最初裝入木炭132磅。發動機開行後，補充木炭34.7磅，此炭為升火所消費者。

(4) 開車後之記錄

甲・路程　由六堆子經經武門東站至湘潭東站，單程計32.9哩或91.5里，往復計65.8哩或183里。路面為砂石子路。地形起伏，最大坡度約百分之六。

乙・載人　去程18人，計重2270磅。回程20人，計重2520磅。

丙・時間　去程76分30秒，回程81

分30秒，以上時間，係駛車實費時間，一切休息加炭時間在外。

丁·加炭　去程在易家灣加炭29.2磅，連休息費時6分鐘。在湘潭加炭23.5磅，連休息費時68.5分鐘。

戊·餘炭　由湘潭回至六堆子，餘炭62磅。

己·木炭消耗　計車行往返183里，費炭122.7磅，合每里0.67磅。若連升火消耗之木炭在內，則共費157.4磅，合每里0.86磅。

庚·停車　第一次在易家灣停車6分鐘，開車時，未鼓風。第二次在湘潭停車68.5分鐘，再開車時，鼓風2分鐘。

辛·速度　最大速度每小時38哩，平均速度每小時25哩。

(5) **日期**　廿一年十月十六日晴

試觀上述各項，則煤氣車之大略情形，當可想見。其最令人滿意之點，乃在燃料完全爲國產之木炭，不用一滴汽油，足使利權不外溢。而其費用之節省，尤爲巨大，據湘省建設廳報告：動力之供給，汽油一加倫約當木炭十磅，湘省十磅木炭之價格，低者値洋六分，昂者一角八分，與每加倫需洋一元四角三分之汽油較，低者爲一與二十四之比，昂者爲一與八之比，則其節省程度爲何如耶？此於經濟方面，裨益匪淺。倘一旦國際發生不幸事件，汽油之來源斷絕，凡吾所有之汽車，皆將停擱不復可用，設無他種品物以代者，則交通爲之阻滯，影響所及，豈可勝言，故卽於國防方面，亦未容忽視。至其駛車之方法，車行之速率及平穩，雖與普通汽車無甚差異。惟因附加煤氣爐清潔器等，使車之有效載重減少。煤氣爐升火，使車箱內之溫度增高，尤其在夏季爲甚。而木炭燃料並須時常添加，有感不便。且煤氣爐與清潔器矗立於車後，亦不雅觀。此數者，皆爲現有之缺點，所急宜研究改良者也。又若進一步工作，並發動機，車身，車輪等等，亦求自給，則尤美善矣。夫今日之世界，科學日益昌明，技術日益進步，捨輕巧之汽油車，用笨重之煤氣車，自歐美汽油豐富之國家觀之，或則嗤之以鼻，但在吾國現時經濟狀況之下及油鑛尙未大大發見以前，則採用此種煤氣車以謀補救於暫時，未始非抵塞漏卮培養經濟之一道，此卽鄙人所不憚代爲介紹之微意也。

編輯後記

編者對於編輯本刊，抱定幾種目標。舉其重要者言之：如注重文字內容，藉圖提高本刊在學術上之地位；如提倡用中文著述，以求中國科學之漸得獨立；如增加出版次數，以期適應事實上之需要。凡此種種，賴本會執董兩部及投稿諸君之贊助，均已分別實行，私衷至深慶慰。顧尙有不能已於言者，即本刊既爲吾國工程界唯一之共同刊物，則於國內一切鉅大建設，均不可不有相當之介紹，庶欲知中國工程事業之進步者，手此一册，即毋需他求。吾人苟能向此點努力做去，則久而久之，本刊不難養成一種特性，即一方面可以由此觀察國內工程事業之進步，一方面並可爲工程界之信史，作異日檢閱參攷之助。誠若是，則本刊將成爲工程界人人之案頭良友，尙復何疑！

吾人苟根據以上標準，將本刊前七卷，一一加以檢查，恐國內過去之較大工程，在本刊漏而未載者，並不在少數。即以去年一年間之事實而論，如薩托之民生渠，廣州之珠江鐵橋，皆近年國內工程之較著者，而在本刊均未見有隻字之記載，詎非憾事。欲彌此缺陷，惟有希望國內工程界同志，就其親身經歷或考察所得，時時予以介紹。他如各地建設機關，願以其工作進行狀況，在本刊發表者，編者無不竭誠歡迎。

由上所述，便可瞭然於本號接連登載水利文字多篇用意之所在矣！緣二十年之大水，可謂近代罕見之鉅災，倘本刊於此獨付闕如，將何以自解於其所負之責任！按本刊第七卷各號所發表關於二十年水災各文，大半側重於肇災原因及水災實況，而本號所載，如「二十年長江及淮河流域水災之善後」，「浙江之海塘工程」及「上海市東塘工程」諸篇，均係從工程方面論水災之善後，且大半均已見諸事實，故尤覺可貴也。

本號附錄內所載德國恩格司教授之「導黃試驗報告」，爲一極有價值之文字。關於三省委託恩氏試驗之經過，詳見本刊七卷三號。至於此次舉行試驗之場所，其設備情形，略見七卷四號「二十世紀水工模型試驗之進步」一文。恩格司教授爲近代水利專家，以首創河工試驗室著名。氏今年已七十有九歲，以如此高年，猶願爲吾國黃河問題，作不倦之研究，其一種獻身學術之精神，實堪令人景仰。而於吾國黃河，能有如恩氏其人者，代爲試驗研究，亦可謂千載一時之機會。聞此次所作試驗，僅費去二萬餘元，其結果之佳已如此，誠能依恩氏主張，再作一終結試驗，（據云約尙需五萬元），則其有裨於將來之治河，詎可限量。編者從恩氏習水利有年，故知之較稔，今氏年已老，深願國人重視此難得之機會，而勿使交臂失之也。

中華郵政局特准掛號認為新聞紙類　　內政部登記證警字第七八八號

工程

中國工程師學會會刊

廿二年六月一日　　第八卷第三號

本號要目

揚子江上游水力發電勘測報告

德國實業考察團對於發展中國交通事業之意見

以木代油之汽車

揚子江上游巫峽風景

工程

中國工程師學會會刊

第八卷第三號目錄

中國工程師學會發行

總會地址：上海南京路大陸商場五樓542號　分售處：上海福煦路中國科學公司
電　　話：92582　上海河南路民智書局上海西門東新書局
本刊價目：每册四角全年六册定價二元連郵費本國二元二角國外四元二角　上海徐家滙蘇新書社南京鍾山書局
濟南芙蓉街教育圖書社上海生活週刊社

本會第三屆年會論文委員會徵文啓事

逕啓者：本會第三屆年會，現經董事會議決，自八月二十七日起至九月二日止，在武漢舉行。查論文一項，爲年會重要事務之一。其目的，在昭示全體會員一年來研究實驗之成績，關係本會名譽，至深且鉅。敢祈會員諸君，本平日研究經驗所得，撰賜宏文。並向熟識會員，廣爲徵求。統於七月底以前，寄交上海南京路大陸商場五樓五四二號，本委員會委員長沈君怡收，至紉感盼。此請全體會員公鑒！

本刊緊要啓事

近查國內外報章雜誌，頗有轉載本刊各項文字者，本刊固不反對。但每有並不註明自何處轉載，致使混淆不明，殊屬非是。嗣後除經本刊特別聲明不得轉載之文字外，如有轉載本刊文字者，應請一律註明「轉載工程某卷某號」字樣，唯希公鑒。

工程第八卷第二號正誤

164 頁 第一圖　δ 誤作 d。

167 頁 第三圖　α 應指 CAE 角。

第三圖下第一行　「把」字應刪。

168 頁 第四圖　C 點上之斜線應加向下之箭頭。

170 頁 第五圖　α_A 誤作 α_a。

又　$CC' = \delta c$　誤作 $C'Q = \delta c'$

171 頁 末第二行　圖字誤作圓。

172 頁 圖下第三行　「39可以」誤作「可39以」。

173 頁 第七圖　B 點上之抵抗力應加向下之箭頭。

揚子江上游水力發電勘測報告

惲震　曹瑞芝　宋希尚

目　錄

第一章　綱要

動力之二大源泉,爲燃料與水力。煤,石油,天然煤氣,皆燃料也,然消耗皆有窮時,中國燃料礦藏不多,在南部尤瘠,故水力必須盡量發展。中國長江三峽,世人多以爲最可珍貴之水力,顧從無切實具體之研究,其含量若干,其性質如何,其困難如何,宜于何時發展,作何應用,皆無人能言之。政府雖欲倚此爲將來發展工業之基礎,亦莫能道其究竟。以是之故,政府乃於民國二十一年之秋,派員組織揚子江上游水力勘測隊,于十月下旬往宜昌一帶,從事研究測量,同時搜集以往散在各處之有用材料,俾於此世界豔稱之水力,得一具體可靠之概念。

勘測研究之所得,具詳於本報告第二章至第八章,草擬之水力發電初步計劃,載於第五章,電力之需要及用途,載於第七章,結

論十二點,載於報告末章,茲爲提綱挈領,淸醒眉目起見,特將各章要旨,摘爲綱要,列于卷首,以便閱覽:

(一)揚子江在重慶以上,未有測量及水文紀載,故重慶上游水文站亟應設立。自重慶至宜昌,水程650公里,坡降125公尺。宜昌流量,已有紀錄,最小爲3500秒立方公尺,最大亦經推定爲65000秒立方公尺。

(二)揚子江上游水流急湍,灘多峽窄,航行困難而危險。若發展水力,建設船閘,使水面平衡,於航運有利無害。四川天富,與外省交通,極爲重要,久後航運,必不敷需要,若有水力大電廠,則川漢鐵路亦易促成。

(三)水力之所以不易發達,在距市場太遠。今若以國家之力量,指定宜昌爲化學工業中心區,而宜昌恰好具有各種天然適合之條件,以爲發展水力及製造工業之地點,則發電用電集中一地,減除高壓輸電之困難,最合經濟之原則。若祇事電廠建設,而不問是否有電力之銷路,則事業必陷于失敗。雙管齊下,自爲必要。

(四)假定之第一水力發電廠,地點勘定在宜昌附近之葛洲壩或黃陵廟,容量爲三十萬瓩,每瓩初期建設費約在國幣340元至400元之間,第二三期可減至250元至300元。每度電之成本(連折舊利息在內),約爲0.7分,久後可減至0.5分。此電價可謂甚廉,然仍不能與美洲尼亞格拉大瀑布水力相比,蓋彼爲高水頭,天然形勢,又勝揚子江上游一籌也。

(五)初步計劃不過利用常年水力十分之一,時季水力(卽每年六個月或九個月之水力)更不在內。第一廠設在湖北境內,第二三四廠可逐漸西進,視需要而設置。不盡長江滾滾來,皆可爲國家富力之源泉矣。

(六)政府應派員從事於下列各工作:

(甲) 調查宜昌設置固定空中淡氣事業,及其他基本酸驗廠之條件及程序。

(乙) 研究以上各廠之技術方法,成本經濟,及市場支配。

(丙) 詳細測量及鑽探葛洲壩黃陵廟兩地點,以備作進一步之設計。

國內之化學,兵工,經濟,水力,機械,地質,電工各專家,皆望自動的有組織的對此問題加以探討。

第二章 測勘之經過

二十一年十月初旬,惲震(電氣工程師)宋希尙(水利工程師)曹瑞芝(水力工程師)三人奉命組織測勘隊,開始搜集材料,幷由揚子江委員會指派測量總工程師史篤培,技術員陳晉模,加入測勘隊,襄助工作。出發以前之工作分述如次:

(1)關於三峽一帶之地質,已有中國地質學會及地質調查所李四光謝家榮諸君著有論文數篇,尤以自宜昌至秭歸縣之地層背斜敍述較詳,足供參考。同人幷注意黃陵廟至三斗坪一帶之花岡岩地質及地勢,認爲此處應詳細研究。

(2)海關方面,出版書圖甚多,與本隊工作以最大之援助者,爲揚子江上游圖宜渝段三十八張。此圖取材,皆出於法國海軍1902年至1921年之多次測量,於1923年出版,其目的全爲便利行船。沿途之水深,礁石之位置,及出水之高度,暨兩岸之地形高低,均有甚詳之紀載。縮尺爲二萬分之一,城市附近之測量較準確,其他地段則較疏略,然已爲不可多得之成績,省去本隊不少工作。

(3)關於揚子江上游宜渝段之河床坡度,則揚子江委員會已於1924年與川漢鐵路測量隊合作,將鐵路基點爲水準測量,確定各地水尺零點之地位,製成一揚子江上游坡降及水面縱剖面圖(第四圖)由此圖可以在任何兩點之間,量得其坡降,平均坡降則爲五千分之一。

(4)關於流量之測量,本隊初以爲宜渝以上,向無水文站之設立,流量無可稽考,卽使此次本隊能取得若干流量紀錄,決不能用以製成流量曲線,因此頗形焦慮。嗣查知揚子江委員會於1925年六月三日起至1926年五月二十一日止,曾在宜昌下游三十海里之枝江水文站做過流量測量四十八次。(參閱第四章)在此期內,宜昌水位之漲落,在當地水標爲$1\frac{1}{2}$呎至36呎。1931年洪水時,揚子江委員會又派專員至宜昌,於十月十一日至十四日取得流量紀錄數點,其時宜昌水標爲47.4呎。根據上述材料,本隊乃製成宜昌揚子江流量曲線圖(第五圖)表明宜昌水位與流量之關係。宜昌歷年最高水位(參閱第三圖)爲53.3呎,由此可以算得其最大流量當爲每秒鐘65,000立方公尺。最小流量則爲每秒3500立方公尺。

(5)往鐵道部借閱前川漢鐵路之測量材料。

(6)與參謀本部陸地測量總局航空測量隊隊長李景潞君接洽。將來如擇定相當地點而欲確知其附近地形,在此懸崖深谷重山峻嶺之中,人工測量費力多而不易準確,航空測量最爲適宜,李君允於次年二三月間,派機前往測量,製成五千分或一萬分之一地形圖,以供設計之用。

本隊分兩批出發,第一批曹惲二人於十月十二日由南京啓程,沿途耽擱,有所調查。第二批宋史陳三人攜帶測量儀器於十月二十三日由京出發,月終皆在宜昌會齊。向宜昌海關借得公事房一間,作爲繪圖設計之處。

經數日之共同研究及乘船視察,發現重要事實數點如下:

(1)宜渝間之平均坡降,既僅爲五千分之一,若欲用引水旁流法,另築支河,繞越山嶺,而取用其水力,則其困難爲:(a)江爲兩岸高山所束,不易覓得相當捷徑;(b)水位漲落太大,改走新道不易;(c)峽中水淺時灘險甚多,若引去一部份水量,灘更危險,於航行不利。

(2)宜昌將來可爲化學工業中心區用電地點,第一步應爲宜昌,第二步爲沙市,第三步始爲漢口。宜昌至萬縣之間,山嶺重複,除鐵路外,無用電之可能,故水力發電廠應以愈近宜昌爲愈相宜。

巫峽一帶,水位漲落達57公尺(190呎)。建壩極不方便,且峽之本身即等於一水閘,使洪水時水不得暢洩,逼而高起,不數日又復下落,此等情形於水力之發展,不但無所補益,且有妨礙,故本隊認為自牛肝馬肺峽以上,夔州以下,恐無建築水壩之可能。

(3)欲於揚子江本流中,覓得一築壩設廠之地點,必須江面較寬闊,江岸較平坦,有適當之地基可以建築滾水壩(Spillway or ornerflow dam)及發電廠。揚子江本流可用岩石堆寨,俾成岩石壩(Rock-fill dam),使發電廠應用剩餘之水,由滾水壩上流出。滾水壩之設計,必須使最大洪水量能安然流過,又能保持四季不變之水頭。壩身廠基,必須建於可靠之岩石地層上。能滿足此項要求者,本隊覓得地點二處。一在宜昌上游4海里之葛洲壩,一在上游22海里之黃陵廟附近。葛洲壩恰處大江出宜昌峽之下口,地作島形,下為石灰礫岩(Limestone Conglomerate)形勢平坦,工作利便,江面較寬,約二千呎。黃陵廟在宜昌峽之上口,其地總名為腰站河,上自崆嶺灘,下迄南沱,江勢開闊,遠非峽中可比。巨石錯落高下,散布於江之北岸,所謂「黃陵花岡岩」(Hwanglin Granite)者,面積極廣,地質學家公認此段為峽東背斜之中心。花岡石質極堅固,以之為建壩之基礎,最合理想。惟水流較急,江底較深,在測量時已感覺工作之不易,將來施工時運輸材料,自不如葛洲壩之方便。

研究既有概略,本隊即於十一月五日起,開始測量葛洲壩附近之水深及地形,選擇建壩設廠置閘之地位。八日租用鹽務稽核所之汽油船「蜀艖」號,赴黃陵廟一帶測量。十日曹惲宋史四人,乘捷江公司之「宜平」輪往重慶,為宜渝間之全部視察,陳晉模及測生二人留宜昌繼續工作,繪製草圖,宜平輪第一晚泊巫山縣,第二晚泊萬縣,第三晚泊酆都上游數里之湯元石,第四日下午五時到重慶。川江中無論輪船或民船,皆不敢夜行,以防觸礁。輪船上行須四日,下行僅二日,殆成定例。

夔州縣(今稱奉節)以下,峽中無地可利用設廠,前已言之,夔州以上山勢平緩,不復成峽,但夔萬之間,水位之冬夏漲落,仍有140至180呎,其不利於建壩工程亦可想見,必忠州(去宜昌220海里)以上,水位漲落之平均數,始在100呎以內。茲特將視察所及,認爲有發展水力可能之地點,列舉於下:

(1) 忠洲相近之黃花城　距宜昌 210 海里

(2) 酆都附近之鹽背磔　距宜昌 257 海里

(3) 涪州上游之剪刀峽　距宜昌 291 海里

(4) 長壽上游之大堆子　距宜昌 311 海里

若必欲於夔萬之間覓一地點,則巴陽峽(去宜昌 160 海里)地勢似尙適宜。宜昌重慶間坡降共有 125 公尺(410呎),用枯水流量計算,約可得四百萬馬力,但決不宜集中一點,蓋如此鉅量之電廠,不僅建築方面太不經濟,回水影響太大,在應用方面,亦恐無此需要。故揚子江本流之水力,如須盡量利用,必須分設數壩,逐段開發,其開發之先後,自應以「需要」之情形爲準。重慶以上之水力,及各支流之水力。不在計算範圍之內。

本隊此次巡行上游,適値中水之期。宜渝水標各 9 公尺(30呎),洪水及枯水之情狀,皆未及見。灘險在任何時期皆有,惟或盛於洪水期,或於枯水時始見其可畏,中水期之灘險較少。宜昌附近如建壩閘,於航行自可便利不少。新灘及崆岭灘之危險均可免除,洩灘以上,則仍無關係也。

本隊沿江注意各縣鎭鄉集之高低地位,以覘洪水時各城市是否有淹沒之患,則秭歸巴東巫山夔州雲縣萬縣忠州酆都涪州長壽以至重慶十一城市,皆可謂之山城,除酆都較低,曾受水患外,其餘城市皆在山上,洪水時至多淹及城垣,絕無危險。在黃陵廟或葛洲壩建壩,若利用水頭祗12.6公尺(42呎),則回水影響甚微,雖秭歸亦不能達,僅新灘市集或平善壩南津關一帶草屋被淹,其損失至爲微細。

宋史曹惲四人於十一月十九日回至宜昌,復繼續測量三日,至廿三日全隊由宜昌回漢口，巡返南京。

設計方面，分為葛洲壩及黃陵廟兩計劃，葛洲壩因地勢較好，在初勘時認為工程較省，工作較便之地點，故測量亦較詳。黃陵廟地點之選擇，在腰站河一帶實不止一處。玆姑就初勘時所擬定之「甕洞」地段略事測量，但出入亦甚有限。在黃陵廟左近之河深，頗不易測，第一因水流甚急，且成渦漩，船之進退不能如意，第二因峽中河床忽高忽低，深淺莫測。他日若葛洲壩之地下岩石，經判定堅固不足，或經鑽探，下有斷層，則黃陵廟至三斗坪一段，自有詳細測量之必要也。

關於地形測量，海關出版之長江上游圖，對於葛洲壩附近之地形頗準確，黃陵廟一帶卽不甚準確，此亦無怪其然，腹地地圖，由外國海軍測繪至如此詳細，已足令中國人愧死矣。

關於長江之重要支流，如岷江沱江，則因川戰，未能前往視察。嘉陵江則由惲宋二人巡視至合川，水位漲落，亦達百呎左右，江流甚平，灘險絕少。黔江(卽龔灘河)及宜昌下游之清江，均未勘視，蓋以不在本隊範圍之內也。

水力發電，本有「全年常有電力」及「非全年常有電力」兩部份之分。如在宜昌左近設廠，供電於特種工業，電量必須常年穩定，始為可靠。宜昌四周，幷無大規模之蒸汽發電廠，可資聯絡「非全年常有之電力」，在枯水時期，旣不能應用，其機器卽不宜設置，蓋工業甚少可於枯水時期遷就電力而停工者也。職是之故，本隊之設計，遂假定枯水流量以外之流量，暫時不利用，而水頭必須終年保持穩定。

本報告之完成，得 Col. G G. Stroebe (揚子江水道整委會總工程師)，鄭厚懷教授(國立中央大學地質學系)，陳懋解先生(建設委員會專門委員)，鄭家覺先生(化學專家)，陳德元先生(永利製鹼公司)，Capt. W.G. Pitcairn (宜昌航行顧問)，Mr. R G. Everest (宜昌巡江事務長)，顧毓瑔先生(實業部技正)，陳晉模先生(揚子江水道整委會技術員)及葛和林先生(建設委員會技佐)之協助或指示甚多,本隊同人深表感謝。

第三章　揚子江上游之現狀

揚子江爲世界第二大河,中國第一大河。自吳淞至漢口,曰『揚子江下游』,兩岸地土皆爲冲積層,灘岸常有變遷。自漢口至宜昌,曰『揚子江中游』,河流曲折甚多,水較淺,流較速,河亦較窄,惟兩岸平坦如故。自宜昌以上,始爲『揚子江上游』,江爲山束,流深水急,三峽固無論矣,即在萬縣重慶一帶,兩岸地形,皆不易變遷,其岩質使然也。本章所欲言之揚子江上游,即宜渝(自宜昌至重慶)間之一段,計其距離爲 650 公里,(403 英里即 350 海里)。

揚子江之在宜渝間,實爲全江中最特殊之一段,不獨河床坡度水位水深河寬,及其他水文性質,均有特殊之現狀,即沿江兩岸景物之奇秀,偉麗絕倫之峽,波濤洶湧之灘,亦爲世界所希有。玆將江峽,灘險,交通,貿易四項分述於后,以明上游之概況。

一.江峽　自宜昌至夔州(今名奉節)凡五峽,夔州以上無大峽。宜夔間之水程 110 海里,如以峽之本身連合計之,則總長爲51海里。五峽名稱如下:

(1) 宜昌峽　(黃貓峽及燈影峽之總名) 15.0 海里 (28.0 公里)

(2) 牛肝馬肺峽………………………………… 4.0 海里 (7.4 公里)

(3) 兵書寶劍峽　(一名米倉峽)………………2.5 海里 (4.6 公里)

(4) 巫峽　(一名大峽)……………………………25.0 海里 (46.0 公里)

(5) 風箱峽　(一名瞿唐峽又名夔峽)………4.5 海里 (8.3 公里)

我國傳籍所稱之三峽,乃指西陵峽巫峽及瞿唐峽而言。所謂西陵峽者,乃宜昌峽牛肝峽米倉峽之總名稱也。考峽之生成,俱因河流侵蝕之力,而尤與其岩質有關,大抵峽俱發育於岩質堅靭之地層內,如巫山石灰岩之質密層厚者,最易成奇偉之峽,震旦系及奧陶紀之灰岩次之,若其他岩層,則未見有峽也。至於灘與地質之

關係,則適相反,灘之生成,多因附近之岩質鬆疏,風化之後,崩解成塊,乃從小溪流入江中,日積月累,遂致壅塞水流,而成兇險之灘,故灘之位置,往往在小溪之口,如洩灘叱灘新灘等是也。

水爲兩岸山峽所束,面窄而水深,流速在冬季每小時1.5至3海里,夏季則自6至8海里,亦有高至14海里者。其寬度約由220公尺而至320公尺,最狹之處,如巫峽口之火焰石,及風箱峽口之黑石灘,兩處寬度尚不及130公尺。水深處處互異,平常在低水位時,約55公尺(180呎)至80公尺(270呎),最深之處,可至110公尺(360呎)以上,最淺之處,約10公尺左右。故航行之在峽內,在中水位及低水位時,轉覺流緩浪平,水面恬靜,除少數淺灘激湍外,航行可以一帆風順。若在漲水之時,或由中水位而至高水位時,水勢遏勃,洶湧澎湃,即頓現驚濤駭浪之態矣。

二.險灘 宜渝間大小險灘不下一百餘處,而其最著者,則有下列各處:

(1)腰站河獺洞灘(腰站河長14浬,獺洞灘去宜昌28浬)。(2)崆岭灘(牛肝峽口新灘下游5里)。(3)新灘(牛肝峽與米倉峽之間)。(4)黃淺灘(香溪下游)。(5)四季磅(秭歸下游)。(6)洩灘(又名葉灘,巴東下游9浬)。(7)大八斗灘(牛口灘下游)。(8)牛口灘(巴東下游4浬)。(9)火餤石(巫山峽口)。(10)下馬灘(巫山縣上游3浬)。(11)寶子灘(風箱峽下游)。(12)廟磯子(雲陽縣下游10浬)。(13)東洋子。(14)新龍灘(雲陽縣上游8浬)。(15)巴陽峽(長5浬)。(16)狐灘(萬縣上游8浬)。(17)佛面灘(酆都縣上游4浬)。(18)觀音灘(與佛面灘相連)。(19)羣猪灘(陪陵縣下游)。(20)黃草灘(涪陵縣長壽縣之間)。(21)洛磧(長壽縣上9浬)。(22)銅鑼峽(重慶下10浬)。

灘險程度,既不一致,其形式種類,亦各有異,尤以致險性質,隨水位漲落而不同。有在低水位時之爲險灘者,中水位與高水位時則否,有險在中水位或高水位時,至低水位時則反較夷平者。例如洩灘及廟磯子,因大塊巒石伸入江中,形成壩狀,當低水或低中水

第二圖　宜渝間揚子江灘險及各地水位圖

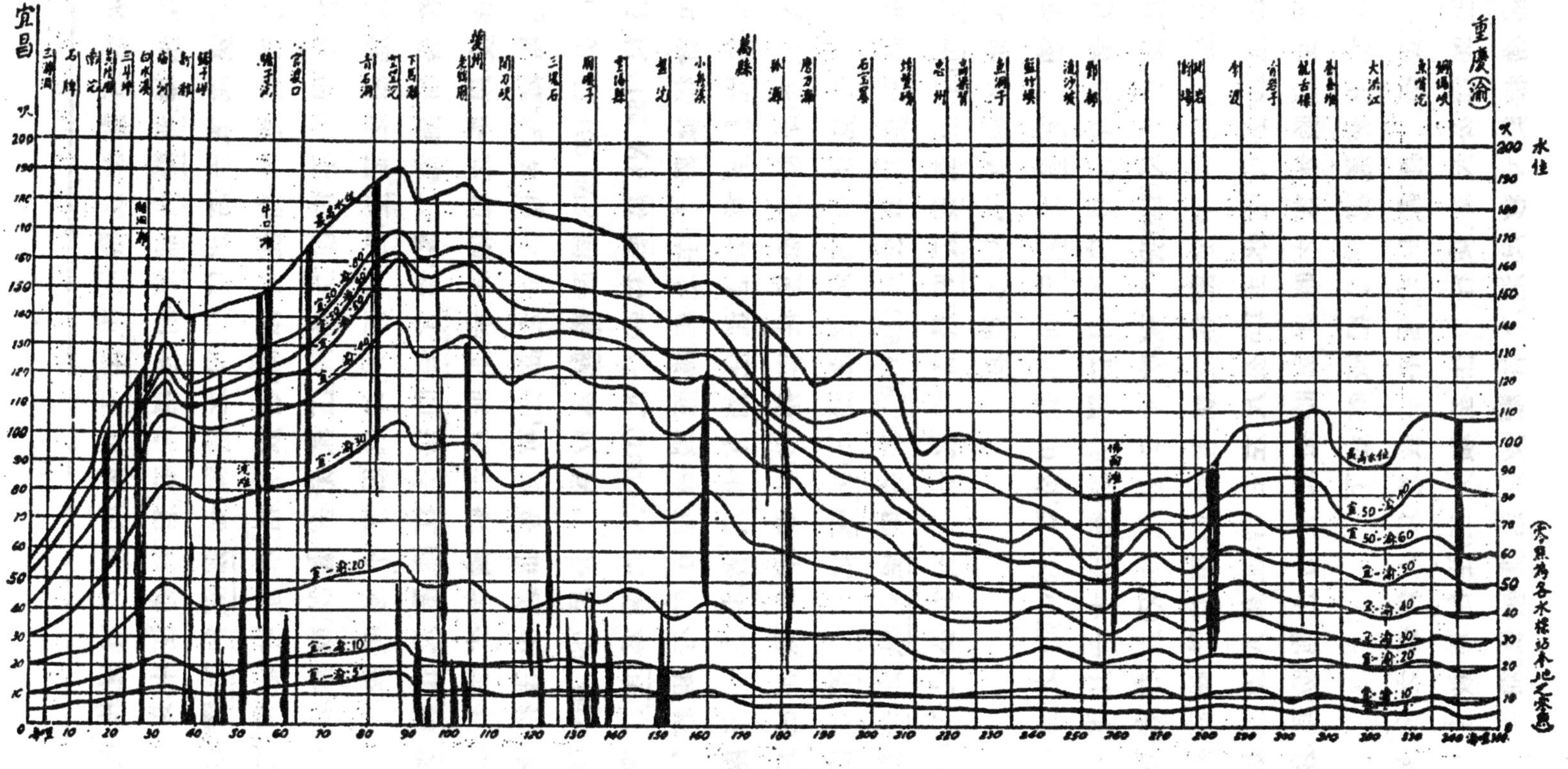

灘險説明

灘險程度以黑色潤度表示之

航行速率至少每小時14海里始能過灘

航行速率至少每小時12海里始能過灘

航行速率至少每小時10海里始能過灘

航行速率為每小時10海里即可通過

位之時,水枯石露,即成險灘。東洋子則因河床爲石層橫截,高突水下,暗成欄水壩。新灘新龍灘,則因兩岸石岩斜伸江中,以致低水位時,江面束狹成槽。至高水位發現之險灘,如狐灘佛面灘在高水位時,兩岸石壁陡立,並向江心傾斜,頓成闊槽,水位增高,槽面反狹,流速轉激,航行偶一不愼,即生危險。江流尤多漩渦,或常在一處,或逐流而下,其危險之程度,因時而異,其成因亦不易明瞭。

本報告所附第二圖,爲宜渝間揚子江灘險及各地水位圖,圖中灘險程度,以線之粗細表示,亦所以示航輪至少應有之速率方足以經過險灘。至各地水位之高低,可於各曲線中尋得之。例如宜昌水位15公尺(50呎),同時重慶水位爲24公尺(80呎),即可知夔州爲50公尺(165呎),萬縣爲40公尺(120呎)。此圖爲宜昌巡江事務長 Pitcairn 君根據數十年之紀錄而製成,現在航行觀察,校核與事實頗相符。自宜昌至重慶沿江已刻有水尺者,共四十五處,雖不能每站派人駐守紀載,然船隻往來甚多,其觀察紀錄亦已足用。此圖由大體觀之,可見江峽與水位之關係,巫峽之空望沱水位漲落最顯著,其最高差度爲57公尺(190呎),其次則風箱峽之老鸛廟,於是上游至忠州,下游至黃陵廟,最高水位始下至30公尺(100呎),此等情形,在其他江河眞不易多覯也。

三.交通 宜昌至重慶間,凡長70公尺(235呎)之輪,吃水3公尺(10呎)者,每年祇可自五月初開始航行,至十一月半爲止,共約六箇半月。長40公尺(140呎)之輪,吃水2公尺(6呎)左右者,可以全年通行無阻。低水時峽中險灘林立,航者戒心。平時除輪運外,凡普通民船,長15至20公尺吃水至1.5公尺左右者,雖藉人力駕駛,亦可全年通行,惟在灘險水落之時,則臨時須賴人力之拖助耳。茲依據調查所得,其水上交通現狀,分紀概略如下:

(一)民船 種類形式,極不一致,均以木料爲之,其最大之船,有長至20餘公尺者。駛行方法,全賴人工,往往用數十舟子,分列兩行,搖櫓板槳,寸移尺進。下行順流,則速度較快。前清光緒末年,海關紀載,計有民船進出口 2567 隻。共 79,708 噸,至宣統元年,輪運開始,民船仍占重要地位。民國三年,隻數雖減,其噸數則增至 94,782,爲最高紀錄,嗣後逐年銳減,至十四年以後,重慶海關已無民船運貨,而輪船噸數,則驟增至四十萬噸左右。目下所謂白木船者,雖依然存在,但祗能爲短距離之客貨運輸,及在輪船勢力所不能到之處爲運輸之支線耳。其航綫則較長,在岷江可達灌縣,在嘉陵江可通略陽(陝西),在黔江可通合傘洞(貴州),金沙江可通蠻夷司。

(二)輪船　在前清光宣年間,即有汽輪行駛,但屢次觸礁遭險,致阻發達。迨後各險處設立水尺,因得水位之紀錄,而知其爲險之性質,有所依循。故民國紀元以還,航行遂見便利,輪舶年見增加。截至二十一年九月間止,中外各公司航行上游之輪船爲數共 58 艘,內除國有 32 艘外,屬英籍者 11 艘,美國 8 艘,日本 5 艘,法國 2 艘,總計噸數,共爲 16,787 噸,其中國有者,計爲 6,659 噸。重慶海關登記之進出口輪船隻數仍爲一千隻左右,噸數亦不出四十萬噸,顯無進步之可言。

查揚子江上游之航業,外商經營角逐,不遺餘力,英,美,日,法,各輪船公司,均注意競爭,而中國之招商局,三北公司,及其他公司,或以辦理不善,或爲資本所限,未能策畫進展,故上游航業,實已有喧賓奪主之勢。幸民國十五年來,重慶有民生實業公司之創辦,由三萬元之小資本出發,年有成績,年有進展,上舉國有三十二輪中,該公司之輪,幾居其半,此外尙有數艘未經登記,其突飛猛進如此,實開我國航業界發展之新氣象,洵非易事。

前清川鄂兩省,於川江中合設救險站廿餘處,每站置紅船(即救險小船)數艘,以備船隻傾覆或擱淺時救護客商之用,其法良美。民國十六年以後,川鄂兩省府,皆藉口經費不足,不予維持,至今紅船遂絕跡,所謂政事不修者,此亦一端也。

由宜昌通四川之電報線,亦沿川江設置桿木,或依峽谷,或繞山嶺,上下高低,頗具匠心。在昔未用無線電之前,此爲通訊之最好工具。由此可以想見將來高壓輸電線如有設置之必要時,其安設路徑,與此當甚相類。

四.貿易 重慶.萬縣.宜昌.沙市,爲漢口以上之四大鎭。此中自以重慶爲首要,人口約六十三萬。沙市次之,而人口最少,僅九萬五千餘,惟以棉花區域關係,爲唯一出超之口岸。萬縣二十萬人,宜昌十萬七千人,但此等統計未必可靠(根據中國年鑑)。宜昌地屬中樞,爲蜀道之咽喉,所有來往貨物,泰半由此分轉,故徵收課稅,以此爲中心,而出入運輸,亦視此若門戶。近年因宜昌祇有消耗而無生產,運貨輪船亦有直駛川滬者,故市面不振,彙之盜匪滋擾,商旅極感不寧。民國二十年宜昌貿易總値計爲關平銀 11,800,000 兩,較諸十九年約減少 2100,000 兩之譜。假使內戰敉平,匪患寧靜,則其商業當可進步。中央曾經提議,擬將巴東,巫山,夔州,雲陽,忠州,酆都.涪陵,長壽八區,闢爲華輪上下客貨處所,藉以振興商務,便利行旅,現在雖未實施,將來定必舉辦。重慶方面,其進口貿易,以疋頭魚介海產洋米棉織各品爲大宗,而交通發達,道路增闢,近更增設渝漢飛航綫,卽汽油之需費亦甚多。至重慶萬縣出口主要貨物,厥爲桐油一項,不獨推銷外洋,且實爲外洋漆類中之主要物品,美國曾欲挽回利權,將桐子易地移植,而其結果,油質仍不能與國產者相頡頏。在十九年度,出口總額,爲十六萬九千餘担,二十年度因美國陳貨太多,需要減少,跌至五萬三千餘担。他如夏布.藥材.黃絲.猪鬃.五倍子.鴨毛.黑木耳.麝香.白蠟.山羊皮.兎皮.出口成績,尙稱不惡。據海關報告,民國二十年重慶進出口貿易,總値爲關平銀 75,300,000 兩,較諸十九年尙減少 11,300,000 兩。四川夙稱天賦之區,燃料與水力,幷稱豐富,而重慶更屬運轉之樞紐,工商展拓,日見增益,貿易狀況,隨時皆有突進之可能,所竚待者,惟政治之安定,鴉片之掃除,及運輸工具之增進耳。玆將民國十七年至二十年重慶.萬縣.宜昌.沙市.海關貿易貨値統計列表如次。

民國十七年至二十年重慶萬縣宜昌沙市海關貿易貨值統計

關別	十七年	十八年	十九年	二十年
重慶	關平兩	關平兩	關平兩	關平兩
洋貨進口淨數	13,596,143	14,510,871	12,352,879	13,458,154
土貨進口淨數	30,350,364	28,889,297	37,105,385	32,415,113
土貨出口總數	28,290,078	34,856,300	37,094,278	29,420,580
	72,236,585	78,256,468	86,552,542	75,302,847
萬縣				
洋貨進口淨數	2,800,315	2,687,548	2,304,822	2,481,847
土貨進口淨數	6,753,734	8,946,771	8,463,630	7,638,568
土貨出口總數	8,691,003	9,474,666	7,859,988	6,945,969
	18,245,652	21,108,985	18,628,440	17,036,384
宜昌				
洋貨進口淨數	4,308,107	2,684,846	2,677,554	2,196,317
土貨進口淨數	5,469,845	6,727,094	5,062,707	5,662,261
土貨出口總數	3,755,235	3,250,000	6,159,922	3,981,645
	13,533,187	12,661,940	13,900,183	11,840,223
沙市				
洋貨進口淨數	5,690,765	5,375,121	2,626,007	2,895,632
土貨進口淨數	6,209,450	5,505,439	2,855,324	3,917,860
土貨出口總數	27,010,106	23,475,302	16,005,407	11,837,686
	38,910,321	34,355,862	21,486,738	18,651,178

第四章　水文及地質之研究

一.水文

一.流域面積　揚子江一名長江,發源於青海西南之巴薩通拉木山,初名木魯伊烏蘇河,繼曰通天河,行抵西康,又易名金沙江。南流至雲南,經滇川毗界,北入川省之屏山縣,江流至此,始通航行,東行自宜賓(敍州)經重慶而至宜昌。其間匯入要流,在川滇交界之處有鴉礱江,在宜賓有岷江,在瀘縣有沱江,皆自北來會。南面則有普渡河.牛欄江.赤水河.等之加入。嘉陵江則匯合川北之渠江.涪江,經重慶北貫入江。在涪陵縣又有黔江(一名烏江)由貴州來會。自此直達宜昌,其支流皆不甚大。全江流域面積,約爲 1,959,335 平方公里,而自江源至宜昌止,則爲 1,013,067 平方公里。玆將揚子江上游流域面積,就其支流次序,列成一表如下:(參閱第一圖)

自江源至宜賓流域面積	479,974 平方公里
岷江及沱江	133,152 平方公里
宜賓重慶間	69,676 平方公里
嘉陵江	163,737 平方公里
黔江	85,858 平方公里
重慶宜昌間	80,670 平方公里
自江源至宜昌總計流域面積	1,013,067 平方公里

二.雨量 雨量紀錄,關係水位之漲落,及流量之變遷極巨,對於水力尤有密切之關係。玆將宜昌重慶兩處,自民國紀元前二九年至民國十三年止,每月平均雨量數,與民國二十年揚子江最大水災時雨量之統計,列表于後。又將民國二十年重慶宜昌當大水災時六七八月每日所得最大雨量,另列一表,以示洪水時逐日雨量之情形。

民國二十年宜昌重慶兩站每月雨量公釐數及歷年比較表

站名	宜昌	宜昌	重慶	重慶
月 \ 年	民國二十年	民元前二九年至民國十三年	民國二十年	民元前二一年至民國十三年
一月	5.5	19.5	13.2	16.5
二月	77.0	29.1	10.2	20.0
三月	44.0	53.6	34.1	35.2
四月	114.3	100.6	78.3	102.0
五月	221.2	122.6	190.5	140.6
六月	249.0	154.8	55.1	181.4
七月	355.8	210.8	112.5	142.7
八月	314.6	169.5	109.3	130.5
九月	116.0	100.4	98.9	147.3

十　月	8.1	84.0	87.8	21.8
十一月	38.1	35.8	46.8	49.6
十二月	27.3	14.1	20.5	22.0
全年總數	1531.4	1094.8	897.8	1102.6
每月平均雨量	127.6	91.2	71.5	91.9

民國二十年宜渝兩站六七八三箇月每日雨量公釐表

	宜　昌			重　慶		
日 ＼ 月	六　月	七　月	八　月	六　月	七　月	八　月
1					3.3	
2						
3	11.7		1.5	2.5		
4	97.4		0.8	2.3		3.0
5	14.2		37.1			4.8
6	24.6	61.0	60.3		8.0	1.3
7	5.6	35.6	1.5		19.9	41.2
8		9.7	31.5	0.8		24.4
9			43.7	1.1		1.0
10	0.5	68.1	27.7	2.0	43.2	13.2
11		19.3				
12		8.9	31.7			
13		4.1	4.3			13.2
14	26.4		11.2			6.1
15						
16				10.2		
17	3.6			13.2		
18						
19	34.0	18.5				
20	5.6	33.5	5.6		6.1	
21						
22	0.5	7.1				
23		21.8		1.3	20.3	
24		56.2	36.6			
25		11.7				1.5
26			0.5			6.6
27						
28						
29	0.5			8.6		
30	24.4			13.2		
31			20.6			3.0
總計	249.0	355.8	314.6	55.1	112.5	109.3

宜昌揚子江最高及最低水位表(1877-1926)

最高水位		日期		年度	最低水位		日期		附註
英尺	英寸	月	日		英尺	英寸	月	日	
32	4	8	8	1877	0	1	3	11	最高及最低水位之差 54'9"
44	5	7	12	1878	0	7	1	23	
44	0	7	11	1879	0	0	2	9	最低水位(1877-1926)—1'6"
41	8	7	22	1880	1	4	3	4	
37	10	9	22	1881	0	2	3	12	最高水位(1877-1926) 53'3"
41	5	9	29	1882	3	7	1	25	
46	3	7	10	1883	0	6	2	17	平均水位最低時期一三月五日
36	3	7	2	1884	0	1	12	30	
37	10	7	12	1885	0	4	3	6	平均最低水位 0'8"
41	6	9	6	1886	0	4	1	31	
42	1	7	13	1887	2	1	12	31	平均水位最高時期一八月七日
45	3	7	31	1888	0	0	1	25	
42	5	8	3	1889	0	2	4	4	平均最高水位 43'8"
44	3	8	4	1890	0	5	3	2	
45	6	7	17	1891	0	2	1	27	
49	2	7	15	1892	0	0	1	31	
45	8	7	16	1893	1	1	2	13	
40	2	9	25	1894	0	7	1	28	
44	8	7	31	1895	0	7	2	27	
53	3	9	4	1896	1	2	2	6	
44	2	7	28	1897	-0	11	2	21	
47	11	8	9	1898	0	4	3	15	
40	9	9	25	1899	1	3	2	6	
31	9	7	28	1900	1	3	2	14	
45	2	7	21	1901	-0	2	3	20	
38	6	9	23	1902	-0	11	3	27	
45	10	8	4	1903	0	8	2	24	
38	0	8	24	1904	1	0	1	31	
51	0	8	15	1905	1	3	2	11 21	
40	6	8	16	1906	2	5	3	11	
42	0	9	1	1907	0	6	3	24	
47	0	7	4	1908	0	11	3	19	
47	0	7	14	1909	-1	4	3	9	
40	0	9	18	1910	0	0	2	21	
43	5	8	16	1911	1	0	1	28	
39	4	7	9	1912	2	4	2	18	
43	11	7	15	1913	0	1	2	22	
38	10	8	11	1914	1	0	3	2	
37	1	9	24	1915	-1	6	3	19	
38	9	7	5	1916	1	2	2	9	
48	6	7	27	1917	0	9	2	16	
43	6	9	13	1918	1	1	1	29	
46	10	7	20	1919	1	1	3	22	
49	4	7	25	1920	0	5	1	31	
51	6	7	17	1921	1	8	1	27	
49	0	8	11	1922	0	1	2	22	
45	0	7	23	1923	-0	9	3	18	
38	4	8	24	1924	-1	0	3	8	
37	4	9	9	1925	0	1	2	16	
48	5	8	15	1926	1	6	2	3	

三.水位漲落　水位漲落,用水尺紀錄,揚子江流域內,凡海關所在之地,均有此項水位漲落之紀載,總計已積有五十餘年矣。惟

當時因各關水尺之設立,皆屬隨時隨地,對于水尺零點之假定,尚無一貫之系統,實為一大憾事。揚子江水道整委會,曾以吳淞零點為標準,推求各海關水尺零點之關係,列有一表,詳見該會第四期年報中。據載宜昌關水尺零點,高出於吳淞水尺零點,為 39.686 公尺,高出於川漢鐵路基點,為 46.5 公尺,查歷年宜昌水位之觀察,每屆三月之抄,卽漸次升漲,至九月底方漸下降,自十二月至三月,為低水位。平均最低之時為二月至三月,最高之時為八月至九月。而統計其最高水位,自有紀錄以來為 53.3 呎,時在 1896 年九月四日,最低水位為零點下一呎六吋,時在 1915 年三月十九日。玆將宜昌自 1893 年起,至 1922 年止,卅年中每日水位之平均高度及最高水位最低水位,以曲線表示之(第三圖),于揚子江在宜昌之水位漲落情形,可以見其大概矣。

四.坡降 坡降之大小,與水力設計關係至巨,揚子江水道整委會之水準測量,已自吳

宜昌揚子江每日水位圖 (1893-1922) 第三圖

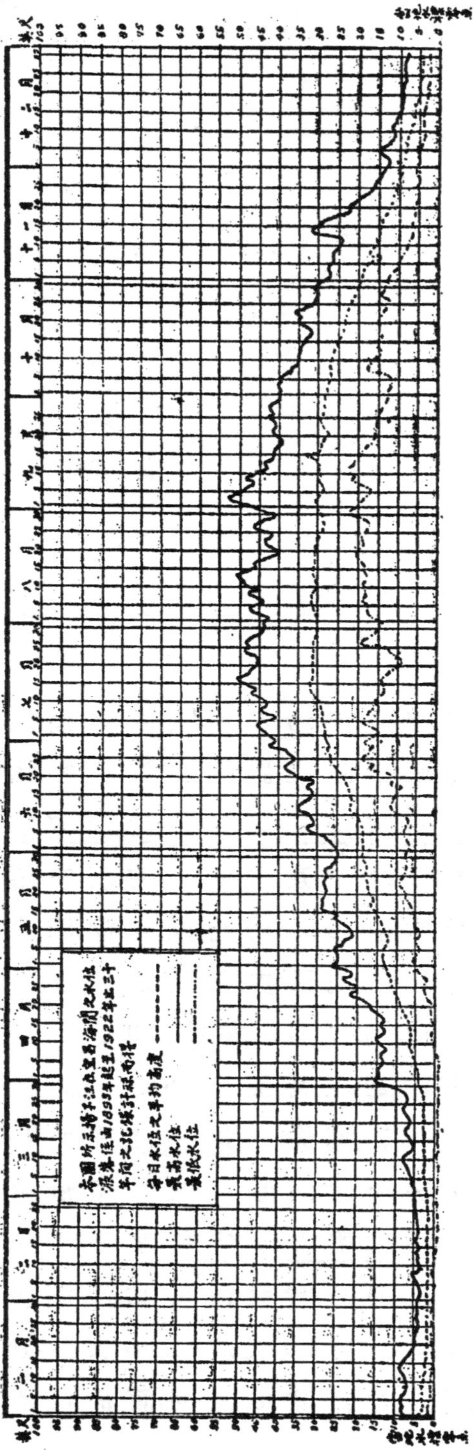

第四圖 揚子江上游坡降及水面縱剖面圖

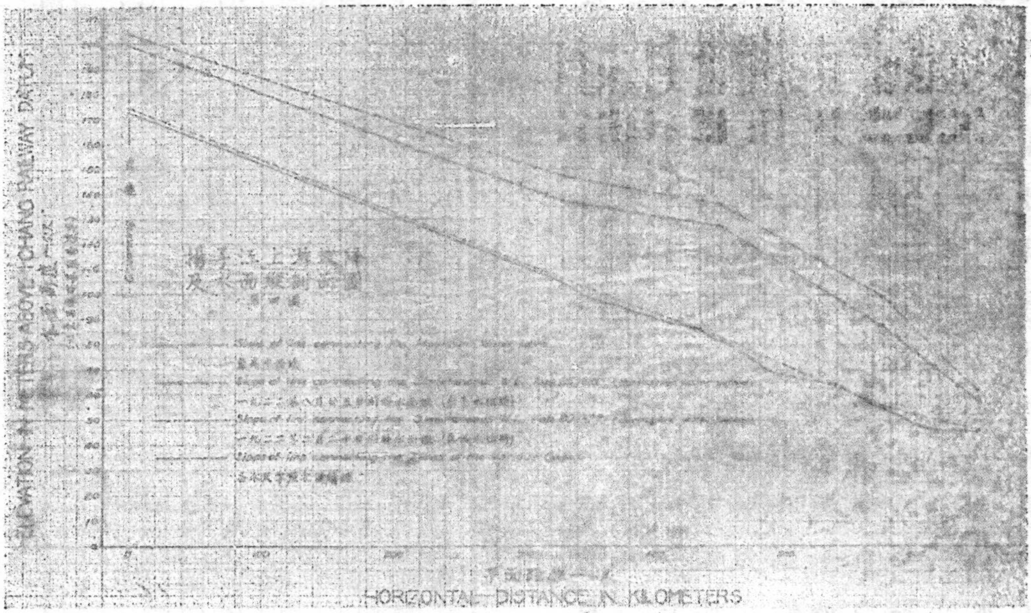

淞起測至沙市,因共匪之擾亂,以致中輟。惟前川漢鐵路測量隊,曾經測量路綫,置有水準標點,由此推求,凡水尺所在地之零點,如宜昌.石牌.黃陵廟.三斗坪.新灘.官渡口.下馬灘.夔州.雲陽.萬縣.重慶.等處,得其相互之關係,將所有零點,接成一曲線,幷將同時高水位及低水位(1922年),繪成宜渝間之水面縱剖面圖(第四圖),由此可以求得任何地段內相距之坡度。在重慶宜昌間 850 公里中,其總坡降為125公尺(410英呎),約合每英里坡降一英呎(屏山以上金沙江坡降約為七百五十分之一)。

五.流量 揚子江在宜昌之流量為數若干,實為本隊設計之先决問題,而宜昌流量,素無長時期之觀測足為依據。所幸揚子江水道整委會于宜昌東三十哩之枝江地段,自1925年六月起,至1926年五月止,曾設流量站,觀測流量一周年。在此時期中,宜昌水位之漲落,計自1.5呎起至36呎止。查宜昌與枝江之間,除宜都有清江來匯外,幷無其他支河,而清江流量若干,亦未測量,較之湖南之資水,

第五圖　宜昌揚子江流量曲綫圖

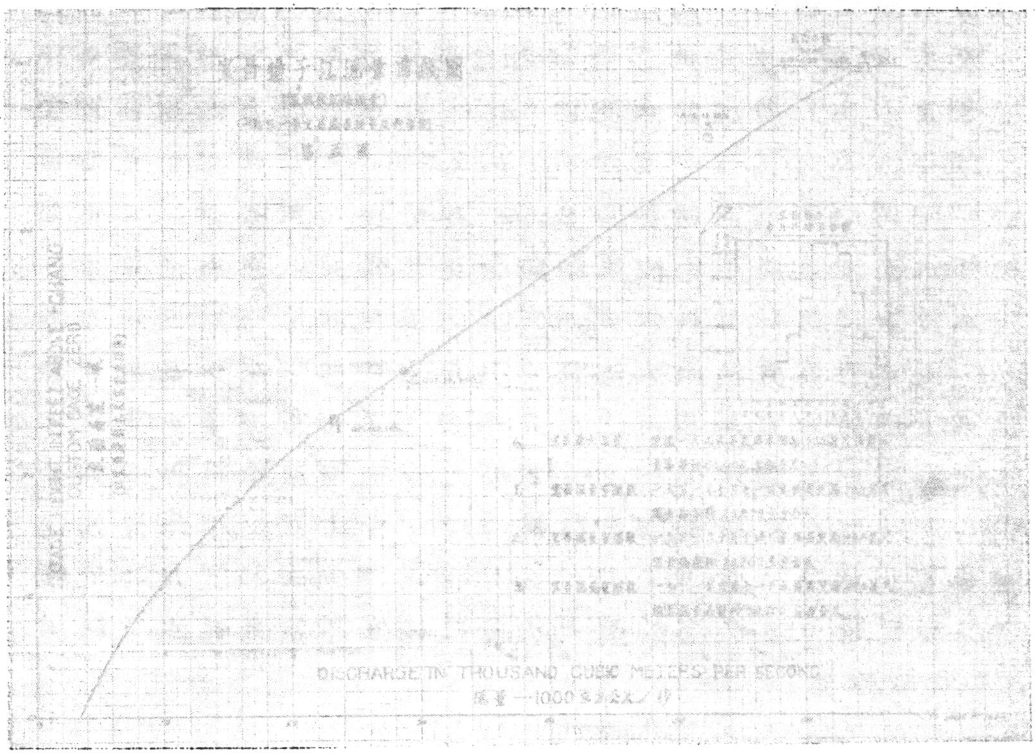

流域面積，約小百分之七十，而資水流量，則有紀錄可查，在同年七月起至十二月止，最大時每秒僅 200 立方公尺。以此推想，清江流量之無關重要甚顯。故在本報告第五圖中，凡「×」點所表示者，即枝江站所測之流量，移作宜昌之流量，當甚近似。而(1)(2)(8)點之證明，更使此項推定之流量，增加其可靠之程度，茲說明如次：

(甲)(1)(2)兩點，(第五圖)係揚子江水道整委會指派專員于1931年十月十一日與十四日，在宜昌商埠下游範圍線作橫斷面實測之結果。當時宜昌海關水尺之高，一爲 24.5 呎，一爲 28.4 呎，而其流量一爲每秒23278立方公尺，一爲每秒28782立方公尺。以此兩點加入第五圖中，恰在枝江流量曲線之中，益足以證明宜昌流量與枝江流量之相似，及清江支流影響之微。

(乙)(3)點亦爲揚子江水道整委會于1931年洪水時期,特派專員乘坐飛機前往宜昌,在八月十一日所實測者。該時宜昌關水尺爲47.4呎,惟流速甚急,河身甚深,水深測量,殊覺困難。查同年十月十四日所測,當水位在28.4呎時,其江身斷面面積,爲15,196平方公尺,江面之寬,爲950公尺(3,100呎),以之推算水位在47.4呎時之斷面面積,計爲20,656平方公尺。再查第二次實測紀錄,水面流速,與平均流速相較之比差,爲88%,以之推算47.4呎水位之流量,計每秒爲52,700立方公尺,卽第三點之所在也。

(丙)(A)點爲宜昌最大流量。宜昌自有紀錄以來之最高水位爲53.3呎,欲求實測當時之流量,事實上不可能,亦唯有求之推算之途而已。蓋知水位在28.4呎時之斷面面積,卽可推求水位在53.3呎時之面積,計斷面積爲22,346平方公尺。平均流速之在47.4呎水位時,爲2.55公尺,如水位增漲至53.25呎時,平均流速,每秒當增0.36公尺,故最大流量之在宜昌,當最高水位漲至53.3呎時,應爲:

$$(2.55+0.36)22346=65.000 \text{ 秒立方公尺}$$

又第五圖中所附之宜昌揚子江每月平均流量圖,係由水位變遷圖及流量曲線推算而成。此圖所示,則爲:

流量	30,000秒立方公尺	七八九。	三個月
流量	20,000秒立方公尺	六至十	五個月
流量	12,500秒立方公尺	五至十一	七個月
流量	7,000秒立方公尺	四至十二	九個月
流量	4,000秒立方公尺	全年	十二個月

六.含沙量 在宜昌之揚子江含沙量,尙待觀測,惟枝江一帶,揚子江之泥沙量,曾經揚子江水道整委會一周年之觀察,以之推想卅哩以上宜昌一帶水中所含之泥沙,當亦近似也。列表如下:

枝江揚子江泥沙量之平均數目表（百万分一之重率）

年	月　日	水位高度（公尺）（以吳淞零點爲據）	泥沙量
十四年	六月廿九日	22.33	930
	七月　九日	31.08	2915
	七月廿四日	19.08	1471
	八月　五日	22.00	1499
	八月廿五日	27.58	1278
	九月　九日	32.17	1577
	九月廿四日	25.17	655
	十月　十日	22.08	888
	十月廿八日	18.75	573
	十一月十七日	15.08	288
	十一月廿七日	11.25	333
	十二月　八日	7.67	310
	十二月廿一日	4.58	160
十五年	一月　六日	13.16	120
	一月十八日	13.37	248
	二月　三日	12.73	80
	二月十七日	12.92	94
	三日　八日	13.49	592
	三月廿五日	13.19	49
	四月十一日	13.77	99

二. 地　質

揚子江流域地質構造之調查，遠自前清同治三年，自美國崩派業氏以後，則有李希霍芬氏，與東京地學協會之調查隊，中國則自民國七年始，地質調查所曾先後派員前往揚子江流域，分省勘察。十三年，北京大學地質科師生，又專赴宜昌一帶實習，故於江峽地質之概況，均已有相當之資料。本計劃中所特別注意之段，爲自宜昌至秭歸，其地質之構造，名曰「黄陵背斜層」(Hwanglin Anticline)，如第六圖所示，其中心在黄陵廟，其兩翼東至宜昌，西至秭歸。宜昌至石門一段爲第三紀之「東湖砂岩」及「石門礫岩」；石門至石牌溪一帶，爲奥陶紀之「宜昌灰岩」；石牌溪至南坨，則爲震旦紀之「燈影灰岩」，「陡山沱岩」，與「南坨岩」。南沱以西，經黄陵廟三斗坪而

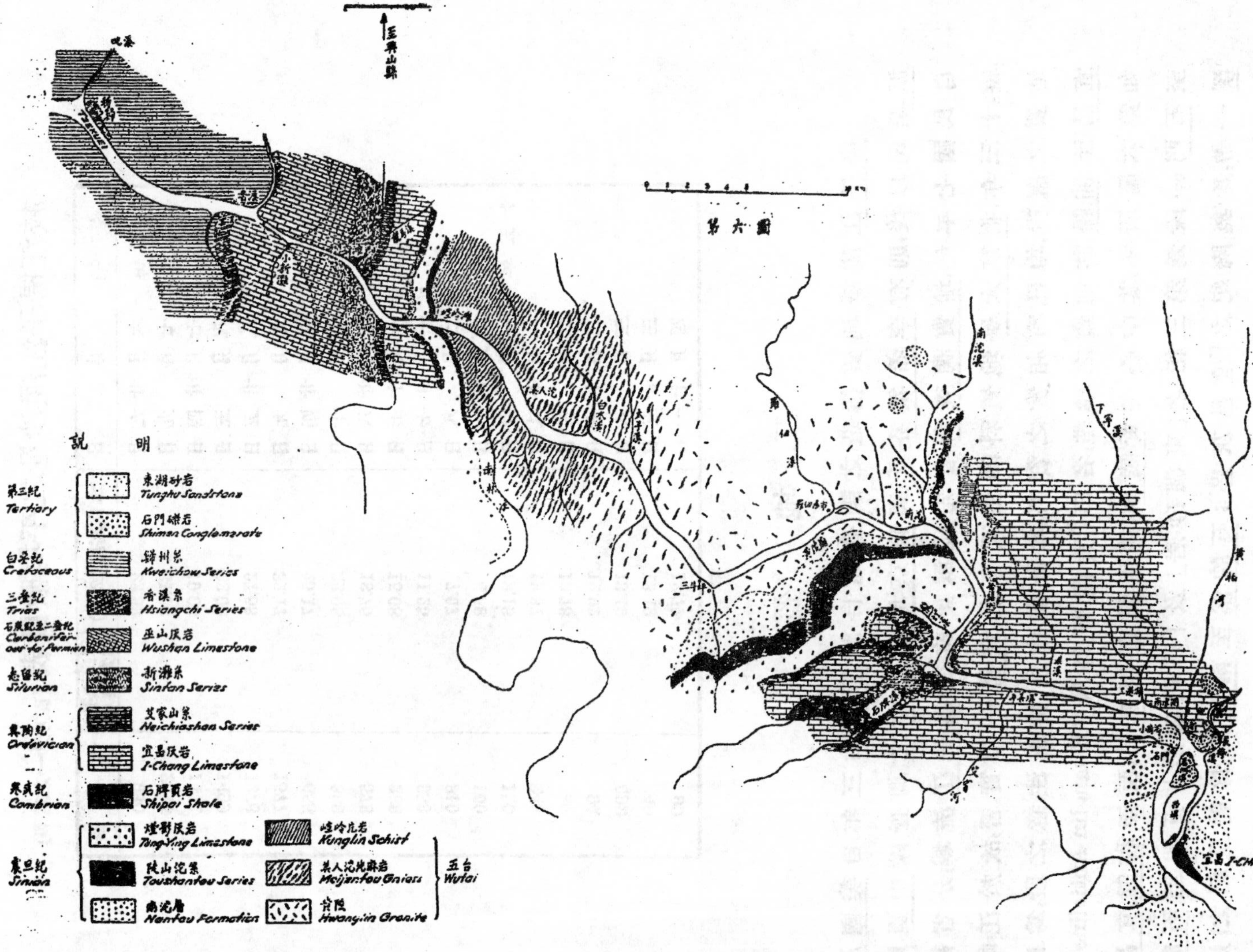

第六圖　峽東地質圖（自宜昌至秭歸段）

參考：地質彙報(民國十四年十二月號)；中國地質學會誌(第三四期)。

至太平溪,則全為「黃陵花崗岩」,又西則為「美人沱片麻岩」,及「崆岭片岩」。崆岭灘之西一小段,地層轉變極速,初為「燈影灰岩」,次為「宜昌灰岩」,新灘左右,則為志留紀之「新灘系」,自新灘至小新灘,則為「巫山灰岩」,小新灘至香溪,又屬「宜昌灰岩」及三疊紀之「香溪系」,自香溪至秭歸,則統為白堊紀之「歸州系」矣。以上為江峽東段地質之概況。至此次測勘水力,擬設閘壩地址所在之葛洲壩及黃陵廟,其地質構造詳述如次:

一.葛洲壩 葛洲壩之島身及沿江兩岸,皆為灰石礫岩所佈。在南津關下游,據李四光教授觀測,其厚度約在 150 公尺以上。本隊攜回大塊標本,經中央大學鄭厚懷教授檢定如下:

(1)石子 灰黑色者,為(子)方解石 ($CaCO_3$) 粗晶之集合體。

(丑)無色之砂粒,(SiO_2)雜於深色矽質灰岩之間。

灰色者,為具有方解石劈開碎塊之細紋石灰岩。

淺灰色者,為方解石雜於頁岩間之細緻集合體。

(2)膠結物 膠結物為以下四種物質混合而成。(子)深色有稜角之石灰岩碎塊,(丑)無色或淨白方解石之劈開碎塊。(寅)紅棕色之次生鐵養化物。(卯)半透明細砂與淡白黏土。

若吾人欲以此項礫岩為建築壩基之用,則以下兩點不能不加以討論:(1)吸率(即吸收水量之能力,通常以乾燥岩石體重之百分比表示之)就外表觀之,此礫岩之石灰石子吸率不高,但在石子與膠結物接觸處,紋理不甚精密,足增孔穴與滲透力,其吸率因亦增大,但就大體言,此岩石尚不失為組織嚴密之岩石。(2)化學反應 就化學性質言,此岩石之大部為炭酸鈣,其化學反應甚為活潑,每受炭酸水之激動,易使岩石滲漏。

總之,此種岩石如不加以過重之壓力,又以堅強石工為之黏合,或可用為建築基石。在壩基未定以前,打鑽以測其確無節理或滲透層之存在。似為必不可免之工作也。

二.黃陵廟三斗坪 黃陵廟與三斗坪位於牛肝峽之東,宜昌峽之西,爲黃陵背斜層之中心,向北部及東北伸展,兩岸有低山環繞。東南山勢陡拔,西南則稍平緩。遠眺南峯,高聳入雲者,黃牛峽也,該處岩層,可分爲三種,分述如下。

(甲)黃陵花崗岩(Granite),標準岩層散布于南沱與黃陵廟間者,爲粗晶花崗岩,所含白色長石(feldspar)與灰色粗粒石英(Quartz)之量相等,白雲母則較多。其黑色礦物,則爲黑雲母之集合體,有時亦發現基性岩脈,但爲量不多。由黃陵廟向西,此岩之成分與組織均逐漸變化,其石英分量減少,粒形亦隨之縮小,黑雲母與角閃石則旣大且多,將近美人沱處,此岩卽帶有片麻岩狀構造,愈往西則此種現象愈明顯,直至變爲標準片麻岩爲止。

(乙)美人沱片麻岩(Gneiss)此卽上述花崗岩逐漸變化而成之標準片麻岩,在三斗坪西北,片狀構造甚爲明顯,所含深色礦物較多,爲角閃石(Hornblende)綠泥石(Chlarite)及黑雲母。淺色礦物較少,爲石英及長石。此岩間有花崗岩及玄武岩脈(Dolerite)侵入,但爲量甚少。

(丙)崆岭片岩(Schist)此岩爲三斗坪系中最上層受變質作用最深之岩,其代表岩雖爲角閃綠泥片岩,而多數則爲角閃石英片岩。所含角閃石特多,黑雲母綠泥石較少,石英長石僅有少數顆粒。各礦物晶體均極細緻,曾受高壓,故雖仍保有稜角,但形體已非本來結晶模樣。此岩片理甚爲顯明,甚似未變之水成岩層理。

以上所述,爲葛州壩與黃陵廟一帶地質及岩層之概況。可見葛洲壩之岩層,遠不如黃陵廟岩層之合于建壩設廠基礎。爲審愼施工步驟起見,將來無論在葛洲壩或黃陵廟實施工作之前,于擬建壩閘電廠之基礎地帶,必須加以詳細之鑽驗,始可信任。此爲根本基礎之工作,决不容忽視也。(未完)

發展中國交通事業之意見*

雷德穆

德國全國實業協會中國考察團團員,德國國家鐵路高等顧問

近百年來,世界各國對於鐵道事業,莫不力事擴充,但在中國則進步甚緩,尤以最近之廿年中,幾無成績可言。茲將中日德三國所有鐵道之里數與人口面積,列表比較於下:

	人口	面積(以平方公里計)	鐵道(以公里計)	每一千平方公里中之鐵路(以公里計)	一千人口中所占鐵道之長度
中國(西藏新疆蒙古在外)	450,000,000	4,912,000	13,500	2.748	0.028
日本(包括台灣朝鮮)	85,000,000	674,000	19,350	28.709	0.227
德國	63,400,000	471,000	57,600	122.292	0.908

建築鐵道,需費浩繁。如欲解決中國之交通問題,而多築鐵道,必先考察目前需要之情形,並顧慮日後實業之發展,擇其重要者,儘先舉辦。蓋交通與經濟有密切之關係,建設鐵道之目的,首在生利,方獲其益。故曰交通問題,亦即經濟問題也。

一 概論

現今歐美各國,交通日繁,其與鐵道競爭者,除水道運輸外,尚有汽車與航空之運輸。而巨量電力與瓦斯之長途輸送,亦未可忽視也。

---

* Radermacher, Das Verkehrswesen 轉載德國全國實業協會中國考察團呈遞中國國民政府意見書

甲. 水道運輸 玆就京滬滬杭甬兩路近年之營業情形論,卽可證明以上所云者不謬。蓋該路之位置。居揚子江之下游,沿路水道紛歧,且在運河流域以內,以致一部分之貨運,爲水道所分,而鐵路收入,反以客運爲主。據 1926 至 1927 年之收入報告,客運收入,竟超過貨運數倍。又如廣九鐵路,位於珠江之口,其營業情形,竟毫無盈餘可言。

德國共有九千公里長之運河,約佔全國貨運四分之一,但德國人士,現多主張廢棄運河,苟非特別情形,不再添築,蓋運河之收入,大都不敷支出也。反之鐵道事業,則日漸發達,其原因爲貨車之改良,可容巨量之貨物。機車改良,速率增加。貨車之上,並裝設緊急停車設備,十分安全,故貨物均樂於由鐵道運輸也。而中國方面鐵道運輸不能佔優勢之理由,爲運河之開辦費與管理費,或因人工之廉,地價之小,大爲減少,較之鐵路之需用鋼軌機車等舶來品者,遂不可同日語。

上項觀察,僅就運河而言。至若天然河流之整理,自當別論。蓋治導河流之目的,首在免除水災,如所費無多,亦當同時顧及交通問題。如專爲交通而開掘河流,殊非經濟之道。

雖然,發展水利,亦爲國家重要問題之一。如某河究應如何整理,方可通航,或何處應如何整理,始可利用水力發電,或建築港塢,均須加以考慮,根據孫中山先生之建國方略,參考各國過去之經驗,擬具整個計劃,而次第實行之。

乙. 汽車運輸 歐戰以後,汽車交通事業,在中國頗爲發達。觀各省之勵行建築省道,與各大城市中柏油馬路之增多可證明之。同時在歐美各國汽車交通事業與鐵道之競爭亦頗激烈。但在德國汽車運輸,並不能與鐵路競爭,因鐵路之全年收入超過二萬五千萬馬克,而客運收入,僅佔少數。且大宗貨物如煤炭糧食及原料等,爲國民經濟之關係,所取運費亦較廉也。汽車運輸,僅限於載客與貴重物品,故在交通方面,决不能與鐵路抗衡。然在美國則不然,歐戰之後曾築有極多之道路,汽車工業又極發達,汽車運輸除貴重物品外,凡一切容易腐壞之糧食,與大宗棉花,亦用汽車運輸。太平洋與大西洋間之城市,汽車運輸莫不占有重要之地位。

今日中國亦漸知發展汽車交通事業之重要,但所用車輛,大部均爲輕便汽車,運貨不多,實不足以與鐵路競爭。若欲廣建公路,以供載重汽車之行駛,實不如建築鐵路之爲愈也。

丙. 航空運輸　中國之航空事業方始萌芽,最初僅有滬漢間之航線。自 1930 年夏間交通部與德國漢沙航空公司合組歐亞航空公司後,已擬定下列各飛行航線:

1. 上海——北平——東三省
2. 上海——庫倫
3. 上海——北平——新疆

世界各國之航空網,早已密布。德國在 1927 年內,航空收入計有六百萬馬克。除載客外,大部份係運送郵件及寄遞貴重包裹,迄今尚未能與鐵路競爭。蓋航空方面之收入,仍不敷所出,須由政府加以補助也。但航空事業之發展,非僅爲運輸上之利益,而在政治與軍事方面,實有莫大之關係。例如中國幅員極廣,邊陲之地,鞭長莫及,軍事指揮,尤感困難,補救之法,端賴航空。現航空在科學方面亦屬重要,近代國家之大地測量,以及巨大工程之地形測量,均採飛機測量之法,費用既省,需時亦少。現在中國尚未舉辦大地測量,自宜儘量利用新法。至於航空測量,雖發明未久,然在科學方面,已佔重要位置。德國近年研究此項工作,不遺餘力,所製測量器械製圖機器,力求精密,尤以 Hugershoff 教授所發明之自動製圖儀最爲完善。

丁. 長途饋送電力與瓦斯　長途饋送高壓電力及煤氣,現已十分發達。德國國家鐵路所運之煤量,約佔全部貨運三分之一,而水道所運輸之煤量,約佔貨運之半數。由此觀之,熱力集中以後,對於交通方面影響之鉅,可以想像矣。然中國區域遼闊,即令長途

4983

鐵電與煤氣之事業發達,對於交通事業,並不致發生若何影響。

戊. 結論 綜觀以上各節,對於發展中國交通事業所應注意各點,述之如下:

1.)鐵道爲最重要之交通利器,但計劃路線之時,須顧慮附近之水道運輸,以免競爭。

2.)利用天然河流爲發展交通之最廉方法。對於已有之運河,亦應整理,加以利用。若欲開鑿運河,事前須先與建築鐵道之價值互相比較,力求經濟爲宜。

3.)現在中國各城市間,已成之公路,按照目前之建築方法,實爲建設鐵道之先驅。如將來鐵道果爾告成,亦不致失其生利能力。倘若建設優良路面之路網,須以輔助鐵路或河道之運輸爲目的。

4.)其他各種交通事業,應視需要情形酌量舉辦之。

二 鐵道事業

甲. 整頓與建設

1. 經費問題 將來發展中國交通事業,最應注意者,爲資本問題。在1928年國民政府未成立以前,迭經內亂,而最近兩年以內,又有戰爭。於是火車與鐵道之損失甚鉅,收入亦減少,除開支外,尚不足以償債與修理已損壞之設備,遑論建築新路,加以擴充。即令以英國退還之庚款與關稅增加之一部分收入作爲擴充之用,爲數亦屬甚微。而大部分之費用,須待國家之補助。總之最重要之問題,爲國內如何可以平靜,政局如何可以安定,以及鐵道部對於各直轄鐵道,應如何督促改良。雖1930年曾有相當之計劃公布,而最近又發生貨幣本位問題矣。貨幣問題因銀價之跌落,對於發展中國交通事業之影響至鉅,在此種情形之下,僅可選擇最緊要而能生利之鐵道,先行建築。

2. 東三省 根據上項原則而發展之東三省鐵道,尤有特別提倡之必要。查東三省一帶,土地肥沃,物產豐富,如極力擴充鐵路線,分布全境,非特交通上之便利,亦爲實行移民政策,開發富源之不二法門。蓋中國內部各省,如河南山東等,莫不爲兵所苦,爲飢所迫,每年均有無數人民,向彼尋覓生路也。况東三東之北部,森林密布,可供建築鐵道之材料。現今中國鐵路上所需之枕木,大都購自外洋,東北鐵路網一旦完成,則運輸便利,所需枕木,便可自給,洵爲增進國富之惟一途徑。

3. 中國中部　長城以南之鐵道,孫科先生已根據乃父之建國方略草擬計畫,次第實行。此項計劃對於目前之經濟狀况,固屬適合,且所築幹線,將來亦堪作鐵路網之布置。初步興築之幹路,爲粵漢隴海二線,其目的爲聯絡中國內部產煤區與海口間之交通,並使西南各省與中央聯成一氣,對於政治實業兩方面,均屬有益。

4. 統一建築制度　中國現已採用標準軌距制,統一各路之行車規則,用意甚佳。但鐵軌與橋樑之載重,機車轉盤與停車房以及义軌之大小,莫不視車輛與機車之需要而規劃之。選擇機車之大小,更須參酌交通上之需要而定。故幹線及支線之機車,應分別規定也。

中國之主要幹線,(例如北寧鐵路)運輸均甚擁擠。即支路上之營業,亦極發達。因中國公路尚未完備,鐵路爲惟一之交通利器。歐美各國亦有同樣之情形,例如德國之機車車軸所載之重,1914年原爲14噸,現已增至25噸,車輛載重每公尺原爲3.6噸,現已增至8噸。中國如欲增加車輛之載重,資本方面須加以顧慮。苟非萬不得已,成本不宜過重。最好一面改良,一面利用舊料爲建築支路之用,舊式機車燃煤雖多,因價値甚廉,亦合算也。成本愈小,贏餘愈易,參考東三省近年之狀况,以興築新鐵路所得之收入,逐漸改良原有之路線,以加增其運輸能力,足以證明上言之不謬。

5. 軌距　軌距統一,固有莫大之利益,但在支線方面,除與幹道須互相通行者外,應視其運輸情形,以及興築之目的,仍可舖設狹軌。因其適宜於崎嶇不便之地勢,而建築之成本又輕。其營業上之利益,並不減於標準軌距之鐵路。狹軌鐵路之建築費,其軌距為1.00,公尺,0.75公尺,與0.60公尺三種,與標準軌距之建築費相比。約為80%,60%,與50%。

6. 電氣火車 中國富有水力與煤礦,應否應用電氣行駛火車,頗有研究之價值。就工業方面而論,電氣火車之優點甚多,如速度加快,機頭之拉力可以任意增高,可免除妨礙衛生之煤烟。其劣點為全路車輛之行動,須依賴發電所輸送之電力,一旦發生變化,中途斷電,即影響全局。反不如蒸汽火車頭之行動自如,即有損壞,僅限於此一機車而已,斷不牽掣全局也。就經濟方面觀察之,電氣火車較蒸汽火車為經濟,因前者燃料之消費甚小,又無各站給水之裝置,管理人員可以減少,維持之費亦極節省。至若生利方面,則電氣火車惟適用於交通繁盛之區,倘在交通不甚發達之地,電氣車大半不能生利。據德國國家鐵路公司之經驗,每一公里雙軌鐵道,一小時內,如能需要電力250,000啓羅瓦特以上,最為經濟。在單軌則此數較低,祗在效率優良之水力發電所,上數可以減低,除瑞士外,其他各國對於全鐵路網之給電,至今尚無較大之進步。

就現在中國情形觀之,當以用蒸汽力行駛火車,最為合宜。假使蒸汽火車發達已至極點,工業日有進步,然後方可研究改用電氣火車之問題。

乙. 科學管理

現在各種工業,日有進步,鐵路管理方面,亦須利用科學方法整頓之。科學管理者,引用新式方法,增高工作之效能,以符經濟之原則,并免除無謂之開支,而加多其收入之謂也。現在中國所有鐵道均屬於鐵道部,權力既已集中,故改用科學方法管理,比較尚非難事。

1. 德國鉄路與中國鉄路 德國鐵路因受歐戰極大之損失,中國亦以內亂影響於鐵路甚鉅,然德國國有鐵路數年以來,已能

補償戰爭前後所受之損失,而在中國方從事於復興工作。茲將德國國有鐵路用科學方法整頓之成效,述之於下:

2. 費用之增加　根據德國之統計,每車軸一公里所需之費用,戰前較戰時與戰後約增加一倍,參觀下表:

每一車軸平均在一公里內所需之費用

(以分尼為單位每百分尼等於一馬克)

時　期	工資	材料	管理路線開支(工資在外)	管理車輛開支(工資在外)	購買車輛	其他各項開支	每一車軸平均在一公里所需費用總計
1913年	4.53	1.045	0.910	0.367	0.367	0.347	7.55
1924年	8.60	2.920	0.215	1.505	1.125	0.565	14.92

觀上表,可知歐戰後工資與材料費增加甚多,但養路費反而降低。養路費之減低,管理及購置車輛費之增加,皆直接為大戰所得之結果,自以減少用人與節省材料,為極重要之點。

3. 職員薪資問題　1923年秋季,德國鐵路共用職員一百〇一萬一千人,經多次改組,及引用新式機械,代替人工,與停辦不能生利之路線,直至今日,祗有職員七十萬人。每年所省之費,不下七十五萬馬克。

4. 日用材料費　材料費用,在鐵路上開支甚大。倘不加以整頓,頗易流入浪費一途。即如工作材料及文房用具之類,應視其是否必需,始購買之。對於燃料方面,尤須加以嚴厲之稽核,對於剩餘之材料,如五金之類,須設法利用之。

5. 購買材料方法　購買材料,視其用途,分為躉買與零購二種。屬於躉買者,如各種車輛之燃料,及普通應用之工具,均歸總局承辦。其他因產地之關係,或有特別用途者,則由分局就近購置之。茲將躉買與零購之物,列表於次:

	由總局躉買分給全路者	大批聯合購置而分給各局者	由各局自行購辦者
車輛	機車頭,客車,貨車,郵車,電氣機車等。	無	無
車輛補充機件	車輪及機頭上不常使用之補充零件,與一切標準式之補充材料等等。	凡未經總局承辦之車輛,補充機件均由此處購買。	無

日用材料	煤油，拭油棉紗，電燈泡，煤氣燈罩，與嵌塞物等，	柴，輕養氣，刷子，牛油，肥皂，搭帶，自來火。	滑潤油，粗紙，防疫油等。
建築材料	無	無	所有建築材料。
電線裝置之一切材料	電線桿	無	除電線桿外，一切關于電氣設備所用之材料。
路基上建築之材料	鋼軌與枕木	無	碎石等
工作材料	五金類，如螺絲，帽釘，鐵管，車框，止動夾，火格子，橡皮玻璃，填塞物，顏料。	木料，黃銅，耐火磚，皮革，漆料，燈料。	鍍鋅鐵絲，麻布帶，護熱墊，馬毛，松叶製之棉。
紙張文具	無	一切文房用具。	無
器具及工作用具	車輪，搖車，舖設鐵軌用具，引火器具，袯襶，毛巾，計算機，銼刀。	規尺，磅秤，刷子，鉗，起螺絲板，鑽，切螺絲用具。	凡未經總局承辦各物。
工作機械	機軸檢驗機	小車頭與試驗機等	補充總局或以上尙未購置完全之小件儀器等

6. 增加工作能力　欲求增加工作能力，首須增進利用燃料之熱力，行車之效率，並須應用極重之機車，與載重之車輛，現舉下列各數，以資比較。自 1914 年以來，機頭之重量增加 38%，按鈎拖力增加 50%，每車軸之載重力加高 12%。貨車在支線上運輸之能力，由 228 噸增至 303 噸，卽增加 30%，運煤貨車在 1% 斜度之路上，可載重 1200 噸，較前約增加 300 噸。貨車上幾皆裝有輕便之起重機，其載重能力，與車身之重相較，成三與一之比，每輛能裝至 60 噸。分別各種車輛之構造，務使竭力減少空車之駛行。對於製造貨車，亦加以改良，使裝運各貨之車，須彼此可以通用。爲增加調用貨車之速度起見，設立起卸貨物之機械。又改良配置車輛之設備，添置緊急停車器，增加行車之速度，均足以增進工作能力。至於客車應注意之點，與上略同。每次應掛車輛之數，應按平時乘客調查所得結果而增減之，除通車有頭等車外，其餘只有二三兩等。

因機車軸與車輛載重之增加，路軌與橋樑不得不加固。惟加固橋樑時，須顧及日後車軸之載重，並須增加調車軌及交义軌之長度。

7. 統計報告　統計在鐵路上，亦甚重要。但須集中以免工作重複。由統計表可以明瞭各處開支情形，互相比較，而資考核。

8. 修理廠　修理廠之設備,應求劃一。須先規定機車之某式樣應在某指定之機廠修理,如是則設備不致重複,時間與經費均可撙節也。

9. 運率問題　德國運率,於 1920 年由每公里爲單位之計算,變爲分級計算法。乃依運貨之成本,及貨物之價値,作定價之標準。距離愈長,則每噸每一公里之運貨成本愈輕。

10. 中國應採用德國鐵路管理方法　中國人工雖廉,但將來亦有減少人力之必要,以求達到最經濟之目的。今舉英德二國鐵路上所雇之職工數以資比較。查英國雙軌或四軌幹路中,職工平均數,每公里內有 1.8 人。德國在重要幹路上祇有 0.8 人。在德國國有鐵路局機車廠內平均每一機車只有 0.8 人,在普通修理廠則每百萬『軸公里』約有 4.25 人(連工徒在內)。今以德國所有機車及車輛之數爲根據,估計職工之人數如下:每一機頭用 1.75 工人;每一客車用 0.30 工人;每一貨車用 0.41 工人。

中國建設方始,機廠之設備不周,熟練之工人又少,用人之數,當較上項平均之數爲多。但爲節省起見,宜採協定工價制度。卽工資之計算,須按工人之本能,用時間爲標準。並訂服務規程,考核全線工作之成績。根據行車時刻表,使各車站任用人員之數,及各分段之守望等,與交通之情形相適應。賣票及接收零星貨物等事,可由車務人員辦理。總之管理方法,全視交通之情形定其準則,而其手續,務求簡便,如此則鐵路之收入,可日益增加矣。

機車之拉力,當與運輸上之需要相符合。而機車與車輛之載重,又須與鐵軌及橋樑之載重力相符合。否則行車時,難免震動不穩。現在中國所用之美國機車,其震動甚大,影響于橋樑之荷重至鉅。選購機車時,須注意及此。

11. 枕木問題　枕木問題,亦爲極宜注意之事。關於各種軌枕之優劣,因限於篇幅,略而不言。枕木應利用東三省所產之木料。東三省森林之面積約佔一千五百萬萬海克特,大部屬於國有。將來建築鐵道時,一切枕木均可取給於此。同時須設立最新式之枕木製造廠,將枕木用防腐劑浸鍊以期耐久。就德國而論,全國鐵路所需之枕木,約百分之六十,因氣候之變遷無常,皆須浸鍊。該地雨量,平均每年約爲700至800公厘,濕度平均爲80%。德國所用枕木之壽命,木料之種類,以及浸鍊後之優點,均可於下表見之:

德國中部所用頭等枕木,長二公尺,寬二十六公分,厚十六公分。	松柏		檞		椎樹	
	未浸鍊者 馬克	已浸鍊者 馬克	未浸鍊者 馬克	已浸鍊者 馬克	未浸鍊者 馬克	已浸鍊者 馬克
價目	6.40	8.40	8.70	10.60	6.60	10
鋪設工資	1.70	1.70	1.90	1.90	1.90	1.90
枕木價錢與工資總計	8.10	10.10	10.60	12.50	8.50	11.90
根據精確統計其耐久之年限	5年	18年	13.5年	25年	25年	30年
平均每根枕木每年之耗費	1.62	0.56	0.79	0.50	3.40	0.40

上表係依Riping氏方法用石炭油浸鍊之試驗結果,此外尚有他種浸鍊方法,玆不贅述。

如在中國東三省內設立此廠,應先爲試驗,應用何種方法最爲適宜。枕木上之螺釘洞眼,可於浸鍊廠內用機器鑽成。倘枕木上須用墊板者,可於浸鍊後隨卽安設。鋪設枕木以後,並應記明年月,以便查考。

三　組　織

1. 分類管理之系統　中國鐵路大半藉外資築成,故其管理與組織之方法,因債權國之關係,各自爲制。但每一路上之制度,尚稱統一。每路設局長一人,統理一切。下分各部,管理專門事務,此爲曩日英國之鐵路管理方法。世界各國公私鐵路,多採用之。其優點爲各部均能分工合作,可以造就一般專門人才。但其缺點爲各部人員祗能得一部分之經驗,未能顧及全局。故培植領袖全局之人才,固甚艱難,而各路段亦時因分類管理之故,辦事上發生阻礙。於是世界各國從前採取分類管理法者,今則酌量加以變更。最近英國則採用分段集權之方法。

2. 美國式之分段管理　美國因路線太長,大都採用分段管理方法(divisional-system)。例如紐約中央鐵路(New york Central Lines),約有路線20,000公里,分爲東西二段管理。本薛文尼亞鐵路有17,000公里,分四段(grand division)管理。各段之長短約自2,400至6,400公里。每段均有主任,負全段之責,依地理上之情形,又分爲各組(division)。此種組織其優點爲:(一)適合於當地之情形,(二)權限分明,(三)各項手續簡單,(四)培植繼任人員較易。其缺點除全路辦事不統一外,高級職員薪資之開支甚大。在英美兩國,尚有私有鐵道,亦須同法管理,並受政府之監督。倘國有與私有鐵路間,發生不相同之意見時,在英國由裁判委員會解決之,在美國則有聯邦商會處理之。今日究宜採擇何種管理組織爲最善,當視地理上之狀況,與營業之情形決定之。

3. 德國鐵道管理之組織　德國國家鐵道公司(Deutsche Reichsbahn-Gesellschaft)管轄54,000公里長之鐵道,實爲現在世界鐵路管理局中之最大者。(按加拿大之Canadian National所轄各綫總長約37,000公里)玆將該局之發達史與組織述之如下:

沿革　普魯士邦之鐵路網爲全國網線之中心,在1870年以前,卅年內均採用分類管理法(Fachverwaltungs-system),其後漸傾向於分段管理法(Gruppen-system)。各總局與各分局各設局長一人,負管理全責,由鐵道部直接任命之。自1885年以後,私有鐵路收歸國有,同時鐵道事業,蒸蒸日上,至1895年漸覺原有管理方法,有改革之必要,故除部與總局之職掌仍照舊外,其他各分管理局則一律採用分類管理法,管理各部事務;如路線管理處,交通管理處,機械工程處及修理處等。

歐戰以前,各聯邦鐵路公司各自分立,至1920年德國國家鐵道公司成立,始告統一,現計轄有路綫54,000公里。法國佔領魯爾區域期滿後,爲鞏固德幣本位,履行道威斯計劃起見,復於1924年二月十二日將該公司改爲私有性質。現該公司之經濟與一切行政均係獨立,不受任何方面之限制。

該公司之營業權 自實行楊格氏賠款計劃後,國有鐵路之法規,已經更改。該公司既爲一營業公司,乃根據政府所授與之營業權,處理國有鐵路一切財產。此項營業權須至全部賠款償淸及特別股額完全招集後,始宣告無效。其年限至1964年十二月三十一日爲止。

德國政府之監督權 德國政府爲鐵路產權之主,故有監督之權,由交通部主持之。其責任爲促進交通計劃與發展運輸事業。他如更改運價,舉辦工程,均須由政府核准後,方能實行。國會之權力,亦須經交通部轉達於鐵路公司。倘公司與交部意見上發生衝突時,組織鐵路裁判委員會判決之。

資本 公司資本爲13,000,000,000馬克,由德國各聯邦担任之,暫定優先股3,000,000,000馬克,股東有被選董事之權。每十年另招2,000,000,000馬克之優先股,以爲改良及擴充之用,但股東無被選舉權。所有一切股份,須於上述之營業權期限內,一律招足。

鐵路公司負擔之賠款義務 鐵路公司每年應代政府負擔賠款660,000,000馬克,平均每月須付出55,000,000馬克。

董事會 德國鐵道公司結算賬目,分攤紅利,全照普通公司辦法,取決於董事會。該董事會有董事十八人,由政府任命之。優先股中每五萬萬馬克之股份,得產生董事一人,須先呈報政府,政府卽令前所任命十八人中之一人退出該會。各董事須對於社會經濟與鐵道事業,有充分之經驗。凡國會議員,邦議會議員及政府人員均無充任董事之資格。鐵道公司總經理與各部主任,均由董事會推薦,經大總統之批准後,再由董事會任命之。董事會之職權,除監督鐵道公司之營業外,并負議決一切重要事項之責。

總經理及主任 總經理(Generaldirektor)對於董事會,負完全責任,并由各主任(Vorstand)襄助一切。

總管理處　德國鐵路總管理處(Hauptverwaltung),計分六大部:(一)交通及運率部;(二)營業與工程部;(三)機務與廠務部;(四)會計與法律部;(五)管理部(包括管理職員);(六)購料部。

總管理處由以上六部組合而成。全路一切工程計劃,均由其決定。

分管理處　現在德國鐵路,共有分管理處(Reichsbahndirektion)廿九所,將來或將改為二十八所。各分管理處之經濟均獨立,每處設處長一人。於其管轄境內,依照最經濟之方法,負責處理一切。各分管理處除發展所屬路線範圍內營業及交通外,並執行總管理處權力所不能達到之一切事務。

與各分管理處平行者,另有專局(Reichsbahnzentralamt),設在柏林,其職掌為規定各車式樣,調度全國貨車車輛,保管職員養老金等。該專局之下,設七科及機械試驗所一所。

附近各分管理處,聯合一起,另設營業管理處。其職掌為解決運價,訂立客車行車時刻表,任命職員,調度車輛,以及關於熱力經濟與教育等事宜。

全德又設高等指導處(Oberbetriebsleitung)三所,督察各路行車及交通事宜。

鐵路附屬機關　分管理處以下,各按技術分科。如關于機械之事,屬機械科;關於工廠之事,屬廠務科或修理廠。在昔日之普魯士及海森邦鐵路,車務與養路之事,均歸同一機關掌理之。

評議會　德國交通部設有國家鐵道評議會(Reichseisenbahnrat),各分管理處則各設有聯邦鐵道評議會(Landeseisenbahnrat)。此項評議會之職掌,為討論一切關於交通之事項,特別注意運價之訂定。聯邦鐵道評議會之會員,均由各邦之職業團體,商會,工會,及農會選舉之。國家鐵道評議會之正副主席,由總統任命;其會員則由聯邦鐵道評議會推選之。另設各種專門委員會,使與鐵路交通有關係之各方面,德國國家鐵道公司,私人鐵路,及外國鐵路機關,均有良好之聯絡,以促進交通運輸事業之發展。

以上所述,為德國國家鐵路公司組織之大略,合分類及分段兩種管理辦法,舍短取長。對外則辦事上有伸縮之可能,每人所負之職權,頗為明晰。對內則各部任事甚為平均,而各有專門。對於經濟上及交通上之發展,則不取集中主義。各分管理處,則處於營業管理處及高等指導處領導之下。總管理處則總理一切,以謀營業上之統一。

4. 中國鉄路發展之近況 中國自 1928 年十一月一日成立鐵道部之後,鐵道事業,放一曙光。此種組織,與德國國家鐵路公司之總管理處,頗相類似,取分段管理辦法,由部長一人,總理一切。下設各司,及各管理局,國有鐵路,均直接受鐵道部之管轄,東三省鐵道,則由東北鐵道委員會獨自經營,與德國巴燕邦鐵路管理局之組織,相彷彿。

中國管理鐵路,採取此種辦法,至為合理。不僅政治上得以統一,即辦事上亦甚便利,且與經濟及科學管理之原則,甚相符合。1929 至 1930 年,因內戰關係,中國中部各重要鐵路,深受影響,一時竟有不能恢復之勢。所幸停戰以來,地方軍閥干涉鐵路行政之事,漸告消滅,購料已歸統一。賬目之清理,差有頭緒。各路之財政及負債狀況,均經詳細稽核,甚至已往數年之預决算,亦均補造竣事。統一之簿記法,正在準備中,一部份且已見諸實施。各路行車時間與運率之劃一,不久亦可實行。鐵路服務人員須知,亦在編訂之中。總之,一年來當局對於鐵路之整理,可謂已有極大之努力。

自鐵道部成立以來,對於各項革新事宜,嘗數數聘請財政及工程專家,鄭重考察。其意見,具見各專家之報告中,內容均異常豐富,且多獨到之見。本文為篇幅所限,祗能就其重要各點,略加討論。

無設立高等委員會之必要 現有人建議於鐵道部,擬在部長之下,仿美國制度,另設一高等行政委員會 (High Commission), 稽核一切。在中國目前情形之下,是否需要此種委員會,殊屬疑問。若將高等行政委員會假定之職掌,集中一處,使直隸於鐵道部之下,未始非無益之事。但此種以美國爲藍本而設立之大規模行政機關,時機似尙嫌太早。爲今之計,惟有對於各條鐵路,先做到合理的地域的統一,然後逐漸照此方向推進。雖目前各路之財政背景,甚爲複雜,但依理推測,未足爲此種改革之阻礙。此外之建議,如利用附近已成路綫之盈餘,以解决建設新路之問題,亦甚可取。

管理上之革新　管理交通之組織,普通依運輸之簡繁,與地勢之不同爲轉移。中國各路之營業情形,相差甚鉅。成績最佳者,當推北甯路,客運貨運,均居首列。京滬路之客運雖盛,但全部收入,反不如膠濟路。此外各路營業範圍之大小,亦不等。如不明瞭當地情形,輕易建議,實際上有所不能。但就原則言,余深信若能做到裁減冗員,組織上採用良好制度,及行政手續力求簡單三者,卽可達到最經濟之目的,殊無疑問。

中國境內所有之鐵路,均爲甚長之幹路,支線較少。管理局多設於一線之兩端,管理上甚感困難。分類管理制度,在營業繁盛之鐵路,固爲最良好之辦法,但在如此長線中,有時或不免發生阻礙。故宜採分段管理,直轄於總局之下。每隔三百公里左右,於其中央,設一分段辦事處,司理該段交通及機械工程事宜。甚或將養路之事,亦一倂歸其管理。設段長一人,主管上述各事,另設高級職員二人輔之。其組織略分下列各項:1.總務(管理全段職工掌理會計文書登記及不屬於其他各部事項); 2.車務; 3.養路; 4.機務。

該項人員之選擇,應十分愼重。須有相當之資格,方可委任。在總務一項,可用職員五人,其餘至多三人。此種組織,祇能在其所轄範圍內,行使職權。所有該段各種設備之看守,機車與車輛之看管,一切工程材料之管理,與民衆之聯絡等等,均歸其負責。經濟方面,須在總局所賦予之預算範圍以內行事。簿記及報銷,均歸總局。卽行車時間表與運率之規定,分段辦事處亦無過問之權。換言之,各分段辦事處,祇有監督其所屬人員,及一小部份之奬懲權。但此項權限,亦有限制。各職員之進退,加薪,升遷,仍歸總局處理。派在分段辦事處爲段長輔佐之高級職員,在某種固定之職務下,得由總局授以處理之特權,并直接聽命於總局之主管部份,以資聯絡。

在目前中國各鐵路管理局中,論其營業狀況及運輸情形,並無設獨立機關,以處理其營業及財政之必要者,宜分二種方法解決之。即改歸南京鐵道部直轄,或依照上述分段辦法設立辦事處,劃歸隣近之路局統屬。若爲營業既繁盛,而組織又復龎大之分段,則宜酌量將職權分散,並授任事者在一定範圍內,對於事務之處理及交通之疏導,有充分之權力。

集中權力 近年來鐵道部努力於各項權力之集中,此在中國現狀之下,實有莫大之價値。爲使鐵道部對於財政之監督,減少困難起見,應規定每月收入,均須列表呈報,以資分配,而便量入爲出。每日之收入報告者,乃營業狀況最佳之寒暑表也。營業收入預算與薪工預算,應嚴格劃分,自屬當然之事。

對於採購集中一層,可參照德國鐵路辦法,加以變通,使之合於中國之情形。不妨即在南京鐵道部中,設一附屬機關,辦理其事。此項機關之職掌,大部份與前述曾有人建議之高等委員會(High Commission)相同。

他如一般關於管理員工之問題,工資問題,工作時間及各種惠工法規,均應由鐵道部訂定之。至於低級職員與工人,則按照鐵道部之規定,由各局任用之。養老金辦法,可使職員無後顧之憂,安心任事。就此可造就一般專門人才,爲公家服務,且使用人問題,不致隨時發生困難,望亟圖之。

鐵道事業之目的,爲謀公衆之便利,故以由國家經營,爲一定不易之原則。又爲求基礎之鞏固起見,須使全部事業,在會計方面,有充分之獨立性。德國國家鐵路公司不僅有獨立之會計,甚且不受政治之影響。其營業並不直接受德國交通部之干預,而由一特別機關，即董事會，負其責任。意瑞兩國國家鐵路之組織，與此亦復相同。中國今日，亟應酌量本國情形，採取各種方法之最良者，而行之。

涇惠渠工款摘錄

陝西渭北涇惠渠落成於廿一年六月。關於工程之實施，記者曾撰一文載於本刊六卷四號，惟當時工作正在進行，所列經費一項，乃屬預算。今華洋義賑會所担任之上游一部分工程，早已完全告竣，所費工款，亦經會計師審查完畢，共合國幣洋七十一萬餘元。再將重要項目之數量暨實價，摘錄於下，以與前文相引證，而資工程界同志之參攷焉。

1. 水壩	共 4424 立方公尺	總價	$119,894.51
2. 引水洞及閘門	共 7216 立方公尺	總價	$ 75,777.08
3. 擴大石渠	共18571 立方公尺	總價	$ 43,581.22
4. 整理石渠牆及堵塞漏水石縫		總價	$ 14,274.07
5. 擴大舊土渠	共 113,430 立方公尺	總價	$ 39,495.87
6. 挖掘新土渠	共 599,317 立方公尺	總價	$210,177.52
7. 橋梁大小十二座		總價	$ 67,178.21
8. 薪津，工具，築路等		價總	$145,278.49
		總共	$715,656.97

上述第一項水壩總價包括臨時圍堤及河床鑿石等一切工作。

進水閘鋼門三座價為 $ 3910。係製自天津。退水閘用疊梁式，即用木製，此二種均包括於第二項引水洞內。

引水洞之開鑿，始於二十年四月，通於同年八月，完成於二十一年五月。共耗炸藥 6200 磅，火藥 10500 磅，炮彈(detonators) 17000 枚，保安藥線 12200 公尺。

新土渠深入地下 20 公尺，挖掘已甚費工，至近底處盡為石卵泥沙膠結之礫巖，堅硬異常，約 7700 立方公尺，故所費更鉅。

橋梁計新建三和土平橋四座，塊石拱橋四座，磚拱二座，涵洞一座，支渠閘門一座，并修理舊石橋一座，其跨度均為6公尺，平均高出渠身7公尺。

因運輸各項建築材料之故，共築道路150公里。蓋當時隴海鐵路祗達豫西之靈寶，凡材料之購自省外者須水運至交口，然後陸運至工地，內地辦理工程之困難若此。以所用之水泥言，自唐山運達工地，其價合計之，每袋需 $ 6.45 以上，是以工費更大。故陝西不開發則已，如須開發，應首先在富平等處，設立水泥製造廠，使工程上之基本材料，不自外求，則時間經濟，兩得其利。

下游開渠工程，至今尚在進行，係歸陝西水利局辦理，數目不詳，故不贅。(陸爾康)

隴海鐵路潼西第一分段之涵洞橋樑工程

曾昭桓

潼西段地勢平坦,一切橋樑涵洞較之東路簡易。本分段自潼關至華陰,(自公里357+000至381+000)長24公里,路綫曾經覆測三次,其經過地點與夫橋樑涵洞之大小位置,經過各次詳細考慮,加以增減遷易,其結果爲較經濟而合實需,是可斷言者耳。玆特以所知各點,凡關於本分段洩水工程者,書之於下:

第一分段路綫附近之地形

(1)由潼關至釣橋: 此段路綫依山而行,距山脚甚近,平均約200公尺,沿山谷口不多,水源亦短,故涵洞特少。釣橋河廣約20公尺,岸高約6公尺,形勢曲折崎嶇,舊線路靠北行,後因欲迴避一急轉河彎起見,遷南約100公尺。

(2)由釣橋至公莊: 此段靠山叠近,山溝亦較多。

(3)由公莊至沙子河: 公莊略西爲馬可河,終年有水,山洪暴發時,此段浸氾頗劇。此外如東泉店西泉店有泉水約五六處,鄉人平時引之灌溉,雨季水量頗大,地勢亦以東泉店附近爲最低。沙子河廣約10公尺,河床較堤外地面爲高,於民五民十一年間曾各決堤一次,水棄河向東北流,經花家寨入渭河,但該河平時無水,故潰堤修理亦極易。

(4)由沙子河至華嶽廟: 此段地勢頗低,然離山漸遠,中間無顯著山溝河流。

(5)由華嶽廟至白沙河：此段地勢較高，填土甚淺，且以公路行其南，深陷地中，使自8公里外華山流來之水，完全隔住，如天溝然，故此段涵洞需要極少，白沙河廣約30公尺，深約2公尺，源自華山，夏季水量頗大。

(6)由白沙河至劉義河：此段東頭近西王村處路塹頗深，而西頭路提高均在4公尺上下。按(5)(6)兩段，舊綫靠渭河較近，為防水浸起見，新綫改向南遷數百公尺，地勢因之變高，而土方涵洞費用亦均較經濟矣。

隴海鐵路潼西第一分段路綫平面圖

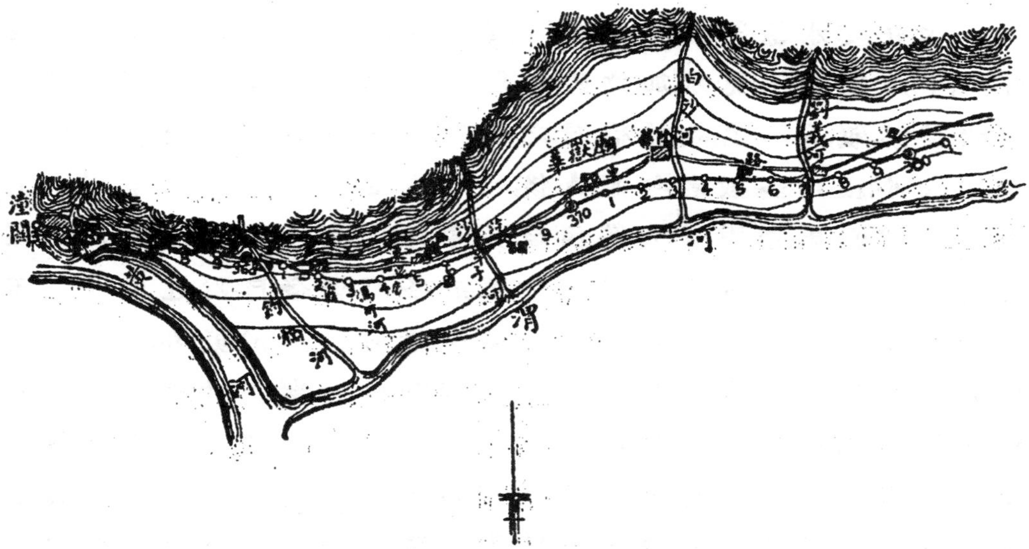

涵洞橋樑之分配

地點	路綫距離	橋類	橋空總數	平均每公里路綫中橋空尺數
由潼關至釣橋	3.15公里	二公尺門拱涵洞一座 二公尺門明涵洞一座 釣橋四孔五公尺拱涵洞一座	14公尺	4.45公尺
由釣橋至公莊	2.03	二公尺門拱涵洞二座 一 } 公尺門明涵洞 { 二座 二 }　　　　　　　{ 一座 三 }　　　　　　　{ 三座	26	12.80

由公莊至沙子河	5.36	一、二、三公尺門拱涵洞：二座、二座、三座 六、八公寸門水管：三座、一座 三、五公尺門明涵洞：四座、一座 沙子河二十公尺下承鋼橋一座	45.6	8.5
由沙子河至華嶽廟	3.72	一、二、三公尺門明涵洞：一座、一座、四座	24.00	6.45
由華嶽廟至白沙河	3.84	五公尺門拱涵洞一座 白沙河三孔十公尺鋼橋一座	21.00	5.47
由白沙河至劉義河	5.54	三、五公尺門拱涵洞：二座、三座 五公尺門明涵洞二座 八公尺水管一座 劉義河二十公尺下承鋼橋一座	66.80	12.00

涵洞橋樑之擇址與定空

本分段水源甚少,除釣橋河東泉店白沙河劉義河以外,其他各處,平時幾全不見水,加之數年以來西北累遭亢旱,地面上尋求發水浸跡,頗爲不易,故於橋洞之擇定,必測量時,將各橋點附近之水量大小,細詢多數老年鄉人後,始敢決定。大約本地每年以七月至九月間爲雨期,雨量大時,因地勢平坦,水流極爲散漫,舉凡所謂山溝及大車道者皆可引爲溝渠,至於各河皆發自附近山間,一至平地水緩沙積,堤亦隨之逐年增高,馴漸河身高於堤外,不但無引水入河之望,且時有山洪潰堤之虞,本分段有鑒於此,故於此種平地河流兩側一二百公尺處,必多設較大涵洞一處或二處,以輔橋樑於潰堤時之不足。再則本分段西頭正對華山,石山下水甚速,且該段地勢較低,故特多置5公尺門涵洞若干處,以資洩水。總之:好在陝西土質,多爲黃土(Loess),其吸水性甚强,加之雨量不豐,水源稀少,洩水問題,當不致若何重要也。定空慣例,約述於下:

山溝	1至3公尺;
大車道	2至5公尺;
洩水涵洞	3至5公尺;
灌溉水渠	0.6至0.8公尺水管或1公尺涵洞;
河流	5公尺鋼橋以上。

5000

(1) 穹式涵洞裝架圈板(357+356公里)

(2) 四孔五公尺拱橋(360+507公里)

(3) 白沙河橋基脚打椿 (375+456 公里)

(4) 三孔十公尺上承鋼橋 (375+456 公里)

涵洞橋樑之選式

本分段橋樑不多,可置不談。至涵洞則定有1公尺2公尺3公尺5公尺之明拱涵洞各四種,最可注意者,卽因本分段填土大抵不高之故,各拱涵洞均定爲4.045公尺長短,如此不但於某種範圍內節省材料,兼能使流水空間達其最大面積。此外如釣橋河以四孔5公尺拱涵洞代替一20公尺之鋼橋,原因除該橋處500公尺半徑之彎道上以用涵洞爲較合宜外,並可藉此作一完全利用國產材料而比較經濟之試驗,亦足注意者。他若道路涵洞以明式爲便,填土高時,以拱式爲省,固不待言矣。

涵洞計畫之大概

本分段涵洞,全用單純混凝土(Plain Concrete)做成。各種混凝土混合成分,較英美制度爲低。故尺寸亦爲較大,然其長處則有用洋灰量少而材料經濟;木框空間較大搆造便利;及因國內如平漢正太隴海等路包工均習用此種混凝土而管理較易三點。且此種混凝土隴海已用過多年,結果勝任愉快,當無可疵處。明涵洞墩爲U字式,1公尺門樑用紮軌,2公尺3公尺用箱式鈑樑,5公尺用I字式上承鈑樑。拱涵洞翼墻,因本地水流不常,兼以經濟易建之故,均採用近直出式,洞拱爲半圓式,高度無定,蓋長度已定也。地脚壓力平均爲每平方公分載重一公斤至一公斤半左右。

各種混凝土成分表

混凝土種類	每方混凝土應用洋灰桶數	每方混凝土應用砂子方數	每方混凝土應用石子方數	混合成分比例	
特種混凝土	(1) 4.71	(2) 0.44	(3) 0.88	1:0.81:1.62	此項混凝土係專做水管用
C種混凝土	0.75	0.50	0.83	1:5.80:9.63	
D種混凝土	1.00	0.50	0.83	1:4.35:7.21	
E種混凝土	1.25	0 50	0.83	1:3.48:5.78	
F種混凝土	1.50	0.50	0.83	1:2.90:4.81	
G種混凝土	1.75	0.50	0.83	1:2.49:4.12	

(每桶洋灰係以0.115m^3鬆量計算灰漿成分但取第一二項倍之卽得)

5003

明涵洞各部分所用混凝土種類表

基脚護墻及滾牀	C種	(於地脚遇水時可改用E種土，乾地滾牀護墻可以糙石砌工代)
橋身及邊墻	D種	(可以尋常料石砌工代)
冠頂	E種	(可以粗琢石砌工代)
鋼條跟座	G種	

拱涵洞各部分所用混凝土種類表

基脚護墻及滾牀	C種	於地脚遇水時可改用E種土，乾地滾牀護墻可以糙石砌工代
拱脚翅墻及洞墻	D種	可以尋常料石砌工代
洞拱頂帶翅坡翅擋及翅脚	E種	除洞拱外均可以粗琢石代
禦水包皮	F種 灰漿	厚五公分

明涵洞各部分尺寸表

	一公尺	二公尺	三公尺	五公尺
E	0.20H+0.75	0.20H+0.85	0.20H+0.90	0.20H+1.00
e	0.20H+0.60	0.20H+0.60	0.20H+0.70	0.20H+0.80
L_1	5.70	5.80	5.90	5.10
L_2	1.00	1.25	1.25	1.25
L_3	0.75	1.00	1.00	1.25
L_4	0.10	0.15	0.20	0.20
L_5	0.50	0.50	0.50	0.50
L'_5	0.45	0.45	0.45	0.45
L_6	0.15	0.15	0.15	——
L_7	0.35	0.35	0.35	——
L_8	0.50	0.50	0.50	——
L_9	2.60	2.60	2.60	——
L_{10}	0.75	0.95	1.05	1.15
L_{11}	0.75	0.55	0.45	0.35
L_{12}	0.80	0.80	0.90	1.00
T_1	0.137	0.137	0.137	↑
T_2	0.15	0.15	0.15	0.59
T_3	0.172	0.198	0.198	↓
T_4	0.25	0.25	0.25	0.50
T_5	0.40	0.45	0.45	0.50
T_6	1.00	1.00	1.00	1.00
W_1	0.30	0.30	0.30	0.30
W_2	0.40	0.50	0.55	0.60
W_3	0.50	0.60	0.65	0.70
W_4	0.95	1.05	1.10	1.20

拱涵洞各部分尺寸表

	一公尺	二公尺	三公尺	五公尺
E		030 H	+0.30	
E'		020 L	+0.30	
Θ	40°46'35"	44°09'57"	45°02'58"	45°55'32"
R		0.73 (	1+L)	
e_0	0.40	0.50	0.55	0.65
L_1	$1^1/_2$ (H	—2f—T_6) (1	—1.5f) 上游	
L_2	0.90	0.95	1.05	1.20
L_3	2.245	2.145	1.945	1.645
L_4	$1^1/_2$ (H	+2f—T_6) (1	+1.5f) 下游	
L_5	0.10	0.10	0.10	0.15
L_6	0.40	0.45	0.50	0.50
L_7	0.05	0.05	0.05	0.05
L_8	0.40	0.45	0.50	0.55
L_9	0.40	0.40	0.40	0.45
L_{10}	0.80	0.85	0.90	1.00
L_{11}	0.20	0.20	0.20	0.20
L_{12}	0.60	0.75	0.75	0.90
L_{13}	0.40	0.50	0.50	0.60
T_1	0.20	0.25	0.28	0.28
T_2	0.85	0.85	0.85	0.85
T_3	0.40	0.60	0.55	0.65
T_4	0.05	0.05	0.05	0.05
T_5	0.139	0.18	0.206	0.206
T_6	0.20	0.20	0.25	0.30
T_7	0.15	0.15	0.15	0.20
T_8	0.30	0.40	0.40	0.50
T_9	1.00	1.00	1.20	1.50
T_{10}	1.50	1.50	1.50	2.00
m_1	0.30	0.36	0.42	0.42
m_2	0.389	0.422	0.464	0.464
w_1	1.56	2.76	3.86	5.85
w_2	0.30	0.40	0.45	0.45
w_3	0.10	0.10	0.10	0.10
f_0		溢　牀	坡　度	
f_1	$^1/_2$	$^1/_2$	$^1/_2$	$^1/_2$
f_2	0	$^1/_{10}$	$^1/_{10}$	$^1/_5$
h_1		H—2f—T_1	上游	
h_2		H+2f—T_1	下游	
h_3	1.50—0.86 E	2.08—0.97 E	2.63—1.00 E	3.72—1.03 E

材料情形

洋灰　全部向唐山啓新洋灰廠訂購，其質地優良固爲衆所周知，而其產量豐富，供給不匱，尤爲路局樂購之一大因。

石子　以釣橋河及華山所產者爲大宗。釣橋河所出者率係圓光石(Gravel)，質多屬砂石(Sandstone)類，有所謂綠泥石者甚堅，此外復有所謂泥漿石者，入水則漸化，必不耐久，故見卽令工人拾去。華山石乃一種爛花岡石，含雲母頗多，顆粒粗且脆，分量亦輕，然亦

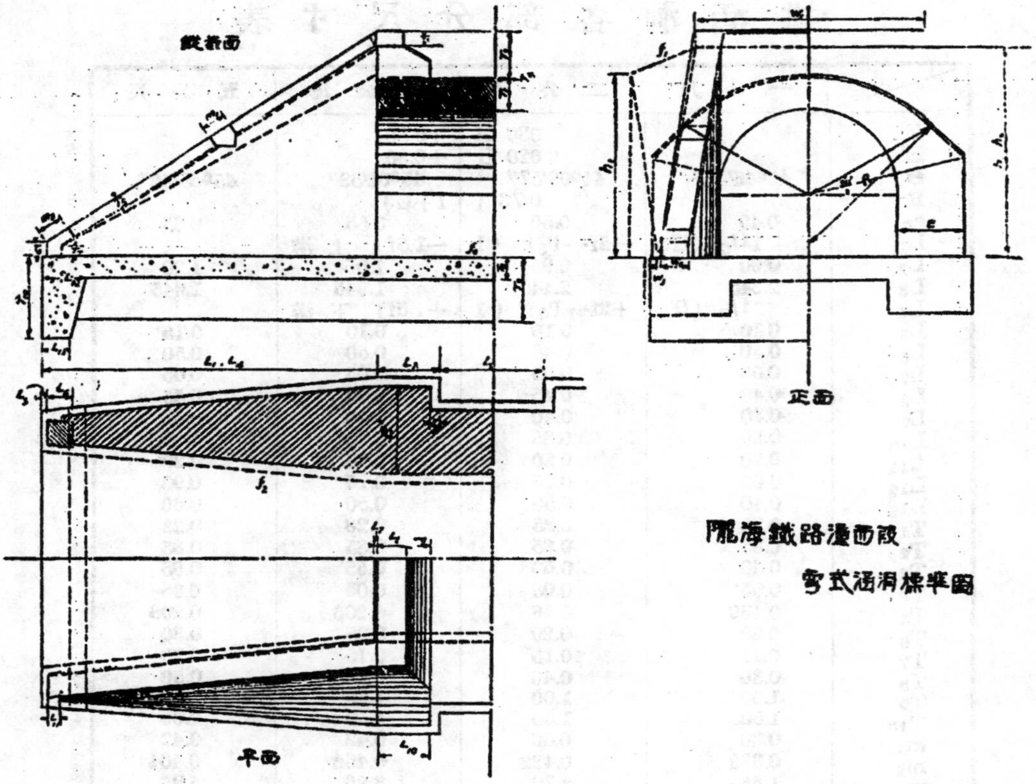

隴海鐵路潼西段
穹式涵洞標準圖

有同樣之石,組織較細而較為堅固者尚可採用。此外亦有較佳之石灰石及砂石作圓光石狀者,亦可用。石子大小在施工細則內定為自二公分至六公分。

砂子　釣橋河無砂,取自黃河灘者稍雜泥質,尚可用。白沙河所產者,色極白淨,但粒粗易碎,蓋與上游近華山處所產石子質地相同之故。沙子河所產者頗為堅韌,粗細有差,質亦頗純潔,應為較佳。

木料　國產多用榆木楊木二種,榆木較堅實,然其幹多曲。且不易得巨者,洋松板方正光潔,自屬較佳。

混凝土之工作情形

和土(mixing)　和量分半立方公尺與一立方公尺兩種,視所

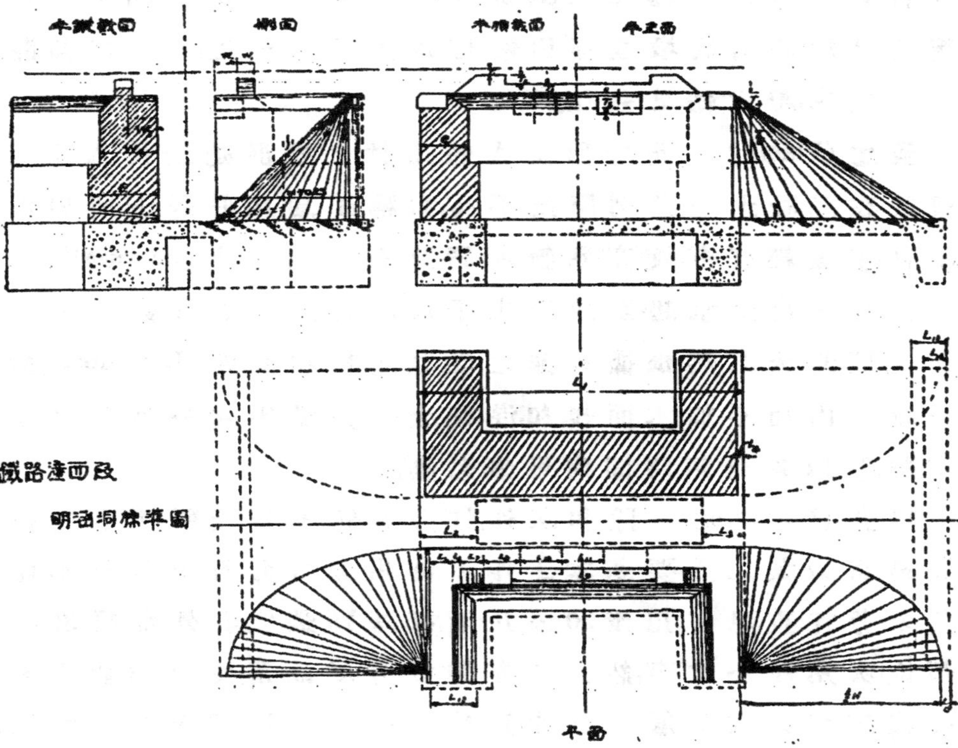

隴海鐵路潼西段
明涵洞標準圖

工作部分之大小及重要與否而異。和法先用洋灰與砂子按比例量出,倒在灰盤上,用鏟及耙乾和二遍,以顏色均勻爲度,澆水再和一遍,然後將所量出之石子攤開,鋪上沙灰,用耙攪一遍,復用鏟拖二遍,亦視石子均呈被灰漿黏附狀爲度。砂子係與洋灰乾和,石子則須臨時於淨水內,用筐盛滌洗兩遍方用。和土時間,自澆水至和完,共翻動四次,平均約爲十六分鐘(指一立方公尺一和者)。

加水(water)　本分段對所用混凝土應加水量極爲注意。和水比例(Water Ratio),以C字灰用1.20, D字1.10, E字1.00,結果最佳,至於被乾沙吸收與日光蒸發而損失之水量,大約在0.10至0.20左右,可以暫置不計,但求其於工作便利(Workability)上不發生粗操之影響,其結果爲減少和水比例加增力量,可稱有利無弊,然同時亦需注意於每層混凝土於打夯後面上略呈漿痕,方不爲過於乾燥,否則仍宜照上述比例酌加水量,至漿痕現出止。此種和水管理辦法,已於鈞橋橋墩立面,因修理琢去面上一層,發現內部混凝土異常堅密,證出結果甚佳。

安土(Placing) 此層因工人係用竹筐盛混凝土挑入圍板內,直接放在混凝土上,照例降度不高,尚稱滿意,且混凝土所加水分本不甚多,復經打夯,故亦應無所謂漿石分離之患(Segregation)。按每方混凝土自澆水起至放完止,平均約費三十五分鐘左右時間,驟聞之似爲太久,然根據專家之混凝土複和試驗(Retempering),在六小時以內,如不加水而複和,混凝土之力量因水分揮發之故,反爲增加,似以爲此類時間尚可無恐也。

打夯(Ramming) 除和灰外,打夯實係本分段所用各混凝土發展最高力量之重要基本工作,蓋非用力打夯,石子灰漿不能密合。故木夯宜重,現有用至30公斤者,打基脚最佳。其外如橋墩拱頂則須依次用較小之夯,然同時亦應教夯層減薄,使夯力能達至下層。按施工細則定每層3公寸,鋪後打夯,此則可減至2公寸至2.5公寸左右。

立板(Form) 板料最好用洋松。須一面光整,接縫處須齊整嚴密,欲其齊整必板之闊度一致,而在同一平面內,長度亦宜相同,如

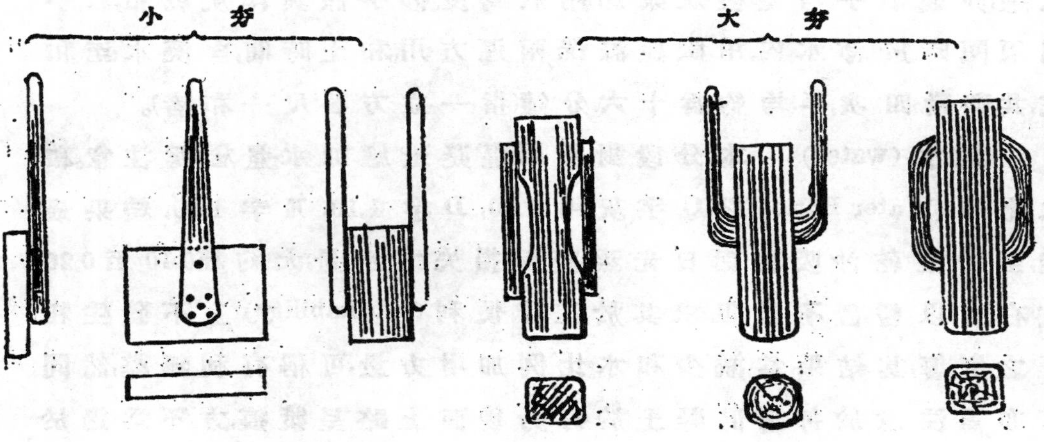

此則橫縫可以貫成平線,直縫至多只許一處,亦能使成一直綫。接縫處最好令其鉋光,然包工以惜板,多未能辦到,但以膠泥塞入縫內刮平,結果自爲較遜。板闊至多爲3公寸,否則見熱遇濕發漲後必呈曲狀,板愈闊愈壞。板之厚薄,極關重要,最好小橋圍板能用至4公分厚,大橋則用至5公分。支木宜密宜多,至圍板太高不便時,可用鉄絲在內將兩旁圍板繫住。總之,重夯之後極易走樣,板厚撐距,與混凝土打成形狀均有絕大關係,非特別注意不可。

剪彩(Trimming)　此種巨量混凝土(Mass Concrete)石子旣大,而洋灰與水量兩均不多,其不能靠圍板面呈一光整緻密之平面乃爲當然。欲弭此弊,宜先用灰漿若干,擊貼圍板部分,隨將混凝土置於其旁打夯,一面用平鏟插圍板及混凝土之隔縫間,上下移動,並略朝內壓,使石子向內灰漿往外,然亦不可爲之過甚。工人用鏟將混凝土用力向圍板擲去,使灰漿衝貼板面,而石子略彈向內,再如前法剪彩,法亦頗善。

培養(Curing)　此段混凝土工程係於夏季舉行,野外溫度最高時達華氏107度以上,故混凝土面極易開裂,培養一節,實不容忽視。大抵打成混凝土之直立部分,拆除圍板至少須在打成之七日後,圓拱部分則須十日至十四日。拆除圍板後,復敎包工灑水,成績尙佳。

修整(Finishing)　如圍板光整嚴密,剪彩得法,此類修整手續應爲極少。包工喜用灰漿刷洗橋身,使全部呈淡青色,遠望尙佳,然一經雨漬,立呈斑狀,仍不雅觀。此外有面上須琢過重塗灰漿一二公分者,必混凝土面上先用水浸透,然後再加灰漿外層,否則極易剝落,殊不耐久。

混凝土工場管理情形

材料　砂子石子須經監工認可方屬可用。備料數量,除完工外至少須足三日,否則不許開工。洋灰砂子石子均需按標準木盒量出。每日開洋灰桶若干,用去砂子石子若干,均須由監工將每日所打某種混凝土方數切實記載,以防減料。

灰盤與堆料地位　此二項之地位,與工作時間之經濟大有關係,須經監工仔細察看地勢後,指定地點,包工不得有違。

工作人數及其支配　工程不在一處動工,或因此處立圍板而工作暫停,則工人勢必調往他處打灰。故混凝土工場人數之多寡殊不一定。且所工作部分,如基脚橋墩,工作宜快,則需人較多,冠頂土擋,工作較細,地位較小,故時間較慢,而用人亦可較少。普通打基脚橋台橋墩等工作,需用打灰工人一班或兩班,每班工人數目可如下列:

量灰挑沙	二人至四人	和混凝土	十人至十四人(連加水)	剪彩	二人
抬運石子	六人至八人(連揀石子洗石子在內)	挑混凝土入圍板	六人至八人	打夯	二人至四人

工作効力

(每工人每日能做方數)一卽立方公尺數

基脚挖土	二方至三方	基脚混凝土	$^3/_4$方至一方
橋背塡土打夯	二方	橋墩橋台混凝土	$^1/_2$方至$^2/_3$方
普通挖土	四方至五方	橋拱混凝土	$^1/_2$方至$^1/_3$方
普通塡土	五方	冠頂踉座及擋土混凝土	$^1/_3$方至$^1/_4$方

篇後討論

(1)本分段定橋空之慣例,或有人疑非根據公式而得,似非甚妥者!其實,設用塔耳卜 Talbot's Formula 公式:式內含洩水面積及洩水係數兩項,前者以本分段多屬平地,測量則過於迂緩,不似外國到處有地形圖可稽,一查卽得,後者則以本分段多屬黃土質,吸水性甚大,但知其必在 0.25 以下,亦無從知其確數。其他公式亦有用最大雨量者,則本分段曾經乾旱數年,以前亦毫無統計。故不如專門根據鄉人報告數十年內最大發水高度,及調查舊有橋樑空間面積以資比較,反爲有據也。

(2)本路所用混凝土,大概係根據歐洲大陸習慣,較爲經濟,成績據做成各涵洞橋墩之結果,總稱滿意。其實此種單式混凝土(Plain Concrete),其力量全在乎其體積之偉,只要其本身立住不致崩潰,其載重力量已屬可觀。反視美國習慣,如橋拱之動輒用1:2:4,橋身用1:3:6,基脚用1:4:8者,則似乎太奢矣。

(3)據本人意見,本分段所用之混凝土雖屬可用,然於計劃較大之橋拱時,每以抗壓工作力量,但根據經驗不知確數爲苦,應將本地材料,就普通工場情形造成各種混凝土試樣,交中央大學代爲試驗,俾知確數。

(4)土壤載重試驗,費時費錢,且所得結果,未必各地均適,故人多不樂爲之。依據鄙見,最好各橋墩基脚打好後,基面抄平一次,須準至1公釐,隨將所抄之處用標識記住,並於附近立固定水平標一,以後每於橋墩建高5公寸時復就基面原處抄平一次,詳細記載,假定混凝土與水之比重爲2.4,至少可將每次單位載重與比較之沉陷額二項之關係覓出。且各橋、墩基脚面積,大小不同,地點各異,亦可於多數記載內將其關係尋出,於本地土壤性質之研究,或不無小補耳。

水門汀橋之最大者
孔寬六百英尺

鉄筋三和土橋,日漸長大,靡有止境,充其量能發展至若何程度,則爲吾人所欲知而不可得者。

眼前可算最大的三和土橋孔,爲正在建造中之 Tranebergssund 江橋,在瑞典京城 Stockholm. 中孔爲拱,寬600尺,全橋連兩端橋塊共長 1825 尺,橋寬 90 尺,上設雙軌鉄道,42'6" 之汽車道,及人行道兩條。拱之下面,高出水綫 85 尺,以利航行。

據富有大橋經驗之工程家預言,鉄筋三和土橋之孔寬,不難達 3,250 尺之度。較等量之鋼鐵吊橋,價僅及半,而安妥 (factor of safety) 則倍之云。

縱視工程發展之往跡,大橋孔之增長,無須待乎寸積尺累之進步。數年之後,其必有遠勝今日 600 尺之紀錄者矣。

(見 Concrete & Constructional Eng.)　黃炎

我國急應自製人造絲

顧毓珍

一 引言

蠶吃了桑葉,就能吐絲。科學家曰:蠶之能吐絲,以其提取桑葉中之纖維質 (Cellulose) 而變化之也。工程師曰:若精心研究蠶吐絲之法而模仿之,絲之能人造可必矣。經過四十年不斷之研究與試驗,人們終究戰勝了蠶,能仿造比蠶吐的更光滑更發亮更可愛的絲了,能於幾小時內造數百萬蠶兒吐的絲了。這豈非是人類戰勝自然界的一大成功!

法國科學家魯滿(Reaumur),最早在 1754 年,即試驗做人造絲,但是人造絲之發明者,大家都認為是夏同耐 (Chardonnet)。夏氏於 1889 年發表其試驗之成功, 1896 年首先創設人造絲廠於法國現在大家知道人造絲工業中之夏同耐法,即以該氏發明而名。人造絲 1900 年之產額(世界)為二百萬磅,至 1929 年,則一躍為四萬萬磅。蓋人造絲於現代工業中,已趨重要位置;即以我國而論,民國十八年度人造絲進口達二千萬磅之多,價值幾及三千萬元之鉅。國內流行人造絲之趨勢,日甚一日,無可諱言,而其與國產綢緞生絲業關係之密切,尤不可忽視。是則今日中國之人造絲問題,乃中國實業界之一大問題,安可忽視之耶?

社會上常有人說:『中國爲絲業國,自當提倡國產絲綢,而應絕對抵制人造絲,更談不到自己設廠製造』。孰知人心趨利,如水就下,貨品愈價廉物美,人民愈樂於購買;人造絲之價,廉於生絲多矣,而其美觀與效用則相仿,則無怪其受人民之歡迎。吾國絲業,既爲對外貿易之大宗;則應努力於國外國際市場之地位,而不患乎人造絲於國內銷路之競爭。從最近統計(註一),生絲與人造絲有互相提攜之功,價格雖受影響,銷路可因之增加。且國內綢緞業,早已廣用人造絲爲原料,美其名曰國產絲綢,實則半國產耳。邇來綢緞業之恐慌,亦無非以金價高漲,人造絲價格提高之故。明乎此,則抵制人造絲以倡提國產絲綢,無異因饐廢食;舍本逐末,莫甚於此。作者久感中國人造絲問題之重要,每年三千萬元之漏巵,安可不思補救,其與我國生絲業綢緞業關係之密切,亦爲歐美各國所無,而問題之複雜困難,常人之不易瞭解,卽在於此。爰草是文,幸國人注意及之。

二　人造絲在紡織品之地位

世界紡織品之每年平均產額,可列如下:(註二,註九)

甲.棉花	14,000,000,000	磅
乙.羊毛	3,000,000,000	磅
丙.苧蔴	2,000,000,000	磅
丁.人造絲	480,000,000	磅
戊.生絲	100,000,000	磅

按現在情形,人造絲產額,五倍於生絲,而僅及棉花百分之三,羊毛百分之十六,苧蔴百分之廿四,人造絲爲五項中之唯一人工製造

品,故其產額,可因需要而任意增加。人造絲之光澤美觀,可與生絲相頡頏,其固韌性,亦與生絲相彷彿,而價格則適賤,此所以人造絲之地位,一躍而駕凌生絲之上。他日人造絲製法之改進,尙未可限量;其在遠東之銷場,正大有可圖;故不數年內,人造絲在紡織品之地位,當可與羊毛苧蔴並駕齊驅。且人造絲夾織物(如人造絲與棉花,人造絲與羊毛,人造絲與生絲)之銷路,方興未艾,蓋其夾織物之價格殊廉,而效用則異常廣。昔日平民之無力購用絲織品以享受其適用美觀者,今於人造絲得之;是則人造絲於紡織品之地位,實爲平民之消費品也。

三 人造絲之歷年產額及其在世界各國之趨勢

第一表 世界歷年人造絲產額總量

(註三,四,五,及十二)

年份	產額(單位千磅)
1896	1,324
1910	11,905
1913	30,363
1915	21,000
1920	50,000
1921	65,000
1922	79,738
1923	97,000
1924	141,164
1925	185,000
1926	219,080
1927	266,868
1928	347,940
1929	404,155
1930	416,775
1931	467,505
1932	483,232(估計數)

第二表 四年來世界各國人造絲產額

(註四,五,十一,及十二)

國名	1929年	1930年	1931年	1932年
比利時	15,000千磅	12,500千磅	10,150千磅	9,218千磅
英國	53,100	49,700	54,165	74,700

加拿大	3,750	5,350	——	7,161
法國	37,000	41,600	38,320	36,993
德國	45,000	50,300	52,000	51,161
荷蘭	20,000	18,750	20,250	16,148
意大利	59,000	66,400	74,000	77,209
日本	18,000	35,100	47,450	61,699
瑞士	12,250	10,650	9,000	11,264
美國	123,130	119,000	144,350	119,388
其他國	17,925	17,350	17,820	18,291

第三表　1929年世界各國人造絲進出口數及消費數

(註四)

國名	進口千磅數	出口千磅數	消費千磅數
比利時	1,278	5,687	10,591
法國	781	12,505	25,276
德國	19,692	18,359	46,333
英國	1,619	8,220	46,499
荷蘭	3,240	19,512	3,728
意大利	1,423	38,624	21,799
瑞士	3,278	8,318	7,210
其他歐洲各國	23,488	6,582	33,881
(全歐洲)			195,317
加拿大	2,500	——	6,250
美國	16,000	——	139,136
其他北美各國	1,082	——	1,082
南美洲	5,069	——	6,019
(全美洲)			152,487
中國	19,800	——	19,800
印度	8,145	——	8,145
日本	386	8,000	18,378
其他亞洲各國	871	——	871
(全亞洲)			47,194
非洲	1,200		1,200
澳洲	3,500		3,500
全世界			399,698

觀第一表可知人造絲工業,已有卅五年之歷史。最初產額極少,至 1924 年後,勃然而興,大有一日千里之勢。近三年來,雖價格以競爭過烈而低落,然產額仍有增無減,觀第二表,則可知四年來各國人造絲產額之比較,美國居其首;意大利次之,英國再次之。德國自 1929 至 1931 年,常保持其第四位,而於今年則降至第五位。法國

於前兩年占第五位,而後兩年則降至第六位。東鄰日本則與年俱進,四年來由第七位而升至第六第五而第四位,四年來產額增三倍有奇,殊堪驚人。第三表載各國進出口及消費趨勢,美國用人造絲最多,佔世界消費總數三份之一,蓋美人經濟富裕之故。亞洲除日本能自供其求,近年來並輸出至中國印度外,均不能自製,故有進口而無出口。欲詳悉世界各國於人造絲業之趨勢,請閱參考文第十六。

四 人造絲於今日中國之重要

人造絲之銷行於我國,不過近十五年內事耳;而於最近之四五年,方得暢銷。人造絲類之暢銷於國內者,約分五類: (一)人造細絲粗絲(二)人造絨線(三)人造絲夾棉織品(四)人造絲夾毛織品(五)人造絲織品。五項之中,以第一項輸入爲最多,自 1923 年至 1929 年,輸入額增加十七倍之多。卽以 1929 年而論,第一項之價值合國幣 21,800,000 元,五項總值爲 34,700,000 元,占全數百分之六十三。茲將八年來人造絲及其織品輸入額,列如第四表,俾明人造絲在我國暢銷之程度,及其價值;而對此鉅大之漏卮,安可不思彌補之方!

第四表 八年來人造絲及其織品輸入額

(註三,十三)

年度	數額及其價值				
	人造細絲粗絲	人造絨線	人造絲夾棉織品	人造絲夾毛織品	人造絲織品
1923	8,327 担 2,337,151 兩*	——	——	1,767,976 碼 814,594 兩	——
1924	13,059 担 2,604,402 兩	——	483,875 碼 236,921 兩	——	2,439,228 碼 1,361,181 兩
1925	27,233 担 4,375,697 兩	——	2,191,010 碼 970,133 兩	183,442 碼 310,339 兩	1,114,239 碼 606,765 兩
1926	42,781 担 5,338,560 兩	——	3,663,698 碼 1,782,072 兩	368,781 碼 697,959 兩	1,151,101 碼 979,298 兩
1927	82,169 担 11,071,567 兩	1,378 担 175,104 兩	5,130,123 碼 2,550,929 兩	221,473 碼 403,958 兩	869,193 碼 663,241 兩
1928	123,780 担 16,347,812 兩	3,370 担 375,941 兩	7,095,584 碼 3,116,232 兩	700,746 碼 1,570,527 兩	1,315,204 碼 976,563 兩

1929	144,442 担 15,572,223 兩	5,046 担 685,248 兩	11,146,341 碼 4,078,780 兩	1,417,445 碼 3,852,452 兩	2,866,582 碼 1,455,449 兩
1930	124,511 担		4,297,377 碼	923,452 碼	2,511,348 碼

*兩指海關兩

考人造絲之所以能在我國暢銷無阻者,其理至顯,可分四點論之:

(一)近年來人民生計雖日艱,而通商大埠則社會習慣日趨奢華,人造絲價目既廉,而光彩奪目,異常美觀,故咸樂用之。

(二)我國內地,風氣漸開,競尚時華,人造絲織品價廉美觀,適足投其所好。

(三)人造絲工業進步甚速,出品日佳,昔之不能經洗者,今則耐用而久不損;是以非特可作外穿衣衫用,且推廣用作內衣及襪類矣。

(四)人造絲與我國之生絲夾織,製成改良綢緞,價目既較綢緞爲廉,而美觀則勝之,無怪其受民衆之歡迎。此點關係尤大,當於下章詳述之。

供給中國人造絲之國家爲意大利,德國,英國及日本,其中以意德兩國爲最。意國有天佑之紅魚牌八寶牌;德國有孔士之雙雀牌,暢銷我國。惟年來日本之人造絲,在華北及華中,銷路伸張,不可不急思抵制。大凡國內通商大埠,人造絲流行最盛;故今日人造絲之銷絡,大半及於沿海諸地及揚子江下游,如上海,杭州,蘇州,天津九江,膠州,廣州等處。內地各處,尚未普及。試思他日,人造絲能暢銷於國內各都市各鄉村,將爲四萬萬同胞之消費品,則每年人造絲於我國之消費數量,又奚止二千萬磅;若不急謀設廠自製,則每年漏巵,又奚止三千萬元耶?且自今年八月四日起,國民政府實行新稅率,於人造絲類,課徵特重。對於人造細絲粗絲一項,每担須徵稅七十三金單位,若按現在市價,每磅合美金五角五分,則稅率適爲價值之一倍,其他人造絲夾織物,稅率亦增加不少。如是直可視爲保護稅,實爲我國自製人造絲之絕好機會。玆將人造絲類之新舊稅率比較列如第五表。

第五表 人造絲及其織品之新舊稅率比較

(註十四,十五)

貨名	單位	舊稅率	新稅率
人造絲絲粗絲	担	58 金單位	73 金單位
人造絲織品	百分價	45	70
人造絲夾蠶絲織品	百分價	45	70
人造絲夾毛或夾毛及植物纖維質織品	百分價	45	70
人造絲夾植物纖維織品	百分價	35	60

五 人造絲與中國之綢緞業

人造絲於中國之極大銷路,當爲與蠶絲夾織,製成改良綢緞,如綈葛,華絲葛,中山葛等等,用作士女時裝或其他裝璜品。且聞江浙諸省,每遇婚喪喜慶,咸以人造絲幛爲禮物,價格僅合布幛或呢幛,而美觀則反勝絲綢緞幛。按美國之人造絲,百分之二十三用製棉紗夾織品,百分之十四,用製生絲夾織品(註一); 我國今日夾棉織造廠,尙屬寥寥,每年進口夾棉織品,爲數至鉅;至若夾絲織品,幸能自供其求,不可不謂我國綢緞界努力之功也。

1929 年,以綢緞業之一蹶不振,有中華國產綢緞救濟會之組織;而人造絲原料價昂,實爲一大原因。錢承緒(註七)述十八年度之綢業狀況曰:『(甲)本機: 生絲價昂,且缺貨,不能製造,現在杭州等地,機戶已大半停製。(乙)電機: 向用生絲與人造絲夾織,今年越南與朝鮮及南洋一帶,均因各該國政府頒佈新稅率,課稅極重,華綢已不能再去;同時人造絲生絲均奇昂,每做綢一尺,須虧本由二分至一角半以上。』蓋素以國貨馳名之蘇杭綢緞,實已滲入一半之舶來品人造絲,完全國貨,一變而爲半國貨,言之痛心。故果欲提倡眞正之國產綢緞,當以創設人造絲廠始。前歲報載江浙絲綢織品聯合會,呈請中央,創設國立人造絲廠,以資救濟失業工人而提倡國貨。去夏浙省建設廳鑒於該省絲綢業受重大打擊,擬創辦人造絲廠,以爲治本之法。故按中國綢緞業之不可一日無人造絲,欲救濟綢緞業於瀕危,創設人造絲廠,實有急不容緩之勢。利用固有之國貨,挽回已失之利權,開發未來之市場,胥賴乎此。

六　人造絲與中國之生絲業

提起人造絲,國人必想到我國之生絲業。按錢承緒(註七)述民國十八年度絲業衰落之情形曰:『民國十八年度,在六月以後,繭價卽漸高漲,其時繭商見有利可圖,卽紛紛脫貨,向外洋輸出。殆九十月間,市面原料,卽驟見缺乏。在十月十一月之間,每做生絲一担,須虧本六十兩有餘。上海絲廠,共有一百〇六家,在十一十二兩月中閉廠者已有五十餘家,達半數以上』。近來中國絲業,以日本佔據世界商場,生絲之市價漲落,又完全操於外人之手,以致日益衰落。而同業尙不知合作,共謀挽救,反見利而趨,不顧商業大勢,致遭十八年冬折本停業之禍。然而我國對外貿易,據民國十八年之調查,(註八)生絲業仍居第二位。十八年度出口土貨總値關平銀101,500,000兩,生絲出口合165,000,000兩,佔總額百分之一六・三。故欲振興絲業,不在如何抵制人造絲之進口,而在謀絲業如何佔得國外商場。努力對外貿易,乃振頓絲業之積極辦法,與唯一希望。今日世界絲業之重要市場,卽在美國,而紐約生絲交易所,則不許華絲加入拍板,蓋據美國絲業專家陶迪氏言,中國絲廠近五年來不但沒有進步,且上年的出品反見退化(註十八)。故欲佔國外商場,卽須由改良出品着手,如貨物之整齊歸一,質澤之優良等等;而改良出品,則須着手於蠶種之選擇,育蠶方法之審定,以及繅絲方法之改良。我國絲業之所以衰落,受絲業本身缺點響響大,受外界牽累的影響小(註十八),故中國今日而創設人造絲廠,影響於絲業必小,更何足以影響中國絲業之對外貿易。且反能利用生絲與人造絲夾織,製成織品,運銷國外,則於我國國外貿易上,作更進一步之發展矣。

七　中國創設人造絲廠之實際問題

人造絲之製法,最普通者,有下列四種(註九):

(一)夏同耐或名氮化纖維質法(Chardonnet or Nitrocellulose Process)

(二)硒精氧化銅法(Cupra-ammonium Process)

(三)黏液絲法(Viscose Process)

(四)醋酸基絲法(Cellulose-Acetate Process)

各國採用黏液絲法者最多,醋酸基絲法者次之;1929年採用前法者佔百分之八十六,後者佔有百分之六·四(註四)。各項製法需用之原料及化學品,今列如第六表(註九):

第六表 人造絲製法之應用原料

製法	纖維原料	化學品
1. 夏同耐法	棉花	硝酸,硫酸,酒精,二烷醚(Ether)
2. 硒精氧化銅法	棉花	硒精氧化銅(Ammonical Copper Oxide)
3. 黏液絲法	木材或棉花	苛性鈉(Caustic Soda),硫酸,二硫化炭(CS_2)
5. 醋酸基絲法	棉花	無水醋酸(Acetic Anhydride) 醋酮(Acetone)

黏液絲法所用原料,最為普通易得,故各國咸樂用之。我國欲辦人造絲廠,亦應先用此法,然後再採用醋酸基絲法。按製造人造絲的纖維質為甲種纖維(Alpha Cellulose),棉花中含有百分之九十至九十五,此外木材如白楊檜樹松屬,亦多含之。中國紗廠,每年餘有廢花甚多,實為初辦人造絲廠之絕好原料。據可靠報告,我國紗廠中之廢花,合每年用花百分之七,每磅僅值國幣三四分,根據民族周報(註十七)中國紗廠每年用棉花之數計算,則每年有六千萬磅之廢花。外國人造絲廠之不純用棉漿(Cotton Pulp)而夾以木漿(Wood Pulp)為原料者,以棉漿價昂,木漿價廉之故。(棉漿每磅美金七分,木漿每磅四分)。我國廢花,既充斥市場,則自當取其價廉而利用之;且一時木漿不易得,故儘可純用棉漿,以作製造人造絲之纖維原料。完全用棉漿之利甚多,一則出品潔白,二則苛性鈉用後可再用,三則出品堅固耐用,其引伸力(Tensile Strength)可增加四分

之一。苛性鈉與硫酸均可在國內酸鹹公司購買,二硫化炭可自製。統計每出1,000磅人造絲,需用原料如下:

(一)棉漿(Cotton Pulp)	1,500磅
(二)苛性鈉(Caustic Soda)	2,000磅
(三)二硫化炭(Carbon Disulfide)	600磅
(四)硫酸(66° Baume)	1,500磅

根據美國關稅委員會報告(註十),美國人造絲廠至少須能于每星期出15,000至20,000磅左右,方可立足競爭,資本約需美金三百萬至五百萬元。作者去夏幸得參觀美國紐約省某人造絲廠,(以守祕密關係,恕不能將真名告讀者)。據該廠經理相告,謂美國之人造絲廠每日至少須出貨一萬磅,方可立足,如是每年可出貨三百六十萬磅。資本僅需三百五十萬至四百萬元,則其數遠減於關稅委員會之估計數。據該經理相告,謂製造人造絲之工價極貴,佔成本百分之四十,原料佔百分之三十四,其餘則爲利息保險等等。此係按照美國情形而論,中國工資甚廉,原料亦較廉,則資本自可較小也。

國內之談自製人造絲者,已屢見報端,實爲我國實業界之福音。按十五年八月廿四日,江蘇省長訓令云:『查人造絲之發達,各國競駕爭趨,與時俱進,照海關册所列,其織品輸入中國,逐年猛進,已成絕大漏卮,閱之可驚。此後人造絲自應趕速提倡,設廠仿造,以期抵制外漏。』去歲五月浙江省建設廳亦擬創辦一人造絲廠,以供給浙江絲綢業需用之人造絲,定經費爲國幣5,000,000元。同時實業部亦積極提倡此偉大工業,俾每年漏出之30,000,000元人造絲價值,得有挽救之希望。惜乎隔時已一年有半,在國內尚未聞有設廠製造者。所望官商各界,能協力同心,早日將此偉大工業,付諸實現也。

八 結 論

以上所論,不過中國人造絲問題之粗枝大葉,甚望讀者諸君,由此感覺本問題之重要。今日中國人造絲廠之創設,實爲救濟國內綢緞絲織業不可再緩之舉,而對於生絲業,則影響極小,反可收互相提攜之功。國人果不欲利權外溢也,國人果欲提倡純粹之國產綢緞也,則當以自行製造人造絲爲歸宿!

本文参考書目

(註 一) *Rayon*—A New Influence in the Textile World (Metropolitan Life Insurance Company)

(註 二) *W. D. Darcy:* Rayon & Other Synthetic Fibers (Dry Good Economist, N. Y. C.) 1929

(註 三) The Chinese Economic Bulletin Vol. XV. No. 10, 1929

(註 四) Textile World, February, 1930 (McGraw-Hill Publishing Company, N. Y. C.)

(註 五) Textile World, September, 1930

(註 六) China Year Book, Chpater 23, 1930

(註 七) 錢承緒呈工商部文「陳明十八年全國工業之現狀」。

(註 八) 國聞周報七卷卅七期「民國十八年之對外貿易概況」。

(註 九) *M. H. Avram:* The Rayon Industry, Second Ed. (1929)

(註 十) *U. S. Tariff Commission:* Information Survey on Artificial Silk

(註十一) Textile World, February, 1931

(註十二) Textile World, September, 1932

(註十三) China Year Book p. 98, 1932

(註十四) 湖南實業雜誌 第一七四號,二十年八月。

(註十五) Chinese Affairs Vol. 4, No. 9-10 August 15, 1932

(註十六)「世界各國人造絲工業之發展」天津大公報 經濟研究周刊第廿四期

(註十七) The Chinese Nation (民族周報) Vol. 1, no. 11, p. 163, August, 1930

(註十八) 吳兆名「中國絲業的危機」東方雜誌廿八卷十一號

(註十九) *E. Wheeler:* The Manufacture of Artificial Silk, D. Van Nostrand Co., N. Y. C. (1928)

陳調甫: 練絨(人造絲)工業概論 天津大公報(1931)

孟心如: 人造絲 興業雜誌 第一卷第三,四期(1926)

C. E. Mullin: Acetate Silk & Its Dyes (D. Van Nostrand Co., N. Y. C. 1927)

以木代油之汽車

蔣平伯

自汽車發明,世界各國,陸路交通,頓形發達,汽油之消費,因亦與日俱增。但世界產油之國,爲數極少。歐戰期內,法國軍用汽油,全賴美國輸入。德國且因汽油缺乏,軍事運輸感受極鉅之困難。德法兩國,自受歐戰之教訓,戰後均各努力研究代替汽油之方法。在德國方面,首先發明用煤製成流質,以代汽油,曾撥巨資,設專廠,從事試驗。數年以來,雖有製造成功之說,迄未聞有特殊之成績,或因成本過鉅及技術尚有缺點,未能與汽油相競爭。法國方面,研究代油之法,專重固體燃料化氣之改良,而對煤化流質之見解,認爲不但手續過繁,且流質燃料,易於爆發,存貯極難,設遇軍事,危險尤大。數年以前,法國卽有以煤代油之汽車之創造。

最近吾國湯仲明君,研究木炭代油爐,裝在現用之汽車上,試驗頗爲合用。湖南省並於去年雙十節,舉行煤汽車試驗典禮。惟我國之木炭或煤代油爐構造如何,國內出版物中,紀載尚不詳盡。(編者按「工程」八卷二號曾有參觀湘省煤氣車記一文,可供參考)。茲在德文交通雜誌中,見有德國以木代油汽車之紀載,(Feickert, Holz statt Benzin als Betriebsstoff 見 Verkehrstechnik, Heft 43/44, 1931.) 特譯之於後,以供研究者之參考。

用固質之燃料,如木,如煤,以代替流質燃料,如汽油,揮發油(一名本精),以發動工廠及車輛之引擎,早經法人於歐戰後試驗成功。法國化氣代油爐最佳之構造,莫若殷倍特(Imbert)所發明者。現在

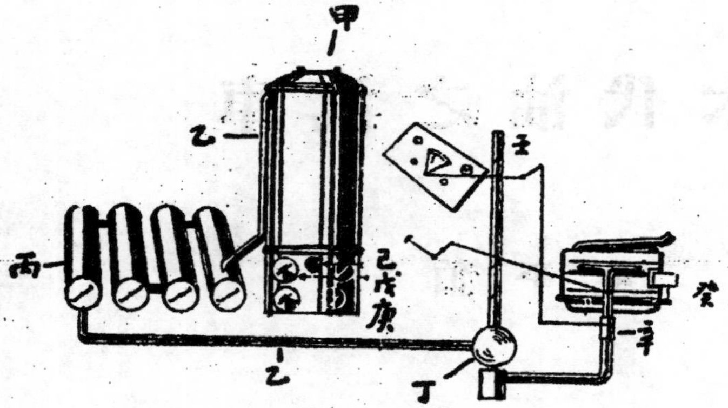

第一圖　般氏(Imbert)木化氣爐

法國軍用汽車,幾全部改用般氏化氣爐,以代汽油矣。

德國方面,亦幾經試驗,先造煤化氣爐,裝於汽車。但煤化氣爐內,所砌火磚,經車輛行動時之震動,甚易脫落,不能合用。後乃改用般氏木化氣爐,成績甚佳,較之用油,約可省費百分之九十。

般氏木化氣爐,可分爲四大部份,即化氣爐身,凝濾器,風扇,氣管是也(見第一圖)。爐之全部共重約 100 至 150 公斤。化氣爐身,係用鐵鈑製成,形如圓管,分內外兩層,高約 1.5 公尺,徑 0.5 公尺,內中並無爐柵火磚及冷却用之水套。爐身下部有孔多處。一部份之孔,有蓋可開閉,用以查驗爐中所存木炭之多少。其他一部份之孔,內有舌瓣,向裏開閉,生火時由此孔燃點木炭。既著火後,爐內化氣所需空氣,亦由此流入。但爐內之氣,往外流動時,舌瓣即自閉。此外尙有出灰孔,亦在下部。爐身上部有蓋,蓋啓後可裝木柴。凝濾器四具,各形如鐵管,長 1.4 公尺,徑 0.25 公尺,內裝篩形隔鈑。化成之氣,均須先經此篩濾,而至引擎,以上爲爐之全體構造。至於應用方法,可藉圖以說明之。化氣爐甲,下部先盛木炭,上部裝木柴。(無論何種木片木屑均可,惟不得長過 8 公分)。爐上之蓋,封閉後,即由燃點孔將燃着之引火物插入,一面開動風扇,爐內木炭即燃燒,但因空氣不多,作不完全之燃燒,而發生氣體。約燃三四分鐘後,爐內所生之氣,已足使引擎發動,於是爐中之氣,經氣管先至凝濾器,將氣中所含之水分及灰屑,凝留於凝濾器中。此淨潔冷却之氣,再經氣管風扇而至空氣門。此處與外間流入之空氣和合,成爲引擎合用之氣,經引擎之進氣門而入汽缸。引擎發動之後,風扇即可停止動作,以後爐內之氣流,完全由引擎吸引之。汽車引擎停止十五分鐘左右,爐中之氣,尙能發動引擎。惟倘引擎停止過久,必須用風扇重新生火。風扇可用手搖,倘欲廢除風扇,則有兩法: (一)將爐中所生之氣,儲存一部份於另一箱內。發動引擎,即用此儲存之氣。(二)最初用汽油發動引擎。

第二圖　裝置般氏木化氣爐之運貨汽車

般氏化氣爐所生之氣,用於引擎中,每一立方公分,可得爆漲氣壓20公斤,較之汽油每立方公分約小10公斤。汽缸中熱度亦較低,因此引擎動作極穩靜,且於夏日可少引擎發熱之弊。至燃料之消耗,每次爐中可裝木柴約100公斤,可行70至90公里之路程。與汽油比較,每2.2公斤木柴,可代替1公升之汽油,故費用極省。

電銲*

陸增祺

洛陽西站隴海機廠

孫中山先生云:『我們要學外國,是要迎頭趕上去,不要向後跟着。譬如學科學,迎頭趕上去。便可以減少二百多年的光陰。』現在有一件值得「迎頭趕上去」的工程,作者提出來,請工程界先進指正並討論之。

現在工業界二次大革命,已告成功,而吾國人尚少注意及此。工業界第一次大革命,是蒸汽機之發明,人都知之。所謂第二次革命也者,即燒銲之成功是也。今年三四月間。在唐山工廠遇見周厚坤先生,據云上海僅有電銲機二具。由此觀之,燒銲事業,在中國尚十分幼稚無疑。反觀歐美及日本等國,則不知相去幾千萬里矣。諸公其許我陳述一二乎。

金屬鈑之連接法,可大別為三:(一)機械式的。(二)壓力式或稱鍛接。(三)燒銲(Autogenous Welding)。所謂「自然發生銲接」簡稱燒銲云者,是由於金屬物質內力自動的接合。亦即應用熱力來熔接,而非賴藉壓力或機械式等外力而接合者是也。

燒銲之法,便利無匹。其理與普通銲銅銲錫略同,所異者即因鋼鐵鎔解度甚高,故無適宜銲烙可用,以前風銲(Ox-weld)曾盛行一時,玆後因電銲之便於工作,銲接處之堅實可靠,以及範圍之廣,莫不以之為替。玆就電銲問題,再為陳述其大概如下。

時至今日,電銲事業,已將有半世紀之曆史。在西曆1880年貝

*二十一年年會論文

納特氏發明炭精弧銲。十年以後,史來佛諾夫氏,又進而發明用金屬代替炭精,其用遂廣,亦爲近代金屬電銲之鼻祖。至 1897 年有 Lincoln 電氣公司者,更進而施諸實用。歐戰時期,美國獲得德國大戰艦,在彼國海港修理,頗感困難,卒藉電銲術,始得到完美結果。至此金屬電銲,遂公認爲工商業工程中之一種重要事業。在近十餘年間,研究更不遺餘力,有蒸蒸日上之勢。

關於鐵路方面,燒銲之記錄,曾載入 1931 年六月份鮑爾溫機車雜誌,茲譯述如下:

1909 年,用電銲熔接焰管於管鈑上。

1917 年,鍋爐之縱縫,用電銲代替帽釘接合之。

1916 年,火箱鈑接縫,亦試用電銲術連接。

1922 年,車樓用電銲,代替帽釘及螺絲門。

其他例子,再約略舉數條如下:

1926 年,有 65 英寸直徑,長可 90 英里之水管,用電銲銲接之。

1930 年有十個2.8.8.2式機車,汽壓 280 磅所用之鍋爐火箱,全部用電銲接縫夹。火箱計長 170 英吋,寬 106¼ 英吋。

德國製造之九千噸巡洋艦,是最近一件驚奇事業。其成功也,全賴乎電銲之減輕重量及接縫效率增加所致。此艦每小時速率爲 20 海哩,所用砲彈,重 660 磅,遠射力達 15 海哩。而普通萬噸巡洋艦,其速率僅 15 海哩,砲彈重 268 磅,遠射力十海哩耳。兩相比較,能不驚嘆。

美國某城所建十九層高之大厦,其樑柱均用電銲接連之。耶魯大學圖書館建築亦然,支持書架,重可 3100 噸,並未現有任何裂痕。

總而言之,外國早已十分重視此項工程事業。由兩件事,可以證明之:(一)英美及日本等國,有燒銲學會之組織,專門從事研究。(二)在美國等燒銲事業,已成爲一種大工業。福特汽車公司之燒銲工廠,用工程師七百名,風銲技師三百十八名,電銲技師二百名,工人一千五百名,燒銲達一千具之多。

反對燒銲術之論點,不外乎「未嘗試」及「未證實」(Untried & Unproved)。蓋至今尙未有規定的公式或規範,可以用來求銲件之Effective Strength一也。不易檢查銲件接合處之質地及Internal Strain之存在及大小,二也。然由經驗所得,燒銲結果,堪稱滿意。茲舉數實例,以證實其說。

(一)用帽釘接合之工形鋼條,支重60磅。同樣鋼條用電銲接合者,則能支重90磅。

(二)Hundson河上吊橋,燒銲試驗結果,矽鋼質橋柱伸長試驗,用帽釘者爲每方吋 95,000 磅,用電銲接合者,則增至 110,000 磅之多。

(三)日本出版「機械工程」雜誌第四十八期,載有伸長試驗結果表式,三十次試驗之平均最大拉力(Max. Stress),爲每方吋 62,300 磅,延長率(Elongation)爲百分之14.9。

(四)燒銲性質比較表:

	B.&.W. 燒銲接口 (Babcock & Wilcox Welded Joints)	海軍規範
(甲)伸長試驗		
最高强度 (Ultimate Strength) (每方吋幾磅)		
最低	65,000	
最高	74,500	65,000
平均	67.500	
(乙)折撓試驗 (延長率以外邊爲標準)		
最小	40.0	
最大	65.0	30,0
平均	50.0	
(丙) Charpy Impact 試驗(呎磅)		
最低	20.0	
最高	45 0	20,0
平均	28.0	

由上觀之,用燒銲接合之物件,其性質並不見弱。且也燒銲事業,尚在研究期間,前途殊未可限量,日後之改良進步,固意中事也。總之,此項事業在不久之將來,於土木機械電機三大工程界,必有鉅大之發展,毫無疑義。其顯著之利益,可總括述之如下:

一. 可省三分之一的材料。

二. 減少重量。

三. 減少工作時間。

四. 節省費用。

五. 增高拉力。

六. 腐蝕較好。

七. 工作適合於無論何種式樣,減少工作上之困難。

八. 可以免除笨重鑄件。

九. 無鋘鏻工作之聲,最適宜於城市建築,以學校及醫院鄰近爲尤甚。

十. 利用廢物,於我國尤屬重要。

再將作者所知本國情況,約略報告,以當結束。大概國有鐵路工廠,如北寧,平漢,平綏,津浦,膠濟諸路,都備風銲電銲工具,爲修補之用。最近隴海路洛陽工廠,亦已請購電銲機一具。玆因他路情形,未得切實調查,僅將唐山工廠電銲工程,略述如下。查該廠在民國十年間,已經購置直流電銲機一具,係克隆登公司(Crompton)出品。惟十年以來,未見十分發展。其用途僅及於加銲機車上受磨損傷之機件,若車架聯捍彈弓座閘牙輪等之修補,以及填塞鑄件之沙眼耳。至民國十九二十年間,始見重視,並加以擴充,供應工程急需。一二年間,添加電銲機三具,分置機器廠,鍋爐廠,建立廠,造車廠四部。在一二年間,鍋爐火箱以及零件等之銲補,對於省料省工,已有顯著之成效。而於民國二十一年五月間,開灤機車第二七六號汽缸大裂口,生鐵電銲之成功,可云唐山工廠電銲之新紀念,而予人以莫大之興趣焉。

附錄

我國工程教育今後之途徑

夏堅白

濟華大學教授

今後工程教育應走之路徑，乃目前最值我人考慮討論之大問題也。不然雖一時高唱注重或發展工程教育之高論，然一二十年以後，安知不後悔今日之孟浪而多事乎。

我國之教育制度，乃由歐美抄襲而來。不幸抄襲之時，未嘗顧及民族之背景，與不同之環境。旣盲目，而復無通盤之計劃。故不問一切，而竟將他邦之整個制度，全部襲取之。以爲他人由之而富而强，我人若能學之畢肖，其能富强焉無疑。張之洞開辦漢陽鐵廠之故事，可以爲例。當張督湖北時，見夫鉄路需用鋼軌，而製鋼必先煉鉄，於是有自辦鉄廠之議，並託駐英公使薛福成在英購機件，英人向索鐵礦及焦煤之標本，俾作化驗，以定機件之製造。張聞之大怒曰：『購一英人常用之機器足矣。彼能用以製鋼，余豈不能耶?』英人不能强，售之以百噸化鐵爐一，八噸鹼法煉鋼爐一，及八噸酸法煉鋼爐二。及運來，並裝置完竣，而鉄礦不得。旣得大冶鐵礦矣，而又無焦煤，於是不得不遠購於德，後幸發見萍鄉煤礦，然又因煉鋼爐不合實用，故出鋼不能出售。結果雖用數千萬元，而無些毫之補益，其故可深長思之。以此精神辦教育，故辦學校數十年，造出之人才，非社會所需。而社會需求者，學校又不知如何創造。遷延因循，迄乎今日，於是有責難外來制度之言論，有改革教育之淸議，有整頓教育之文告。夷考其實，可責者乃我儕自身，非外來之制度也。當改革者，盲目之模倣。宜整頓者，辦學之計劃。蓋一國之教育制度，當依據其民族之背景，與當前之環境而定，斷不能削足以適他人之履。以往之盲目模倣，其失敗，乃必然之結果也。

如欲以工程教育救垂亡之中國，則今後之政策，須着眼於能解決中國民生問題之工程教育。蓋工程科學，非純粹科學如數理可比，其間大部均視地方之情形而定。試以水利，鐵道，公路，汽車，及燃料言之。在目前而談中國水利，自必先着手治黃，治淮，治揚子江，開發西北水利。水治，始能生產，民生始可安居。然苟環顧國內工程大學之水利科，則又何如。其教授者，外邦之教本，實驗者，强半非中國所有或急需，甚或並此而無。各自爲政，零亂不堪。前數月冀魯豫三省爲黃河事，公派李賦都君赴德從老教授恩格司研習治黃之方法，此明示國內工程大學之水利科，尙不能解决本國之水利問題也。

交通爲一國之命脈，此乃不易之定理也，而鐵道尤爲交通之母。國家之貧富，可以鐵道之多少定之。地方之苦樂，可以鐵道之遠近計之。就農業言，無便利之交通，剩餘農產不能運消外埠。如今年綏遠之焚糧，可爲佐證。就工礦言，無便利之交通，生產品不能運至遠方市場，致限於局部，絕無發展之可能。北方之煤，不能與日煤在南方爭市場，即爲此故。由此言之，交通乃發展一切農工礦企業之樞機也。若夫交通事業發達之原則，不外三端，即能運大宗貨物，時間迅速，運費低廉是也。惟鐵道可兼而有之。以我國經濟之落後，工商之不振，人口分配之不均，失業問題之嚴重，邊疆之危急，均非修築鐵道不能解決，故今後鐵道之建築，乃刻不容緩之事也。旣云修路以解民生之困苦，則不能再因修路，而送金錢至外邦。如費數千百萬元修一鐵路，而除些少之工資用諸本國外，餘均用以在外邦購機器與材料；易言之，一切材料當求之於自己，機器當創之於本國。成立在三十年以上之工科大學，已可求之於本國，然勿論製造機器，即枕木之研究，亦無人過問。年復一年，依然仍以數千百萬元購諸歐美與東鄰。每年舉行植樹，亦由來久矣。然何種木材爲有用或無用，則絕未問及，以致需要與應用，適相背馳，可嘆也已！造鐵路爲解决民生問題，提倡鐵路工程教育，乃謀鐵路事業之建設與發展。若不謀根本之辦法，則救國適足以害國！

公路，汽車，燃料三者，可幷而論之。公路所以補鐵路之不足，並予鐵路以豐富之給養，其關係交通，文化，自極重大。近年來國內建築公路運動，異常活躍，實屬可喜之現象，然問題亦隨之而生。公路本身之材料，固多產於本國，然汽車與汽油，則均來自外洋。汽油大部購於美國及南洋諸邦，年值一萬二千萬至一萬五千萬元。蓋中國煤之儲量固豐，然液體燃料，則非常缺乏。故公路愈發達，漏卮亦必隨之而增。得不償失，莫甚於此。且一旦有事，或國際間發生問題，凡此公路之交通，勢必因之而停頓。問題之嚴重，而迫切，試問有過於此者乎？工程大學而不從事於自製機器，及代替汽油燃料之研究，則又何貴乎有此大學？近頃隴海鐵路工程司及湖南建設廳技正湯仲明及向德二君有木炭代汽油之研究與試驗，且告相當之成功，實一足可欣幸之事也？

過去已矣，來者可追！今後之工程教育，應取適當之途徑，即唯一目的，宜不重形式，而在解決實際之問題。使人盡其才，物盡其利，貨暢其流；如是，庶不負工程教育之使命也。似宜由政府，全國工程界，及其他有關係各界，合議而定整個之計劃，使各工程大學，各因其處境，而各專其一科或數科。然後各集中其精力，利用其環境，作精進之圖，並努力從事於研究之工作。蓋一國有一國之特殊環境，用於甲地者，未必適於乙地，即曰可用，然經濟之力，又不盡同。歐美舉之輕而易，或難行於中國。經濟落後之中國，一切建設均宜以經濟爲衡。故談水利當作治黃淮及楊子江之研究。若論汽車燃料，則當作木炭汽車及汽油代替品之研究。惟此，始切於目前之需要，幷確能解決民生之困厄。蘇俄革命後之五年計劃已完成矣，一般所注意者，惟重工業耳。然五年計劃內最基本之工作，乃各種研究所之設立也。有研究所之設立，於是雖被經濟所困厄，仍能作驚人之建設。茲試以充作電話綫之電氣傳導綫而言之。自五年計劃實行後，電氣事業日見發達，故分往各地之電綫，隨之增多。同時電話之需要，亦異常急需。顧限於財力，勢難並舉。於是有借用電氣線爲傳電話之想，畢竟成事實，不費一文，不勞一工，坐收其益。誰能致之？其惟實際問題之研究乎！苟不驚無謂之高深，不趨歐美之時尚，脚踏實地，在目前覓問題作切實之解決，則每一工程大學，雖辦一科，其造福於民生，有助於中國，勝於當今包羅萬象之大學，將及千萬倍也！

問題之解決與研究，當重事實。

故工程大學教授，於教學及研究之外，當利用假期，遍遊各地，並歷視所有之工程，作親切之考察，詳細之研究。然後始能授學子以本國之材料，並告以尙待解決之問題。試以衞生工程而言，若不顧我國之鄉村經濟，及工商業衰落之情形，而直接擬用歐美一切現行之新法，其結果，徒作紙上之談兵而已。蓋民力不堪，無以致之。顧衞生工程之重要，又不能一日或緩，然則惟有就民力所及，所可能，而從事必需之改進。假以時日，固未嘗不可日臻完備也。又如近頃正在擬議之川廣鐵路，自重慶經貴州及廣西而達廣州灣之西營口，長約一千四百餘公里。其間可採之煤礦，惟江北之西南，川之萬壽場，貴陽之西部，及和順之北部而已。故一旦鐵路修通，燃料即成問題。蓋遠運不經濟，近採則根本無煤層，然川廣鐵路之建築，關係四省之榮悴，重且大，又不能因噎廢食，則惟有於煤礦之外，求水力以濟之。在四省之水，有烏江，柳江，紅水江及東江，苟善爲利用，或足資應用。凡此種種，應作實地之考察與研究，然後用此材料，授諸學子。而然後始可冀其將來爲社會担負改進之工作，然後始可謂中國之工程教育。不此之圖，雖日讀外來之教本，並無濟於事實。雖然，玆事甚大，其舉行當有待於政府與學校之合作也。

總之，事實上已證明過去之工程教育，不能盡其用。其故，在不問自己之環境，而盲目模倣。今後之工程教育，應以解決目前問題及建設中國必需之新工業爲目的。故全國上下，政策必須統一，科目必須切於目前之需要。求其有濟於事實，不騖其高遠。蓋基本建設，尙無些毫之成就，何以言其他。假以一二十年，待一切建設有相當之完成，則環境自能促之向高遠之途，初無待人拔苗助長也。同時政府與學校，當儘量利用可能之時間與能力，分請學校教師，親出參觀，並調查全國之實況，使學校與社會有眞正之接觸，於是研究有對象，教育有生命有民族之背景，而國家之建設事業，亦必日臻獨立之境也。

（轉載天津大公報）

雜　　組

減輕電車軌道維持費之新方法

電車管理處所最須注意者，厥爲嵌入路面之車軌。其行車繁盛之處，卽令修養得法，但久經大雨以後，軌道兩旁，仍難免發生低潭。修補此項低潭，所費不貲。此所以歷年以來，各處競求改進之方也。

低潭之發生，由於雨水之浸入軌底，蓋軌道經長期之上下顫動後，其與路面之接縫處，最易鬆壞。一旦嵌縫之泥沙洗去，行見軌旁石塊，疎鬆離位，影響及於軌基矣。改良之法，惟有使軌道與路面之間，嵌一富有彈性之夾層。歷年以來，德國陽城（Darmstadt）之電車管理處，用各種物質，灌於車軌及路面之間，以作試驗，最後乃獲下述方法，蓋經兩年之考察，獨此法乃能對於各方面均有完美之功效也。該處初用瀝青試驗；並規定其標準如下：

（一）須用法簡而價廉（意謂須冷用者）；

（二）須隨時可以應用；

（三）用時須不致影響交通；

（四）用後須永具彈性，且夏季不致因熱而融化，冬季不致因冷而凍裂。

嗣經該管理處與唯士巴登化學工廠（Chemische Fabrik vorm. Seck und Dr. Alt, Wiesbaden-Biebrich）之

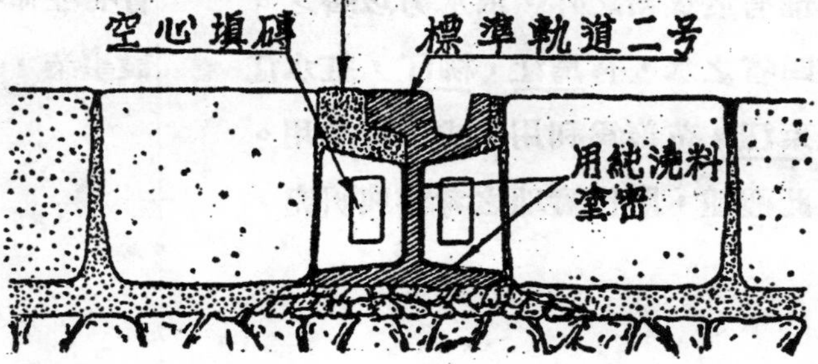

合作，製成一種冷用澆料D號，可與上述標準相合。應用之後，經1931年冬季而仍有彈性，僅在1932年夏季八月間，曾因炎熱而稍有融化情事。現該項澆料，業經政府特許專利矣。

上圖示澆料之用法。軌身兩旁空處，用特製之陶質空心磚二塊塡好。所以用空心磚者，爲便於軌道間螺絲桿之裝置並減輕運費也。軌之外邊，留一4公分寬，5.5公分深之槽，以備承受澆料，其內邊則僅留1.25公分。燒料由廠中製好出售，每桶重約45至50公斤，封固嚴密，不透空氣，啓桶即可使用。約在四小時內，已能凝結。先將塡磚與軌道接觸之各面，用毛刷塗澆料其上，然後放入軌旁。每桶澆料，應和淸水2.5公升，和水後仍甚濃厚，熱天和水量可略多。澆料之用於槽中，共分四次，每層約厚1.5公分。先將洗淨之石屑，（3至5公厘大小）撒舖一層於塡磚之上，然後灌入澆料一層，再舖石屑一層（此時所用之澆料，須每桶和淸水5公升），用木杵搗實。每層均依法進行，至上層時，改用鐵杵。石屑與澆料之比例最好爲1:1。至第四層時，使其澆料高出軌面約1公分，再撒舖3公厘大小之石屑一層其上。不必再搗，日久自能經車輛壓實，平坦如鏡。軌旁石塊，毋庸較高。澆料之用量，與槽之大小相關，每公尺約需澆料4公斤。灌注澆料，需時較他法略多，約十六分鐘。放置塡磚，約需時十三分鐘。故以每三人爲一組，擔任工作，最爲適宜。

如此舖成之軌道，可經較長之時期，無庸修補。僅俟澆料磨去二三公厘後，再加澆一層，或略加修理而已。惟路基宜求完整，實爲最重要之先决問題也。（淸之譯自德國交通工業雜誌"Verkehrs-technik," Heft1, 1933）

英國泰晤士河兩岸之鋼塔輸電工程

英國東南部之電氣事業，因泰晤士河之隔，劃分二區。近爲聯絡輸電起見，在泰晤士河北岸Dagenham地方，及其南岸倫敦近郊，建造高大鋼塔，並裝置過河電線。此項工程頗爲偉大，由英國開能達公司設計承裝，自一九三二年七月開工，至同年九月竣事。

兩岸鋼塔之距離，為3060呎，其間過河電線垂下之度，約170呎。塔之高度各為487呎，過河電線垂下之最底點，離最高水平線250呎，故船隻通行，毫無阻礙。鋼塔重量，計每座三百噸。其結構由八千餘件鋼料合組而成。塔內附一鋼梯，由地面至塔頂，用七千五百件鋼料裝成之。

輸電電壓，為十三萬二千伏爾脫。輸電線路計三相三線兩路，及地氣線一條，共計電纜七條。每條之構成，係鎘銅合金線(Cadmium Copper Wire)七根，為其中心，外包燐青銅線 (Phosphor Bronze Wire)八十四根。此電纜之直徑約一英吋，其重量每呎約二磅左右。

兩岸高塔之後，約距1500呎之處，各建較低之鋼塔一座，計高105呎，為緊繫電纜之用，故此塔可名為繫線鋼塔。每條電纜之拉力，約有八噸之譜，故兩塔所受拉力有五十餘噸。

英國泰晤士河畔之輸電鋼塔

每條電纜，自南岸繫線鋼塔至北岸繫線鋼塔，計長6000呎，中間並無啣接，其重約六噸。

敷設電線，須在兩岸鋼塔建立後行之。先將電纜七盤，裝在船中，泊於河之北岸，將電纜一端，拉至高塔之頂，經過繫在塔頂之滑車，（滑車直徑 31 吋，重 280 磅），再拉至後面之繫線鋼塔上，而繫住之。然後待漲潮之時，將裝線之船，用輪兩艘，拖至南岸。行駛之際，暫將電纜存留河底，並將線盤上所餘電纜，完全鬆解，取其線頭，拉至南岸高塔之頂，經過塔頂之滑車後，即連接絞車上之鋼繩。此鋼繩經過南岸之繫線鋼塔後，圍繞于絞車上，乃乘潮水低落時，轉動絞車，將水中之電纜拉起至預定高度後，即緊繫於繫線鋼塔上。如此電纜七條，逐一拉起，需時約五小時之譜。當電纜由水底拉起時，來往船隻，禁止通行。其離水面之高度，約在 200 呎左右。

上述泰晤士河兩岸之鋼塔，在世界輸電工程中，可稱偉大成功之一，其高度目前尚無可與比擬者，且工作地點，適在泰晤士河兩岸，交通頻繁，進行之匪易，不難想見也。

三和土邦浦

三和土像水一般的從管子輸送

第一圖

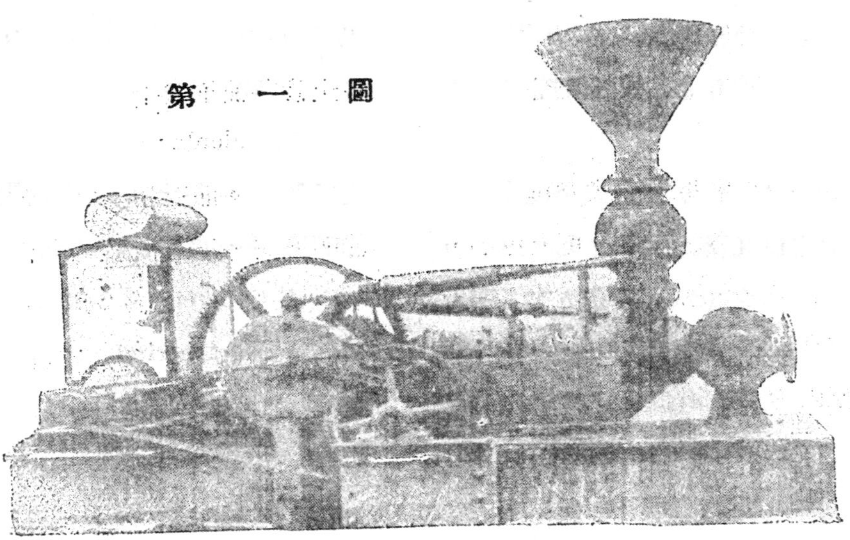

第二圖

水門汀三和土，從拌桶Mixer 傾入邦浦 Pump 上之漏斗，因其本身之重，及匹斯登 Piston 之吸力，流入汽缸 Cylinder中。一俟汽缸裝滿，進口凡爾 Inlet Valve, 在漏斗與汽缸間，自動關閉，出口凡爾 Outlet Valve. 同時開放，三和土遂被匹斯登之推擠而入管中。

邦浦的動作爲單行式 Single Acting, 進出口凡爾之啓閉，可大可小，以適合石子之粗細。管子 5 寸徑鋼製，又有特別橡皮管及 $30^0,45^0,90^0$ 等灣頭。原動力，約須 20 至 30 馬力。邦浦工能，每小時出三和土15立方碼。如一連十二時，曾實出$1:1^1/_3:2^2/_3$之三和土 140 立方碼，不乾亦不濕，且無水泥沙石分離之弊。

此種邦浦，在歐美均經通用，在巴黎(Paris) 之 Hospital Beauyon, 三和土被邦浦推送平地250尺，起高100尺。在 Ladenburg 造橋墩時，平地推送 770 尺。而三和土之質與力，經邦浦匹斯登一度之擠壓，均有進步云。

（見 Concrete & Constructional Engineering） 黃炎

沒有絲極的無綫電電子管

無綫電用的電子管，大家都知道他裏邊有一個燈絲極，經過相當電流之後，就會發生電子，假使燈絲一斷，那末電子管就完全失其效用，最近美國洪特博士(August Hund)發明一種電子管，可以不要燈絲，仍舊可以照常應用。起初一聽，覺得他很奥妙，實在說起來亦十分簡單。因為電子管的燈絲，原是用來發出電子的。可是發生電子的方法，不止一種，譬如把瓦斯體使他伊洪分解，也是同樣可以發生電子的，那末如果把電子管的裏面，儲放了各種相當的瓦斯，祇要設法使他伊洪分解，就可達到同樣的目的。洪特博士的發明，就是根據了這個原則實現的。無綫電用的電子管原有甲組乙組或丙組電壓，乙組電壓比較很大，洪特博士就利用這乙組電壓來分解已有瓦斯體的電子管。結果電子管的裏面就發生了電子，電子發生之後，一切的功用就和現在普通的無綫電電子管便都一樣了。洪特博士利用這種方法，製就了各種形色的沒有絲極的電子管。有的管裏放的是 Neon, 有的是 argon,，甚至於有的是普通的空氣，試驗的結果都是很好。

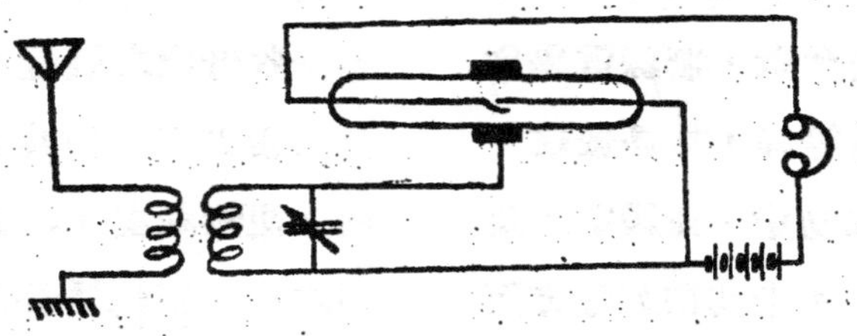

現在把最簡單的一種沒有燈絲極的電子管，敘述在下面：用一個長約二寸，直徑約三分細長的玻璃管，中間裝置了兩個任何金屬的電極，留下極小的空隙，使這兩個電極不相連接，再從玻璃管的兩端把這兩個電極分別引出，管中儲入空氣或他種氣體後，就把玻璃管兩端封住，這兩個電極一端可以當作普通三極電子管的屏極接乙組電池，一端可以當作燈絲極，當乙組電壓加到電極兩端的時候，管裏面的空氣就會被他分解，管的外面離開兩電極的空隙不遠的地方，再加一條金屬片，這就和三極電子管的柵極一樣。附圖就是利用沒有燈絲的電子管接在收音機，當作檢波管用的。接法在試驗室內，凡是現在電子管可以做到的功用，這種電子管亦都可以辦到，沒有問題。現在這種新式電子管，雖然還沒有到市上來，但是預料不久的將來，他一定要占狠重要的地位，因為他有幾種優點：第一他既然沒有絲極，他就應該有無限長的壽命。第二電子管的裏面，既然可用普通的空氣，製造的時候就無需乎價値昂貴的眞空抽壓機，電子管的成本就可以十分便宜。這兩種條件都是合乎經濟原則的，如果再加改良，他的前途，當然是無量的了。(源)

蘇聯無綫電工業之現狀

在蘇聯五年計劃中，無線電事業之擴充，實佔最重要之一頁。據熟習蘇聯情形者之報告，截至民國二十一年夏季止，蘇聯國內之無線電製造業，廣播電台，廣播聽衆，無線電學會，試驗團體及電台等等，均甚發達。在蘇聯各種工業成功中，無綫電工業之成績，洵為最大。查其在製造方面，舉凡各種新式發送機，電視機，高速度收發器，收發信用眞空管等，蘇聯現均能自製。其廣播收音機之製造，則仿效美國，並採用大量生產制，故能減低成本，普及民間。在廣播方面，播音電台計有五十九處，其總發電量為1498啓羅華特。其電力最大之電台，為莫斯科廣播音台，計有電力500 啓羅華特。是以播音電台之總發電量言，蘇聯實居全世界之第一位，而以單一電台之電力言，莫斯科之電台，亦為目前全世界電台中之最大者也。蘇俄國內現有廣播收音機用戶確數若干，無從得悉，但沿街各處，無不是收音機之裝置，窮鄉僻野，亦嘗見天綫出沒，公共場所及工人住宅區內，更無論矣，其為數之衆，當在意料之中。蘇聯播音台之節目，花樣特多，如報告勞工大衆之生活奮鬥及其成功，歌劇合奏，專家演講，兒童播音，紅軍播音等等，極盡宣傳及娛樂民衆之能事。因無綫電業之發展，與勞工階級對於無綫電之興味濃厚，遂有各種無綫電學會之組織，及電友團體之結合，普遍及於全國。無綫電刊物之發行，為數亦頗多，其「無綫電前綫」雜誌一種，銷數每期逾六萬，較諸吾國，誠有天壤之別矣。(清)

美國無線電工程師會一九三二年年會

美國無綫電工程師會，爲世界上最著名之學會，會員遍全球各國，無綫電界知名之士，類多加入該會爲會員。該會成立，業已廿載，發行會刊一種，名曰"Proceedings of The Institute of Radio Engineers,"迄未間斷。最初爲兩月刊，現已改爲月刊，且內容充實，爲現代無綫電刊物中之佼佼者。該會於 1932 年四月間，照例舉行年會於 Pittsburgh 城，計到會員與來賓四百六十餘人，可謂盛事。會程中最重要之節目，自爲論文之宣讀。計此次共有論文二十三篇，內容均極完善。祗因論文篇幅甚長，故共分五次宣讀，每次宣讀，據該年會記錄所載，人數均甚衆多，堪爲本會同人共勉。會程中除此節目外，尙有一重要之節目，爲本會年會中所罕見，甚可以爲師法者，卽爲發給獎章一事是也。查該會每年備有榮譽獎章二種，指定贈於前一年度中，凡對於無綫電有特殊之貢獻，爲一般無綫電界所推重，而經該會董事會通過者。或爲工程師或爲研究家，且不限以國界。該屆年會中亦照例舉行給章典禮，受之者實覺最爲榮譽之一事。計此次受獎之二人，一爲美國哈佛大學電機學院教授 Arthur Edwin Kenpelly 博士，嘉獎其研究聲學與大氣層之精探，對於無綫電傳射學說，有特殊之貢獻。一爲美國拜耳電話試驗所研究工程師 Edmond Bruce 氏，蓋 Bruce 氏對於短波通信用之定向式天綫，有特殊之研究，貢獻殊大，其功誠不可沒。關於二氏所著文章，該會會刊中亦時有登載，讀者不難搜索得之也。(奇)

東沙島無綫電台被風吹折

東沙島孤懸海外，地勢險惡，海道測量局於該處，設有無綫電台，專事報告氣象，以利航行。二十一年冬十月二十九日晨，該島附近發生颶風，加以暴雨，風速每小時竟達一百英里。一時全台均被水浸，房屋震動甚劇，其東南鐵塔一座，計高250餘英尺，即於斯時被風吹折，橫斷有190英尺，僅存最下一節約60餘尺。大小天綫四根，地網綫一部份，及木桿二十餘根，均被打斷。其東北之鐵塔一座，幸未吹折，惟拉綫折斷一根，其餘亦多半鬆動，爲狀殊爲危險。天綫之附屬絕緣器，亦全數跌碎，以致長波發報機，不克通報。所幸該台尚有備用機件，且有短波無綫電機一具，故該台人員於是日九時即將短波機修復，仍與呂宋通信如常，其長波機亦已於十二月四日修竣，現亦可與香港等台互達消息矣。(奇)

電工譯名之商榷

茲將電工中通常應用最多之名稱，參照吾國原有之文字採用意譯法，分別譯述于後，并假定其讀音，以供讀者之討論：—

Deci $=10^{-1}=$ 份		讀如成
Centi $=10^{-2}=$ 酚		讀如本
Milli $=10^{-3}=$ 份		讀如清
Micro $=10^{-6}=$ 粉		讀如狀
Kilo-volt 或 kv	＝秡	讀如促
Mega-volt 或 10^6v	＝獄	讀如濁
Milli-ampere	＝份安	讀如清安
Megohm 或 $10^6\,\Omega$	＝[illegible]	讀如壽
Kilo-watt 或 kw	＝瓩	讀如超
Kilovolt-ampere 或 kvA	＝秡安	讀如促安
Milli-henry 或 mh	＝份亨	讀如清亨
Micro-farad 或 Mf	＝粉法	讀如狀法
Micro-microfarad 或 MMf	＝粉²法	讀如狀狀法
Decibel＝db	＝份培	讀如成培
r. p. m. ＝ 轉/分		讀如轉每分

c. p. s. = 周/秒　　　讀如周每秒

Mv/m = 粉伏/公尺　　　讀狀伏每公尺

餘可依此類推。按上列各譯名『電工』雜誌中採用者頗多，甚願電工同志能加以討論，研究，及提倡，俾漸趨一致，庶電工譯述，在吾國得有長足之進展，國語之電工課本得以早日促成。(趙曾珏)

銲接利器

工欲善其事，必先利其器，銲錫小技也，然苟無妥善工具，以測得烙鐵使用時之溫度，則除有經驗之工人外，鮮能得到美滿之結果，此在路諳工程人士類能道之，無綫電機工場中，需用烙鐵之時甚多，而某種工程，常有一最適宜之烙鐵溫度，今如有一種儀器，可以隨時測定烙鐵之溫度者，則對於工作上便利殊多，且效率亦可大增。美國威斯通電表公司有鑒及此，乃有一種測量烙鐵熱度計 Soldering Iron Pyrometer 之製造，該計形式完全與普通無綫電使用之各種板面電表相仿，另配一座子，以備裝置該計之用，座前有一凹處，中置銲錫珠，珠旁備有一特製之電熱組thermocouple，上述之烙鐵熱度計，卽接於該電熱組之兩端，今設將已熱之烙鐵與座前凹處之銲錫珠接觸，錫珠自然熔化，而將其熱度傳達至電熱組，於是指計乃卽指示，此指示之度數，苟經預先測定，卽係烙鐵之溫度也，普通 Weston 烙鐵熱度計所測定之溫度，爲自華氏卅二度至八百度之間，每計重量約一公斤弱，定價爲美金 33.75 元云。(源)

編輯後言

揚子江爲世界第二大川，其上游一帶，素以富於水力著稱，此固一般人所習知。利用水力發電，可爲一切動力之源泉；且其動力原價，在某種情形下，可以異常低廉；此又爲一般人所樂道。但揚子江究竟含有多少水力？如欲利用，何處可以建閘設廠？發出之電，如何消納？凡此問題，絕少有人加以注意。二十一年秋建設委員會與揚子江水道整理委員會合組測勘隊，赴揚子江上游測勘水力，卽爲研究以上種種問題。本號所載之揚子江上游水力發電勘測報告一文，卽該隊之正式報告書。蒙著者交由本刊發表，實深榮幸。全文甚長，分兩次登完。

* * * * *

十九年(1930)春，德國實業界所組織之考察團，來華考察實業，此其事，諒尙爲讀者所記憶。該考察團之來華，係受德國全國實業協會之委託，並經我國政府之正式邀請，故於其回德之後，曾向我國政府呈遞正式意見書。其內容分(一)導言，(二)籌集資本問題，(三)交通事業，(四)電氣事業，(五)促進中國機械事業發展之方法，(六)鋼鐵事業六章。本號所載發展中國交通事業之意見，卽該意見書之第三章。作者雷德穆氏(Radermacher)曾任津浦鐵路北段工程師有年，現充德國國家鐵路高等顧問，爲彼邦鐵路界重要人物中之熟悉我國情形者，故其所論列，頗有參考之價值。意見書導言中，曾述及該書係專作供獻中國政府之用，並不對外發表，故除我國政府機關收到少數之單行本外，外界絕未之見。而此少數之單行本，曾否引起若干方面之重視，曾否有人卒讀其全文，殊屬疑問。邀請考察團來華，在政府本爲一種應酬之舉，除當時照例迎送招待外，恐亦未嘗希望其有何供獻。獨彼外人，却偏偏當作一件事做，不能謂非一片好意，且亦足見其做事之認眞。二者相較，誠令人愧死！

* * * * *

本號附錄夏堅白君我國工程教育今後之途徑一文，係自天津大公報轉載。夏君全文主旨，在說明我國工程教育今後之路徑，應力避盲目的抄襲與模倣，務須顧及民族之背景與環境，以謀當前各種工程實際問題之解決。並主張工程教授，宜時時旅行國內考察各地情形，以本國之材料授學子。最近宋希尙君述其測勘揚子江上游水力之經驗卽一極好之例，其言有云：『在未至江峽之前，初以爲峽中束水，水位增高，水力必强，以之發電，當甚易易。旣至江峽以後，但見兩岸高山，陡壁對峙，不獨水深太甚，築壩工巨，卽建閘設廠，相度地址，絕無餘地。』(見交通雜誌第一卷第四期)實地考察之重要，由此可見一斑。夏君文中警闢之處甚多，幸身負我國工程教育之責者，特別予以注意焉！